"十二五"职业教育国家规划教材
经全国职业教育教材审定委员会审定

全国林业职业教育教学指导委员会高职园林类专业工学结合"十二五"规划教材

园林植物育种技术

YUANLINZHIWU YUZHONGJISHU

(第2版)

钱拴提◎主编

中国林业出版社

内容简介

本教材在简要介绍遗传学理论的基础上，重点讲解了园林植物育种的应用知识和操作技术，包括遗传的物质基础、遗传的基本规律、园林植物种质资源、选择育种技术、引种技术、杂交育种技术、新技术育种和良种繁育技术，并精选了有代表性的牡丹、梅花、月季、桂花、山茶、杨树、兰花、菊花、唐菖蒲、荷花、郁金香、仙客来和草坪植物13种(类)常用园林植物，进行了具体剖析，对实际工作有指导意义。书后附有20个实训项目，用以强化职业能力。每个单元有学习目标、小结、知识拓展、自主学习资源库和适量的自测题，供课外练习。

本教材适合园林、园艺、林业、花卉、城市绿化等专业的教学，也可供相关技术人员学习参考。

图书在版编目(CIP)数据

园林植物育种技术/钱拴提主编. —2版—北京：中国林业出版社，2014.7
"十二五"职业教育国家规划教材经全国职业教育教材审定委员会审定，全国林业职业教育教学指导委员会高职园林类专业工学结合"十二五"规划教材
ISBN 978-7-5038-7562-5

Ⅰ. ①园… Ⅱ. ①钱… Ⅲ. ①园林植物-遗传育种-高等职业教育-教材 Ⅳ. ①S680.32

中国版本图书馆CIP数据核字(2014)第134508号

中国林业出版社·教育出版分社
策划、责任编辑：康红梅 田 苗
电　　话：83280481 83228701
传　　真：83220109

出版发行：中国林业出版社(100009 北京市西城区德内大街刘海胡同7号)
E-mail：jiaocaipublic@163.com 电话：(010)83224477
http：//lycb.forestry.gov.cn
经　　销：新华书店
印　　刷：北京市昌平百善印刷厂
版　　次：2005年1月第1版(共印3次)
2009年10月修订版(共印2次)
2014年11月第2版
印　　次：2014年11月第1次印刷
开　　本：787mm×1092mm 1/16
印　　张：19.25
字　　数：457千字
定　　价：42.00元

《园林植物育种技术》(第2版)
编写人员

主　编

钱拴提

编写人员(按姓氏拼音排序)

班　青（安徽林业职业技术学院）
李荣珍（广西生态工程职业技术学院）
刘　芳（云南林业职业技术学院）
钱拴提（杨凌职业技术学院）
司守霞（河南林业职业学院）
殷兆晴（河南林业职业学院）

主　审

戴思兰（北京林业大学）

《园林植物育种技术》(第1版)
编写人员

主　编

钱拴提

编写人员(按姓氏拼音排序)

班　青（安徽林业职业技术学院）
李荣珍（广西生态工程职业技术学院）
刘　芳（云南林业职业技术学院）
钱拴提（杨凌职业技术学院）
司守霞（河南科技大学林业职业学院）

主　审

戴思兰（北京林业大学）

第2版前言

Edition 2nd Preface

《园林植物育种技术》(第1版)自2005年出版以来，得到了全国各院校的广泛使用，2009年进行了修订，印数累计达16 000册。本次修订是在上述教材基础上进行的。第2版教材除了形式更加符合职业教育要求外，内容也进一步完善，每个单元增加了学习目标、小结、知识拓展、自主学习资源库和自测题，各论部分增加了荷花、郁金香和仙客来3种植物，单元10中实训项目增加到20个。

本次修订由钱拴提担任主编，并修编导语、单元3、单元9中的9.6、9.13和单元10；司守霞修编单元1、单元7和单元9中的9.1、9.8；班青修编单元2、单元6和单元9中的9.2、9.9；李荣珍修编单元4、单元9中的9.4、9.5；刘芳修编单元5、单元8和单元9中的9.3、9.7；殷兆晴修编单元9中的9.1、9.8并编写9.10、9.11、9.12。北京林业大学戴思兰教授审定全书。

本书在修编过程中，得到了全国林业职业教育教学指导委员会、国家林业局职教研究中心和编者所在单位的大力支持，在此深表谢意。

鉴于作者水平，书中难免有错漏之处，敬请读者批评指正。

编　者

2014年12月

第1版前言

Edition 1st Preface

20世纪末，遗传育种理论和技术飞速发展，新观念新成果层出不穷，以基因工程和航天育种为代表的新领域日新月异。作者在充分调研了国内已有园林植物遗传育种学教材的基础上，针对高职教育的特点，结合教学经验，对本教材内容作了适当的取舍和补充，既全面反映了园林植物遗传育种的知识点和最新进展，又突出体现了高等职业技术教育的基本要求。

本教材由杨凌职业技术学院钱拴提任主编，并编写绪论，第三、五、七章，第九章的第六、十节和技能训练内容；云南林业职业技术学院刘芳编写第一章的第一、二节，第八章和第九章的第三、七节；河南科技大学林业职业学院司守霞编写第一章的第三、四节，第九章的第一、八节和实验内容；安徽林业职业技术学院班青编写第二章的第一、二、三节，第六章和第九章的第二、九节；广西生态工程职业技术学院李荣珍编写第二章的第四、五节，第四章和第九章的第四、五节。北京林业大学戴思兰教授审定全书。

本教材在编写过程中，得到了国家林业职业教育教学指导委员会和作者所在单位领导的大力支持，西北农林科技大学李周岐教授提供帮助，同行专家莫翼翔、韩东锋以及王青宁、李军科、张永丽等老师提出不少宝贵意见，在此一并表示谢意。

鉴于作者水平，书中难免有错漏之处，敬请读者批评指正。

编　者

2004年8月

目录

Contents

导语

学习目标

【知识目标】

(1)掌握品种、优良品种的基本概念。

(2)了解园林植物育种技术的基本内容。

(3)掌握园林植物育种的研究对象及目标。

(4)了解国内外园林植物育种事业的发展状况。

【技能目标】

(1)培养栽培良种化的观念和品种判别的敏锐性。

(2)具有运用教材、实验实训室、数据库等各种资源的学习能力。

(3)能分析特定品种的优缺点和改进方向。

(4)能初步预测特定植物良种产业化发展趋势。

(5)具有探索育种新技术的潜能。

0.1 优良品种及其意义

园林事业是改善人居环境的基本建设工程，也是人们按照自己的理想重塑自然的一种精神文化追求。园林事业的发展与经济的发展密不可分，具有强烈的时代特征。在世界范围内，除受自然条件制约外，园林事业的兴旺程度几乎与地区的经济繁荣程度成正比。如全球传统的花木热销市场在欧洲，亚洲的花木强国当数日本。近30年来，随着我国经济的快速发展，人们的环境意识和审美追求得以突显，促进了园林事业的成长，园林经济逐渐成为国民经济的一部分。特别是经过近10年的飞速发展，中国已成为世界花卉产业最活跃的国家和地区。如2011年全国花卉种植面积 $102.40 \times 10^4 hm^2$，花卉市场3178个，销售额近1068.54亿元，出口创汇4.80亿美元。

园林植物(landscape plants)即观赏植物(ornamental plants)的泛称，并简称或统称为花卉(ornamental plants，garden flowers)，是园林工程的基本要素，而品种(物种)的多样性才是园林植物的魅力所在。

品种是指经人工选育的、经济性状和生物学特性符合人类生产、生活要求，性状相对整齐一致而又能够稳定遗传的栽培植物群体。无性繁殖的园林植物品种，是由一个植株的枝、芽、鳞茎等营养器官经多次无性繁殖而育成的，又叫优良无性系。

品种是经济范畴的概念，是人类劳动的成果，也是园林生产资料，而不是植物分类单位；但另一方面，任何栽培植物都起源于野生植物，从分类学来说，无论野生植物或栽培植物都可以根据其进化系统、亲缘关系划归到不同的科、属、种、变种等中。也就是说，任何一个品种从分类学的角度都有一定的归属。但品种只是栽培植物的特定群体，在野生植物中，就只有不同的类型，而无品种之分。园林植物品种是园林事业中的重要生产资料和造园材料，它必须在绿化、观赏或其他方面满足园林生产的需要。要求一个品种具有相对相似的性状，是指其一致性水平能达到不妨碍使用这个群体所需要的整齐程度，如某种阔叶树的伞形树冠，或某种针叶树塔状树形，对庭园布置中的总体设计有着重要影响，而某种花卉花期的一致性影响着一定时间内能否出现繁花似锦的效果。相反，某些一年生草本花卉花色上的多样性却不影响在花坛布置上的使用价值。要求一个品种在遗传上相对稳定，是说在通常繁殖条件下能保持其原有状态和使用价值。无性繁殖的园林植物，这方面不存在问题；有性繁殖的植物，若是后代发生了影响其使用价值的性状分离，就不能称其为品种。

品种适应于特定地区和与之配套的栽培方法。像一些花卉的重瓣品种，在非栽培条件下，重瓣性状会消失；有些花卉的颜色会随着土壤 pH 值的不同而发生显著的变化。因此，应用品种要因地制宜。

品种有时效性。随着经济社会文化的发展，老的品种便不能适应，需不断地选育新品种，满足新需求。

在园林事业中，优良品种都起着重要的作用。世界上最大的花卉生产和出口国荷兰，花卉品种超过 11 000 个，其中郁金香就占花卉出口总值的 1/4 以上，正是他们所拥的 1400 多个品种，维系了他们在世界郁金香花卉市场上的领先地位。著名切花麝香石竹，育成了耐运输的品种‘Scandia 3C’，使生产者获得了更高的经济效益；百合花品种‘魅力’(又名‘橘红朝天’百合)和‘金百合’曾经红极一时，但在温室光线较弱(6000lx)的条件下，开花仅有 36%。以后育成的新品种‘派莱特’和‘山姆叔叔’，同样条件下开花率达 96%。绿化中，良种在提高品质、增强抗逆性、调节花期等方面起着十分显著的作用，如加拿大在 20 世纪 80 年代育成新品种‘Charles Albanel’和‘Champlain’解决了玫瑰花的露地越冬问题；北京引种的细弱翦股颖能保持 8 个月的绿色，较之过去常用的野牛草、羊胡子草等延长 1~2 个月。我国自主培育的有‘中国红’月季、‘风华绝代’菊花等也走向国际市场。故优良品种是发挥园林经济、生态、社会效益的载体。

强调品种的作用，不是说品种万能。一个品种的生物学性状和观赏性状的表现，乃是本身遗传特性和外界环境相互作用的结果，优良品种必须在良好的栽培条件下，才能更好地发挥作用。

0.2 “园林植物育种技术”的内容

“园林植物育种技术”是介绍园林植物良种选育的原理、方法和技术的课程，内容包括遗传学基础、育种技术、良种繁育技术、各论和实训五部分。

遗传学是育种的基础理论。它从细胞和分子水平上对遗传物质的形态、组成、结构及其运动规律进行研究，从而揭示生物发生发展的规律。遗传变异是生物的普遍属性，

了解遗传变异规律，有助于我们在园林植物育种中科学实践，提高效率，减少盲目性。

育种技术介绍良种选育具体方法。植物育种方法一般分为常规技术和非常规技术两类。常规技术包括选择育种、引种驯化、杂交育种；非常规技术（新技术）有辐射育种、化学诱变育种、多倍体育种、单倍体育种、基因工程育种、航天育种等。高新技术用于植物育种是21世纪育种学发展的方向，也将是育种方法和技术史上的一次革命。

良种繁育技术讲述良种在生产中如何复壮或保持其优良品质，以及如何快速大量地繁殖和推广优良品种的原理和技术，目标是建立良繁基地和建立有效的推广体系，促进优良品种迅速转化为生产力。良种繁育的传统方法是采穗圃和种子园，目前组织培养技术也渐趋成熟。

各论部分选择了我国南北十余种有代表性的园林植物种类，分别对其育种目标、种质资源、育种历史、方法和技术、成果和发展方向等做了具体描述，对实际工作有一定的指导意义。

实践技能训练部分安排了应知应会的实训项目20个，以提高学生的职业能力素质。这也是高等职业技术教育的特征和人才培养目标所突出要求的。

“园林植物育种技术”是一门综合性的高级技术应用性课程，它不仅要以遗传学作为理论指导，同时与“植物学”、“树木学”、“植物生理学”、“植物生态学”、“植物栽培学”、“细胞生物学”、“分子生物学”、“生物工程技术”、“生物统计学”、“计算机应用”等课程有密切的关系。学生应努力学习和掌握这些相关知识，综合运用各学科的先进成果，加速园林植物育种工作进程，为我国园林事业现代化作出贡献。

0.3 园林植物育种的研究对象及目标

园林植物育种的研究对象既包括多年生的乔木、灌木，又包括多年生或一、二年生草本植物。这两类植物在育种上有许多不同的特点，如木本植物生长周期长，选育年限长；树木遗传的基础理论研究薄弱，大多数树木是异花授粉植物，亲本的杂合性给评定杂交结果造成困难；树木寿命长，可以繁殖大量的后代，可以在一段时期内不断地选择淘汰；许多树木容易无性繁殖，可走无性系育种之路。草本植物以观赏为主要育种目标时，又有别于农作物，它们在种质特性和种群结构上更复杂，如有些是未经人工选育的、处于野生或半野生状态的原始材料，而有些花卉却有几百年、上千年的选育历史和丰富多彩的品种。

增强抗病性、抗虫性、抗寒性、抗旱性、耐盐碱性等，是园林植物育种的重要目标。例如，合欢（*Albizzia julibrissin*）是一种很有价值的观赏树木，株形、叶、花均极美观，性耐瘠薄干旱，但在北方却因为抗病虫害能力弱而得不到充分利用；我国1997年评选出的十大名花——梅花、牡丹、菊花、兰花、月季、杜鹃花、山茶、荷花、桂花、水仙，只有进一步地适应性改革，“方可达到普及国内，飘香世界的地步”（陈俊愉）。镰刀菌凋萎病普遍发生而又难防治，通过抗性育种育成了抗病害的郁金香、香雪兰、麝香石竹和百合等；从节约能源的角度也要求温室栽培的切花品种能适应较低的温度。

重瓣性、大花性、芳香性、早花或晚花期、长花期、多花性以及艳丽或新奇的花色是观赏花卉的育种目标。例如，菊花育种中常常考虑培育四季开花的品种；月季常以新奇的花色为目标，像北京城市美化中应用很多的聚花月季，抗寒、耐粗放管理、耐灰尘污染，花朵多，花期长，却存在着花色单一的严重缺点。

园林植物育种还要以高产与耐贮运为目标。在经营栽培中常常注重耐贮藏运输的能力；也追求花枝的产量和花序的花数等。

一个优良品种，必须具有综合的优良性状，但不可能要求它完美无缺。因此，育种目标必须分清主次，有时也可能因对某些性状的突出要求而对另一些性状降低标准。

0.4 国内外园林植物育种事业的发展状况

0.4.1 我国园林植物育种概述

我国园林植物栽培历史悠久，种质资源极其丰富，被西方誉为“园林之母”。古代劳动人民挑选最满意的或奇特的类型留种，开始了原始育种工作，积累了丰富的经验，也创造了大量的优良园林植物品种。新石器时期的“河姆渡文化”(今浙江余姚县)遗址中发现了荷花花粉化石；距今5000年前的“仰韶文化”(河南郑州大河村)遗址发掘到两粒莲子；河南安阳殷代墓葬中出土的铜鼎里，有一棵梅核，距今约也有3200年。古代文献中，《周南·桃夭》篇中，有“桃之夭夭，灼灼其华”的句子，便是对繁茂艳丽的桃花园林的写照；《郑风·溱洧》有“伊其相谑，赠之以芍药”；《陈凡》中则有“彼泽之陂，有蒲与荷……有蒲菡萏”等句。汉武帝(公元前140年)时已开始了大规模的引种工作，“武帝建元三年，开上林苑”，“上林苑，方三百里，苑中养百兽，……群臣远方，各献名果异卉，三千余种植其中……。”另据《西京杂记》，当时所搜集的果树、花卉达2000余种，其中梅花即有‘候’梅、‘朱’梅、‘紫花’梅、‘同心’梅、‘胭脂’梅等很多品种。菊花自晋代开始已有1600多年的栽培历史，至宋代，刘蒙泉、沈竞、范成大等人所写的《菊谱》(1104年)中已记述了选育重瓣、并蒂、新型、大花的菊花品种的经验。牡丹在魏晋南北朝时已有记载，至唐代已有芽变选种的记录，“潜溪绯者，千叶绯花。出于潜溪寺，潜溪寺在龙门山，唐李蕃别野，本是紫花，忽于丛中时出绯者一二朵，明年花移他枝，洛人谓之转枝花，其花绯色”(欧阳修《洛阳牡丹记》，1031年)。至于观赏树木更有自古留传至今者：江苏吴县司徒庙有4株“汉柏”，名为“清、奇、古、怪”，已有1900多岁；山东曲阜孔庙现有2400多年生的圆柏；山东莒县定林寺里，有一株粗大的银杏树，最大胸径达15.7m，传说已有3000多年。这些反映了我国古代园林育种成就和中华园林文化的渊源。

新中国成立以来，园林植物育种首先在种质资源方面取得成果，如出版了中国梅花分类系统的专著，对实生梅树的遗传变异、引种驯化进行了研究；对其他一些传统名花如牡丹、山茶、杜鹃花、桂花、兰花、菊花、芍药、水仙、荷花等的起源、品种、花型等进行了系统研究；秦岭(陕、甘)、大兴安岭(黑)、天目山(浙)、鸡公山(豫)、百花山(京)、长白山(吉)、神农架(鄂)、鼎湖山(粤)、庐山(赣)、黄山(皖)及云南等地开展了相当规模的野生花卉资源调查。至1987年中国科学院华南植物园、昆明市园林科学研究所、中国林科院亚热带林业研究所、武汉市园林科学研究所收集木兰科植物200余份近90种，相当于我国原产木兰科植物种的80%；广西南宁树木园收集号称“茶族皇

后”的金花茶22种(变种)；武汉市东湖磨山植物园收集80余个梅花品种；上海植物园收集小蘖属、槭属植物各几十种，栒子属植物60余种；华南植物园收集石斛属植物10余种；南京和北京收集菊花近3000个品种；山东菏泽、河南洛阳及北京收集牡丹品种500多个；北京市植物园收集丁香属植物20余种。同时，树木、花卉、草坪植物的引种工作也取得成就。1963年陈俊愉等报道，已将梅花引种在北京露地开花，其中由湖南引入的‘沅江’梅已北移逾1300km；其他如水杉、楝树、乌桕和外国松的引种驯化，野牛草、细叶翦股颖等草坪植物的引种推广也都获得成功。在育种方面，传统名花的杂交育种、多倍体育种都有一定成果；多倍体萱草的选育和应用，百合远缘杂交以及杂交结合组织培养对月季、文竹、番红花、四季海棠、垂笑君子兰等花卉的新品种培育，美人蕉、金鱼草、悬铃木等的辐射育种也都卓有成效。

在充分估计成绩的同时，也必须清醒地看到我们的问题和差距。欧美等西方国家大量引种国外野生和栽培花卉并用以选育新品种，虽二三百年的历史，却成效斐然，如国际山茶协会登录的山茶品种达22 000个，月季品种逾20 000个；欧美一般大城市的公私园林中，应用1000～3000种或更多的园林植物。反观我国，城市园林植物物种总数一般数百个，即使在应用植物材料最为丰富的广州，也仅1500种左右；至于品种多样性，“我国山茶栽培品种仅300多个，云南山茶140多个，差距何等之大”，“新中国成立初期全国至少有200个品种以上(河南鄢陵就有60个以上)，现在已很少见，……”。由此可知，我们是远远落后了。目前对于野生植物资源的调查、利用，还有许多工作要做，一方面大量珍奇花卉资源埋没山野或被损毁流失，另一方面又大量引进种苗；切花市场几乎是洋花一统天下，自己的名贵花木尚无国际竞争力；育种工作所需设施和手段相对落后，体制和机制方面也需要加快改革。

0.4.2 国内外育种工作发展动态

(1)重视种质资源的收集和研究

种质资源是育种工作的物质基础，“谁掌握种质，谁就掌握未来”。有些国家很早就开始了对园林植物种质资源的收集、研究、鉴定和保存。如美国1905年就派人到亚洲寻找有用植物，他们沿着中国的东北、新疆等地考察，10年间陆续从中国运走了几百船植物幼苗和几千袋植物种子，大约收集了2500种原产于中国的植物。正如1980年美国加利福尼亚州立大学戴维斯校区赖斯尔教授(A. T. Leiser)所说：“加州的树木花草有70%以上来自中国；……过去引入的仅是少数单株的后代，最好的优株还在中国。”至今一些花卉生产的先进国家仍十分重视种质资源工作，特别注意对园林植物原产地的调查、考察、发掘工作，对一些重要的花卉资源甚至不惜重金，如秦岭紫斑牡丹一直被日本专家关注着。我国1980年在成都召开了花卉种质资源学术会议，开始着手园林植物基因库的建立，目前初步形成种质资源基地网络。

(2)突出抗性育种和适应商品生产的育种

在育种目标上除观赏性状之外，还有两个方面是比较突出的，一是抗性育种，一是适应商品生产的育种。抗病虫害、抗污染以及为使优良种类的园林植物适应范围更广的抗逆性(寒、旱、盐碱等)育种，日益成为园林植物育种工作的重要内容。

观赏植物生产规模日益扩大，一些主要的花卉生产国家如荷兰、德国，开始考虑培育节约能源、耐贮藏和运输、节约生产成本的品种。西欧、北欧及北美等国，地处温带或北温带，温室的能源费用占温室全部生产费用的30%以上，要求选育生长期短或耗能少的品种。目前菊花中已选育出白天、晚上10℃就能开花的品种(原有品种要求白天18℃，晚上15℃)；一品红已选出白天14℃、晚上12℃的品种(原有品种为白天28℃、晚上25℃)。盆栽花卉向“矮、小、轻”的方向发展，要求植株矮、株型紧凑、花朵多，如美国利用日本、荷兰、德国以及美国矮生、半矮生的种质资源，已选育出适合盆栽的多分枝、植株矮、花期一致、花朵芳香的香石竹类型。

杂种优势在花卉育种中得到广泛应用。目前培育的花卉新品种，杂种一代(F_1)约占70%~80%，如金鱼草、紫罗兰、三色堇、矮牵牛等。全美花卉评选会(AAS)，是世界性的最有权威的花卉新品种评选会(基本限于一年生草花)，每年从世界各国送来的种子分送到全美30个点栽培，由各地专家打分，最后评出金奖、银奖、铜奖。从获AAS奖的品种看，近10年中F_1占71.8%。F_1制种授粉操作所需劳力较多，为节约种子生产成本，自交不亲和系及雄性不育系的选育又提上日程。

名花走出新路，也是国内外花卉育种方向之一。落叶杜鹃中的所谓比利时杜鹃系列，是欧洲人用原产于我国的杜鹃花与同属异种植物反复杂交改良而成，现在该系列的杜鹃花“衣锦还乡”，以其株矮朵多、花瓣增加、花色翻新、花期特长而受到普遍欢迎。比利时的根特研究所，以选育落叶杜鹃闻名遐迩，除原品种在圣诞节前开花外，进而育出“夏花”(8月15日前)、“冬花”(12月1日至翌年1月5日)、“早春花”(2月15日~3月15日)等映山红系列新品系。

(3)发展良种产业化

公司制经营、市场化运作是园林育种事业可持续发展的有效途径，如荷兰的梵·斯达芬公司，香石竹育种每年选用1000个亲本，配制5000多个组合，新品种出现的概率为2%，7~10年育成一个新品种。日本专营菊花种苗生产的国华园公司，杂交育种每年要种植杂种实生苗10万株，从中选出20~30个品种。荷兰扎顿尼公司是一个规模较大的种苗公司，有100 hm^2多土地用于花卉和蔬菜F_1的种子繁殖。相关统计显示，中国花卉种植面积已居世界第一位，形成了以云南、辽宁、广东3省为主的鲜切花产区，以广东、福建、云南等省为主的盆栽植物产区，以江苏、浙江、河南等省为主的观赏苗木产区，以广东、福建、四川等省为主的盆景产区，以上海、云南、广东等省(市)为主的花卉种苗产区，以辽宁、云南、福建等省为主的花卉种球产区，以内蒙古、甘肃、山西等省(区)为主的花卉种子产区，以湖南、四川、河南等省为主的食用药用花卉产区，以黑龙江、云南、新疆等省(自治区)为主的工业及其他用途花卉产区，以北京、上海、广东等省(市)为主的设施花卉产区。2011年，江苏和河南的花卉种植面积超过$10\times10^4 hm^2$，广东和浙江的花卉销售额超过100亿元。像浙江森禾种业股份有限公司等大型花卉企业不断涌现，北京东方园林、广东棕榈园林等园林花卉企业成功上市。大中型园林企业在专业化生产、市场开拓、品牌打造、科技研发等方面的特点和优势逐步显现，产业聚集效应明显增强，产业效益显著提升。

(4)探索育种新技术

诱变育种、倍性育种、体细胞杂交，特别是基因工程技术飞速发展，开辟了园林植

物育种的新途径。美国、加拿大、德国、英国、印度等培育的抗病、抗虫、耐盐碱园林植物有9科19属29种以上，如杨树、欧洲落叶松、云杉、火炬松、北美黄杉、鹅掌楸已获得转基因植株。1986年，Parson等人对杨树进行遗传转化，获得了对除草剂有很高忍耐性的种类，目的基因种类迅速增加，大批转基因植物进入田间试验，有的可能在近期进入市场。1987年西德Max－Planell研究所的研究人员把玉米中的DFR(4－黄烷酮还原酶)基因导入矮牵牛，结果获得了开砖红色花的矮牵牛。1986年美国加州大学一个研究小组把萤火虫的荧光酶基因转化到烟草中获得成功，1987年该大学Parzan博士把萤火虫的荧光素酶基因导入针叶树中，并检测到该基因的表达，这样就使培养不挂灯泡的圣诞树成为可能。近来有把苏云杆菌的毒素蛋白基因转到花卉中，产生一种活性的杀虫性蛋白，以保护花卉免受昆虫侵害，这个方法已在遭佛罗里达蛾侵袭的菊花上试验应用有效。

随着分子遗传学、分子生物学等基础研究的进展和基因转化技术、植物再生方法的不断完善，培育蓝色(月季)，观赏期延长数倍(香石竹，1998)，植株更矮、花芽更多(桔梗、郁金香，1996)、花香更加浓郁(牻牛儿醇提高了3～4倍的观赏植物)都不再是梦想。

(5)综合运用育种技术

多种育种技术的综合运用是未来园林植物育种的特征。选种与航天育种结合、多倍体技术与杂交育种结合、细胞工程与组织培养技术结合等，将大大提高育种效率；将基因工程与传统的育种手段结合在一起，有目的地培育出大批花色丰富、抗逆性强、性状各异、能满足多功能要求的观赏植物，是园林植物育种新的任务。

小结

(1)品种是指经人工选育的、经济性状和生物学特性符合人类生产、生活要求，性状相对整齐一致而又能够稳定遗传的栽培植物群体。品种是经济范畴的概念。品种适应于特定地区和与之配套的栽培方法。品种有时效性。花卉优良品种是园林事业的要素之一。

(2)“园林植物育种技术”是介绍园林植物良种选育的原理、方法和技术的课程，内容包括遗传学基础、育种技术、良种繁育技术、各论和实训五部分。

(3)植物育种方法一般分为常规育种技术和非常规育种技术两类。常规技术包括选择育种、引种驯化、杂交育种；非常规技术(新技术)有辐射育种、化学诱变育种、多倍体育种、单倍体育种、细胞工程育种、基因工程育种、航天育种等。多种育种技术的综合运用是未来园林植物育种的特征。

(4)良种产业化、市场化是园林育种事业可持续发展的有效机制。

知识拓展

荷兰库肯霍夫郁金香公园——Keukenhof Park

荷兰已经是世界上最大的郁金香与球茎花的出产国，境内有将近$2\times10^4hm^2$的土地是种植各种球茎花的农田，当然，半数以上种植的是郁金香。每年春夏两季，鹿特丹港会因为鲜花而变得繁忙不已，大大小小的船只穿梭其间，把大自然的使者——荷兰的郁金香，带到世

界各地。郁金香不仅是荷兰主要的出口创汇商品之一，也是荷兰的国花，是美好、庄严、华贵和成功的象征。

库肯霍夫在15世纪时，是一位女伯爵 Countess Jacoba van Beieren 的狩猎领地。当时，女伯爵在后院种植了蔬果草药等烹调食用的植物，所以将这个地方命名为 Keukenhof，也就是将“keuken(厨房)”与“hof(花园)”两个词合起来。所以，库肯霍夫在荷兰文中的原义是“厨房花园”。后来，在园林设计师的巧手妙思下，它开始渐渐具备英式花园雏型，吸引花农开始在此举行户外花展，并深获好评，于是逐步演化为今天举世闻名的库肯霍夫花展。

库肯霍夫花园占地32hm^2，抬眼看去广阔无垠。据资料显示，库肯霍夫花园中总共有逾600万株各式各样的花卉，排列种植成美丽图案，错落有致地散布在园内各处，但以郁金香为主。欧式花园艺术讲究的是几何式的景观设计，对称的布局、规则的图案、修剪整齐的花圃、整洁的道路，这一切共同带给人们简洁、开阔的视觉感受。而在得天独厚的库肯霍夫，千娇百媚的鲜花是一切的主角，所谓“对称的布局、规则的图案”，全部由花朵构成。在花海里穿行，那紫的不是薰衣草吗？嫣红的不是含苞待放的郁金香吗？缀于其间的，还有黄、白水仙……层层叠叠的花卉草木，绘出一幅幅令人惊叹的彩图。园区内还另设室内花展，主要是主题性的展出。春季正是郁金香怒放之时，所以展出也以郁金香为主题。郁金香栽培品种极多，达8000余个，有杯形、碗形、卵形、球形、百合花形、重瓣型等，花色有白、粉红、紫、褐、黄、橙等，深浅不一，并且有单色或复色的分别。在库肯霍夫花园的主题花展上，可以看到不少珍稀的品种，参照着每株花盆旁的详细说明，下凡仙子一般的稀有花朵直令人感叹“此花只得天上见，人间能有几回逢”。

自主学习资源库

(1)园林植物遗传育种学(第2版). 程金水，刘青林. 中国林业出版社，2010.

(2)园艺植物遗传育种. 季孔庶. 高等教育出版社，2011.

(3)园林植物遗传育种. 李淑芹. 重庆大学出版社，2006.

(4)“园林植物遗传育种学”精品课程立体化教学体系的构建. 孙莉. 长春大学学报，2007，17(6).

(5)http://dev.biologists.org.

(6)http://www.chsla.org.cn/cn.

(7)http://blog.sina.com.cn/s/blog_4ae1e33701000aeu.html.

自测题

1. 名词解释

园林植物，园林植物品种，良种产业化，育种目标，常规育种，新技术育种。

2. 问答题

(1)从经济、社会、生态角度论述园林植物品种多样性的意义。

(2)从本课程内容看，谈谈你最想从中学到哪些知识？

(3)根据发达国家园林植物育种的历史和现状，分析我国园林植物育种事业的前景。

单元1 遗传的物质基础

学习目标

【知识目标】

(1)掌握遗传、变异、进化的基本概念。

(2)了解染色体的基本形态、结构、化学组成及其组型，掌握细胞减数分裂时染色体的行为及其在遗传学上的意义。

(3)掌握基因的概念，了解基因和性状的关系。

(4)掌握染色体畸变、基因突变的概念，了解变异产生的原因及其在育种上的意义。

【技能目标】

(1)会用切片观察和分析染色体动态。

(2)会计算DNA双螺旋结构中的有关参数。

(3)能分析特定亲本的配子种类。

(4)能根据给定细胞型确定基因型并科学命名。

1.1 遗传变异与生物进化

1.1.1 遗传变异的概念

遗传和变异是一切生命物质的属性，是生物界的普遍现象。任何生物都能通过某种生殖方式产生与自己相似的个体，保持世代间的连续，以绵延其种族。俗话说："种瓜得瓜，种豆得豆"，广玉兰种下去长出的总是广玉兰，一串红种下去长出来的总是一串红。这种子代与亲代性状相似的现象，称为遗传。生物正是因为具有遗传特性，才保持了物种的相对稳定性，使生物界次序井然。然而，"一母生九子，九子不相同"，同一母树上采下的一批白玉兰种子，同时播在同一块圃地上，有的植株长得快，有的长得慢，有的叶宽，有的叶窄；再如郁金香，即使同一母株繁殖的后代，彼此之间以及与亲代之间在株型、花色、花径、生长速度等方面总有些差异。这种子代与亲代、子代与子代间性状差异的现象，称为变异。

遗传和变异现象不仅表现在生物的外部形态上，也表现在内部结构以及生理、习性、抗性甚至本能方面。

在生物的世代延续过程中，既有遗传，也有变异。遗传和变异相互对立，又互相联系，构成生物体内的一对矛盾，生物就是在这种矛盾的斗争和转化中不断向前发展。

1.1.2 遗传和环境

遗传和变异的表现都离不开一定的环境条件。因为任何生物都必须生活在环境中，从环境里摄取营养，通过新陈代谢进行生长、发育和繁殖，从而表现出性状的遗传和变异。生物性状的表现，受遗传物质和环境条件共同制约。通常把可以观测到的，生物体所表现的性状，统称为表现型。把生物性状发育的内在因素，也就是控制生物性状的遗传物质称为基因型。表现型是个体的形态结构特征和生理生化特性，可以直接根据人们的感官来鉴别，或用特定的方法测定；基因型是人们不能用肉眼直接观测到的。基因型还必须在一定的环境条件下，才能发育为表现型。基因型、表现型和环境条件三者之间有密切的关系(图 1-1)。

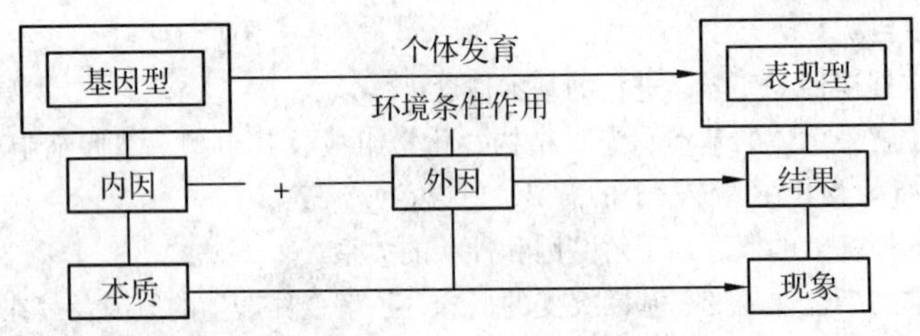

图 1-1　基因型、表现型与环境条件的关系

基因型是性状发育的内因，是表现型形成的根据。而环境条件则是基因型变为表现型的必要条件。表现型经常因环境的变化而变化，但往往并不影响基因型。例如，不同的苹果品种对于冬季低温的抵抗能力是不相同的，这是由不同基因型所决定的。但是只有当这些不同品种苹果处于冬季严寒相同的环境条件下，才能鉴别出它们的抗寒程度。可见冬季低温是抗寒性表现的必要条件。若在冬季气温比较温暖的环境下就难以测定，但不因此改变某个品种对低温反应的遗传能力，在当代或无性繁殖后代植株遇到冬季严寒发生时，仍然表现出来。

1.1.3 变异的类型

变异可分为遗传的变异和不遗传的变异。

(1)遗传的变异是指变异发生后，能够遗传给后代的变异。如圆柏变为龙柏；绿色黄杨变为金心黄杨；直脚类梅变为照水梅、龙游梅；单瓣牡丹变为重瓣牡丹；黄色菊花变为白色的菊花；一品红变为一品粉、一品白；一串红变为一串粉、一串紫；大花的三色堇和雏菊变为小花的三色堇和雏菊等。这些变异发生后，都能够在后代重新出现，是生物体内的遗传物质发生变化引起的。在园林植物育种中要特别重视这类变异，它们是新品种选育的基础和老品种退化的根源。

遗传的变异大体有 4 个来源：①基因重组和互作；②基因突变；③染色体变异；④细胞质变异。

(2)不遗传的变异是指生物只表现于当代而不遗传给后代的变异，一般不涉及遗传基础的更动。例如，一个优良的大花型月季新品种，种在瘠薄的土壤里，花朵变小，色

泽无光，枝叶纤瘦，明显区别于适生环境中的表型，但这类变异不会遗传给下一代。当后代种植到肥沃的土壤上，又恢复原来的优良性状。

遗传的变异和不遗传的变异划分是相对的，实际有时也是很难区分的。从植物的系统发育看，人类长期对野生植物进行定向培育和选择，植物由量变积累转化为质变，形成品种的例子是很多的。科学地区分这两类变异，对育种工作来说是十分重要的。

1.1.4　遗传变异与生物进化

进化是指事物不断变化发展的意思。英国博物学家达尔文(1809—1882)创立生物进化论，被列为 19 世纪自然科学三大发现之一。进化论认为，随着自然条件的变化，地球上的原始生命经历了由简单到复杂、由低级到高级、由水生到陆生、由原核生物到真核生物这一漫长的发展过程。地球不仅是生命的摇篮，还是决定生命发展方向的主体。现存的生物，都是由古老的生物进化、发展而来的(表 1-1)。

表 1-1　生物进化年表

地质年代	纪	植物化石记录	距今起始年代(年)
太古代		细菌及蓝藻	45×10^8
元古代			10×10^8
古生代	寒武纪 奥陶纪	藻类植物和无脊椎动物时代	5×10^8
	志留纪	裸蕨植物和鱼类时代	4.4×10^8
	泥盆纪		4.1×10^8
	石炭纪 二迭纪	蕨类植物和两栖动物时代	3.55×10^8
中生代	三迭纪 侏罗纪	裸子植物和爬行动物时代	2.5×10^8
	白垩纪	裸子植物仍盛、被子植物兴起	1.35×10^8
新生代	第三纪	被子植物和哺乳动物时代	约 7×10^7
	第四纪	人类时代	$1.75\times10^4\sim3\times10^6$

在地球 50 亿～60 亿年的历史上，约 34 亿年前，才出现了最原始的生命，从不具细胞结构的生命物质，逐渐出现了单细胞的一些原始类型。经不断地分化、发展，一直进化到植物，另一支进化到动物，约 3 百万年前诞生了人类。至今人类做过记录的生物种类有 200 万种之多，其中植物约 4000 万种，动物约 15 000 万种，微生物约 2000 万种。最大的动物与最小的动物相差约 10^7 倍，如鲸的体长可达 35m，单细胞动物直径只 3μm。就形态来讲，从单细胞动物的变形虫或鞭毛虫，到身体由多细胞组成且结构复杂的鸟类和哺乳类；从单细胞的细菌到种子植物，形态与结构区别极大。生物的种类、大小、形态和结构的千差万别，充分体现了生物的多样性。

为什么生物界具有多样性?

达尔文用极其丰富、确凿可靠的材料，提出了以自然选择学说为基础的生物进化理论。他用生存竞争和自然选择说明了生物进化的机制，论证了进化过程，成功地对生物进化中的物种起源与适应起源这两个关键问题，做了合理的解答。

概括地说，生物进化是由遗传、变异和选择三者共同作用的结果。生物是以遗传、变异为基础，通过自然选择不断进化的。

生物界广泛存在着变异的因素和条件，使生物产生各种各样的变异类型，为生物进化提供物质基础。但是，生物如果只有变异而没有遗传，变异的类型就保存不下来；遗传的作用在于把变异传给后代，使变异类型能够相对稳定，形成新的物种和品种。

生物在自然界中的生存和发展，并不是孤立的。它们既与各种自然环境因素发生着密切的联系，又受到自然环境因素的制约。随着地球的运动和地质变迁，自然界的各种环境因素也不断地发生变化，诸如地质变更、气候异常、生物兴衰等自然条件的演变，以至使地球上的各种生物变异类型和物种，都要在这些变动着的自然环境因素面前决定取舍。例如，古生代许多高大的木本蕨类植物，目前都已绝迹，代之兴起的另一类植物却得到生存和发展。如水杉、银杏、红杉、马褂木、北美鹅掌楸、鹅耳枥等，都是第四纪冰期后幸存下来的植物。这种自然条件对生物的选择，叫作自然选择。其实质是“生存斗争，适者生存”。人类可以能动地改造自然、利用自然，影响生物进化的进程。人们有意识或无意识地对家养动物、栽培植物以及微生物进行挑选和保存，积累对人类有益的变异，使其成为新品种，这样的选择过程，叫作人工选择。例如，芽变的选择、实生苗的选择以及对杂种后代的选择，都是人工选择。

总之，生物的遗传、变异和选择是生物进化和新品种选育的三大要素。变异提供进化的物质基础，遗传与变异的矛盾运动是生物进化的动力，而选择决定生物进化的方向。在物种进化的历史长河中，变异是绝对的，遗传只是相对的，遗传和变异的对立统一，既保持了物种的相对稳定性，又推动了物种不断变化和发展。

1.2 遗传的细胞学基础

细胞是植物组织结构、生理功能和生命活动的基本单位。细胞在生命活动中具有遗传的全能性。细胞的增殖是以细胞分裂的方式进行，在细胞分裂过程中，最显著的和主要的变化是细胞核，而在细胞核内又以染色体的变化最为重要。细胞遗传学在发展过程中已经积累了大量事实并充分证明，染色体就是细胞水平上的遗传物质。

1.2.1 染色体的形态

在细胞分裂间期，细胞核中有能被碱性染料染色的网状物质称为染色质。细胞分裂时，核内的染色质即表现为一定数目和形态的染色体，其中以有丝分裂的中期和早后期表现得最为明显和典型。

模式染色体由五部分组成，即着丝点、主缢痕、次缢痕、染色体臂和随体(图1-2)。每个染色体都有一个着丝点和被着丝点分开的两个臂。染色体染色后，两个臂染色而着丝点不染色，这样在光学显微镜下，染色体就像在着丝点处中断了，这个着丝点区域叫作主缢痕。有些染色体臂上还有染色较淡的收

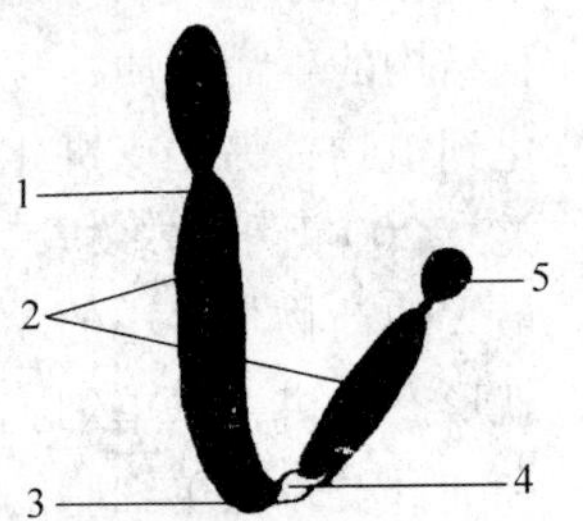

图1-2 中期染色体形态

1. 次缢痕 2. 染色体臂 3. 主缢痕 4. 着丝点 5. 随体

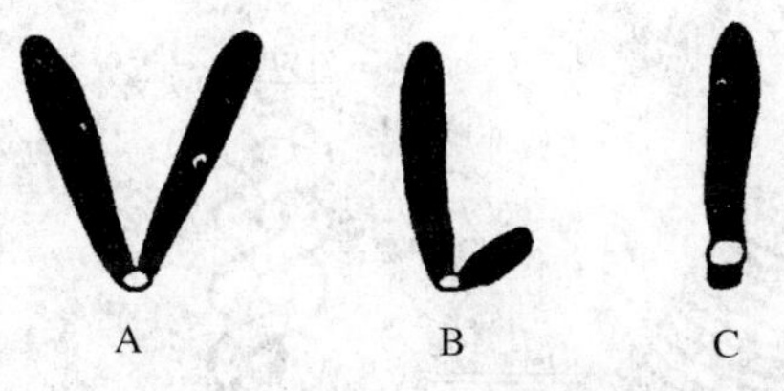

图 1-3 后期染色体形态

A. V 形 B. L 形 C. 棒状 D. 粒状

缩区，称为次缢痕，次缢痕的位置一般是恒定的，常在短臂的一端，而主缢痕的着丝点因染色体的不同而位置常有变化。此外，有些染色体次缢痕的末端还有圆形或椭圆形的突出体，称为随体。

着丝点的相对位置不同，染色体表现出不同的形态(图 1-3)。着丝点位于染色体的中间，称为中部着丝点染色体，这时两臂大致等长，分裂后期向两极牵引时，表现为V形；着丝点较近于染色体的一端，称为近中部着丝点染色体，这时两臂一长一短，表现为L形；着丝点接近染色体的末端，称为近端部着丝点染色体，这时长臂很长，短臂很短，表现为棒状；如果着丝点在染色体的末端，称为端着丝点染色体，这时也表现为棒状；染色体的两臂都极其粗短，呈颗粒状，称为粒状染色体。

各个染色体的着丝点、次缢痕、随体位置都是固定的，这对鉴定染色体很有价值。

1.2.2 染色体的组成和结构

染色体主要成分是核蛋白的复合物，其中核酸的成分主要是脱氧核糖核酸(DNA)，还有少量的核糖核酸(RNA)。蛋白质则由组蛋白和非组蛋白组成。

在光学显微镜下观察，染色体由两条染色单体组成，每一染色单体的骨架，由一个连续的 DNA 大分子与蛋白质相结合，成为 DNA 蛋白质纤丝，染色单体是由一条 DNA 蛋白质纤丝重复折叠而成的。

现代研究认为，染色质的基本结构单位是核小体(又叫核粒)，每个核小体包括一个由蛋白质分子组成的圆珠状体(为 8 个组蛋白质分子组成)和绕在上面的一小段 DNA 分子(在每个圆珠上绕 1 圈)组成。DNA 分子链连续地缠绕着一个个蛋白质圆珠状体，形成了绳珠状结构(图 1-4)。这种绳珠状的纤丝在细胞分裂期有规律地盘绕起来，形成螺旋体结构。在细胞分裂中所看的染色体，是超螺旋体再经折叠盘绕的产物(图 1-5)。

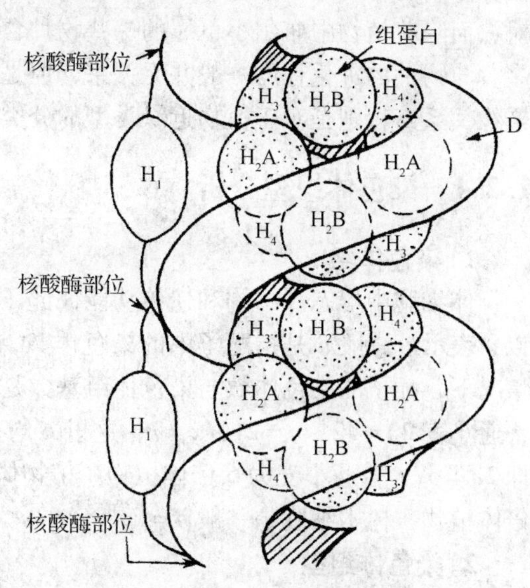

图 1-4 染色质结构的核粒模型

各种生物染色体的形态结构是相对稳定的，一般在体细胞里成对出现，我们把这种形态和结构相同的一对染色体，称为同源染色体；而这一对与另一对形态结构不同的染色体，互称为非同源染色体。例如，银杏有 12 对同源染色体，这 12 对同源染色体间，彼此互称为非同源染色体。

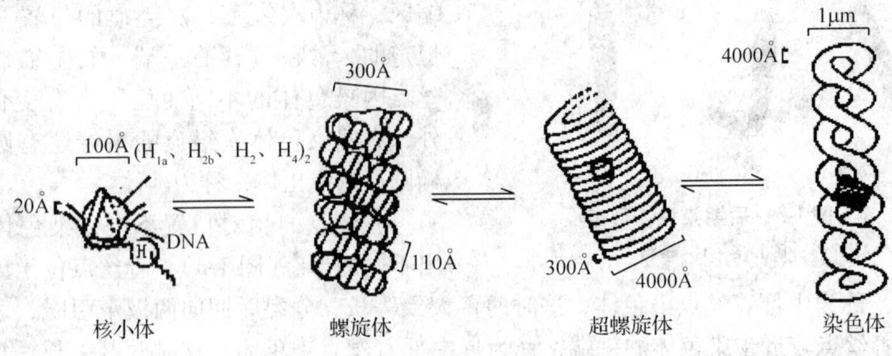

图1-5　由染色质到染色体的四级结构模型

1.2.3　染色体的数目

各种生物染色体数目通常是恒定的。在体细胞中染色体成对存在，通常以 $2n$ 表示；在性细胞中则是成单存在，是体细胞染色体数目的一半，通常以 n 表示。例如，月季 $2n=14$，$n=7$；银杏 $2n=24$，$n=12$；菊花 $2n=54$，$n=27$；人类 $2n=46$，$n=23$，等等。

不同物种之间，染色体数目的差异很大，有一种菊科单冠毛属植物的染色体只有2对，而隐花植物中瓶尔小草属的一些物种含有400~600对以上的染色体。染色体数目的多少与物种的进化程度一般并无关系，但是染色体的数目和形态特征对于鉴定物种间的亲缘关系，特别是对于植物近缘类型的分类，具有重要的意义。

1.2.4　染色体组型分析

1)染色体组

体细胞中形态、结构和遗传功能彼此不同而互相协调的一套染色体称为染色体组，以 x 表示。一般 n 是指配子中的染色体数，x 是指一个染色体组中的染色体数。在多数情况下，配子的染色体数与染色体组基数是相同的，即 $n=x$；但有的物种则不相同，如普通小麦 $2n=42$，$n=21$，$x=7$，这里 n 与 x 就不相等了，它的体细胞中有6组染色体，即 $2n=6x$，普通小麦为6倍体植物。植物体细胞中有多少个染色体组我们就称它为多少倍体植物。树木细胞中一般 $n=x$，$2n=2x$。

2)染色体组型

染色体组型(或核型)是指一个物种所特有的染色体数目和每一条染色体所特有的形态特征(染色体的长度、着丝点的位置、长短臂的比率、随体的有无、次缢痕的数目、异染色质的分布等)。每一物种的染色体组型是相对稳定的，因此是植物分类的重要标志。各种生物中 n 与 x 是否相等，必须对该物种进行染色体组型分析。

3)染色体组型分析

染色体组型分析是对细胞染色体数目、大小和形态特征等检测和描述。

(1)染色体数目

包括染色体基数、非整倍性变异、多倍体、B－染色体或性染色体等。B－染色体是指在某些植物中发现的异染色质超数的染色体。

(2)染色体形态

染色体形态一般以细胞分裂中期的染色体作为基本形态。个别也有用减数分裂粗线期的染色体做组型分析的。其内容有:

①染色体长度　染色体长度分为绝对长度、相对长度、总长度和长度变异范围。绝对长度以微米计算;相对长度是按每一染色体长度各占全组染色体总长度的百分比,或以染色体组中最短或最长的染色体长度为100,其他染色体以此计算的比值;总长度是指整个染色体组的染色体总长度;长度变异范围是指测量过程中的最短染色体和最长染色体的长度,而不是指平均值中的长度变异范围。

②臂比　即长臂与短臂长度之比。

③着丝点位置　着丝点位置以臂比的数值来确定(表 1-2)。

表 1-2　染色体根据臂比的分类标准表

臂比(长/短)	染色体类型	表示符号	备　注
≤1.0	正中部着丝点染色体	M	具随体染色体(sat)可以用 * 标出,随体的长度可以计入或否,但须说明
1.1~1.7	中部着丝点染色体	m	
1.8~3.0	近中着丝点染色体	sm	
3.1~7.0	近端着丝点染色体	st	
7.0 以上	端部着丝点染色体	t	
∞	端部着丝点	T	

此外,也可用短臂长度/染色体长度×100,或短臂长度/长臂长度×100 这两种方法计算。

1.2.5　染色体的运动

染色体运动是指染色体在细胞分裂中的正常行为。细胞分裂是植物进行繁殖和遗传的基础,高等生物的细胞分裂主要以有丝分裂和减数分裂方式进行。

1.2.5.1　有丝分裂

(1)有丝分裂的过程

有丝分裂是一个连续的动态变化过程,它包括两个阶段:先是细胞核分裂,即核分裂为 2 个;后是细胞质分裂,成为 2 个子细胞。核分裂的过程又可分为前期、中期、后期、末期 4 个时期(图 1-6)。另外在细胞相继两次分裂之间还有一个间期。现按这 5 个时期分述如下:

①间期　在光学显微镜下观察,间期细胞核是均匀一致的,看不到染色体。但这时的核正处于新陈代谢的高度活跃时期,进行 DNA 的复制、组蛋白和 RNA 的合成,为子细胞的形成准备物质条件。

②前期　细胞核内出现细长而卷曲的染色体,以后逐渐缩短变粗。每条染色体有两条染色单体,这表明此时染色单体已经复制,但着丝点尚未分裂。这时核仁和核膜逐渐模糊不清,两极逐渐出现纺锤丝。

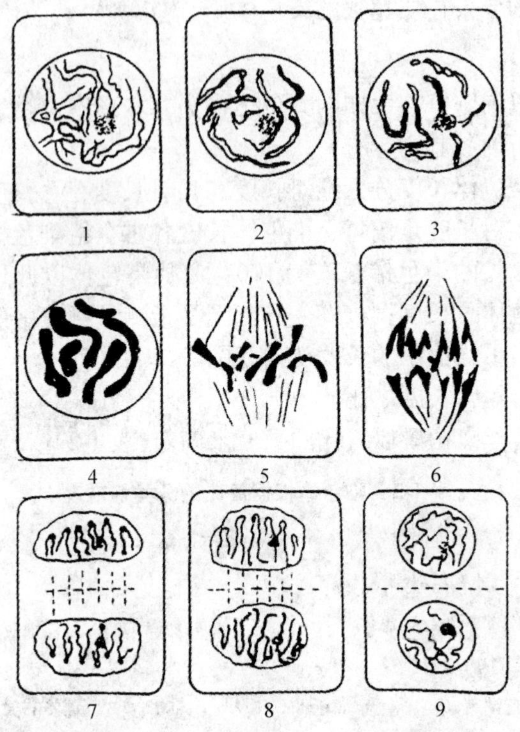

图1-6　植物体细胞有丝分裂模式图

1. 极早前期　2. 早前期　3. 中前期　4. 晚前期
5. 中期　6. 后期　7. 早末期　8. 中末期　9. 晚末期

③中期　核仁、核膜消失，纺锤体出现，各染色体的着丝点排列在纺锤体中央的赤道面上。这时染色体具有典型的形状，是染色体制片、计数和鉴别的好时期。

④后期　每条染色体的着丝点分裂为二，这时各条染色单体已各成为一条染色体，且在纺锤丝的牵引下分别向两极移动，两极各具有一套与原来细胞同数目的染色体。

⑤末期　在两极染色体周围重新出现核膜，染色体又变得松散细长，核仁重新出现，每个母细胞内形成了2个子核；接着细胞质分裂，在纺锤体赤道板区域形成细胞板，分隔为2个子细胞，恢复间期状态。

(2)有丝分裂的遗传学意义

有丝分裂是均等式分裂，每条染色体都准确地复制为二，然后对等地分配到子细胞中，使两个子细胞和母细胞间在遗传组成的数量和质量上完全一致，保证了遗传物质在体细胞间的同一性和世代相传，从而保证了性状的稳定性。植物采用无性繁殖所获得的后代之所以能保持其母本的遗传性状，就是通过有丝分裂实现的。

1.2.5.2　减数分裂

减数分裂是在性母细胞成熟形成配子时所发生的一种特殊的有丝分裂。减数分裂的主要特点：①各对同源染色体在细胞分裂的前期配对，或称作联会；②整个分裂过程包括两次分裂：第一次是减数的，第二次是等数的；③核分裂两次，染色体只复制一次，因此形成半数染色体的4个子细胞(配子)。

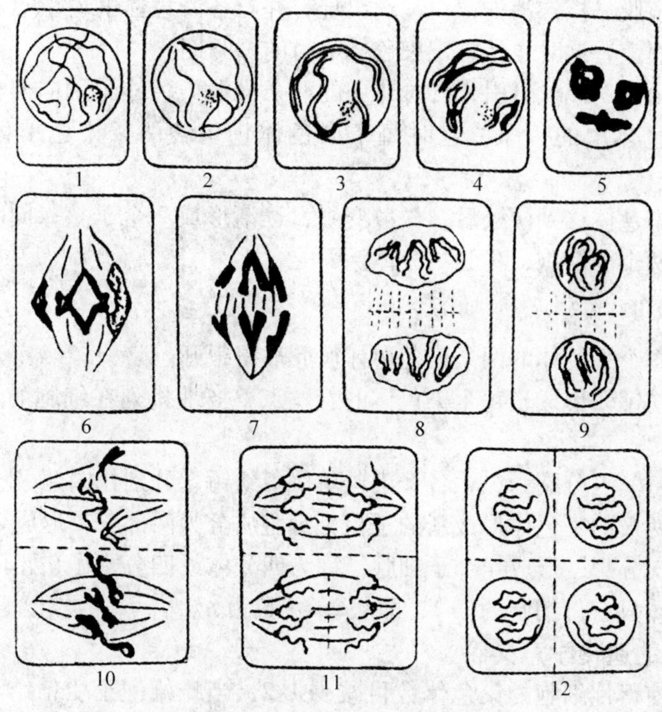

图 1-7　植物细胞的减数分裂模式图

1. 细线期　2. 偶线期　3. 粗线期　4. 双线期　5. 终变期　6. 中期Ⅰ
7. 后期Ⅰ　8. 末期Ⅰ　9. 前期Ⅱ　10. 中期Ⅱ　11. 后期Ⅱ　12. 末期Ⅱ

1)减数分裂的过程

两次连续的细胞分裂，分别称为减数分裂Ⅰ和减数分裂Ⅱ。两次分裂过程都可划分为前期、中期、后期和末期4个时期(图1-7)，各期特点如下。

(1)减数分裂Ⅰ

①前期Ⅰ　经历时间长，变化复杂，又分为5个时期。

细线期　核内染色体细长如线。染色体在间期已经复制，这时每个染色体都是由共同的一个着丝点联系的两条染色单体所组成。

偶线期　同源染色体配对，出现联会现象。$2n$ 个染色体经过联会而成为 n 对染色体。联会的一对同源染色体称为二价体。

粗线期　二价体逐渐缩短加粗，可见4条染色单体，故又称为四合体。在二价体中一个染色体的两条染色单体，互称为姊妹染色单体；而不同染色体的染色单体，互称为非姊妹染色单体。此期两条联会的同源染色体结合得很紧密，相邻的非姊妹染色单体间会发生局部的交换。

双线期　四合体继续缩短变粗，各个联会的二价体虽因非姊妹染色单体相互排斥而松解，但其间仍有若干处发生交叉而相互连接，这种交叉现象是非姊妹染色单体之间某些片段在粗线期发生交换的结果。

终变期　染色体继续缩短变粗，这时每个二价体分散在整个核内，是鉴定染色体数目的最好时期。

②中期Ⅰ　核膜、核仁消失，纺锤丝出现，并与各染色体的着丝点相连接，染色体分散排列在赤道面上，这时也是鉴定染色体数目的好时期。

③后期Ⅰ　由于纺锤丝牵引，二价体中的两条同源染色体分别向两极移动，每极只分到每对同源染色体中的一条，这时每条染色体仍包含两条染色单体，着丝点没有分裂。

④末期Ⅰ　染色体移到两极后，松散变细，逐渐形成2个子核；同时细胞质分为两部分，于是形成两个子细胞，称为二分体。

(2)减数分裂Ⅱ

①前期Ⅱ　每个染色体的两条染色单体彼此散得很开。

②中期Ⅱ　纺锤体形成，每个染色体的着丝点整齐地排列在细胞的赤道面上。着丝点开始分裂。

③后期Ⅱ　着丝点分裂为二，各个染色单体由纺锤丝分别拉向两极。

④末期Ⅱ　两极的染色体形成新的子核，细胞质分为两部分，形成2个子细胞。

这样经过2次分裂，形成4个子细胞，称为四分体或四分孢子(配子，性细胞)。各子细胞核内染色体只有母细胞的1/2，即从$2n$减数为n。

2)减数分裂的遗传学意义

①减数分裂使得性细胞的染色体数目减少1/2，当雌雄配子受精结合成合子时，染色体又恢复到二倍染色体数目，保持了生物世代间染色体数目的恒定性，保证了物种的相对稳定性。

②减数分裂中期Ⅰ排列在赤道面上的各对同源染色体的两个成员，在后期Ⅰ分向两极是随机的，各个非同源染色体之间可以自由组合到一个配子里，n对染色体，就可能有2^n种自由组合方式。例如，银杏$n=12$，其非同源染色体的可能组合数为$2^{12}=4096$。这说明各个子细胞之间在染色体组成上可能出现多种多样的组合。

③同源染色体的非姊妹染色单体之间的片段还可能出现各种方式的交换，产生遗传物质的重新组合，为生物变异提供了物质基础，为选择提供了丰富材料。

实训

实训1-1　花粉母细胞减数分裂观察(见单元10实训1)

实训1-2　临时片改作永久片的制作(见单元10实训2)

1.3 遗传的分子基础

在分子水平上，核酸是主要的遗传物质。核酸是一种高分子化合物，占细胞干重的5%~15%。任何生物包括病毒、细菌、植物及动物，无一例外地含有核酸。核酸分为两大类，即核糖核酸(RNA)和脱氧核糖核酸(DNA)，其中DNA是大多数生物的遗传物质，在缺乏DNA的某些病毒中RNA是遗传物质。

1.3.1　核酸的种类及分子结构

1）核酸的分子组成

核酸的基本组成单位是核苷酸。每一个核苷酸包含一分子核苷和一分子磷酸；核苷又可以进一步分解为戊糖和碱基。碱基有嘌呤或嘧啶两类；戊糖有核糖和脱氧核糖两类。DNA 的组分是脱氧核糖、磷酸、ATCG 4 种碱基；RNA 的组分是核糖、磷酸、AUCG 4 种碱基。5 种碱基结构式见图 1-8。

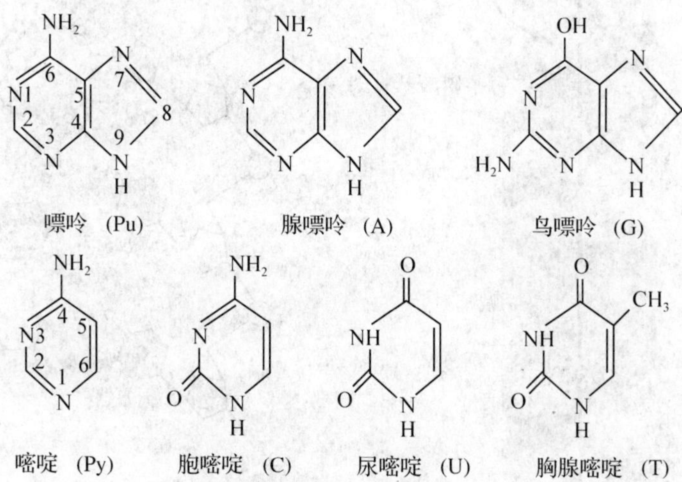

图 1-8　核酸中的嘌呤与嘧啶

2）核酸的分子结构

（1）DNA 的结构

DNA 的空间结构是指多核苷酸链内或链与链之间通过氢键折叠卷曲而成的构象。1953 年，瓦特森和克里克根据对 DNA 进行的 X 射线衍射分析，提出了 DNA 分子的双螺旋结构模型。

①DNA 分子有两条反向平行的多核苷酸链，一条链中的磷酸二酯键为 3′－5′，另一条链为 5′－3′。这两条链围绕着同一个轴盘旋，形成一个右旋的螺旋体。

②这两条链的戊糖和磷酸排列在外侧，形成链的主干，膘呤和嘧啶碱基排列在内侧，两链相对应的核苷酸之间的碱基由氢键联结起来。其中 G 与 C 通过 3 个氢键，A 与 T 通过 2 个氢键相连。

③DNA 双螺旋分子直径为 2nm，长度比直径可以大过百万倍以上。它的螺距为 3.4nm，其中包括 10 对碱基，碱基对之间的距离为 0.34nm（图 1-9）。

（2）DNA 链的特征

①互补配对　DNA 双螺旋链的碱基配对是固定的，即 A－T、T－A、C－G、G－C，两条链上的碱基是互补配对的。这样，当一条核苷酸链上的碱基顺序确定后，按照碱基互补原则，就可推定互补链上的碱基排列顺序。

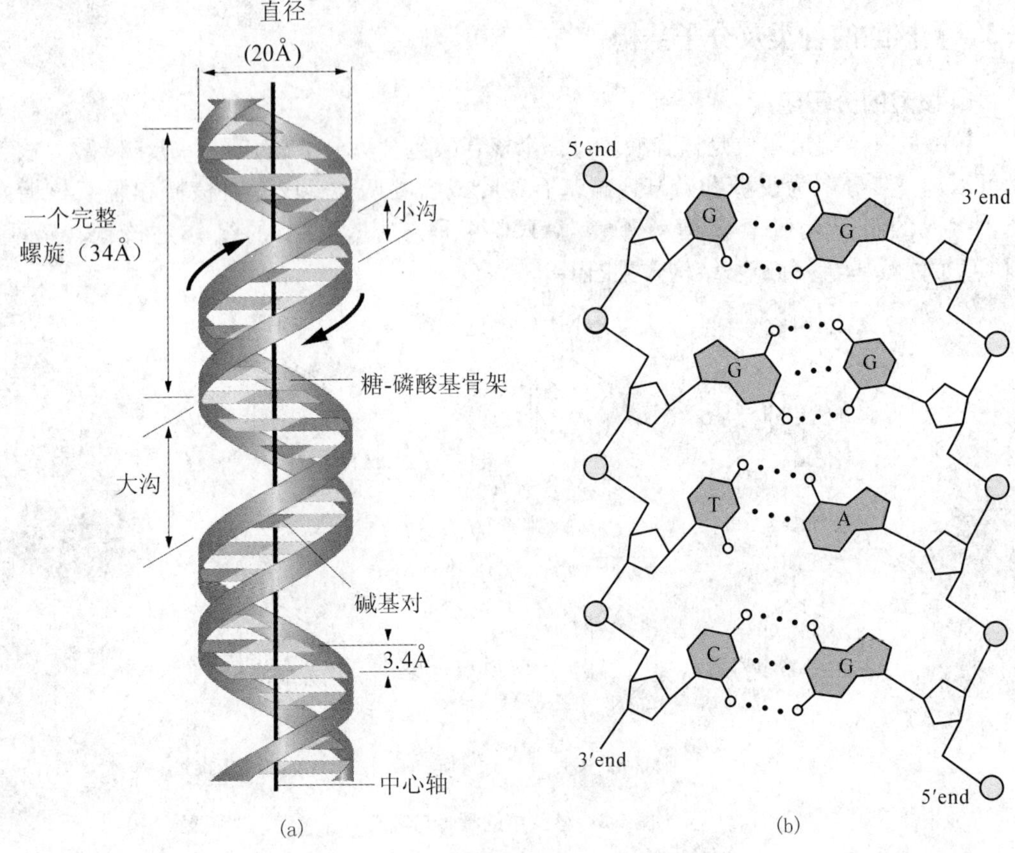

图 1-9 DNA 分子的双螺旋结构

(a)DNA 双螺旋 (b)碱基配对

②变性复性 将 DNA 的稀盐酸溶液加热到 80℃以上时，可使 DNA 分子中的氢键断开，两条多核苷酸链分开成为两条单链，称为变性作用。如果把加热后的 DNA 溶液，缓缓地冷却至室温，变性的 DNA 双链的碱基重新互补配对，恢复成原来的双螺旋结构，这种现象称为复性。变性和复性作用可用于进行分子杂交。

③重复序列 真核细胞染色体 DNA 中有许多重复出现的核苷酸序列，称为重复序列。根据重复出现的程度不同，又可分为两类，高度重复序列和中度重复序列。在整个基因组中只出现一次的称为单一序列。单一序列与重复序列在 DNA 链上大致相间排列。

(3)RNA 的结构

不论是动物、植物还是微生物，细胞内都含有 3 种主要的 RNA，即核糖体 RNA(rRNA)、转运 RNA(tRNA)、信使 RNA(mRNA)。

rRNA 约占全部 RNA 的 80%，是构成核糖体的骨架。tRNA 约占 16%，在蛋白质生物合成中，负责转运氨基酸。mRNA 是合成蛋白质的模板，它的碱基与 DNA 碱基互补。每种 mRNA 编码着特定的多肽链。

大部分 RNA 是单链结构，只有局部可能形成双链(图 1-10)。

图 1-10 RNA 分子结构图

RNA 的一级结构为直线形多聚核苷酸，有时可以通过自身回折使彼此能配对的碱基相遇，互补的碱基能形成氢键，出现部分双螺旋结构，或形成环圈、发夹状等空间结构。

在所有的 RNA 中，对 tRNA 的结构研究较多。tRNA 不论来自何种生物，都具有许多结构上的共同特点，如分子量在 25 000Da 左右，由 70 ~ 90 个核苷酸残基组成。有较多的稀有碱基，这类稀有碱基一般是在 DNA 模板上合成 tRNA 后，经特殊的酶裂解和甲基化形成的，tRNA 的二级结构呈三叶草形。双螺旋区构成了三叶草的叶柄，突环好像是三叶草的 3 片小叶。这种结构，由于双螺旋所占的比例较高，所以十分稳定。

1.3.2 DNA 复制

所谓 DNA 复制，是指以原来的 DNA 分子为模板合成出相同分子的过程。DNA 作为遗传物质的基本特点就是能够准确地自我复制。

DNA 的复制方式称为半保留复制。DNA 的复制发生在细胞分裂的间期。首先由解旋酶松弛 DNA，解链酶解开 DNA 双链，从 DNA 的一端使双链间氢键逐渐断开，形成一端是双螺旋状而另一端已拆开成两条单链的复制叉。这时以分开了的每条单链为模板，在引物酶的催化下，从细胞核内吸取互补的游离核苷酸，进行氢键的结合。在复制起始部位结合上互补的RNA引物，在DNA聚合酶和DNA连接酶作用下，在引物3′端后逐步合成出新的DNA互补链，延伸方向为5′-3′。DNA聚合酶催化DNA链的合成只能沿着5′-3′方向进行。因此，解开双链以后，在3′-5′方向的模板上可以顺利地按5′-3′方向合成新的DNA链，这条链是连续合成的，称为前导链，而另一条链是不连续合成的(以5′-3′方向链为模板)，称为随从链。即在随从链合成过程中，先合成的是较短的DNA片段(冈崎片段)，然后在连接酶的作用下，把这些片段再连接起来，形成完整的DNA链。冈崎片段的合成方向仍是5′-3′方向。随后RNA引物被酶切掉。DNA新链向5′端延伸并补上缺口，与原来作为模板的单链结合盘旋在一起，恢复DNA分子的双链结构。这样，随着DNA分子双螺旋的完全拆开，就逐渐形成了两个新的DNA分子(图1-11)。

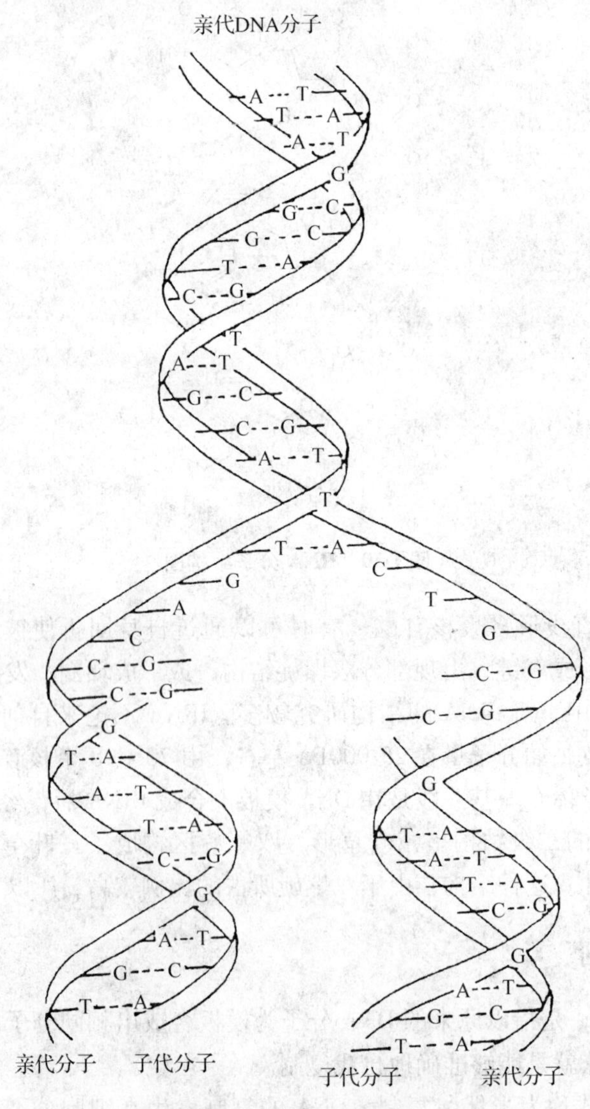

图1-11　DNA的复制

1.3.3　遗传密码

DNA是遗传物质，各种生物遗传性的差异是由DNA分子上碱基排列的差异造成的。由DNA分子的碱基序列决定的遗传信息，传递到具有相应序列的mRNA分子上，进而决定相应的氨基酸序列。mRNA上的3个相邻核苷酸构成一个三联体，决定多肽链上的一个氨基酸。这些特定的核苷酸三联体就构成了遗传密码，或称为密码子。转运核糖核酸(tRNA)分子中有3个与mRNA的三联体密码互补配对的核苷酸称为反密码子。

1966年研究破译了全部遗传密码，成功地编绘出mRNA的遗传密码表(表1-3)。

表1-3　20种氨基酸的遗传密码表

第一碱基(5′-OH)	第二碱基				第三碱基(3′-OH)
	U	C	A	G	
U	UUU 苯丙氨酸	UCU 丝氨酸	UAU 酪氨酸	UGU 半胱氨酸	U
	UUC 苯丙氨酸	UCC 丝氨酸	UAC 酪氨酸	UGC 半胱氨酸	C
	UUA 亮氨酸	UCA 丝氨酸	UAA 终止信号	UGA 终止信号	A
	UUG 亮氨酸	UCG 丝氨酸	UAG 终止信号	UGG 色氨酸	G
C	CUU 亮氨酸	CCU 脯氨酸	CAU 组氨酸	CGU 精氨酸	U
	CUC 亮氨酸	CCC 脯氨酸	CAC 组氨酸	CGC 精氨酸	C
	CUA 亮氨酸	CCA 脯氨酸	CAA 谷氨酰胺	CGA 精氨酸	A
	CUG 亮氨酸	CCG 脯氨酸	CAG 谷氨酰胺	CGG 精氨酸	G
A	AUU 异亮氨酸	ACU 苏氨酸	AAU 天冬酰胺	AGU 丝氨酸	U
	AUC 异亮氨酸	ACC 苏氨酸	AAC 天冬酰胺	AGC 丝氨酸	C
	AUA 异亮氨酸	ACA 苏氨酸	AAA 赖氨酸	AGA 精氨酸	A
	AUG 甲硫氨酸(起始密码)	ACG 苏氨酸	AAG 赖氨酸	AGG 精氨酸	G
G	GUU 缬氨酸	GCU 丙氨酸	GAU 天冬氨酸	GGU 甘氨酸	U
	GUC 缬氨酸	GCC 丙氨酸	GAC 天冬氨酸	GGC 甘氨酸	C
	GUA 缬氨酸	GCA 丙氨酸	GAA 谷氨酸	GGA 甘氨酸	A
	GUG 缬氨酸(起始密码)	GCG 丙氨酸	GAG 谷氨酸	GGG 甘氨酸	G

遗传密码的基本特点如下。

①通用性　即不论病毒、原核生物，还是真核生物都共用这一套密码。如将兔网织红血球的核糖体与大肠杆菌的氨酰基-tRNA及其他蛋白质合成因子一起进行反应时，合成的是血红蛋白，说明大肠杆菌tRNA上的反密码子能够正确读出血红蛋白mRNA上的信息。由于生物的进化、组织的分化，同一氨基酸所具有的几组不同密码子被利用的频率在不同的物种间不同。

②简并性　1个氨基酸由1个以上的三联体密码所决定的现象，称为简并。如UCU、UCC、UCA、UCG都是丝氨酸的密码子，只有色氨酸和甲硫氨酸只有一个密码子。密码的简并性对物种遗传的稳定性有重要意义，因为一旦DNA分子上的碱基发生突变时，形成新三联体密码可能与原来的三联体密码翻译成同样的氨基酸，使在多肽链上不表现任何变异。

③专一性　密码子中的第三位碱基比前两个碱基具有较小的专一性。密码的简并性往往只涉及第三位碱基(精氨酸、亮氨酸及丝氨酸例外)，如丙氨酸有4组密码子GCU、GCC、GCA、GCG，前两个碱基都相同，只有第三位不同。已经证明密码子的专一性主要由前两个碱基决定，而第三个碱基就显得不那么重要。如果第三位碱基发生了突变，往往仍能翻译出正确的氨基酸来，从而使合成的蛋白质的生物学功能不变。

④密码没有标点符号　就是说，两个密码子之间没有任何核苷酸加以隔开。在密码链中插入或删去一个碱基，就会造成这一碱基以后的错误，即移码。移码造成的突变叫移码突变。

⑤终止密码　64组密码子中，有3组没有对应的氨基酸，称为无意义密码，也就是肽链合成的终止密码子。UAG、UAA、UGA 3个终止密码子被利用的频率是不同的，最常用的是UAA。

⑥起始密码　AUG既是甲硫氨酸的密码子，又是肽链合成的起始密码子。蛋白质链都是从甲硫氨酸开始的。蛋白质合成后，常有一种酶将起始端的甲硫氨酸去掉。

1.3.4　DNA与蛋白质合成

生物体的组成成分主要是蛋白质，蛋白质是性状的主要体现者。因此，基因对性状的控制是通过DNA控制蛋白质的合成来实现的。

蛋白质是由很多氨基酸连接在一起所构成的多聚体，每种蛋白质都有其特定的氨基酸序列。DNA由4种不同的核苷酸组成，每种生物的DNA也各有其特定的核苷酸序列，即碱基的不同排列。因而DNA的碱基序列决定氨基酸序列的过程，也就是蛋白质合成的过程。这一过程实际上包括遗传信息的转录和翻译两个重要步骤。

(1)转录

转录就是以DNA双链之一为模板，把DNA的遗传信息以互补的方式记载到mRNA上的过程。转录开始时，首先，由DNA聚合酶的σ因子辨认起始位点；随后RNA聚合酶与模板DNA结合形成复合物，在结合区内双链在若干个碱基对的范围内解开。即以DNA的一链为模板，以细胞核中4种游离的核苷酸为原料，按碱基配对的规律，沿5′-3′的方向合成mRNA(图1-12)；最后，所形成的mRNA与模板DNA分离，穿过核膜孔进入细胞质，准备与核糖体结合进入翻译过程。

(2)翻译

翻译就是以mRNA为模板，将其所转录的核苷酸语言变为蛋白质的氨基酸语言，指导蛋白质的合成。即把由tRNA送来的各种氨基酸，按照mRNA的密码顺序，相互连接起来成为多肽链，并进一步折叠起来成为立体蛋白质分子的过程。翻译时，所有3种类型的RNA都参与蛋白质合成。

①翻译在mRNA链的起始信号上开始，参加多肽链合成的核糖体穿进mRNA，并沿着该链一个三联体接一个三联体地移动。

②两个tRNA分子各自携带着一个特定的氨基酸，占据核糖体较大亚基上(核糖体在立体上看由大小2个亚基构成)的两个结合部位，tRNA反密码子和mRNA链片段的密码子配对，而mRNA链则暂时同较小亚基上的结合点相连。

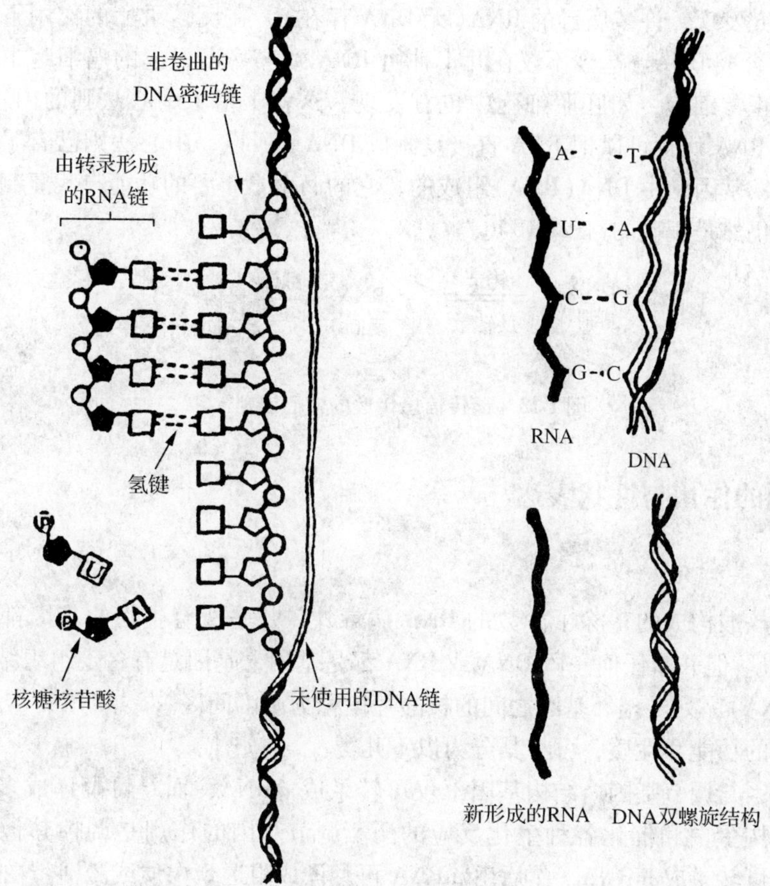

图 1-12　RNA 的转录

③在每个阶段中，第一个 tRNA 携带的氨基酸和第二个 tRNA 携带的氨基酸之间，可借核糖体上酶的催化而形成肽链。

④核糖体在 mRNA 链上再前进一个三联体的距离，置换出第一个 tRNA。此 tRNA 脱离 mRNA 链并游离，再重新去结合其他的氨基酸。

⑤携带氨基酸的其他 tRNA 靠近 mRNA 链，并占据它们在 mRNA 顺序中互补密码子上的位置。

⑥当核糖体沿着 mRNA 链向前移动一个三联体距离时，在核糖体表面上形成的多肽链就增加一个氨基酸单位。因此，核糖体沿着 mRNA 链向前移得越远，则所形成的多肽链就越长。当核糖体到达 mRNA 链上的终止信号时，它就将完整的多肽链释放到细胞质中。在核糖体上合成的多肽链，经过链的卷曲或折叠，成为具有立体结构的蛋白质。

1.3.5　中心法则及其发展

综上所述，蛋白质的合成过程，也就是遗传信息 DNA→DNA 的复制及遗传信息 DNA→mRNA→蛋白质的转录和翻译过程，就是分子生物学中的中心法则。由此可见，中心法则所阐述的是基因的两个基本属性：DNA 的自我复制与 DNA 指导蛋白质的合成。

进一步研究发现，许多病毒的RNA(无DNA存在)，在反转录酶的作用下，可以以RNA为模板，合成DNA。迄今不仅在几十种由RNA致癌病毒引起的癌细胞中发现反转录酶，甚至在正常细胞，如胚胎细胞中也有发现。这就丰富了中心法则的内容。另外，还发现大部分RNA病毒可以把RNA直接复制成DNA。所以，中心法则已有了重要的补充和修改，即：基因是由DNA(RNA)组成的，它的两个最重要的功能自我复制和控制蛋白质的特异性仍然是正确的(图1-13)。

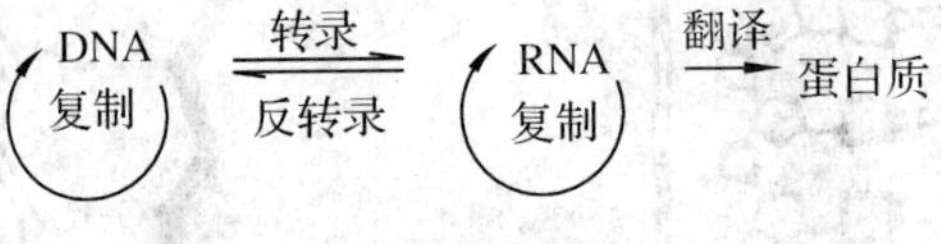

DNA（复制）⇌（转录／反转录）RNA（复制）—翻译→蛋白质

图1-13　遗传信息传递的中心法则

1.3.6　基因的作用与性状表达

(1)基因及其种类

基因是由核酸构成的，除了少数的RNA病毒外，几乎所有生物的基因都是一个特定的DNA片段。但并非任何一段DNA或RNA都是基因，基因是有一定组织结构和功能的DNA(或RNA)序列。相邻基因之间的核酸片段称为基因间区。

根据基因的功能和性质，可将其分为以下几类：

①结构基因与调节基因　结构基因不仅可转录成mRNA，而且可翻译成多肽链，从而构成各种结构蛋白和催化各种生化反应的酶。调节基因的作用是调控其他基因的活性，调节基因可转录成mRNA，然后由mRNA再翻译成阻遏蛋白质或激活蛋白质。

②核糖体RNA基因(rDNA)与转移RNA基因(tDNA)　这类基因只转录产生相应的RNA，而不翻译成多肽链。rDNA是专门转录核糖体RNA(rRNA)的，rRNA与相应的蛋白质结合形成核糖体，为mRNA翻译形成多肽链提供场所；tDNA专门转录转移RNA(tRNA)，tRNA的作用是激活氨基酸，因为在多肽链合成时，氨基酸先要被激活，然后被转移到核糖体上按mRNA信息与其他氨基酸连接形成多肽链。

③启动子与操纵子　启动子是转录时RNA多聚酶起始与DNA结合的部位；操纵子是调节基因的产物阻遏蛋白质或激活蛋白质与DNA结合的部位，它们都是不转录的DNA区段，确切地说，它们不能称为基因。但关系到结构基因的活化或钝化。通过这些基因的相互作用、密切协作，调控基因有序地表达，才能使各种生命活动表现出规律性、和谐性。

(2)基因的作用与性状表达

植物的每个细胞中，都含有发育成整个个体的全体遗传密码。在个体发育中则采取“各取所需”，不同细胞选用其中各自需要的遗传信息加以转录和翻译。例如，一株三角枫的全部细胞内都有发育成果翅的基因，但是在根、茎、叶上不会长出果翅来，只有在果实发育过程中才能形成果翅。这是由于在个体发育过程中，基因的调控系统在起作用。

在生物的个体发育过程中，基因一旦处于活化状态，就将所携带的遗传信息，通过转录与翻译，形成特异的蛋白质。如果它的最后产物是结构蛋白或功能蛋白，那么基因的变异可以直接影响到蛋白质的特性，从而表现出不同的遗传性状。但在更普遍的情况下，基因指导酶(特殊的蛋白质)的合成，间接地影响生物性状的表达。例如，孟德尔的豌豆杂交试验中，高豌豆(HH)与矮豌豆(hh)杂交，其子代可以获得高茎(Hh)。这是因为高茎基因H对矮茎基因h是显性。为什么H表现高茎，而h表现矮茎呢？研究已经证明：高茎的豌豆中含有一种使茎部节间细胞伸长的物质——赤霉素，而矮茎品种没有这种物质。赤霉素的产生需要酶的催化，高茎豌豆的H基因具有特定的核苷酸序列，它可以翻译成正常的促进赤霉素形成的酶，产生赤霉素，细胞得以正常伸长，于是表现为高茎；矮茎豌豆的h基因则具有与H基因不同的核苷酸序列，它不能翻译成促进赤霉素形成的酶，因而不能产生赤霉素，细胞不能正常伸长，而表现为矮茎。

上例清楚表明：H与h基因控制株高的性状并不是直接的，而是通过赤霉素的合成来间接实现的，从而揭示了基因控制性状表达的具体过程。

实训

实训1－3　植物染色体组型分析(见单元10实训3)
实训1－4　孚尔根核反应染色法(见单元10实训4)

1.4 遗传物质的变异

1.4.1 染色体变异

染色体是遗传物质的载体，遗传物质决定生物体的性状表现。染色体发生变异，生物体的性状也会随之改变。

1.4.1.1 染色体数目变异

1)整倍性变异

整倍性变异是指细胞核内以染色体组(x)为单位增加或减少的染色体数目变异。整倍性变异得到的植物体叫整倍体。二倍体($2n=2x$)是细胞核中含有两个染色体组的生物。二倍体在染色体数目进化上是比较原始的物种，自然界存在的生物体大部分是二倍体。因此，二倍体也是研究染色体数目变异的基本参照物。

(1)单倍体

单倍体指细胞核内含有配子染色体数的生物体，一般由生物单性生殖(孤雌或孤雄生殖)而来。因染色体数只有母体的一半，通常单倍体的植株生长矮小，繁殖也有一定困难。

(2)一倍体($2n=x$)

一倍体指细胞核内只含有一个染色体组的生物体。一倍体只含有一个染色体组，无法形成正常的配子体，因此不育。但它不存在基因的显隐性问题，所有基因的性状都能表现，加倍可得到纯合二倍体。

(3)多倍体($2n\geqslant 3x$)

多倍体指细胞核内含有3个或3个以上染色体组的生物体。含有3个染色体组的叫

三倍体($2n=3x$)，含有4个染色体组的叫四倍体($2n=4x$)，依此类推。

研究发现，细胞核内含染色体组的数目不是无限的，而是有一定的上限，不同物种的上限不同。所以不同物种的多倍体的最大倍数是不同的，有的可能有十倍体，而有的则只有三倍体。多倍体细胞核内染色体数多了，一般情况下花、花粉粒等器官都比二倍体大。其次，多倍体的生长发育比二倍体慢，开花成熟较晚，育性低，种子不饱满，发芽率下降。

根据多倍体细胞核中染色体的来源，又把多倍体分为同源多倍体和异源多倍体。

①同源多倍体　指细胞核内增加的染色体组来自同一物种的生物体。如由二倍体可加倍成同源四倍体，美国育成的四倍体百日草、金鱼草就属于同源多倍体。同源多倍体可以经过人工加倍或自然加倍得到。也可以用同源多倍体间或和二倍体杂交获得。如同源四倍体和同源六倍体杂交，可获得同源五倍体。同源四倍体和同源二倍体杂交可获得同源三倍体。如三倍体水仙、三倍体西瓜就是这样得到的。由于它们都是奇数倍，所以又叫同源奇数倍多倍体。由于奇数倍的物种在形成配子时，染色体不能正常配对，所以同源奇数倍多倍体的可育性极低。

P　多花报春 × 轮花报春
$2n=18$　$2n=18$
AA ↓ BB
F_1　AB　$2n=18$
↓ 加倍
AABB　$2n=36$
邱园报春

图1-14　邱园报春形成过程示意图

②异源多倍体　指细胞核内增加的染色体来自不同物种的生物体。一般是由不同属间、种间的个体杂交再加倍得到的。如红花七叶树是异源四倍体，它是由正常二倍体的欧洲七叶树和美国七叶树杂交，获得杂种后经过加倍得到的。异源四倍体邱园报春是由正常二倍体多花报春和轮花报春杂交获得杂种 F_1 经过加倍得到的(图1-14)。

异源二倍体是不育的。因为它的染色体来源不同，形成配子时，染色体不能正常配对，因而不能形成正常的配子，所以 F_1 是不育的。加倍成异源四倍体后，在形成配子时，同源的两个染色体配对，能够形成正常的配子，所以它是可育的。

2)非整倍性变异

非整倍性变异指细胞核内染色体数以单个染色体(条)为单位增加或减少的变异。非整倍性变异得到的植物体叫作非整倍体。它包括超倍体和亚倍体。

(1)超倍体

细胞核内染色体数多于 $2n$ 的个体叫作超倍体。

①三体　比正常二倍体多出1条染色体的个体叫作三体，表示为 $2n+1$。

②双三体　比正常二倍体多出2条染色体的个体叫作双三体，表示为 $2n+1+1$。

③四体　比正常二倍体多出了某1对染色体的个体叫作四体，表示为 $2n+2$。

(2)亚倍体

细胞核内染色体数少于 $2n$ 的个体，叫作亚倍体。

①单体　比正常二倍体减少1条染色体的个体叫作单体，表示为 $2n-1$。

②双单体　比正常二倍体减少某2条染色体的个体叫作双单体，表示为 $2n-1-1$。

③缺体　比正常二倍体减少某1对染色体的个体叫作缺体，表示为 $2n-2$。

在自然界中存在的超倍体比亚倍体多。超倍体的某基因多出1个、2个，所以超倍

体中的某些性状表现出基因的剂量效应。

一个二倍体可以存在不同种类的超倍体，这些超倍体之间也有差别。如番茄的12对染色体都有三体，每个三体可以从性状上同它的二倍体区别开，同时各个三体之间也可以从性状上区别开。

二倍体的生物群体内很难出现自然存在的亚倍体。因为，二倍体的配子内本来只有一个染色体组，再缺少1条，染色体组的完整性遭到破坏，一般不能正常发育。所以，子代群体内不出现亚倍体。

异源多倍体内的配子内含有两个或两个以上的不同染色体组，其亚倍体体内虽然缺失了x中的1个、2个或1对染色体，这些缺失染色体的功能有可能由另一个染色体组的相同染色体所补充。所以，亚倍体的配子能够正常发育，并参加受精过程，产生新的亚倍体子代。目前已从普通小麦中分离出全套的21个单体和缺体。

1.4.1.2　染色体结构变异

(1)缺失

缺失是指染色体的某一区段丢失。根据缺失片断在染色体臂内的情况，把缺失分为：

①顶端缺失　指缺失的区段是某染色体臂的外端；

②臂内缺失　指缺失的区段是某臂的内端；

③整臂缺失　指缺失的区段包括某染色体的整条臂(图1-15)。

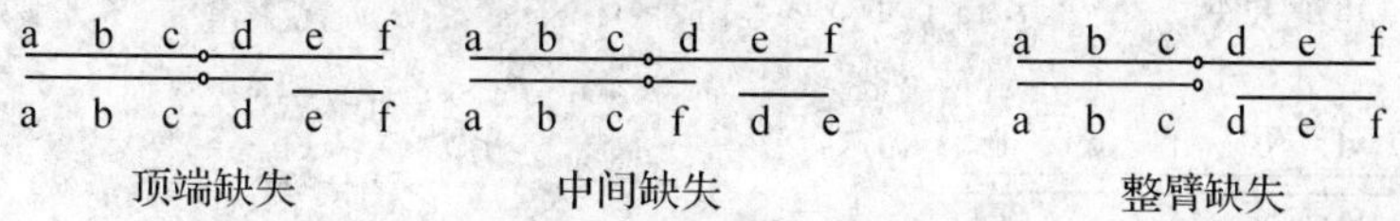

图1-15　染色体缺失示意图

如果某个体细胞内含有正常染色体及缺失染色体，则称为缺失杂合体。某个体的缺失染色体是成对的，则称为缺失纯合体(图1-16)。

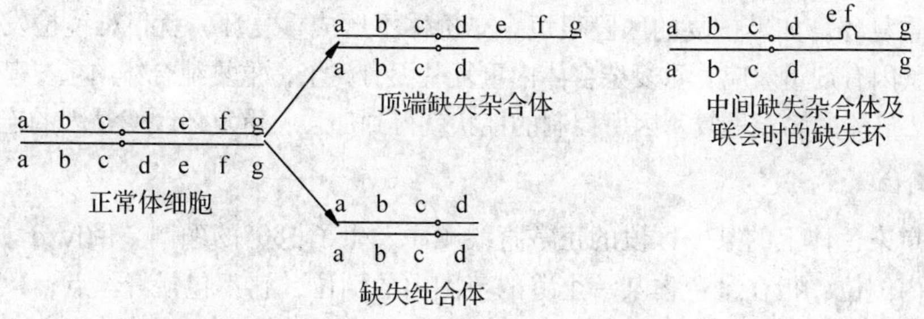

图1-16　缺失杂合体和缺失纯合体示意图

在显微镜下镜检染色体，顶端缺失和整臂缺失的染色体比正常染色体要短。中间缺失的染色体在和正常染色体联会时，会出现缺失环(如图1-16)。缺失环是正常染色体多出的部分形成的。同时中间缺失的染色体比正常染色体也短。

缺失可以造成假显性现象。即完全显性的条件下，显性基因缺失，隐性基因表达。

如墨克林托克用经X射线处理的紫株(显性)玉米的花粉给绿株(隐性)玉米授粉杂交，734株F_1幼苗中出现了2株绿苗，细胞学检查发现，花粉紫色基因的片断缺失了，等位基因的绿色得以表现。缺失杂合体产生的配子部分不育，不能结实，但缺失杂合体能够在自然界生存。缺失纯合体很难存活。

(2)重复

重复指正常染色体多了与自身相同的某区段。根据多出区段的顺序，可分为：

①顺接重复　指重复区段的基因排列顺序与正常染色体基因排列顺序相同；

②反接重复　指重复区段的基因排列顺序与正常染色体基因排列顺序相反(图1-17)。

如果个体细胞内，含有正常染色体和重复染色体，就是重复杂合体；如果个体的重复染色体是成对的，就是重复纯合体(图1-18)。

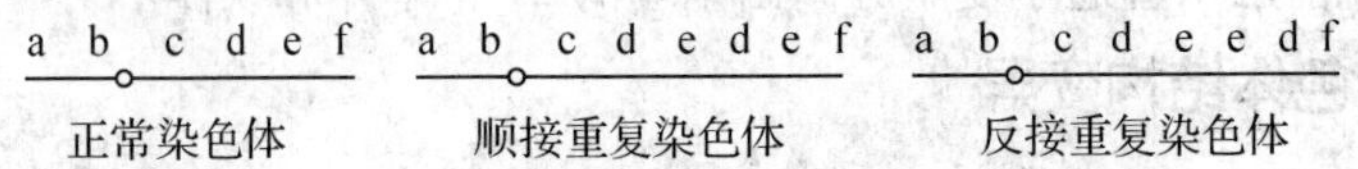

图1-17　重复种类示意图

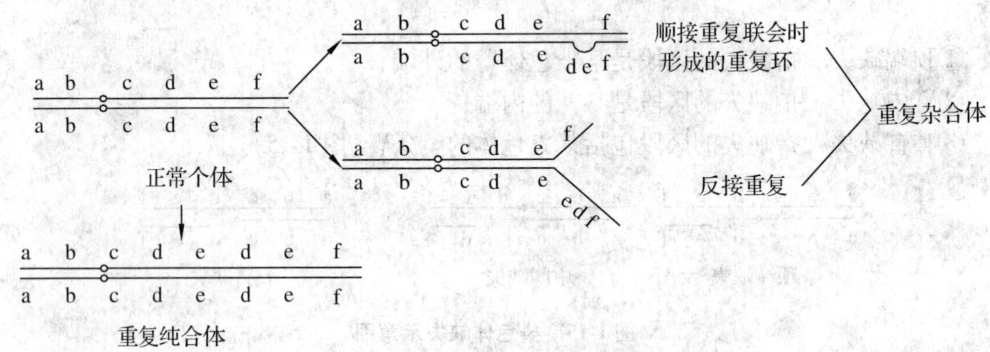

图1-18　重复杂合体和重复纯合体示意图

在显微镜下镜检染色体，如果重复区段较长，则重复杂合体在和正常染色体联会时就会出现重复环。如果重复的区段很短，二价体不形成重复环，就很难镜检发现。

重复基因有剂量效应。重复杂合体内重复基因有3个，重复纯合体内重复基因有4个，它们都比二倍体的多，重复基因所控制的性状就得到加强。重复还改变基因的连锁关系。

(3)倒位

倒位指染色体上的某一区段的正常直线顺序发生了180°的颠倒。倒位分为：

①臂内倒位　指在染色体某一个臂的范围内的倒位，它不包括着丝点；

②臂间倒位　指包含着丝点，在染色体的两个臂间的倒位(图1-19)。

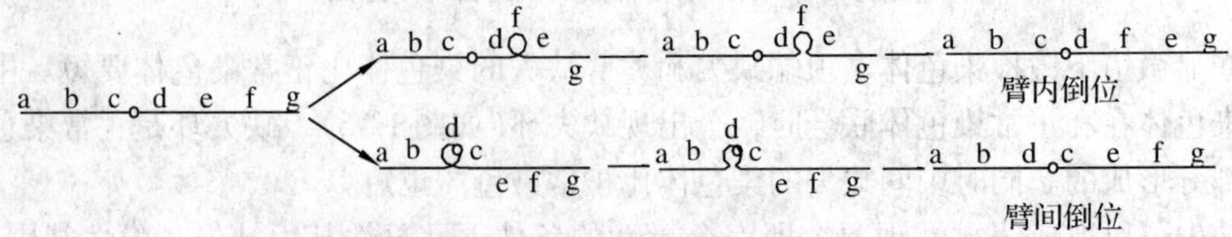

图1-19　倒位种类示意图

如果个体细胞中一对同源染色体中，一条是正常染色体，一条是倒位染色体，叫倒位杂合体；如果两条都是倒位染色体，叫倒位纯合体(图1-20)。

在显微镜下镜检染色体，如果倒位区段不长，则会出现倒位圈。倒位圈和缺失环、重复环不同。前者是联会的两条染色体同时形成的。后者是联会的两条染色体其中一条形成的。如果倒位的区段太长，则倒位染色体就可能反转过来，使倒位染色体和正常染色体联会(图1-20)。

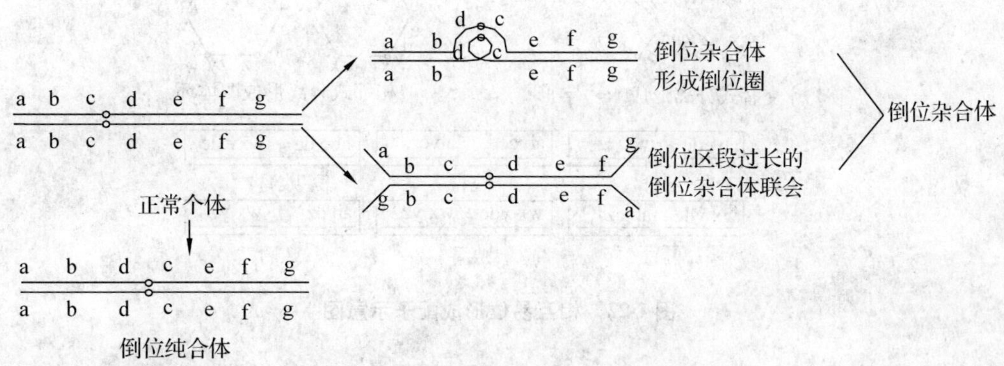

图1-20　倒位杂合体和倒位纯合体示意图

倒位改变基因之间的连锁关系，倒位杂合体所产生的配子部分不育。

(4)易位

易位指某染色体的一个区段移接在非同源的另一个染色体上。易位可分为：

①简单易位　指一个染色体的某区段错接到另一个非同源染色体上；

②相互易位　指两个非同源染色体的某区段发生相互交换。简单易位很少发生，一般都是相互易位(图1-21)。

如果一个个体细胞中，有正常染色体和易位染色体，这样的个体叫作易位杂合体。

镜检易位杂合体的细胞，相互易位的两个正常染色体和两个易位染色体在联会时，形成“十”字形。到了终变期，由于纺锤丝的收缩，“十”字形因染色体交叉端化而变成

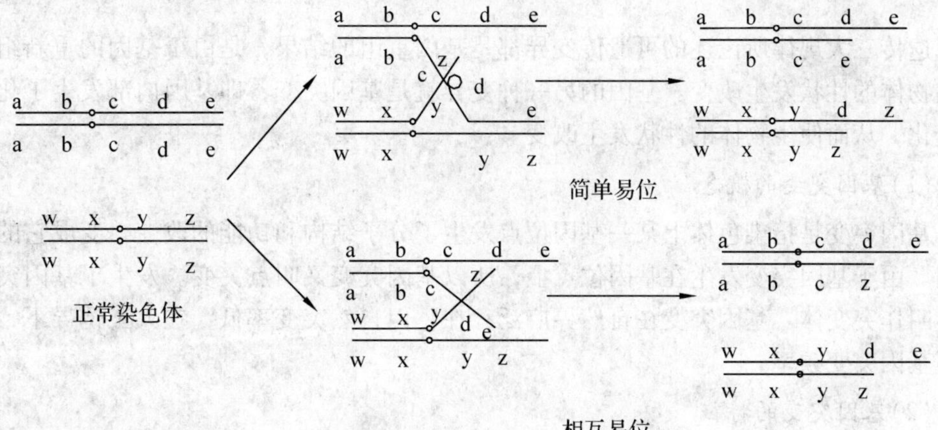

图1-21　简单易位和相互易位示意图

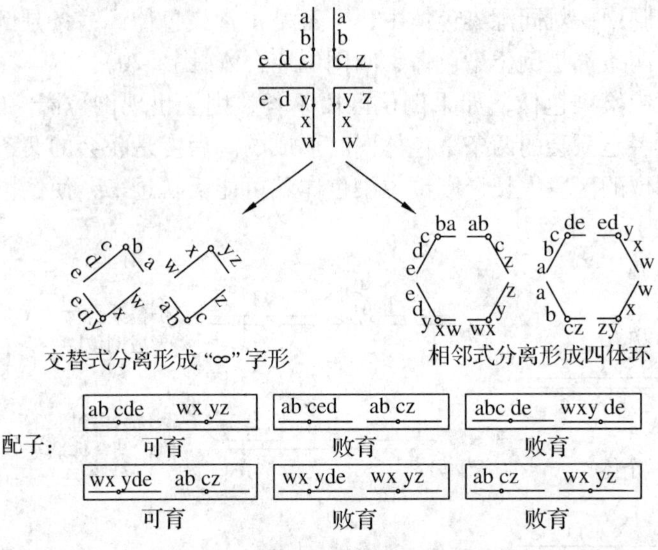

图1-22　相互易位形成配子示意图

图1-23　简单易位联会示意图

“四体环”；到了中期，终变期的“四体环”有的变成了“∞”字形，有的还保持“四体环”的形象。这两种情况大约各占50%(图1-22)。简单易位的杂合体，在联会时，联会成“T”字形(图1-23)。

易位会改变基因的连锁群，易位杂合体会产生部分不育的配子(图1-22)。

1.4.2　基因突变

遗传三大规律所论述的可遗传变异都是基因重组的结果，是由于基因的重新组合而使生物体的性状发生改变。基因的另一种变异就是基因突变，即基因内部发生了化学上的变化，从而使生物体的性状发生改变。

(1)基因突变的概念

基因突变是指染色体上某一基因位点发生了分子结构和功能的改变，变成它的等位基因。由于基因突变发生在基因位点上，所以基因突变又叫点突变。发生了基因突变的个体叫作突变体。基因突变在自然界广泛存在，但自然突变率低，在人工诱导下，可以提高基因突变频率。

(2)基因突变的特征

①重演性　同一基因突变可以在不同时间、不同地点、不同个体间重复出现。如‘红星’苹果的果实红色芽变可以在过去发生，也可以在将来发生；大叶黄杨出现茎叶绿

色部分的白化变异，在不同的个体中多次发生；苹果的矮生芽变，在美洲、欧洲都有。

②可逆性　即基因 A 突变为 a，a 也可以回复突变为 A。如果把 A→a 叫正突变，a→A 就叫反突变。在多数情况下正突变的突变率高于反突变的突变率。

③多向性和复等位基因　基因突变的方向是不定的，可以多方向发生。如基因 A 可以突变为 a，也可以突变为 a_1、a_2、a_3、…。a、a_1、a_2、a_3、…对 A 来说都是隐性基因，同时，a、a_1、a_2、a_3、…之间的生理功能与性状表现又各不相同。它们和 A 之间都有等位关系。遗传学上把位于同一基因位点上的各个等位基因，叫作复等位基因。

复等位基因广泛存在于生物界中，如烟草自交不亲和性就是由复等位基因控制的。在烟草中共发现了 15 个自交不亲和的复等位基因 S_1、S_2、S_{15}，这些复等位基因控制自花授粉的不结实性。

④平行性　指亲缘关系相近的种常发生相似的基因突变。如蔷薇科的桃发生了重瓣性的突变，则与它同一科的梅、李、杏、樱桃、苹果、梨都有重瓣性的突变发生。基因突变平行性对育种工作有指导意义。

⑤有害性和有利性　大多数基因突变对植物是有害的，极端的突变(如白化)会致植物死亡(图 1-24)。

绿株 WW
↓突变
绿株 Ww
↓⊗
1WW　2Ww　1ww
绿株　绿株　白株(死亡)

图 1-24　玉米白化苗突变示意图

有些基因突变对植物是有利的，如抗病性、抗虫性、抗寒性等。有些基因突变对植物有害，但对人类有利，如不育性的突变。

(3)基因突变与性状表现

①体细胞突变和性细胞突变　基因突变在植物体发育的任何阶段都能发生。发生在体细胞中的突变叫作体细胞突变。发生在性细胞中的突变叫作性细胞突变。体细胞突变常常以“嵌合体”的形式存在。同时突变了的体细胞在植物的生长过程中往往竞争不过周围没有突变的细胞，最终会消失。所以育种工作中，如果发现了体细胞突变马上把突变体从植株上分割下来进行无性繁殖，使突变得以保存。性细胞突变可以通过授粉受精传递给后代。性细胞突变的频率一般比体细胞的高，因为性细胞在减数分裂的末期对外界环境条件具有较大的敏感性。

②显性突变和隐性突变　显性突变是指隐性基因突变成显性基因，如 a→A。隐性突变是指显性基因突变成隐性基因，如 A→a。一般认为，在成对基因中只有一个基因发生突变，两个基因同时突变的几率很小。

显性突变在突变当代就能得到表现，在第三代能分离出突变纯合体(图 1-25)。隐性突变，在当代不能表现，在第二代能表现出来，同时能得到突变纯合体(图 1-26)。

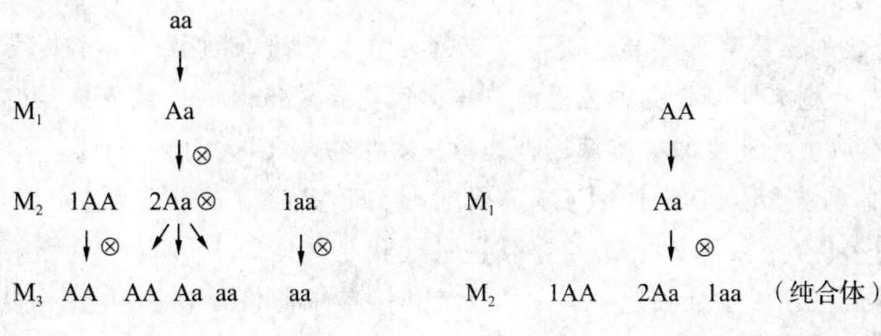

图 1-25　显性突变示意图　　**图 1-26　隐性突变示意图**

在图1-25中，M_2代的AA和Aa的表现型相同，所以在M_2代中分离不出突变的纯合体。只有到了M_3代，M_2代的AA自交不发生分离，不发生分离的显性性状的个体才是纯合体。显性突变表现快，但纯合慢；隐性突变表现慢，但纯合快。

③大突变和微突变　大突变指的是控制质量性状的基因发生突变。如豌豆的圆种子基因变成皱种子基因。微突变指的是控制数量性状的基因发生突变。如控制烟草花冠长度的基因发生突变。由于控制质量性状的基因之间有显隐性，所以，大突变表现明显。而控制微突变的基因之间无显隐，它们的效应是累加的。所以微突变表现不明显。试验表明，在微突变中产生的有利突变率高于大突变，所以育种工作中在注意大突变的同时，也要注意微突变。

(4)基因突变的频率和时期

突变发生的频率是指生物体在每一世代中发生突变的几率，也就是在一定条件内突变可能发生的次数。现在知道，不同生物及不同基因的突变频率是不同的，而且在一定条件下是相当稳定的。根据试验估计，一般高等生物的基因突变率为$10^{-5}\sim10^{-8}$，即10万至1亿个配子中有一个发生突变。通常生物体的自发突变是极低的，这反映了物种和基因的相对稳定性，但是也有一些基因比较容易发生突变，并且在性细胞或体细胞中都广泛存在。例如，在牵牛花、大丽菊、紫茉莉和玉米等植物的叶片、花瓣和胚乳等部分常表现不同颜色的花斑，这些易于突变的基因称为易变基因，易变基因只是作为比较而提出的概念，并没有一个在突变频率上的数值标准。

从理论上讲，突变可以发生在生物个体发育的任何一个时期，在体细胞、性细胞中都可以发生，实验表明，发生在性细胞中的突变频率往往较高，而且是在减数分裂晚期、性细胞形成前较晚的时期为多。

(5)基因突变的诱发及利用

人为引起突变的因素，称为诱变因素。可分为物理因素和化学因素。物理因素主要是电离辐射线，如X、α、β、γ等射线，中子流，还有非电离射线如紫外线。近年来还有激光、电子、超声波等；化学因素最早用秋水仙碱，后来用芥子油、咖啡碱、甲醛等；最近用一些烷化剂，如甲基磺酸乙酯(EMS)、硫酸二乙酯(DES)、乙烯亚胺(EI)等。人工诱变可以大大地提高突变率，这为人工创造变异开辟了新途径。它已成为一项新的育种方法。

小结

(1)生物进化的三要素：遗传、变异、选择。在生物进化过程中，遗传是相对的，决定了生物物种的相对稳定性，是良种应用的前提；而变异是绝对的，或表或里，可大可小，可遗传的变异是推动物种进化的物质基础；选择决定生物进化的方向。

(2)【亲本体细胞$2n$，分化】→【(♂＋♀性母细胞$2n$)，减数分裂】→【(♂＋♀性细胞n)，受精结合】→【合子细胞$2n$，有丝分裂】→【子代生物体$2n$】。

(3)遗传物质：♂＋♀性细胞→其中的染色体→其中的核酸DNA/RNA→其中的基因。

(4)遗传物质变异＝染色体变异＋基因突变；染色体变异＝数目变异＋结构变异；数目

变异=整倍性变异(单倍体+一倍体+多倍体)+非整倍性变异(超倍体+亚倍体)；结构变异=缺失+重复+倒位+易位。

(5)遗传信息传递方向：DNA(转录)→RNA(翻译)→蛋白质→性状。

自主学习资源库

(1)遗传学．程罗根．科学出版社，2013.

(2)现代遗传学原理．徐晋麟，徐沁，陈淳．科学出版社，2001.

(3)植物分子生物学．荆玉祥，匡延云．科学出版社，1993.

(4)植物发育的分子机理．许智宏．科学出版社，1998.

(5)遗传学．王亚馥，戴灼华．高等教育出版社，1999.

(6)http：//www. chinagene. cn.

(7)http：//www. genetics. ac. cn .

(8)http：//www. whfreeman. com/iga.

(9)http：//www. kumc. edu/gec.

自测题

1. 名词解释

遗传，变异，选择，生物进化，遗传学，染色体，染色单体，同源染色体，非同源染色体，染色体组，染色体组型，有丝分裂，减数分裂，互换，世代交替，基因，三联体密码，反密码子，转录，翻译 中心法则，半保留复制，遗传工程，整倍性变异，整倍体，一倍体，单倍体，多倍体，同源多倍体，异源多倍体，非整倍性变异，非整倍体，超倍体，亚倍体，单体，多体，缺体，缺失，重复，倒位，易位，基因突变，突变体，体细胞突变，性细胞突变，显性突变，隐性突变，大突变，微突变。

2. 填空题

(1)染色体主要化学成分是________和________。

(2)性母细胞在减数分裂过程中，非姊妹染色单体之间的片段交换是发生在减数分裂________分裂________的________期。

(3)生物性细胞的形成是通过________来实现的。其结果是一个性母细胞形成________个子细胞，子细胞的染色体数目是________。

(4)同源染色体的联会发生在______________。

(5)核苷酸是组成________的基本单位，每一个核苷酸由一个________、一个________和一个________三部分组成，组成DNA的核苷酸和组成RNA的核苷酸主要区别在于所含的________和________不同；RNA为________和________，而DNA为________和________。

(6)一个DNA分子链上，若C的成分是20%，则A的成分是__________。

(7)RNA所含的4种碱基，只有一种与DNA不同，是以__________代替了__________。

(8)据人类基因组框架结构研究报告所述，人类细胞中共约________________万个基因和__________亿左右个碱基对，人类基因组计划，就是要测定出这__________亿左右个碱基对的排列顺序。

(9)在蛋白质合成过程中，氨基酸是由________来运转的。

(10)不论是动物、植物还是微生物，细胞内都含有3种主要的RNA，即＿＿＿＿＿＿、＿＿＿＿＿＿、＿＿＿＿＿＿。

(11)遗传信息的传递包括＿＿＿＿和＿＿＿＿两个重要步骤。

(12)若转录下来的RNA的某区段是GUCAAA，那么同它相对应的DNA分子的碱基排列顺序是＿＿＿＿＿。

(13)通过信息RNA的密码，决定了＿＿＿＿＿＿的特异性，从而决定了生物的各种＿＿＿＿＿。

(14)染色体的结构变异有＿＿＿＿几种基本类型。其中＿＿＿＿＿是同源染色体间的结构变异；＿＿＿＿＿是非同源染色体间的变化。＿＿＿＿＿往往造成基因的丢失和增加；＿＿＿＿＿对整个细胞来说基因数目没有变化。

(15)染色体数目变异包括＿＿＿＿＿和＿＿＿＿＿两种。

(16)非整倍体包括＿＿＿＿＿和＿＿＿＿＿两种。

(17)缺失包括＿＿＿＿＿＿、＿＿＿＿＿＿和＿＿＿＿＿＿3种。

(18)重复包括＿＿＿＿＿和＿＿＿＿＿两种。

(19)倒位包括＿＿＿＿＿和＿＿＿＿＿两种。

(20)易位包括＿＿＿＿＿和＿＿＿＿＿两种。

(21)在正常的条件下，高等生物的自然突变率是＿＿＿＿，细菌的突变率是＿＿＿＿。

(22)显性突变在＿＿＿＿＿代能够表现出来，在＿＿＿＿＿代能够分离出突变纯合体。隐性突变在＿＿＿＿＿代能够表现出来，在＿＿＿＿＿代能够分离出突变纯合体。

3. 判断并改错

(1)染色体数目的多少与该物种的进化程度有一定的关系。

(2)对于细胞质来说，在有丝分裂过程中线粒体、叶绿体等细胞器也能复制，也能增殖数量。因而在细胞分裂时它们也是均等地分配到两个子细胞中去。

(3)在减数分裂过程中，同对的染色体之间可以发生遗传物质的重新组合，使新形成的性细胞之间在遗传上可能出现质的差异，这样便为杂种后代的多样性准备了条件。

(4)细线期，由于染色体在间期已经复制，这时每个染色体都是由共同的一个着丝点联系的两条染色单体所组成。

(5)DNA分子两条单链上携带的遗传信息相同。

(6)DNA分子具有双螺旋结构，是两条单链左右盘旋的结果。

(7)着丝点是染色体独立存在的标志，以此可对染色体计数。

(8)一个DNA分子上的遗传信息的最小单位是核苷酸。

(9)染色体是由核酸和蛋白质组成的核蛋白复合体。

(10)同一个体产生的许多配子中都含有相同的基因。

(11)同一个体的不同组织中所含有的遗传物质都是一样的。

(12)染色体和染色质是在同一时期的不同种物质的两种形态。

(13)真核生物和原核生物的染色体组成并无不同之处。

(14)根据碱基互补配对原则，在DNA复制和转录时，一定是A-T，C-G。

(15)基因对性状的控制是通过RNA控制蛋白质的合成来实现的。

(16)遗传密码的准确位置是在DNA上，而不是在RNA上。

(17)两条非同源染色体发生断裂，交换片段后重新结合，这种染色体片段交换方式在遗

传学上称为互换。

(18)柏木与侧柏交配，所得的杂种一代，经过药物处理使染色体加倍后而得到的这种多倍体植物称为同源多倍体。

(19)单倍体简称单体。

(20)由普通小麦($6x$)的花粉培育出来的植株($3x$)是普通小麦的单倍体，所以单倍体不都是一倍体。

(21)易位是同源染色体内相互调换了片段。

(22)引起基因型变异的唯一可能途径是基因突变。

(23)易位和重复一样，都是同源染色体之间的错接。

4. 问答题

(1)简述生物遗传和变异的辩证关系。

(2)什么是遗传的变异和不遗传的变异？为什么人们要着重研究遗传的变异。

(3)为什么说遗传、变异、选择是生物进化的三要素？

(4)自然选择和人工选择有何重要异同点？

(5)玉米体细胞里有10对染色体，写出下列各组织的细胞中染色体数目：①叶；②根；③胚乳；④胚；⑤卵细胞。

(6)DNA和RNA在组成和结构上有什么不同？

(7)噬菌体X174是单链DNA生物，当它感染宿主细胞时，首先形成称为复制型(RF)的双链DNA分子。如果在RF形成以前这个DNA的碱基构成是0.27A、0.31G、0.22T、0.20C，那么，RF以及与亲链互补的DNA链之碱基构成怎样？

(8)DNA中，G、C的含量通常用来描述其分子特征。试用给定的比例，解释下列问题。①当$(A+G)/(T+C)$在一单链中的比例是0.7时，在另一互补链中这种比例是多少？这个比例关系在整个分子中是多少？②当在一单链中，$(A+T)/(G+C)=0.7$时，在另一互补链中这种比例是多少？③这个比例关系在整个分子中是多少？

(9)从7种不同生物提取核酸，经分析，它们的碱基比率如下表，请写出它们的核酸类型(DNA或RNA)，并注明这核酸是单链还是双链？

生物种类	A	G	T	C	U	$\frac{A+T}{G+C}$	$\frac{A+G}{T+C}$	答案
(a)	23	27	23	27	—	—	—	
(b)	27	23	27	23	—	—	—	
(c)	23	23	27	27	—	—	—	
(d)	23	27	—	27	23	—	—	
(e)	23	27	—	23	27	—	—	
(f)	—	—	—	—	—	1.00	0.67	
(g)	—	—	—	—	—	0.67	1.00	

(10)用自显影方法测出E·coli染色体长度为1100μm($1\mu m=10^{-6}m$)。试问：①这条染色体有多少碱基对？②如果E·coli染色体复制需要40min，那么这条DNA链为了复制，每分钟要旋转多少次？

(11)假定下列各项代表染色体组成，请正确指出如下名称：三体，四体，四倍体，双三体，三倍体，单倍体，缺体，单体。

a. ＝ ＝ ＝≡；b. ————；c. — ＝ ＝ ＝；d. ≡≡≡≡；e. ≣ ≣ ≣ ≣；

f. ＝＝　＝；g. ≡≡＝＝；h. ＝＝＝≣ ≣。

(12)无籽西瓜($3x=33$)为什么没有种子？是否绝对没有种子？

(13)如果第四染色体是三体，且它的3条染色体都带有弯翅(bent)基因的一只果蝇，与一只正常的、第四染色体是单体的果蝇交配。①你预期在F_1中出现的表型比例和基因型比例如何？②F_1代不同基因型之间的各种杂交，各自出现怎样的表型比例？

(14)如果一个患有klinefelter's综合症(XXY)的个体与正常女性结婚时是可育的，预期在他们的儿子中，患有klinefelter's综合症的比例是多少？

(15)人类的先天愚型[Down氏综合症－21三体($2n+1$)]通常是不育的。偶有生育者，预期其子女为先天愚型者的机率如何？若是一对男女患者结婚，其子女为该症患者的比例如何(假定$2n+2$的个体是致死的)？

(16)马的二倍体染色体数是64，驴的二倍体染色体数是62。试说明马驴杂种骡为何高度不育。

(17)某一雄性个体的细胞，含有一对同源染色体AA和另一个没有配对对象的染色体B。此细胞在完成减数分裂后，产生4个配子，试问每一个配子的染色体组成如何？

(18)试述基因突变的特征有哪些？

学习目标

【知识目标】

(1)掌握三大规律的内容、实质。

(2)理解三大规律形成的细胞学基础。

(3)理解测交试验的作用和意义。

(4)了解分离比例出现的条件。

(5)掌握相引组、相斥组、交换值的概念。

(6)了解细胞质遗传的概念、表现、遗传机理。

(7)掌握数量性状的概念、特征、遗传规律。

【技能目标】

(1)能进行多对基因的遗传分析、计算。

(2)学会分析基因互作的类型、比例。

(3)熟练应用三大规律进行相关分析、计算。

(4)细胞质遗传在生产中的应用——如何利用三系配套生产杂交种。

(5)能进行遗传力的计算。

2.1 分离规律

2.1.1 分离规律的内容和实质

一对等位基因在异质结合状态下，互不影响，互不沾染，彼此独立，在形成配子时，成对的异质等位基因完全按照原样分离到不同的配子中去。

在一般情况下，一对等位基因的杂合体所产生的配子的比例是1∶1，其自交子代的基因型比例是1∶2∶1，表现型的分离比例是3∶1。例如，基因型为Aa的个体，可产生A、a两种类型的配子，比例为1∶1，其自交子代的基因型有三种AA、Aa、aa，比例为1∶2∶1。

其实质是等位基因的分离。

2.1.2 分离规律的发现

孟德尔(1822—1884)从1857—1864年做了8年的豌豆杂交试验。第一个试验是用

开红花的豌豆与开白花的豌豆植物进行杂交，第二年将获得的杂交种子种下去长出的杂种第一代植株(F_1)，只表现与红花亲本相似的红花性状，没有白花或其他花色的植株出现；然后 F_1 植株自交(⊗)，将获得的种子第三年尽可能多地播种繁殖成杂种第二代植株(F_2)，在 F_2 群体中出现了红花和白花两类植株共927株，其中红花705株，白花224株，两者比例约等于3∶1(图2-1)

P	红花 × 白花	
	↓	
F_1	红花	
	↓⊗	
F_2	红花	白花
株数	705	224
比例	3.15 :	1

图2-1　豌豆杂交试验结果一

从上述试验结果看到 F_1 全部表现了母本红花特性，白花性状则隐藏未见。孟德尔把在 F_1 中出现的红花性状称为显性性状，把控制红花性状的基因(R)称为显性基因。把未出现的白花性状称为隐性性状，而把控制白花性状的基因(r)称为隐性基因。红花和白花是花色这一单位性状的相对表现，称为相对性状。相对性状受一对等位基因控制，即R——红，r——白。所谓等位基因是指在同源染色体上占据相同位置(称为座位或位点)，但以不同的方式影响同一性状的基因。在这个实验中，红花对白花为显性，白花对红花则是隐性。这里要说明的是 F_1 出现的红花性状不受亲本组合的影响，即如果以白花为母本，红花为父本，仍会得到同样的 F_1 结果，由 F_1 红花植株自交得到的 F_2 植株，又出现红花(显性)和白花(隐性)两种性状。说明隐性性状在 F_1 中并未消失或融合，通过自交过程，到 F_2 又被分离出来 。这种同一杂种的后代(或同一群体的后代)个体之间出现显性和隐性的不同性状的现象称为分离现象。

孟德尔将 F_2 各株收获的种子，分别种成 F_3 代，发现 F_2 代表现隐性性状的植株(白花)在 F_3 中不再发生变异，它们在后代中保持稳定。而 F_2 中表现显性性状的类型(如红花)则不同：其中2/3植株产生的后代发生分离现象，显性和隐性性状都有出现，并成3∶1的分离，与 F_1 的自交后代一样；另1/3植株的后代则保持稳定的显性性状。因此，在 F_2 中有一半植株为杂合植株，另一半则稳定地保持亲本性状。这种情况在 F_3 以后都出现，孟德尔一直做到了第六代。

2.1.3　分离规律的解释和验证

分离规律的实质是等位基因的分离，即杂种细胞内的成对基因在形成配子时发生分离，产生类型不同但数目相等的两类配子。

用现代细胞遗传学知识很容易理解这一过程。产生配子的减数分裂过程，已被高倍显微镜清晰地记录下来，形成二分体时，同源染色体彼此分离，进入不同的子细胞，所以其上的等位基因也随之被分开(因为基因载于染色体上)分配到不同的子细胞(发育成配子)中去，必然会形成1∶1的配子。

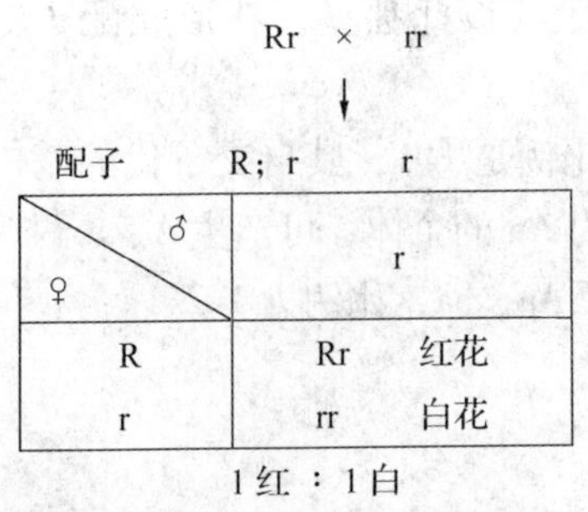

图2-2　F_1 与双隐性亲本测交

在高等植物中带有不同基因的配子无法直接区别，必须用测交的方法加以验证。所谓测交是指杂种1代(F_1)与其隐性纯合体亲本(rr)的交配。这是孟德尔独创的经典而精巧的专门用来测定某杂交植株遗传组成的方法。一株双隐性亲本，只能产生1种隐性基因配子，在形成合子时，不会发生掩盖作用，因此测交后代的表型种类及比例反映

了被测定植株F_1减数分裂产生的配子类型和比例。如果F_1的基因型的确是含有2种基因的杂合体(Rr)，则形成配子时，就应该形成R和r 2种配子，且数量相等，它与双隐性亲本(rr)交配，测交后代应该一半开红花(Rr)，一半开白花(rr)(图2-2所示)。

测交后代表型是1红∶1白，表明F_1确实产生了1R∶1r配子，说明了分离规律的存在。

由于F_1产生了1R∶1r配子，自交后，雌雄配子彼此结合，必然产生$F_2$1RR∶2Rr∶1rr，即3红∶1白的表型结果(图2-3)。

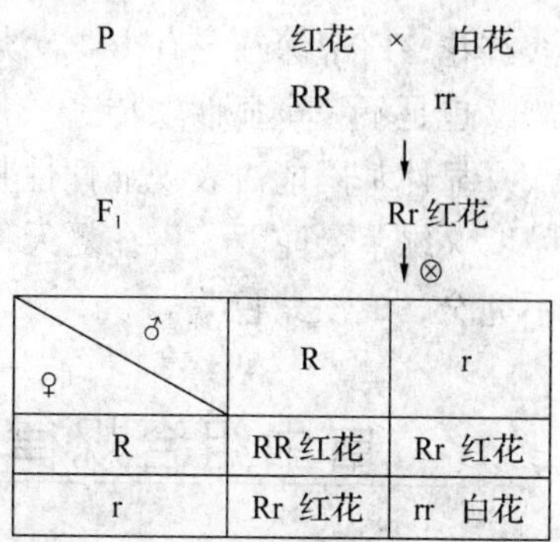

♀ \ ♂	R	r
R	RR红花	Rr 红花
r	Rr 红花	rr 白花

图2-3 豌豆一对相对性状的遗传

遗传学上把某一生物体所有基因的总和，称为基因型。它是生物体性状发育必须具有的内在因素，如RR、Rr、rr等。而把生物所有性状的总和叫作表现型，它是基因型与外界环境条件相互作用，最终表现出来的可以观察到的具体性状，如红花豌豆、白花豌豆。

2.1.4 分离比例出现的条件及显性相对性

(1)分离比例出现的条件

一对相对性状的杂种第一代(F_1)自交产生的子代(F_2)分离成3∶1的比例，而F_1与隐性亲本回交的子代分离成1∶1的比例，具体反映了性状遗传中最简单的数量关系。这种分离比例的出现，必须具备以下几个条件：

①两个亲本都必须是基因型同质结合的二倍体。

②所研究的相对性状是受一对等位基因控制，这对等位基因具有完全的显隐性关系，而且其他基因的影响不会使它们有所改变。

③F_1产生的配子都发育良好，不发生选择受精和他花传粉。

④F_2的个体都处于相同的环境条件下，且试验分析的群体要大。

以上这些条件，生物一般都具备，但并不是所有的相对性状的遗传试验都能具备。

(2)显性作用的相对性

在有些情况下显性基因作用不完全或不完全显性，如紫茉莉的红花和白花是一对相对性状，由一对等位基因R与r控制。红花植株与白花植株杂交，F_1不表现某一亲本的性状，而表现两亲本的中间性状，即开粉红色的花，表明显性作用并不存在。F_1自交，F_2出现3种花色，1/4红花，2/4粉红和1/4白花(图2-4)。

红花紫茉莉×白花紫茉莉
RR ↓ rr
Rr 粉红色花
↓⊗
RR 2Rr rr
红 粉 白
1∶ 2∶ 1

图2-4 紫茉莉杂交试验结果

由此可见，Rr杂合体中呈现粉红色花，并不是R和r基因在F_1中发生融合，如果融合，红花和白花是不可能在F_2中重新出现的。出现粉红色，说明R对r表现不完全显性，R和r对性状的发育都起作用，是两者共同作用的结果。

不完全显性遗传的例子很多，花卉中金鱼草的花色遗传，也属于不完全显性遗传。用深红花金鱼草与白花金鱼草杂交，F_1为淡红花，F_2中深红花有1/4，淡红花占2/4，白花占1/4。日本报春的叶型和香石竹的花瓣，也是不完全显性遗传。

显性基因能否表现显性性状也受有机体内部条件及外部环境条件的影响，如紫茎曼陀罗×绿茎曼陀罗，F_1在夏天种于阳光下，表现紫色茎，冬天种于温室中，则显性表现不完全，成淡紫色茎。

2.2 自由组合规律

2.2.1 自由组合规律的内容和实质

控制2对及2对以上相对性状的等位基因位于不同的同源染色体上，减数分裂形成配子时，同源染色体及所载基因独立分配到不同的配子中去，而非同源染色体及所载基因之间，可以自由组合。如具有2对独立基因的杂合体，基因型为AaBb，减数分裂后所产生的配子是AB、Ab、aB、ab，比例是1∶1∶1∶1，其自交后代有9种基因型，4种表现型(比例为9∶3∶3∶1)。

其实是等位基因的分离及非等位基因的自由组合。

2.2.2 自由组合规律的发现

孟德尔在分析一对性状遗传规律的同时，用具有两对和两对以上性状差异的豌豆植株进行杂交试验，一个亲本结圆形和黄色种子，另一个亲本结皱皮和绿色种子，杂交后F_1都结圆形黄色种子，表明圆形和黄色是显性，下一年让这些种子长成的植株(共15株)进行自交，F_2得到556粒种子，共有4种类型，其中两种类型和亲本相同，另两种类型为新的性状组合，而且存在一定的比例关系(图2-5)。

P　　黄圆×绿皱

AABB ↓ aabb

F_1　　黄圆 AaBb

↓⊗

F_2	黄圆	黄皱	绿圆	绿皱
	A_B_	A_bb	aaB_	aabb
株数	315	101	108	32
比例	9	3	3	1

图2-5　豌豆两对相对性状的杂交试验结果

如果把以上两对相对性状杂交试验的结果，分别按一对相对性状进行分析，显性和隐性的比例同前面试验结果一样，大体上都是3∶1。例如：

黄色∶绿色 = 416(315 + 101)∶140(108 + 32) = 2.98∶1

圆形∶皱形 = 423(315 + 108)∶133(101 + 32) = 3.17∶1

由上述结果可见，各种性状的分离比例接近3∶1，这说明具有两对相对性状区别的植株进行杂交时，杂交后代中各种相对性状的分离仍然是独立的，互不干扰。也就是说种子性状的分离不受颜色分离的影响，反之也一样。如果综合起来看这两对性状的遗传

行为，可以看到这4种组合类型圆黄: 圆绿: 皱黄: 皱绿呈9: 3: 3: 1的比例，实际上就是$(3:1)^2$的展开。用简单的乘积方法，就可以得到两对性状独立分配(自由组合)的全部结果：

$$\begin{array}{r} 3\text{黄}:1\text{绿} \\ \times\quad 3\text{圆}:1\text{皱} \\ \hline 9\text{黄圆}:3\text{绿圆}:3\text{黄皱}:1\text{绿皱} \end{array}$$

2.2.3　自由组合规律的解释和验证

自由组合规律的实质是等位基因的分离和非等位基因的自由组合。从而杂合体F_1产生了4种类型的配子，且数量相等，即1: 1: 1: 1的比例。

同样用现代细胞遗传学知识很容易理解这一过程。当F_1植株进行减数分裂形成配子时，同源染色体独立分配，非同源染色体自由组合，分向两极。正是有非同源染色体间的自由组合，才带来基因间的自由组合。

F_1能产生什么样的配子，可以用测交试验直观地检测出来。孟德尔用F_1黄圆和双隐性亲本绿皱(aabb)测交，测交试验结果见表2-1。

表2-1　自由组合规律测交结果

$F_{测}$	黄圆31粒	黄皱27粒	绿圆26粒	绿皱26粒
比例	1.19	1.03	1.00	1.00

以上结果基本符合1: 1: 1: 1的比例。同时证明了独立分配(自由组合)规律的正确性。

由于F_1产生了1AB: 1Ab: 1aB: 1ab四种类型的配子，F_1自交雌雄配子自由结合的结果必然是9A_ B_ : 3A_ bb: 3aaB_ : 1aabb，即9黄圆: 3黄皱: 3绿圆: 1绿皱的结果，见表2-2。

表2-2　豌豆4种类型配子的随机结合

	AB	Ab	aB	ab
AB	1/16AABB 黄圆	1/16AABb 黄圆	1/16AaBB 黄圆	1/16AaBb 黄圆
Ab	1/16AABb 黄圆	1/16AAbb 黄皱	1/16AaBb 黄圆	1/16Aabb 黄皱
aB	1/16AaBB 黄圆	1/16AaBb 黄圆	1/16aaBB 绿圆	1/16aaBb 绿圆
ab	1/16AaBb 黄圆	1/16Aabb 黄皱	1/16aaBb 绿圆	1/16aabb 绿皱

2.2.4　多对基因的分离比例

孟德尔在进行2对相对性状的分析以后，又对3对和3对以上的相对性状做了杂交试验，其结果同样符合自由组合规律，并且看到相对性状越多，F_2分离出的表现型也越

表 2-3　杂交中包括的基因对数与基因型和表现型的关系

杂交中包括的基因对数	F_1形成的配子种类	显性完全时F_2的表现型种类	F_2的基因型种类	F_1配子的可能组合数	F_2的分离比例
1	2	2	3	4	$(3:1)^1$
2	4	4	9	16	$(3:1)^2$
3	8	8	27	64	$(3:1)^3$
4	16	16	81	256	$(3:1)^4$
⋮	⋮	⋮	⋮	⋮	⋮
n	2^n	2^n	3^n	4^n	$(3:1)^n$

多，但都是以1对性状的分离为基础的。各种表现型的比例可以用公式$(3:1)^n$来概括，n代表相对性状(等位基因)的对数。例如，两对相对性状为$(3:1)^2$，即9:3:3:1；当$n=3$时，为$(3:1)^3$，即27:9:9:9:3:3:3:1的比例，余者类推(表2-3)。

2.2.5　基因的相互作用

孟德尔试验结果是在一个特定的材料中，一对基因基本上控制一对相对性状，而且具有完全的显隐性关系，基因与基因间既不连锁，又无生理上的互作的情况下得出的。然而在多数情况下，一对相对性状可能受多基因所控制(多因一效)；一个基因在对一个性状起作用的同时，还参与到共同起作用的别的基因之中，即一个基因会影响到许多性状的发育(一因多效)，所以最终F_2表现出形形色色的分离结果，如15:1，9:7，9:6:1等。

(1)基因的互补作用

基因互补作用，指基因型中同存在两种或两种以上的显性基因时，表现一种新性状，而基因型中只有一种显性基因，或均为隐性基因时，表现亲本性状。产生互补作用的基因，称为互补基因。

例如，在香豌豆中，将两种白花品种杂交，F_1表现紫花，F_1自交，F_2分离为9/16紫花，7/16白花，分离比例不是9:3:3:1而是9:7。因为分离比例之和为16，根据独立分配规律，可知为两对基因的分离。从F_1的全部紫花到F_2的9/16的植株为紫花，据此可推测出有两个显性基因表现出互补作用。如果紫花的表型是两个显性基因(C_ 和 P_)互作(互补)的结果，则杂交亲本、F_1、F_2的基因型可确定(图2-6)。

F_2 9:7的表型比例，实际上仍是9:3:3:1分离的翻版，仍遵守孟德尔的自由组合规律，只不过由于基因间的互作，改变了基因型的表型而已。

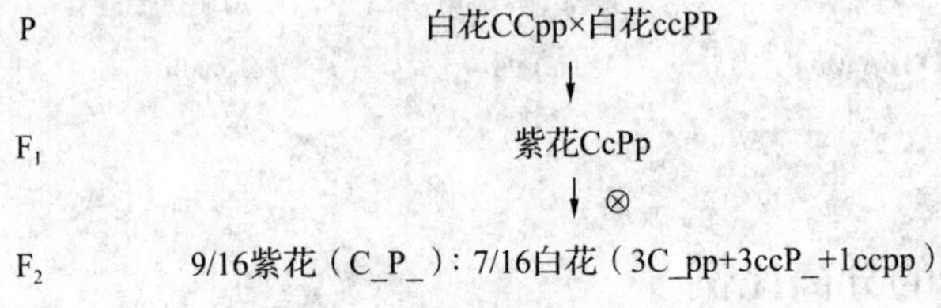

图 2-6　基因互补作用的遗传

(2)基因的累加作用

在有些试验中，发现两种显性基因同时存在时产生一种性状，单独存在时表现出相似的性状。例如，南瓜有不同的果形，圆球形对长圆形为显性，扁盘形对圆球形为显性。如果用两种基因型不同的圆球形品种杂交，F_1为扁盘形，F_2则分离为3种果形，即9/16扁盘形∶6/16圆球形、1/16长圆形(图2-7)。

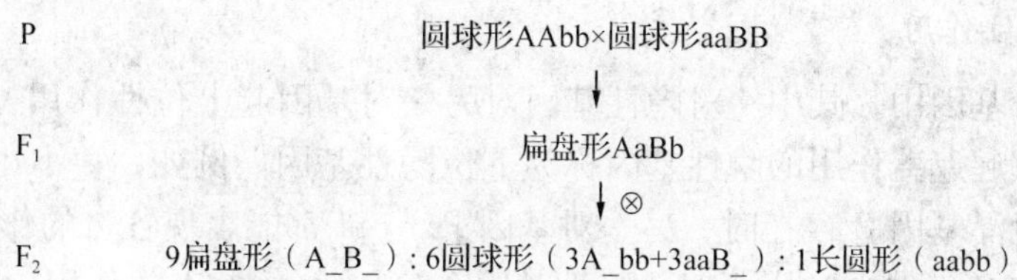

图2-7　两对累加基因的遗传

从以上分析得知，当2种显性基因同时存在时，为扁盘形；只有其中的1种，为圆球形；隐性纯和体，则为长圆形。于是F_2表型分离为9∶6∶1。

(3)基因的重叠作用

2个位点的显性基因，对同一性状起同样的作用，即双方的作用被重叠了。在基因型中不论有多少个重叠基因存在，作用与只有1个显性基因相同，都表现出显性性状而不产生累加效果。而隐性性状的表现，必须是2个位点的隐性性状同时纯合时才表现出来，于是F_2的分离比例是15∶1，如荠菜的三角形蒴果($T_1T_1T_2T_2$)×卵形蒴果($t_1t_1t_2t_2$)的F_2分离比例为15∶1［15三角形蒴果($9T_1\_\ T_2\_ + 3T_1\_\ t_2t_2 + 3t_1t_2T_2\_$)∶1卵形蒴果($t_1t_1t_2t_2$)］。

但是，在有些情况下，重叠基因也可表现出累加效应，例如，红粒小麦×白粒小麦中，F_1为红粒，F_2为15红粒∶1白粒(图2-8)。在15粒红粒中，红的程度是不同的，反映出显性基因数越多，红色越深；反之愈浅；全为隐性时，则为白色。这说明了2个位点(或2个以上位点)的重叠基因互作，对籽粒颜色产生累加效应。这种多基因累加效应的发现，为数量性状产生微效多基因学说打下了基础。

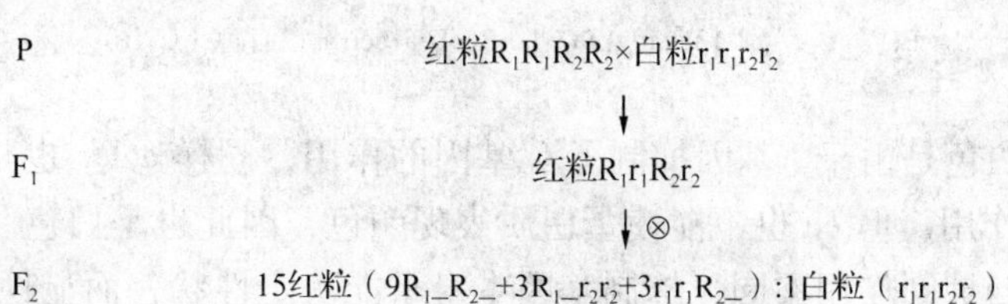

图2-8　重叠基因累加效应的遗传

(4)显性上位作用

2对独立遗传基因共同对一对性状发生作用，其中一对显性基因对另一对基因起着遮盖的作用，这种现象叫作显性上位作用。例如，美国南瓜中的显性白皮基因(W)对显性黄皮基因(Y)起着上位作用。当(W)基因存在时能阻碍Y基因的作用，表现为白色；缺少W基因时，Y基因才表现为黄色；当W与Y都不存在时，则表现y基因的绿色。

P　白皮WWYY × 绿皮wwyy

↓

F_1　白皮WwYy

↓⊗

F_2　12白皮(9W_Y_+3W_yy):3黄皮(3wwY_):1绿皮(1wwyy)

(5)隐性上位作用

在2对互作基因中，其中一对隐性基因对另一对基因起上位性作用，这种现象称为隐性上位作用。起遮盖作用的隐性基因称为上位隐性基因。例如，萝卜中的红色种与白色种杂交，当色泽基因C存在时，另一对基因Pr与pr都能表现各自的作用，即Pr表现紫色，pr表现红色。缺少C因子时，隐性基因c对Pr和pr起上位作用，使得Pr与pr都不能表现紫色或红色性状，而呈白色。

P　红色CCprpr × 白色ccPrPr

↓

F_1　紫色CcPrpr

↓⊗

F_2　9紫色(9C_Pr_):3红色(3C_prpr):4白色(3ccPr_+1ccprpr)

(6)抑制作用

在两对独立遗传基因中，其中一对显性基因本身不控制性状的表现，但另一对基因的表现有抑制作用，这种现象称为抑制作用。例如，玉米胚乳蛋白质层颜色杂交试验中白色×白色，F_1表现白色，F_2表现为13白色:3有色。基因C(基本色泽基因)和I(抑制基因)决定蛋白质层的颜色，F_1与F_2的基因型如下：

P　白色蛋白质层CCII × 白色蛋白质层ccii

↓

F_1　白色CcIi

↓⊗

F_2　13白色(9C_I_+3ccI_+1ccii):3有色(C_ii)

C_ I_ 表现白色是由于I基因抑制了C基因的作用，同样ccI_ 也是白色。ccii中虽然ii并不起抑制作用，但cc也不能使蛋白质表现颜色，因此也是白色。只有C_ ii表现有色。上位作用与抑制作用不同，抑制基因本身不能决定性状，而显性上位基因除遮盖其他的表现外，本身还能决定性状。

上述六种基因互作的形式，是指2对独立遗传的非等位基因共同决定同一性状时所表现出的各种情况。这种基因互作的形式虽各不相同，但基本原则是相同的，即两对非等位基因虽共同作用于某一性状，但彼此之间仍然保持了各自的独立性，产生配子时仍然独立分配，因而F_2代的表现型比例都是9:3:3:1的演变。

2.3　连锁与交换规律

2.3.1　连锁与交换规律的内容和实质

凡位于同一染色体上的基因将不能进行自由组合(独立分配)，而表现出另一种遗传行为，称连锁遗传。而完全连锁的情况，实际上很少出现，更多的情况是同源染色体的非姊妹染色单体间互换部分片段，相对基因跟着交换位置。

但是，交换通常只发生在部分性母细胞中，由交换产生的新类型的配子(重组配子)较亲型配子数量少，下一代必然会产生亲型个体数量多，而重组个体数量少的结果。

同一染色体上的所有基因构成一个连锁群。连锁基因通过交换解除连锁，产生新的组合，提高了生物的变异性。基因交换的频率称为交换率或交换值，用重组配子数占总配子数的百分比来表示。一般情况下，两个连锁的基因相距越近，连锁关系越紧密，交换的可能性就越小。

其实质是：同一染色体上的基因表现连锁遗传，而由于非姊妹染色单体的片段交换，发生互换，产生新配子。

2.3.2　连锁与交换规律的发现

1906 年贝特逊和彭乃特在香豌豆两对相对性状的杂交试验中，首先发现性状的连锁遗传现象。其杂交组合及试验结果如图 2-9 所示。

P　　紫花长花粉×红花圆花粉

PPLL ↓ ppll

F_1　　紫花长花粉

PpLl

↓ ⊗

F_2	紫长	紫圆	红长	红圆	
	P_L_	P_ll	ppL_	ppll	
实际数	4831	390	393	1338	总数 6952
比例	0.69	0.06	0.06	0.19	
理论数	3910.5	1303.5	1303.5	434.5	总数 6952
(按 9:3:3:1)					

图 2-9　香豌豆的连锁遗传(相引组)

首先，将 F_2结果按 1 对相对性状归类，分离都接近 3∶1 的比例，说明分离律是存在的。

紫∶红 =(4831 +390)∶(393 +1338) =5221∶1731 =3.01∶1

长∶圆 =(831 +393)∶(390 +1338) =5224∶1728 =3.02∶1

其次，按孟德尔 2 对相对性状的自由组合规律，F_2应出现 4 种表型，其比例为 9∶3∶3∶1。而这里是出现了 4 种表型，说明基因间有重组；但 F_2中亲本表型(紫长、红圆)比理论数多，而重组表型(紫圆、红长)比理论数少，却不符合自由组合规律。

P　紫花圆花粉×红花长花粉

PPll ↓ ppLL

F_1　紫花长花粉

PpLl

↓ ⊗

F_2	紫长	紫圆	红长	红圆	
	P _L _	P _ll	ppL _	ppll	
实际数	226	95	95	1	总数 417
理论数	235.8	78.5	78.5	6.2	总数 417
(按 9 : 3 : 3 : 1)					

图 2-10　香豌豆的连锁遗传(相斥组)

贝特逊的第二个试验组合是紫花圆花粉×红花和长花粉，两个亲本各有1对显性基因和1对隐性基因，试验结果如图2-10所示。

从图中可见，F_2分离比例不符合9∶3∶3∶1，也是亲型组合(紫圆、红长)实际数高于理论数，重新组合(紫长、红圆)实际数少于理论数，这与上述相引组是一致的。这种亲本中原来性状连在一起遗传的现象，叫作连锁遗传。

2.3.3　连锁与交换规律的解释和验证

上述试验F_2为什么会出现不符合9∶3∶3∶1的分离结果，关键在于控制紫、长和红、圆(相引组)两对性状的两对基因是位于同一对同源染色体上，表现出连锁遗传。另外，在减数分裂的过程中，非姊妹染色单体发生了片段交换，相应的基因互换了位置，从而打破原来的连锁关系，才产生了新的配子类型(图2-11)。

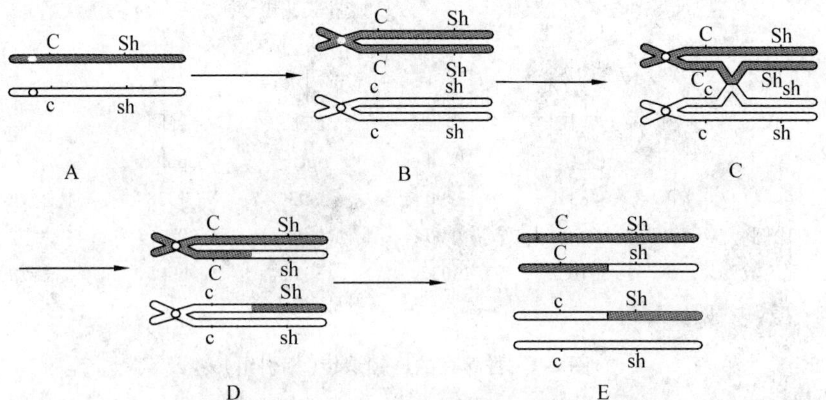

图 2-11　染色体交换示意图

但并不是所有的性母细胞都发生交换，这样重组配子相对于亲型配子数量就少，雌雄配子结合后，F_2中就会出现亲型组合个体数多而重新组合个体数少的结果。

同样可以用测交法来测定F_1产生的配子类型与比例。如已知玉米的籽粒有色(C)对无色(c)、饱满(Sh)对皱缩(sh)为显性。用有色饱满与无色皱缩的自交系杂交，F_1再与双隐性亲本(ccshsh)回交(测交)，结果如图2-12所示。

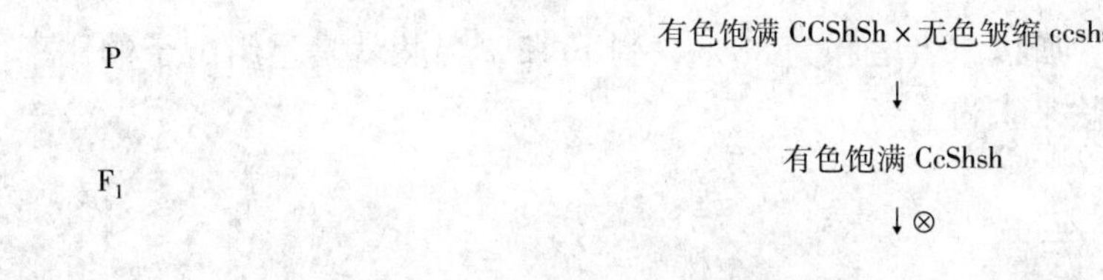

测　　有色饱满 CcShsh × 无色皱缩 ccshsh

	配子	CSh	Csh	cSh	csh	
测交后代	基因型	CcShsh	Ccshsh	ccShsh	ccshsh	总计
	表现型	有色饱满	有色皱缩	无色饱满	无色皱缩	
	实得粒数	4032	149	152	4035	8368
	新组合　(149 + 152)/8368 = 3.6%			亲本组合　1 − 3.6% = 96.4%		

图 2-12　玉米的测交试验

测交试验结果证实了 F_1 形成的配子，虽有 4 种类型（说明有重组），但其数目不等。其中亲型配子多达 96.4%，而重组配子少到只有 3.6%。亲型配子比例高，说明原来亲本双方中的两对相对性状（有色—饱满与无色—皱缩）始终联系在一起，有一起遗传的趋势。对这种总是连在一起遗传的形成原因做最简单、最合理的解释是：有色—饱满（CSh）和无色—皱缩（csh）。

这两对性状的基因，它们共锁于同一对同源染色体上，而不是像独立遗传那样，是分别位于两对非同源染色体上。因此在减数分裂 F_1 形成配子时，CSh 这两个基因连同其共同载体——同源染色体的一个成员进入配子中；而另两个基因 csh 连同其共同载体——同源染色体的另一个成员进入另一个配子中去。它们这两对基因，共同锁于同一对同源染色体上，本来就没有拆开，因此在 F_1 形成配子时，总是表现出亲型性状的配子多，重新组合的配子少，表现出连锁的现象。

而重组性状又是如何产生的呢？是由于 F_1 进行减数分裂形成配子时，同源非姊妹染色单体间发生了染色体片段交换，导致其上连锁基因的重组。

2.3.4　交换值及其测定

交换值是指 F_1 形成配子时，重组型配子数占配子总数的百分比。因交换值是通过重组率来获得，所以交换值也称重组率或互换率。

交换值（%）是衡量基因连锁强度的指标。交换值越大，连锁强度越小；交换值越小，则连锁强度就越大。当交换值等于零时基因处于完全连锁；交换值等于 50% 时，基因解除连锁进入独立分配。所以交换值不会大于 50%，而是在 0 − 50% 之间变化。

交换值计算的方法，首先要知道重组型配子的数目，这可通过 F_1 与双隐性亲本进行测交来确定，从中计算出它们占总配子数的百分比。例如，在前述玉米测交试验中，新组合的百分率为 3.6%，这 3.6% 即为交换值。

此外，还可以利用自交法来计算交换值。以图 2-9 香豌豆连锁遗传（相引组）为例，其中双隐性纯合体 ppll 及其频率，是雌雄配子 pl 及其频率相乘获得的。因此 ppll 的方根，应为 pl 配子的比率 $\sqrt{0.19} = 0.44$。即 pl 配子占总配子的 44%。而 PL 和 pl 是亲型配子，它们比率是相等的，所以二者之和为88%，剩下12%当然就是重组配子的比率了。相斥组也可用同样的方法来求得。

2.4 细胞质遗传

随着遗传学的发展，人们发现细胞核遗传并非生物唯一的遗传方式。生物的某些遗传现象并不决定于或不完全决定于核内遗传物质，而是决定于或部分决定于细胞核以外的一些遗传物质，这种遗传称为细胞质遗传(母系遗传，核外遗传，非染色体遗传)。

2.4.1 细胞质遗传现象

在细胞质遗传中，1909年德国植物学家柯伦斯首先报道了叶绿体所控制的花斑性状的遗传。现在已知20多种植物出现过这种遗传现象，例如，有一种花斑紫茉莉品种，有的枝条上的叶，因有叶绿素而表现绿色；有的枝条上的叶，因没有叶绿素而表现白色；而有的枝条上的叶，因质体有的含叶绿素，有的不含叶绿素，当两种不同的细胞相间排列时，表现出绿白镶嵌的花斑性状。用不同的枝条上的花朵进行杂交试验，结果见表2-4。

表2-4 紫茉莉花斑性状的遗传

接受花粉的枝条(♀)	提供花粉的枝条(♂)	杂交子代植株的表现
白 色	白色 绿色 花斑	白 色
绿 色	白色 绿色 花斑	绿 色
花 斑	白色 绿色 花斑	白色、绿色、花斑

从表2-4的结果可以看出，白色枝条上的杂种后代都长成白苗；绿色枝条上的杂种后代都长成绿苗；花斑枝条上的杂种后代有白苗、绿苗和花斑苗。即无论父本的花粉来自于哪一种枝条，子代均表现出母本的性状，与提供花粉的父本无关。

2.4.2 细胞质遗传的特点

细胞学的研究证明，卵细胞和精细胞在结构上有着很大的差异。卵细胞内除细胞核外，还有大量的细胞质及各种细胞器；而精细胞内除细胞核外，几乎没有细胞质(包括各种细胞器)。在受精过程中，卵细胞不仅为子代提供其全部核基因，也为子代提供了它的全部或部分细胞质基因；而精子只能为子代提供其核基因，细胞质基因很少或没有(图2-13)。其结果是由细胞质基因决定的性状，只能通过卵细胞遗传给后代，而不能通过精子遗传给后代。因此，细胞核遗传与细胞质遗传有着明显的区别，见表2-5。

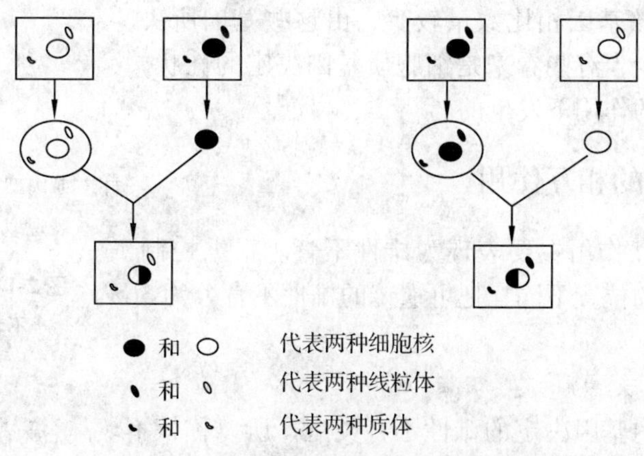

图 2-13 细胞质遗传的正反交结果示意图

表 2-5 细胞核遗传与细胞质遗传的区别

细胞核遗传	细胞质遗传
正、反交的结果一样（除伴性遗传外），F_1总是表现显性性状	正、反交的结果不一样，F_1总是表现母本性状
遗传方式属于孟德尔式，杂种后代有一定的分离比	遗传方式属非孟德尔式，杂种后代无一定的分离比
细胞核基因在染色体上，并能进行基因定位	细胞质基因不在染色体上，而在某些细胞器中

细胞质遗传在杂交育种中屡见不鲜，有些杂交组合的正、反交结果差异十分明显，以致同一组合的反交毫无意义。但细胞质与细胞核并不是细胞内两个孤立的部分，它们在生命活动的过程中，彼此相互联系、相互制约，二者缺一不可。

2.4.3 细胞质基因的特性

细胞质遗传是受细胞质基因控制的。在真核生物中，细胞质基因主要存在于质体（叶绿体）、线粒体、中心体等细胞器中；还有一些非细胞器基因，如细胞共生体和细菌质粒基因。

细胞质 DNA 同核 DNA 在结构和功能上有很多相同点：①它们都具双螺旋结构，按半保留方式进行自我复制，并且通过转录合成 mRNA，通过翻译合成蛋白质。②细胞质基因都能发生突变，并把发生的突变稳定地传给后代，除自然变异外，一切能引起核基因突变的因素，也都能诱发细胞质基因发生变异。如用紫外线诱发正常质体的白化突变后，质体虽能继续增殖，但失去了绿色的特性。细胞质 DNA 不与组蛋白结合成复合体，有的细胞质 DNA 是全闭合的环状结构，这和某些细菌等原核生物的 DNA 相似。

由于细胞质 DNA 与核 DNA 在细胞中所处的位置不同，使它们在遗传物质的传递、分配等方面又与核 DNA 有不同之处：①在人工诱变的条件下，细胞质 DNA 的突变率显著提高，并且诱发的突变有明显的专一性。②细胞质 DNA 不能通过雄配子传递。③细胞质 DNA 不像核基因那样，在细胞分裂时有规律地均等分配，所以细胞器在不同子细胞中呈不均匀分布。

细胞质基因与核基因相比数量较少，由这些基因所决定的遗传性状也较少，有些看来是细胞质基因决定的性状，实际上是在核基因的作用下发生的。

2.4.4 核质基因的相互作用

核质基因的相互作用主要表现为雄性不育。根据控制雄性不育基因所在的位置不同，把可遗传的雄性不育分为3种类型。

(1)细胞核雄性不育型

这是一种由核内基因决定的雄性不育类型，所以称核不育型，其遗传方式属于孟德尔式遗传。雄性不育往往是隐性的，受一对隐性基因(msms)控制，正常可育的性状是显性的。用核基因雄性不育株为母本与正常可育植株杂交，F_1正常，F_2则出现一定的分离比例(图2-14)。

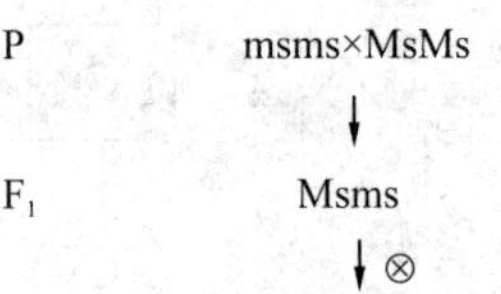

图2-14 细胞核雄性不育型的遗传

从图2-14可知，这种遗传方式不能使整个群体均保持这种不育性。这是核不育型一个重要特征。正是由于这一点，使核不育型的利用受到很大的限制。

P (不育)S × N(可育)
↓
(不育)S × N(可育)
↓
⋮
(不育)S

图2-15 细胞质雄性不育型的遗传

(2)细胞质雄性不育型

这类雄性不育是由细胞质基因控制的，称质不育型。一般不受父本基因的影响，表现为母系遗传。如果用S表示雄性不育的细胞质基因，用N表示雄性可育的正常细胞质基因，当以细胞质雄性不育株为母本与正常可育的父本杂交，F_1全部表现雄性不育。再用F_1与雄性可育的父本回交，连续多代，后代都表现雄性不育的特点(图2-15)。这种不育性很难得到恢复。

(3)质-核不育型

这类雄性不育是由细胞质基因与细胞核基因相互作用共同控制的，故称质—核不育型。S表示细胞质不育基因，用N表示细胞质可育基因；用R表示细胞核可育基因，r表示细胞核不育基因，R对r为显性。当一植株的细胞质基因是S，核基因rr，质核基因型为S(rr)时，此植株表现不育；基因型为S(RR)，或S(Rr)时，表现为雄性可育。当细胞质基因为N时，不论核基因是什么，植株均表现雄性可育(表2-6)。

用S(rr)雄性不育与N(rr)杂交，可得S(rr)类型，表现雄性不育，因它保持了雄性不育系的后代，使雄性不育系S(rr)得以繁殖，故称N(rr)为雄性不育系的保持系，S(rr)为雄性不育系。用S(rr)雄性不育系与N(RR)或S(RR)杂交，得可育后代S(Rr)。因为能使雄性不育系的育性恢复，故称N(RR)或S(RR)为雄性不育的恢复系。

表2-6 核质互作雄性不育基因型和表现型

胞质基因	核基因		
	(RR)(可育)	**(Rr)**(可育)	**(rr)**(不育)
N(可育)	N(RR)(可育)	N(Rr)(可育)	N(rr)(可育)
S(不育)	S(RR)(可育)	S(Rr)(可育)	S(rr)(不育)

不育系、保持系、恢复系配套利用，构成3系育种法，如图2-16所示。

核质互作雄性不育的研究可以认为，核质基因的关系是极为密切的，它们构成了植物体一个统一的整体。

雄性不育型主要应用在杂种优势的利用上。目前，在杂交育种上采用的雄性不育型，绝大多数是核－质互作不育型。有了不育系，就可以免去大量的去雄工作，保证杂交种子的纯度；有了保持系，就可以解决不育系的留种问题；有了恢复系，就可以使不育系杂交种恢复可育性，为生产提供优势较强的杂交种。目前，三系育种法在水稻、玉米、小麦、高粱、大麦、洋葱和甜菜育种中获得了很大成功。如果将这一方法用到花卉生产中，尤其是一、二年生草花的制种生产，将极大地改变花卉生产的现状，取得花卉种子生产的新成就。

P　S(rr) × N(rr)
↓　↘⊗
F_1　S(rr)　N(rr)
不育系　保持系

P　S(rr) × N(RR) 或 S(RR)
↓　↘⊗　↘⊗
S(Rr)　N(RR)　S(RR)
F_1　雄性可育　恢复系　恢复系

图2-16　质－核不育型的不育系、保持系、恢复系的相互关系

2.5　数量性状遗传

2.5.1　数量性状遗传

1）数量性状的概念和特征

（1）数量性状的概念

植物遗传性状有两种，一种是具有明确的界限，表现不连续变异的性状，称为质量性状，如豌豆的红花和白花，种子的圆形和皱缩；另一种是表现连续变异的性状，称为数量性状，如植株高矮、果实大小、花朵直径等。由于这类性状对于人类具有重要的经济价值，所以数量性状一直作为遗传学深入研究的课题。

（2）数量性状的特征

数量性状与质量性状相比具有如下几个基本特征：

①杂种后代数量性状的变异表现连续性，即某一性状的变异，中间有许多过渡状态，它们之间没有明显的界线。

②杂种后代的数量性状对环境条件的影响表现敏感，往往因气候、土壤等环境的影响而表现出一系列数量上的不同。

③杂种后代的数量性状表现广泛的变异，这种变异主要表现在：若干性状表现趋中变异；有超亲变异类型出现；若干经济性状表现退化现象等。

数量性状一般呈连续变异，不能像质量性状那样简单地归类并表现出一定的比例关系，只能用统计的方法进行研究。

2）数量性状的遗传方式

（1）小麦粒色的遗传

小麦籽粒有红粒和白粒两种，在红粒品种和白粒品种的杂交试验中发现，F_1表现为

中间型红色，F_2分离为红、白两种粒色，其红、白的比例有的杂交组合为 3∶1，有的为 15∶1，有的组合为 63∶1。这 3 种组合分别受 1 对、2 对和 3 对等位基因控制。如果对15∶1 和 63∶1 的组合进一步分析，发现在 15∶1 的比例中，红粒可根据红色深浅程度分成深红、中红、浅红、最浅红 4 个等级；在 63∶1 的比例中，红粒可分成最深红、深红、暗红、中红、浅红和最浅红 6 个等级，反映出红色基因有累加作用。即每增加一个红色基因，籽粒颜色就红一些。由于各基因型所含有的红色基因数目不同，就形成了不同程度的红色籽粒。控制籽粒颜色的基因数目越多，则各种红色籽粒之间的差异越小。现以 2 对基因控制的籽粒颜色的遗传为例(图 2-17 和表 2-7)。

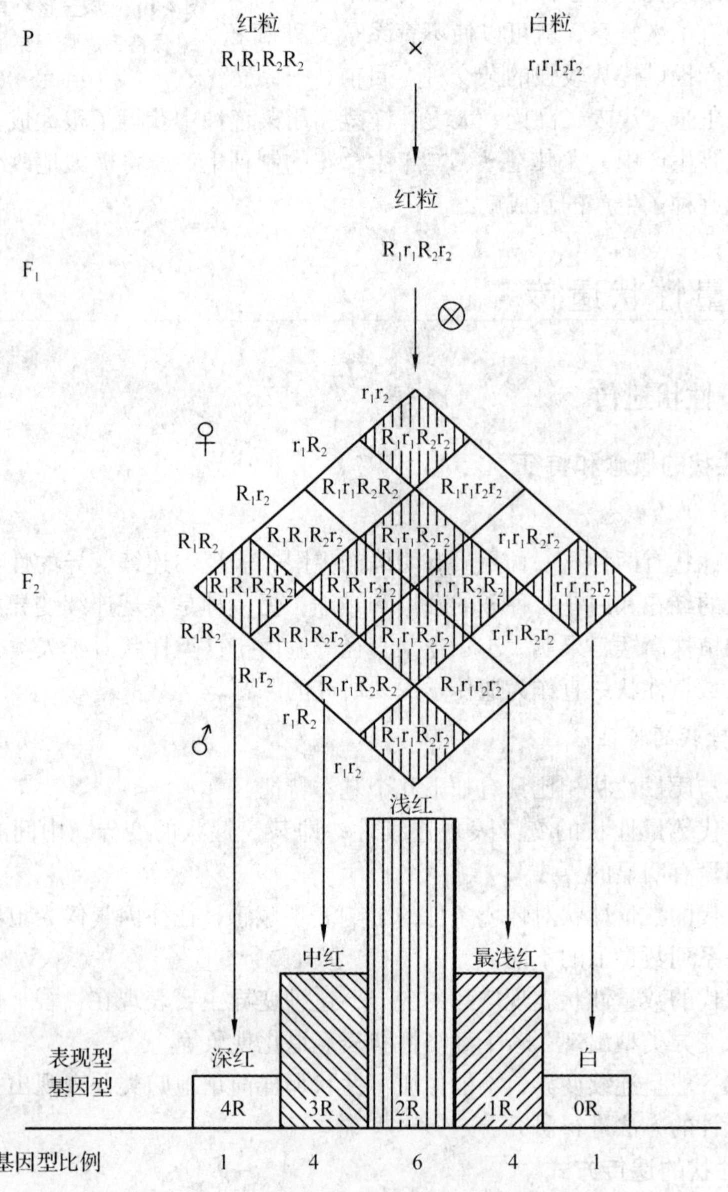

图 2-17　小麦粒色的基因型和表现型的关系

表 2-7　2 对基因控制的小麦粒色 F_2 遗传分析

表现型	深　红	次深红	浅　红	最浅红	白　色
比　数	1	4	6	4	1
基因型	$R_1R_1R_2R_2$	$2R_1R_1R_2r_2$ $2R_1r_1R_2R_2$	$1R_1R_1r_2r_2$ $4R_1r_1R_2r_2$ $1r_1r_1R_2R_2$	$2R_1r_1r_2r_2$ $2r_1r_1R_2r_2$	$r_1r_1r_2r_2$
有效基因数	4	3	2	1	0

由表 2-7 可以看出，小麦粒色的深浅是由于 R 基因累加作用的结果。这里 R 和 r 没有显隐性之分，只有有效无效之别；每个 R 的作用是微小的，但作用累加。个体基因型中 R 基因越多，红色越深。具有 4 个 R 的籽粒颜色最深，具有 3 个 R 基因的籽粒颜色则浅些，R 基因越少，籽粒颜色越浅，没有 R 基因的个体则籽粒为白色。

若小麦粒色是受 3 对基因决定的，这 3 对基因又分载于 3 对同源染色体上，F_2 表型比例见表 2-8。

表 2-8　3 对基因控制的小麦粒色 F_2 遗传分析

表现型	最深红	暗　红	深　红	次深红	浅　红	最浅红	白　色
表现型比例	1	6	15	20	15	6	1
基因型	$R_1R_1R_2R_2R_3R_3$	$2R_1r_1R_2R_2R_3R_3$	$1R_1R_1R_2R_2r_3r_3$	$8R_1r_1R_2r_2R_3r_3$	$1R_1R_1r_2r_2r_3r_3$	$2R_1r_1r_2r_2r_3r_3$	$2r_1r_1r_2r_2r_3r_3$
		$2R_1R_1R_2r_2R_3R_3$	$1R_1R_1r_2r_2R_3R_3$	$2R_1r_1R_2R_2r_3r_3$	$1r_1r_1R_2R_2r_3r_3$	$2r_1r_1R_2r_2r_3r_3$	
		$2R_1R_1R_2R_2R_3r_3$	$1r_1r_1R_2R_2R_3R_3$	$2R_1r_1r_2r_2R_3R_3$	$1r_1r_1r_2r_2R_3R_3$	$2r_1r_1r_2r_2R_3r_3$	
			$4R_1r_1R_2r_2R_3R_3$	$2r_1r_1R_2R_2R_3r_3$	$4R_1r_1r_2r_2R_3r_3$		
			$4R_1r_1R_2R_2R_3r_3$	$2R_1R_1R_2r_2r_3r_3$	$4R_1r_1R_2r_2r_3r_3$		
			$4R_1R_1R_2r_2R_3r_3$	$2R_1R_2r_2r_2R_3r_3$	$4r_1r_1R_2r_2R_3r_3$		
				$2r_1r_1R_2r_2R_3R_3$			
有效基因数	6R	5R	4R	3R	2R	1R	0R

从图 2-17、表 2-8 可以看出，由于基因的累加效应，使性状表现出连续变异的趋向。

(2) 玉米果穗长度的遗传

在数量性状遗传中，由于微效多基因的共同作用，使性状的变异呈连续性，因此研究数量性状常用称、数、量等方法进行度量，这样就得到一系列具体数据，只有对这些数据进行数理统计分析，估算一些遗传参数，才能反映出遗传变异的特点及其规律。常用的统计量包括平均数(x)、标准差(S)、方差(V)和遗传力(H^2)等。

玉米果穗长度试验是解释数量性状遗传的另一经典事例。

用短果穗亲本 P_1 和长果穗亲本 P_2 杂交，将双亲、F_1、F_2 种于同一块地内，分别测定它们的果穗长度，将穗长资料整理并列于表 2-9。

表 2-9　玉米穗长的频数分布

频数(f)	果穗长度(x)(cm)																	果穗总数(n)	统计数(cm)		
世代	5	6	7	8	9	10	11	12	13	14	15	16	17	18	19	20	21		平均数(x)	方差(V)	标准差(S)
P_1	4	21	24	8														57	6.632	0.665	0.816
P_2									3	11	12	15	26	15	10	7	2	101	16.802	3.561	1.887
F_1					1	12	12	14	17	9	4							69	12.116	2.309	1.519
F_2			1	10	19	26	47	73	68	68	39	25	15	9	1			401	12.888	5.076	2.252

从表2-9看出：①两个亲本及F_1、F_2的穗长均有从短到长的连续变异；②两个亲本的穗长平均值相差很大，说明它们的遗传基础不同；③F_1的平均数介于两个亲本平均数之间，F_1的变异幅度较小，说明F_1的基因型是一致的，它的变异是环境条件引起的；④F_2的穗长平均数同样介于两个亲本平均数之间，但变异幅度比F_1大，这里既有基因型引起的差异，又有环境条件引起的差异，说明数量性状易受环境条件的影响。

(3)多基因假说的要点

根据小麦粒色的遗传和玉米果穗的遗传分析，瑞典学者尼尔逊－爱尔1908年提出了著名的多基因假说，又称微效多基因学说，要点如下：

①数量性状的遗传受多基因控制，基因对数越多，F_2的变异幅度越大。

②等位基因之间不存在显性和隐性关系，存在有效应和无效应的区别。

③各有效基因的效应相等，效应微小，其作用是累加的，且各基因是独立的。

④有效应的基因对环境条件的影响表现敏感，即使同一基因型的表型也出现一定的变异。

⑤其遗传方式同样符合遗传的基本规律。

3)遗传力

(1)遗传力的概念

遗传力是指亲代将某一性状传递给子代的能力，是植物育种上广泛应用的一个统计数值，作为对杂种后代进行选择的一个指标。杂种后代性状的形成决定于两方面的因素：一是亲本的基因型；另一是环境条件的影响，即表现型是基因型和环境条件相互作用的结果。某性状的表现型的数值，称为表现型值，用P表示；其中由基因型决定的数值，称为基因型值，用G表示；环境条件引起的变异，用E表示。三者的数量关系可用下式表示：

$$P=G+E$$

因为方差可用来测量变异的程度，所以上式可推导为：

$$V_P=V_G+V_E$$

式中V_P、V_G、V_E分别代表表现型方差(总方差)、基因型方差(遗传方差)和环境方差。在表现型方差中，基因型方差所占的百分率称为广义遗传力，用H^2表示。即：

$$遗传力=(遗传方差/总方差)\times 100\%$$

$$H^2=(V_G/V_P)\times 100\%=(V_G/V_{F_2})\times 100\%=[V_G/(V_G+V_E)]\times 100\%$$

由上式可知，环境方差小，遗传力就高，说明性状传递给子代的能力强，受环境条件的影响小。当环境方差较大时，遗传力就小，说明亲代传递该性状给子代的能力较小，受环境条件的影响较大。因此遗传力的大小可以作为衡量亲代和子代间性状遗传程度的标准，是数量性状遗传研究中的一个重要参数。

(2)遗传力的估算实例

遗传力的估算方法很多，常用的是利用基因型一致的群体(如纯合体亲本及 F_1)估算环境方差，然后，从总方差中减去环境方差，即得基因型方差。两个纯合体杂交所得的 F_1 个体的基因型，理论上是一致的，其基因型方差等于0，所以 $V_{F_1}=V_{E_1}$，如果 F_1 和 F_2 对环境条件的反应相似，则二者的环境方差相同，即 $V_{E_1}=V_{E_2}$，于是，从 V_{F_2} 减去 V_{F_1}，就可得到由于基因型引起的基因型方差 V_G，代入公式即得：

$$H^2=(V_G/V_P)\times100\%=(V_G/V_{F_2})\times100\%=(V_{F_2}-V_{E_2})/V_{F_2}\times100\%$$
$$=(V_{F_2}-V_{F_1})/V_{F_2}\times100\%$$

例如，玉米果穗不同长度的亲本杂交试验中(见表2-9所给出的数据)，F_2 的标准差 $S=2.252$cm，方差 $V_{F_2}=S^2=5.075$cm，F_1 的标准差 $S=1.516$cm，方差 $V_{F_1}=S^2=2.307$cm。那么计算玉米穗长的遗传力如下。

$$H^2=(V_{F_2}-V_{E_2})/V_{F_2}\times100\%=(5.075-2.307)/5.075\times100\%=54\%$$

说明玉米穗长的变异中大约有54%是由遗传变异引起的，46%是由环境差异引起的。

(3)影响遗传力估算的因素

从遗传力的估算方法可知，遗传力越大，说明在群体的表现型变异中遗传变异的比重越大，环境影响的比重越小，在遗传力大的群体内进行选择的效果就好。

遗传力不是一个固定的数值，根据多数试验结果可知：

①不易受环境影响的性状遗传力高；易受环境影响的性状遗传力低。

②变异系数小的性状遗传力高，变异系数大的性状遗传力低。

③质量性状的遗传力高，数量性状的遗传力低。

④亲本发育正常，对环境反应不敏感的性状遗传力高。

⑤性状差异大的两个亲本的杂种后代，一般都表现较高的遗传力。

⑥对自花授粉的植物，杂种后代自交的代数越多，基因型越趋于纯合，遗传力也相应提高。

由此看来，对遗传力应理解为某一特定群体，某性状在特定条件下的估计量，因而它对特定育种群体根据性状的遗传力进行选择研究，对提高育种效果有重要意义。

小结

生物性状受基因控制，三大规律从根本上描述了位于染色体上不同位置的基因所控制的性状的遗传表现。位于一对同源染色体上的一对等位基因，所控制的相对性状，按分离规律遗传。分别位于不同对同源染色体上的等位基因所控制的性状，按自由组合规律遗传；而位于同一对同源染色体上的非等位基因所控制的性状，按连锁规律遗传，但是减数分裂时产生的非姊妹染色体的片段交换，会打破连锁，形成互换产生新配子、新类型。

细胞质遗传由细胞质基因控制，而子代质基因由母体提供，所以子代完全相似于母体，表现母系遗传。数量性状的遗传由微效多基因控制，从而表现出广泛连续的变异。遗传力是性状遗传能力的指标，在对性状的成因评定和选择中具有非常重要的意义。

知识拓展

人类的伴性遗传病

(1)X伴性显性遗传病

本病是由位于X染色体上的显性致病基因所引起的疾病。其特点是：①不管男女，只要存在致病基因就会发病，但因女子有两条X染色体，故女子的发病率约为男子的两倍。因为没有一条正常染色体的掩盖作用，男子发病时，往往重于女子。②病人的双亲中必有一人患同样的病(基因突变除外)。③可以连续几代遗传，但患者的正常子女不会有致病基因再传给后代。④男病人将此病传给女儿，不传给儿子，女病人(杂合体)将此病传给半数的儿女。如遗传性肾炎(hereditary nephritis)，深褐色齿，牙珐琅质发育不良，钟摆型眼球震颤，口、面、指综合症，脂肪瘤，脊髓空洞症，棘状毛囊角质化，抗V_D佝偻病等。

(2)X伴性隐性遗传病

这类遗传性疾病是由位于X染色体上的隐性致病基因引起的，女子的两条X染色体上必须都有致病的等位基因才会发病。但男子因为只有一条X染色体，Y染色体很小，没有同X染色体相对应的等位基因。因此，这类遗传病对男子来说，只要X染色体上存在有致病基因就会发病。X伴性隐性遗传病的特点是：①患病的男子远多于女子，甚至在有些病中很难发现女患者，这是因为两条带有隐性致病基因的染色体碰在一起的机会很少所致。②患病的男子与正常的女子结婚，一般不会再生有此病的子女，但女儿都是致病基因的携带者；患病的男子若与一个致病基因携带者女子结婚，可生出半数患有此病的子女；患病的女子与正常的男子结婚，所生儿子全有病，女儿为致病基因携带者。③患病的男子双亲都无病时，其致病基因肯定是从携带者的母亲遗传而来的，若女子患此病时，其父亲肯定是有病的，而其母亲可有病也可无病。④患病女子在近亲结婚的后代中比非近亲结婚的后代中要多。⑤通常表现为隔代遗传。如血友病(hemophilia)、葡萄糖6-磷酸脱氢酶(G6PD)缺乏症(致病基因定位于Xq28)、无汗性外胚叶发育不良症(致病基因位于Xq12.2~q13.1)、色盲、家族性遗传性视神经萎缩、眼白化病、无眼畸形、先天性夜盲症、血管瘤病、致死性肉芽肿、睾丸女性化综合症、先天性丙种球蛋白缺乏症、水脑、眼-脑-肾综合症等。据统计现在已发现这类遗传性疾病达200多种。

(3)Y伴性遗传病

这类遗传病的致病基因位于Y染色体上，X染色体上没有与之相对应的基因，所以这些基因只能随Y染色体传递，由父传子、子传孙，如此世代相传。因此，被称为“全男性遗传”。如蹼趾男人、长毛耳男人。到目前为止，仅发现Y伴性遗传病十余种，这主要是因为Y染色体很小，其上的基因有限的缘故。这类遗传病没有显、隐性的区别，只要Y染色体上有致病基因的男子，就会发病。

自主学习资源库

(1)遗传学．王亚馥等．兰州大学出版社，1991.

(2)林木遗传学基础．朱之悌．中国林业出版社，1990.

(3)分子遗传学．杨业华．中国农业出版社，2001.

(4)园林植物遗传学(第2版)．戴思兰．中国林业出版社，2010.

(5)园林植物遗传育种学(第2版)．程金水，刘青林．中国林业出版社，2010.

(6)园林植物遗传育种．李淑芹．重庆大学出版社，2006.

(7)园林植物遗传育种．张明菊．中国林业出版社，2001.

自测题

1. 名词解释

性状，相对性状，等位基因，非等位基因，显性，隐性，分离现象，基因型，表现型，杂合体，纯合体，杂交，测交，回交，一因多效，多因一效，连锁互换，连锁群，交换值，数量性状，质量性状，微效多基因，连续变异，超亲变异，遗传力，细胞质遗传，核基因，质基因，雄性不育，核不育型，质核不育型，不育系，保持系，恢复系。

2. 填空题

(1)一对等位基因位于一对同源染色体上，在形成配子时将发生________；两对等位基因位于两对同源染色体上，在形成配子时，将发生________；两对等位基因位于一对同源染色体上，在形成配子时将发生________，有时由于________的结果，则会产生新类型配子。

(2)豌豆红花CC×白花cc，F_1自交，F_2的基因型有________种，比例为________。

(3)一种植物的枝条颜色有两种类型，绿色(GG)对黄色(gg)为显性，当选两株绿色枝条的植株作为亲本进行杂交后，F_1中黄色和绿色枝条的植株都出现了。可以推断，其亲本是________体，子代具有________种基因型，基因型是________。

(4)具有AABBCC与aabbcc基因型的2个亲本交配，F_1形成的配子种类有________种，F_1配子的可能组合数为________，F_2的基因型种类有________种。

(5)有250个小孢子母细胞，在减数分裂过程中，有10%发生交换，配子中亲本型的配子________个，重组型的配子________个，交换值________。

3. 判断并改错

(1)在同样的环境条件下，基因型相同，表现型一定相同，但表现型相同，基因型不一定相同。

(2)隐性性状就是指生物体表现不出来的性状。

(3)当两对等位基因完全连锁时，它们的遗传行为与一对等位基因的遗传行为很相似。

(4)基因交换值总是变动于0~1之间。

(5)F_1代个体与双亲之一的杂交叫测交。

(6)南瓜的果实白色对黄色是显性，所以，白色果实与白色果实杂交的后代一定是白色的。

(7)连锁现象是因为控制不同性状的基因处在不同的染色体上。

(8)纯合体自交后代不出现性状分离。

(9)家兔的长毛与白毛、白毛与黑毛等叫相对性状。

(10)分离规律、自由组合规律和连锁互换规律的表现是由于控制性状的基因分别处在不同的染色体上。

(11)在育种工作中，若F_1代植株没有出现所需要的隐性性状，则可将F_1全部丢弃。

4. 问答题

(1)在番茄中，红果(R)是黄果(r)的显性，试写出下列杂交子代的基因型和表现型以及它们的比例：①Rr×rr；②Rr×Rr；③RR×Rr。

(2)已知豌豆的红花(C)是白花(c)的显性。试根据子代的表现型及比例，推测亲本的基因型：①红花×白花→子代全是红花；②红花×红花→子代全是红花；③红花×白花→子代中1红花∶1白花。

(3)秃顶是由常染色体显性基因B控制，但只在男性表现。一个非秃顶男人与一其父为非秃顶的女人婚配，他们生了一个男孩，后来在发育中表现秃顶。试问这个女人的基因型怎样?

(4)大约在70个表现型正常的人中有一个白化基因杂合体。一个表现型正常其双亲也正常但有一白化病弟弟的女人，与一无亲缘关系的正常男人婚配。问他们如果有一孩子，且为白化儿的概率是多少?

(5)黄色的豚鼠跟白色豚鼠交配总是产生出乳色的后代。两只乳色的豚鼠交配，产生出黄色、乳色和白色的后代，其比例是1∶2∶1。这种颜色的遗传规律怎样？请用符号代表基因型说明。

(6)试写出下列各亲本能产生哪几种配子?

RRYY；Rryy；RRYy；RrYy；AaBBcc；AaBBCc；AaBbCc。

(7)试写出下列杂交组合中子代基因型：

AABB×aabb(F_1，F_2)；AaBB×aaBb(F_1)；RRbb×rrBB(F_1)；RRbb×RrBb(F_1)；

HHDdYy×hhDdYy(F_1)；CcDDFfEE×ccDdffEe(F_1)。

(8)两棵植株有4对自由组合基因之差差，它们相交即AABBCCDD×aabbccdd，产生F_1，再自花授粉，试问：①F_2中有多少不同的基因型？②F_2中4个因子的表现型都是隐性的基因型有多少？③F_2中4个显性基因均为纯合的基因型有多少？④假设最初的杂交是AAbbCCdd×aaBBccDD，请回答上述3个问题，它们与上面的答案有不同吗?

(9)在豚鼠中，黑色基因(C)对于白化基因(c)是显性，毛皮粗糙的基因(R)对于毛皮光滑的基因(r)是显性，在5种不同的交配中产生出各种不同比例的后代，如下表。请写出各种亲本的基因型，并用X^2测验后代比例。

亲本表型	黑粗	黑光	白粗	白光
黑色光滑×白化光滑	0	18	0	14
黑色光滑×白化粗糙	25	0	0	0
黑色粗糙×白化光滑	10	8	6	9
黑色粗糙×白化粗糙	15	7	16	3
白化粗糙×白化粗糙	0	0	32	12

(10)牛的毛色，红毛色牛基因(R)对白毛色牛基因(r)是不完全显性，杂合体的毛色是红—白相间的(Rr)。另一方面，无角基因是完全显性，HH和Hh是无角，hh是有角。如这两对基因是自由组合的，试问：①RRHH×rrhh杂交F_1表型是什么？②F_1×F_1，F_2表型是什

么？比例如何？③F_1个体与原有的白毛有角品种杂交，所得到的子代表型比例是什么？

(11)一对夫妇生了4个孩子，基因型如下。问他们的父母的基因型是什么？

$$iiRRL^ML^N;\ I^AiRrL^NL^N;\ iiRRL^NL^N;\ I^BirrL^ML^M$$

(12)在人类中，纯合状态的a基因或杂合(或纯合)状态的B基因，都与视网膜色素细胞有关，即成为色盲的一种。唯有基因型A_ bb为正常色觉。一个双亲色觉正常的色盲女人，与一个基因型为AaBb的男人婚配，预期色盲孩子的比率怎样？

(13)番茄高茎是矮茎的显性，正常叶片是皱缩叶片的显性，今有高茎常态叶植株与矮茎皱缩叶植株杂交，子代又和矮茎皱缩叶测交，测交子代得到以下4种类型及比例：

高茎常态叶	高茎皱缩叶	矮茎常态叶	矮茎皱缩叶
83	18	17	82

试问这两对基因是否连锁？如为连锁，交换值是多少？

(14)大麦中，带壳(A)为裸粒(a)的显性，散穗(B)为密穗(b)的显性，已知这两对基因是连锁的。将带壳散穗品种$\left(\frac{AB}{AB}\right)$与裸粒密穗$\left(\frac{ab}{ab}\right)$品种杂交，如交换值为20%时，要使$F_2$代中出现纯合的带壳密穗$\left(\frac{Ab}{Ab}\right)$20株，试问$F_2$代至少要种多少株？

(15)已知Y－y和B－b两对基因是连锁的，交换值是30%。试写出下列两个杂种一代产生的4种配子及其比例：①$\frac{YB}{yb}$；②$\frac{Yb}{yB}$。

(16)如果给下标“0”的基因以5个单位，给下标“1”的基因以10个单位，在以下情况下计算$A_0A_0B_1B_1C_1C_1$和$A_1A_1B_0B_0C_0C_0$两个亲本和它们F_1杂种的计量数值：①没有显性；②A_1对A_0是显性；③A_1对A_0是显性，B_1对B_0是显性。

(17)假定有两对基因，每对各有两个等位基因A、a，B、b；以相加效应的方式决定植株的高度。纯合子AABB高50cm，纯合子aabb高30cm。问：①这两个纯合子之间杂交，F_1的高度是多少？②$F_1 \times F_1$的杂交后，F_2中什么样的基因型表现40cm高度？③这些40cm高的植株在F_2中占多少比例？

(18)根据Darenport的假说，在黑人和白人的婚配中，肤色的遗传象小麦种皮颜色的遗传方式一样，是由两对基因控制的，并且无显性；这5种肤色是黑色、暗黑色、中黑色、淡黑色和白色。当然，这一假说过于简单化，并且是不适宜的。然而，它确实接近实际情形，并且可以作为回答下列问题的根据。①双亲为一淡色一白色皮肤，其孩子肤色最暗是什么样的？②双亲皆为淡肤色，其子女肤色最暗的可能是什么样的？③双亲一个黑肤色一个暗黑肤色，孩子最淡的可能肤色是什么样的？

(19)某树种优树用扦插和播种两种繁殖方式同时同立地条件繁殖，两年后得到下表结果，试求该优树树高遗传力。

项　目	株　数	平均高(cm)	标准差(cm)
扦插苗	210	282	30.5
实生苗	180	176	48.6

单元3 园林植物种质资源

学习目标

【知识目标】

(1)掌握种质资源的概念，认识园林植物种质资源工作的意义，了解国内外植物育种种质资源事业发展的趋势。

(2)熟悉园林植物种质资源分类方法及相应的概念。

(3)熟悉园林植物种质资源的调查内容和意义。

(4)熟悉园林植物种质资源搜集的原则和意义。

(5)熟悉园林植物种质资源的保存概念和途径。

(6)熟悉园林植物种质资源利用的概念和途径。

【技能目标】

(1)能对特定种质资源进行科学分类和准确命名。

(2)学会特定种质资源的调查方法，能够描绘现状并提出初步的利用意见。

(3)能编制特定种质资源的搜集工作计划和任务方案。

(4)学会分析和解决特定植物种质资源保存中存在的问题。

(5)能科学合理地利用园林植物种质资源。

(6)学会搜集有关园林植物种质资源的科学资料。

3.1 种质资源概述

3.1.1 种质资源的概念

种质资源又叫基因资源，是指含有特定物种全部或部分遗传信息的所有生物材料，小到植物器官、组织、细胞、染色体甚至基因，大到植物个体、群体甚至近缘种群。实指植物的栽培种、野生种的繁殖材料以及利用这些材料人工创造的遗传材料。对于栽培植物常称为品种资源。

在育种工作中，也常把种质资源称为育种资源。因为种质资源提供了植物育种的原材料，是培育和改良品种的物质基础。因此，广泛调查，大量收集，有效保存，科学评价，深入研究和正确利用种质资源，对于选育新品种具有决定性意义。

3.1.2 种质资源的作用

(1)种质资源是育种的物质基础

利用自然资源是人类生活所必需的，变野生植物为栽培植物更是人类文明的标志。现有的栽培植物种类都起源于野生种。如水稻起源于野生稻；苹果起源于野生苹果；银杏、白皮松、山茱萸等更是由野生向人工栽培过渡的树种。在育种实践中有些种质资源一经发现，就可直接用于生产，发挥出优良品种应有的效果。如我国从四川和湖北交界处发现的水杉，被很快地广泛用于园林栽培；火棘、云杉亦然。

自然种质资源中除了能被直接利用的种类外，更有大量材料可被间接利用。如毛叶杜鹃用作比利时杜鹃的砧木，枸橘用作观赏橘砧木，中国栗用作美国栗的抗病性亲本等，都能大大增强栽培品种的适应性和抗逆性。今天栽培的植物种类只是可利用植物种类的很小一部分，随着人类需求的多元化发展以及育种新技术的出现，更多更好的野生种质资源将被源源不断地发掘出来，如沙棘、红豆杉、白皮松、七叶树、番木瓜、金银花等正在走向品种化栽培。

(2)种质资源起着更新品种，满足多种需求的作用

随着经济的发展，生产工艺的改革，社会对植物产品的需求不管是数量还是花色品种都将与日俱增，只有以丰富多彩的种质资源作保证，才能适应这种要求。如沙棘，过去人们只把它作为水土保持灌木，因它根系发达，枝繁叶茂，有根瘤，可以防风固沙、改良土壤。后来发现沙棘果实的用途更大，果汁是营养丰富的饮品，种子油有很高的药用价值。从此，果实累累的种质类型被人们发掘出来，发挥其经济效用。目前有人还看好其观赏价值(品种)的进一步开发。

(3)种质资源具有不断改良栽培品种的作用

栽培品种化的过程，是植物群体或个体遗传基础变窄的过程。因为一个品种的形成意味着淘汰了品种基因型以外的大量基因。如果没有丰富的种质资源做后盾，如果不是不断地引进和补充新的基因资源，当品种的经济性状与适应性和抗性间发生矛盾时将无从补救。

现代育种是人工促进植物向人类所需要的方向进化的科学。即用不同来源的、能实现育种目标的各种种质资源，按照理想的组合方式，采用适合的育种方法，把一些有利的基因组合到另一个基因型中去。如小麦是在导入矮源并与赤小麦杂交的基础上，才取得绿色革命的成功；三系水稻的突破是以野生稻败育基因导入栽培种而获得的；墨西哥一种驯化玉米的近缘种基因，每年在全世界产生的效益达44亿美元。

植物种质资源是一个国家最有价值、最有战略意义的财富，人们概括为："一个物种可以左右一个地区的经济命脉"，"一个基因可以影响一个国家的兴衰"，"一粒种子改变了世界"。未来植物性产业的发展，在很大程度上将取决于掌握和利用植物种质资源的程度，正如 Harland 指出的：人类的命运将取决于人类理解和发掘植物种质资源的能力。

3.1.3 我国园林植物种质资源的特点

(1)种类繁多，变异丰富

我国地域辽阔，气候、土壤、地貌和植被类型多样，原产于我国的植物约3万种，其中木本植物8000种，在世界植物总数中占较大比例。下面列举44个科属的种与世界总种数对比，可知很多著名花卉的科属是以我国为世界分布中心(表3-1)。

表3-1 我国园林植物占世界植物种数

科属名	世界大致种数	我国大致种数	占世界总种数(%)	科属名	世界大致种数	我国大致种数	占世界总种数(%)	科属名	世界大致种数	我国大致种数	占世界总种数(%)
金粟兰	15	15	100	花椒	85	60	71	虎耳草	400	200	50
山茶	220	195	89	蜡瓣花	30	21	70	紫菀	200	100	50
猕猴桃	60	53	88	含笑	60	35	58.3	蔷薇	150	65	43
丁香	32	27	84.4	椴树	50	35	70	乌头	370	160	43
卫矛	150	125	83	落新妇	25	15	60	忍冬	200	84	42
石楠	55	45	82	蜡梅	6	6	100	飞燕草	300	113	38
油杉	12	10	75	爬山虎	15	10	66.7	铁线莲	300	110	37
绿绒蒿	45	37	82	马先蒿	600	329	54.8	栎	300	110	37
木兰科	90	73	81	花楸	85	60	71	银莲花	150	54	36
杜鹃花	900	530	58.9	李	200	140	70	百合	80	40	50
溲疏	50	40	80	菊花	50	35	70	芍药	35	11	31
竹	50	45	90	金莲花	25	16	64	凤仙花	600	180	30
蚊母树	15	12	80	海棠	35	22	63	冬青	400	118	30
报春花	500	294	58.8	木樨	30	26	86.6	兰	40	25	62.5
紫堇	200	150	75	栒子	95	60	62	日照花	12	9	75
荚蒾	120	90	75	绣线菊	105	65	62	泡桐	9	9	100
槭	205	150	73	南蛇藤	50	30	60	紫藤	10	7	70
萱草	15	11	73	龙胆	400	230	58				

原产于我国的植物种质资源不仅数量多，而且变异广泛、类型丰富，如圆柏(*Sabina chinensis*)原产于我国中部，其在北京的变种及品种有偃柏(var. *sargentii*)、'鹿角'桧('Pritzeriana')、'金叶'桧('Aurea')、'龙柏'('Kaixuca')、'球柏'('Globosa')等。又如杜鹃花属植物，在我国除新疆和宁夏外，各地区都有分布，以云南、西藏、四川、贵州、广西、广东一带分布最集中，且主要分布在山地。因其分布的地理环境、生态环境差异大，不同种之间变异幅度也很大。以原产于我国的野生杜鹃花为例，既有五彩缤纷的落叶杜鹃，又有多姿多彩的常绿杜鹃。其中常绿杜鹃在花序、花形、花色、花香上差异很大。就杜鹃花植株高度而言，既有高度不足盈尺的平卧杜鹃(*Rhododendron gigateum*)，又有数米以上的乔木杜鹃。再如高山区(4000~4500m)杜鹃花的种类，能耐寒，花期在7~8月，个别品种为9月；中山区(2800~4000m)的种类，花期多在4~6月；低山区(1000~2800m)的种类在2~3月开花，耐寒性也差些。由此看出，杜鹃花不同种之间的植物形态特征、生态习性、生物学特性及地理分布等方面差异甚大。

(2)分布集中

许多世界著名的园林植物在我国都可以找到其分布地区，特别是在相对较小的地区内，集中着众多的种类。据资料，仅广东的草本植物就占全国高等植物的2/3强；世界上兰属(*Cybidium*)植物共50余种，我国仅云南就有33种；百合属(*Lilium*)植物在世界上共有80余种，我国有42种，而在云南就有23种。台湾省有维管束植物3577种，其中1/4是台湾省所特有。因而，台湾享有'天然植物园'之誉称。

(3)特有种质突出

我国有一些科、属、种为世界所稀有，如银杏科的银杏属，松科的金钱松属、银杉属，杉科的台湾杉属、水松属、水杉属，红豆杉科的白豆杉属，榆科的青檀属，蓝果树科的珙桐属、喜树属，杜仲科的杜仲属，忍冬科的猬实属等。有些具有独特的优良观赏性状，如芳香米兰、早花梅、抗旱毛华菊、抗涝柘树等。还有一些具特殊抗性的种质资源，是园林植物育种的珍稀原始材料和关键亲本。如用原产于我国的白榆(*Ulmus pumila*)与美国榆树杂交，选育出抗榆荷兰病的新品种。

(4)具有特殊文化内涵

人们把历史上植物种质资源利用和火的利用看得同等重要，认为是构成人类文化基础的两大飞跃。因此，经典的园林植物种质不单体现了物质财富的意义，更是精神文化的结晶。如菩提树是佛教文化的代名词；梅兰竹菊即中华四君子。我国是多元文化的历史古国，除了国花、市树等主流文化外，各民族特殊的植物图腾，各时期、各地域、各阶层的花木情结应有尽有，像英雄花、并蒂莲、友谊树、贞节草、黄帝手植柏和各种花语等，文化潜力挖掘不尽。

3.2　种质资源调查

3.2.1　种质资源分类

分类是认识和区别种质资源的基本方法。正确的分类可以反映资源的历史渊源和系谱关系，反映不同资源彼此间的联系和区别，为调查、保存、研究和利用资源提供依据。

1)按栽培学分类

(1)种

种又称物种，是植物分类的基本单位。它具有一定的形态特征与地理分布，常以种群形式存在，一般不同种群在生殖上是隔离的。但是园林植物中，有些种间常能杂交，如杨、松、茶等可种间杂交育成新品种。

(2)变种

变种指同种植物在某些主要形态上存在着差异的类群。如油桃、碧桃、寿星桃等变种。

(3)类型

类型是种和变种以下的分类单位，通常是指在形态上、生理上、生态上有一定差异的一群个体。如杜仲有光皮类型和粗皮类型；核桃有早实类型和晚实类型；油茶有红花类型、白花类型和黄花类型等。

(4)品系

在遗传学上，品系一般是指通过自交或多代近交，所获得的遗传性状比较稳定一致的群体。在育种学上，指遗传性状比较稳定一致而起源于共同祖先的群体。在栽培实践中，往往将某个表现较好的类型的后代群体称之为品系。

(5)家系

某株母树经自由授粉或人工控制授粉所产生的子代统称家系。前者叫半同胞家系，后者叫全同胞家系。

(6)无性系

由同一植株上采集枝、芽、根段等材料，利用无性繁殖方式所获得的一群个体称为无性系。

(7)品种

品种是经过人工选育的，具有一定的经济价值，能适应一定的自然及栽培条件，遗传性状稳定一致，在产量和品质上符合人类要求的栽培植物群体。品种是育种的成果，品种可以由优良类型、优良品系、优良家系、优良无性系上升而来。现代意义上的品种实际上就是优良家系或优良无性系。对于无性繁殖的园林植物，品种就是优良无性系。

2)按来源分类

(1)本地种质资源

本地种质资源指在当地的自然和栽培条件下，经过长期选育形成的园林植物品种或类型，如云南山茶逾100个品种，中国牡丹近500个品种，菊花3000多个品种等。本地种质资源的主要特点是：①对当地条件具有高度适应性和抗逆性，品质等经济性状基本符合要求，可直接用于生产；②有多种多样的变异类型，只要采用简单的品种整理和株选工作就能迅速有效地从中选出优良类型；③如果还有个别缺点，易于改良。因此，本地资源是育种的重要种质资源。

(2)外地种质资源

外地种质资源指从国内外其他地区引入的品种或类型。外地种质资源具有多样的栽培特征和基因贮备，正确地选择和利用它们可以大大丰富本地的种质资源。如我国从国外引入的悬铃木、欧美杨、美国黑核桃、草地早熟禾、高羊茅、多年生黑麦草、郁金香、香石竹等植物，都很快形成规模栽培。

(3)野生种质资源

野生种质资源指天然的、未经人们栽培的野生观赏植物。野生种质资源多具高度的适应性，有丰富的抗性基因，并大多为显性。但一般经济性状较差，品质、产量低而不稳。因此，常作为杂交亲本和砧木利用，如用'美矮粉'与野生毛花菊等杂交培育出抗性强、花多而密、花期集中、耐粗放管理的地被菊新品种。

(4)人工创造的种质资源

人工创造的种质资源指应用杂交、诱变、转基因等方法所获得的种质资源。现有的种类中，并不是经常有符合需要的综合性状，仅从自然种质资源中选择，常不能满足要求，这就需要用人工方法创造具有优良性状的新品类。它既可满足生产者和消费者对品种的复杂要求，又可为进一步育种提供新的育种材料。

3.2.2　种质资源调查的主要任务

我国素有“世界园林之母”之称，野生观赏植物发掘潜力巨大。如黄山茶（*Camellia chrysanthe*）就是胡先骕等在广西南部高山深谷中发现的。在此之前，世界上山茶有红、白、橙、蓝、绿、紫等色，独无黄色。美国以其与我国固有栽培品种杂交育成“金茶花”，成为名噪世界的珍品。世界三大名花中的杜鹃花，全世界有800多种，原产于我国的有650种，黔西大芳县，杜鹃花百里成林；蔷薇，全世界约有150种，我国有100种；山茶，全世界有400种，原产于我国的有230种；菊花，全世界有50种，原产于我国的有38种。我国还有一些北半球其他地区早已灭绝的孑遗植物，如银杏、水杉。除野生植物资源外，我国的园林植物栽培品种资源也极其丰富。早在汉代就有‘重瓣宫粉’梅花品种的记录，宋代欧阳修所著《洛阳牡丹记》（1031年）记载洛阳牡丹有24个品种。目前，像牡丹、月季、菊花等著名花卉，品种众多。因此，开展资源调查，进而研究、利用，对于丰富园林植物种类和品种是极其重要的基础工作。

自20世纪50年代初以来，我国在野生经济植物资源调查、药用植物资源调查、野生花卉资源调查、果树资源调查、森林资源调查中，对有用经济植物都做了大量相关内容的调查，现在对主要的传统的园林植物种类有了初步的了解，今后还应着重做好以下两方面的工作。

（1）野生种质资源调查

我国野生植物资源虽已开发利用了2000多年，但新的发现在每次调查中仍层出不穷。在1970年的全国板栗种质资源调查中，湖南省怀化县发现一株14年生的板栗，一年开花结果3次，群众称为“三季板栗”；江西发现了金坪矮垂栗，树体矮，枝叶倒披下垂，无明显主干，适于矮密造园。国外在野生经济植物资源调查中，1980年曾在亚马孙河流域的大森林中发现一株野生的“奇迹橡胶树”，其年产胶量为100kg，比世界栽培的高产品种还高10倍。这些都说明要特别注意野生种质资源的调查和利用，才能促进栽培品种有突破性进展。

1980年后我国对19个省（自治区、直辖市），包括北京、河北、山西、内蒙古、云南、四川、青海、西藏、广西、贵州、河南、湖北、湖南、广东、浙江、安徽、甘肃、新疆，以及东北、秦岭等地进行了调查，其中云南、贵州、四川种质资源最为丰富，云南共有14 000种，有观赏价值的1734种，蕨类约有1000种；贵州6000种，观赏植物有311种，蕨类有700多种；四川约10 000种，观赏植物有1000种；青海、西藏有5760种，观赏植物有菊科、杜鹃花科、玄参科、龙胆科、报春花科、石竹科、毛茛科；北京有240种，观赏植物有160种。通过这次调查：①明确了主要观赏植物的分布区，如杜鹃花除宁夏、新疆外，其他各省（自治区、直辖市）均有分布，西南山区约有640种，是我国的分布中心。②发现了很多新种，如有紫斑牡丹、矮牡丹、野牡丹、黄牡丹、窄叶牡丹、四川牡丹等；秦巴山区有野生百合20多种；山茶有抗寒山茶，如小花山茶、冬山茶、西南山茶、怒江山茶、短柄山茶等；具有芳香的山茶有毛花连蕊茶、落瓣短柱茶、云南连蕊茶等。③发现大面积的野生花卉，如西藏有大片的大花黄牡丹，神农架的野生蜡梅达267hm^2等。其中考察比较系统、规模较大的是前国家城乡建设环境保护部下达，广西环境保护局组织领导的广西金花茶种质资源考察，考察时间从1983年底开始到1985年5月止，历时1.5年；考察面积约51 815.60 km^2，占广西总面积的21.9%，考察重点18个县市，查清了广西金花茶的种类和分布范围，为金花茶种质资源收集、制定保护措施提供了依据。

种质资源的调查是一项复杂而细致的工作，必须在各级政府部门的组织协调下进行。组织形式和规模可以多种多样，有专业调查，有综合调查；有普查，有详查。调查过程包括3个环节：

①准备　一是组织准备，根据任务大小成立相应的组织，一般一个调查组有2～4人，其中应有精通植物生态和分类的专家。二是资料准备，搜集有关气候、地形、土壤、植被、交通、人文、植物的生活史、物候等资料。三是装备，如生活必需品、计测仪器设备、通讯工具、安全防护用品等。

②调查　一是地点选择，大多采用路线法，即每隔一定的距离以及根据植被的差异进行调查；也可采用航片，把植物分层，再按不同的层次选择调查地点。二是做好原始记录，如调查者姓名、日期、地点、种质性状和环境条件等。三是收集实物材料，如标本、照片等。金花茶种质资源考察时，每一种金花茶群落做3个100m^2以上的样方调查，测定群落的温度和光照，调查群落的种类组成，金花茶株数及其群落的分布情况；每种金花茶选5株标准木调查，内容包括生长情况和病虫害等。

③总结　包括调查内容、分析结果、意见建议等。

(2)品种资源的发掘统计与登录

我国是数十种园林植物的起源中心，加之我国各地自然条件差异较大和劳动人民长期的定向选育栽培，园林植物的品种资源十分丰富，有些还是珍贵品种，如不及时统计、鉴定和有选择地保护利用，必然使分散的资源不断流失，而且不可复得。

品种是国家的重要资源，原创品种享有知识产权，受国际相关法律保护，因此，品种的国际登录是我国种质资源工作面临的新任务。

3.2.3　园林植物种质资源调查的主要内容

(1)地区情况调查

包括社会经济条件和自然条件两方面。

(2)园林植物概况调查

包括栽培历史和分布，种类和品种，繁殖方法和栽培管理特点，产品的产供销和利用情况，以及生产中的问题和对品种的要求。

(3)园林植物种类品种代表植株的调查

①一般概况　来源、栽培历史、分布特点、栽培比重、生产反应。

②生物学特性　生长习性、开花习性、物候期、抗病性、抗旱性、抗寒性等。

③形态特征　株型、枝条、叶、花、果实、种子等。

④经济性状　产量、品质、用途、贮运性、效益值。

(4)标本采集和图表制作

除按各种表格进行记载外，对叶、枝、花、果等要制作浸渍或蜡叶标本。根据需要对叶、花、果实和其他器官进行绘图和照相，以及进行芳香成分和特异品质的分析鉴定。

(5)资源调查资料的整理与总结

根据调查记录，应该做好最后的资料整理和总结分析工作，如发现有遗漏应予补充，有些需要深入研究的也要及时落实。总结内容主要包括：

①资源概况调查　包括调查地区的范围，社会经济状况，自然条件，栽培历史，品种种类，分布特点，栽培技术，贮藏加工，市场前景，自然灾害，存在问题，解决途径，资源利用和发展建议。

②品种类型调查　包括记载表及说明材料，同时要附上照片和图表。

③绘制园林植物种类品种分布图及分类检索表。

实训

实训3-1　种质资源调查鉴定(见单元10实训5)

3.3　种质资源的搜集保存

3.3.1　种质资源搜集

种质资源的搜集工作要在明确的目的指导下，根据具体条件和任务确定搜集类别、数量和实施步骤。

搜集方式可以组成调查队直接搜集或以交换购买的方式搜集(征集)。

种质资源搜集的实物形态一般是种子、苗木、枝条、花粉，有时也有组织和细胞等。材料不同繁殖方式则不同。搜集材料要做到正确无误，典型可靠，生活力强，数量适当，资料完整。搜集的样本，应能充分代表收集地植物的遗传变异性，要求有一定的群体。如自交草本植物至少要从50株上采取100粒种子；异交的草本植物至少要从200~300株上各采取几粒种子。收集的样本应包括植株、种子和无性繁殖器官。采集样本时，必须详细记录品种或类型名称，产地的自然、栽培条件，样本的来源(如山野、农田、庭院、集市等)，主要形态特征、生物学特性和观赏性状，群众反映及采集的地点、时间等。

栽培所搜集到的种质资源的圃地叫种质资源圃。种质资源圃要有专人管理，并要建立详细资源档案。记载包括编号、种类、品种名称、征集地点、材料种类(种子、苗木、枝条等)、原产地、品种来历、栽培特点、生物学特性、经济特性、在原产地的评价、研究利用的要求、苗木繁殖年月、收集人姓名等内容。对木本观赏植物来说，每个野生种原则上栽植10~20株，每个品种选择有代表性的栽4株。搜集到的种质资源还要及时

研究其利用价值。

我国从20世纪50年代后期开始对品种进行收集，目前我国已收集植物种质资源数量世界领先，并在许多地区建立自然保护区，如湖北省保康县的野生蜡梅自然保护区，就拥有野生蜡梅约60万株。

3.3.2 种质资源保存

1)种质资源保存现状

联合国环境规划署在《1991年世界环境报告》中预测，未来10年间，世界物种的5%~15%将消失，每年可能失去1.5万~5万个物种，每天可能有40~140个物种灭绝。这是自然和人为因素双重影响的结果。森林消失、沙漠扩大，病虫危害、火灾和洪涝泥石流等，轻者使资源减少，重者使一些物种毁灭。如受栗疫病危害，美洲栗成为濒危物种。人类活动是种质流失的主要原因，如乱砍滥垦，破坏生态环境，造成种质的直接损毁；单一品种大面积推广，也严重地减少了物种的遗传多样性，造成种质的贫乏。人类的破坏作用，比物种自然灭绝的速度要快1000倍。

为保证种质安全，世界各国都投入了相当的人力物力。前苏联在列宁格勒首先建立了种质库；1958年美国农业部建立了国家种子贮藏实验室；1965年日本在平塚建立了种子贮藏中心，后又迁至筑波；1974年，国际植物遗传资源委员会(IBPGR)成立，其基本任务是促进国际植物资源的收集、保存、鉴定、开发和利用的国际合作与交流，并在1976年组织了国际植物遗传资源委员会基因库网，以促进按植物种类或按地理区域的基因库之间的联系。20世纪七八十年代，我国在北京、青海、湖北、广西、浙江等地建立了自动控制室内温度和湿度的现代化种子库；1986年在广西南宁建立了两座金花茶基因库；1993年在洛阳建成了牡丹基因库；1995年在贵阳建立了蕨类种质基因库。目前，国家库长期贮存种子数量达到33.3万份，国家库保存种质资源数量处于世界第一。同时，国家资源圃保存种质数达到3.8万份，国家拥有种质资源总数达到37万份。这一数量仅次于美国贮存的55.5万份种质资源，位居世界第二。国家种质资源库还收集、抢救了三峡、赣南、粤北等开发区的一批珍稀、濒危、优异种质和近缘野生植物。三峡库区濒临灭绝的八棱丝瓜、具重要开发价值的紫色爆裂玉米和白色苏麻等一批珍稀古老种质，都安全地保存在了国家库里。

2)种质资源的保存范围

种质资源的保存范围有以下几类：

①为进行遗传和育种研究的所有种质。包括主栽品种、当地历史上应用过的地方品种、原始栽培类型、野生近缘种、其他育种材料等。

②可能灭绝的稀有种和已经濒危的种质，特别是栽培种的野生祖先。

③具有经济利用潜力而尚未被开发的种质。

④在普及教育上有用的种质。如分类上的各个栽培植物种、类型、野生近缘种等。

种质资源保存，根据需要按品种名称、原产地或不同的特性制作卡片，以便查阅，各类植物的登记卡片格式如表3-2至表3-4所示。

表 3-2　观赏树木登记卡片

编　号		定植区	
中　名		科　名	
学　名			
来　源		数　量	
育苗期		定植期	
开花期		结实期	
备　注			

表 3-3　多年生花卉登记卡片(第一年记载表)

中名			科名		号码		
学名					株数		
播种	日期		方法		发芽	始	终
定植	日期				株行距		
花期	始		终		花色		
株高					株幅		
采种	日期		采收量		枯萎期		
管理情况							

表 3-4　多年生花卉登记卡片(第二年后记载表)

返育期	年　月　日		年　月　日		年　月　日	
开花期	起	止	起	止	起	止
花　色						
花大小						
株　高						
采种期						
初霜反应						
枯萎期						
备　注						

3)种质资源的保存方式

(1)就地保存

就地保存是将园林植物连同它生存的环境一起保护起来，达到保存种质的目的。就地保存有两种形式：一是建立自然保护区，如1979年中国在广西龙州成立弄岗自然保护区，以就地保护珍稀蚬木、金花茶及白头叶猴为主，是自然种质资源保存的永久性基地。二是保护古树和名木，如陕西黄帝陵的轩辕柏、楼观台的古银杏、山东乐陵的唐枣、河北邢台的宋栗等。这些古树名木要就地保存原树，并进行繁殖。它们经历了长期自然选择的考验，大多是遗传基础较现有栽培品种更为丰富的类型或原始品种，具有研究利用和历史参照意义。如原苏联报道，从一株200年生、高10m的老栗树实生后代

中，发现一株树形较矮，仅218～263cm而能正常结实的欧洲栗(1975年)，表明古树中含有难得的基因资源。另外，截至2008年年底，全国已建立各种类型、不同级别的自然保护区2538个，保护区总面积约149×10^4km^2。其中，国家级自然保护区303个，面积9120×10^4km^2，分别占全国自然保护区总数和总面积的11.9%和61.2%。有28处自然保护区加入联合国教科文组织"人与生物圈保护区网络"，有20多处保护区成为世界自然遗产地组成部分。

(2)异地保存

异地保存是指把整株植物迁离它自然生长的地方，保存在植物园、树木园或育种原始材料圃等地方。以我国山茶为例，以中国亚热带林业科学研究所、江西省林业科学研究所、广西壮族自治区林业科学研究所为基点，建立了国家级的山茶基因库，共收集基因资源1500多号；在广东、福建、浙江、云南、贵州、安徽等省也建立了一定规模的省级山茶基因库；在一些县如云南的腾冲，也建立了具有特色的山茶基因库，初步形成了国家、省(自治区、直辖市)、县3级基因库，促进了山茶属植物的开发利用。另外，武汉中国梅花研究中心1993年建成中国梅花品种资源圃。世界的许多植物园、树木园、观赏植物种质资源圃、原始材料圃、花圃等都是异地保存种质的重要场所。

(3)离体保存

离体保存指将种子、花粉、根和茎等组织、器官，甚至细胞在贮藏条件下保存起来。

①库存法　大多数植物种子的寿命在自然条件下只有3～5年，多者10余年。而种子含水率在14%～4%的范围内，含水率每下降1%，种子寿命可延长1倍。在贮藏温度为30～0℃的范围内每降低5℃，种子寿命可延长1倍。库存法就是利用人工创造的低温、干燥、密闭等条件，抑制呼吸，使种子长期处于休眠状态的原理保存的。

我国于20世纪80年代在北京建成一座容量40万份现代化国家农作物种质资源库，并已在该库保存种质资源达约30万份，按植物学分类统计，它们分属于30个科、174个属、600个种(亚种)，其中85%原产于我国，种质资源极其丰富，总数居世界第一。为保证种质资源在保存上的安全性，90年代初我国建成库容量达40万份以上的青海国家复份种质库，该库是目前世界上库容量最大的节能型国家级复份种质库，并在世界上首次安全转移了30余万份种质。因此，中国在植物种质资源的搜集、保存数量、质量以及进展速度上跃居世界领先地位。

②组培法　20世纪70年代以来，国内外开展了用试管保存组织或细胞的方法，可有效地保存种质资源材料。目前，保存材料有愈伤组织、悬浮细胞、幼芽生长点、花粉、花药、体细胞、原生质体、幼胚、组织块等。利用这种方法，可以解决种子库存法所不易保存的某些资源材料，如高度杂合性的、不育的多倍体材料和无性繁殖植物等；可以大大缩小保存空间，节省土地和劳力；繁殖速度快，可避免病虫危害等。

③超低温法　近年来，逐渐建立和发展了植物器官、组织和细胞的超低温冰冻保存技术。超低温是指－196℃(液氮低温)～－80℃(干冰低温)，在这种温度条件下，

细胞的整个代谢和生长活动都完全停止，因此，组织细胞在超低温的保存过程中，保证不会引起遗传性状的变异，也不会丧失形态发生的潜能。超低温冰冻保存技术，对各类园林植物种质的保存，尤其是珍贵植物和濒危植物的种质保存具有十分重要的意义。

种质资源的保存，除对材料本身的保存外，还应包括种质资源的各种资料。每一份种质资源材料应有一份档案，档案中记录编号、名称、来源、研究鉴定时间和结果。档案资料建立数据库，以便于检索、分类、研究和交流。

我国已建成了包括种质管理数据库、特性评价数据库和国内外种质信息管理系统在内的国家农作物种质管理系统。在杭州、广州、南宁、武汉等地建成一批中期保存库，形成布局合理的、长中期保存结合的网络。

3.4 种质资源的研究利用

3.4.1 种质资源研究

种质资源收集、保存的目的是为了利用，而合理利用的关键在于对种质资源进行深入的研究，所谓“知之愈深，用之愈当”。

1)基础研究

(1)植物学性状的研究

其目的主要在于鉴别品种类型。观察记载项目，应着重观赏和分类鉴别有用的性状，如花、果形状、色泽、大小、风味等是观果观花植物的主记项目；主干高度、冠形、枝条特征、树皮特征等则是观赏乔木的主记项目。

(2)分类学研究

从植物形态、解剖结构和生理生化特性等方面进行分类研究。研究栽培种与野生近缘种在植物分类上和进化上的关系，澄清同物异名、同名异物，确定中名学名，对于指导同属引种和开展远缘杂交育种等有现实意义。

(3)生理生化研究

根据生化成分的分析，可能得到定量的指标进行生化分类。如研究各组织器官的化学成分，可以更确切地了解其利用价值，如香精提炼、抗病虫性等。

(4)细胞遗传学研究

研究物种的核型，以比较物种间的差异，在减数分裂中研究染色体的行为和变异，利用标记基因研究连锁遗传，利用人工诱变研究染色体的结构和数量变异，以及多倍体的育性等。

(5)生态学及地理分布的研究

研究种质材料的生态适应性、抗性、生态型等，以确定最适生长区，预测今后的发展范围。

2)观赏生物学性状研究

(1)研究项目

观赏生物学性状包括与人类观赏有关的全部生物学性状。以观果植物为例，主要有：

①丰产性　一般用单株或单位面积结果量表示。

②稳产性　常用大小年间隔期和产量变幅表示。

③早实性　指从嫁接开始或播种当年算起，品种有50%以上植株结果时的年限为开始结果年龄。

④果量构成　单株整体挂果性状又由许多因素构成，如分枝力、果枝坐果率、单果大小等。特别对于刚进入结果期的杂种植物来说，研究果量构成比直接记录其产果量有更大的参考价值。

⑤果实品质　对于不同的种类有不同的品质指标，但多以外观品质、着果期、脱落特性等为主。

⑥生育期　包括大发育周期中各个年龄时期和小发育周期年循环中的主要物候期。大发育周期的研究通常是在有代表性的自然条件下，观察其品种类型初产年龄及产量逐年增长情况。小发育周期的研究是通过物候观测来进行的。

⑦抗性　内容较多，有抗病、抗虫、抗寒、抗旱、耐盐碱性等，对于具体品种往往是有针对性地研究其中主要的1~2项。

(2)研究方法

任何观赏生物学性状的表现都是基因型和环境因素相互作用的结果，为使研究结果准确可靠，对新品种都要选择有代表性的不同地点进行多点试验，同时采用科学的田间设计和生物统计的方法，以消除不可预见因素造成的误差。

对于生育期、产量、品质等经常性研究项目，要积累多年的研究记录，才能得出结论。抗寒、抗旱、抗风、抗病性、耐贮运性等除经常性观察外，应抓住特殊时机如冻害严重发生的年份，有重点地进行抗寒性调查研究。抗病性、抗虫性可用人工接种办法来研究。抗寒性还可用人工冷冻处理的办法来研究。抗旱、耐盐碱能力，也可采用在人工配制的土壤中栽培测得，这种方法又称为诱发鉴定。有时可以通过与需要研究的性状相关的其他性状来进行研究，如根据树液导电度研究抗寒性。还有根据幼苗期的某些形态、解剖、生理、生化性状来研究成年期有关经济生物学性状。这些叫作间接鉴定。

另外，现代核磁共振波谱技术用于某些育种性状的研究，每10s可处理一个样品，速度快，准确性高，结合电子计算机可处理大量信息。利用同功酶分析技术可以进行杂种鉴定、雄性不育性鉴定、性别鉴定等研究。DNA分子标记技术也正在用于生物性状研究。因此，可以预见，现代科学技术的应用，将会大大促进种质资源工作的快速发展。

3.4.2　种质资源利用

对收集到的优良野生种质和栽培品种、类型，应积极利用或有计划有目的地改良，以便尽早发挥生产效益。种质资源利用的途径一般有3条。

(1)对观赏价值高，资源丰富的种质直接选择利用，使其尽快转化为生产力。

选择利用的步骤是：

①清查资源，了解分布及储量；

②选择优良类型、优良单株，繁殖后代，开展品种比较试验；

③通过品比试验，选择较好的材料，做区域化栽培试验，选出优良无性系或品系；

④良种繁育技术研究，并扩大繁殖；

⑤栽培区划；

⑥基地建设，生产大宗产品，供应市场。

(2)对有观赏价值，但资源贫乏的种质，应在保护的基础上，积极开展科学试验。特别是繁殖技术的研究，建立一定数量的收集区和采穗圃，使之尽快繁殖后代，以便走引种利用之路，形成品种后，再扩大面积推广应用。

(3)对于经济性状不突出，但却具有某些优良性状，有潜在利用价值的种质，应就地保存或移入种质资源收集圃，并积极开展研究工作，逐步加深认识，以便为今后杂交利用创造条件。

小结

(1)种质资源是指含有特定物种全部或部分遗传信息(基因)的所有生物材料(如下图)。

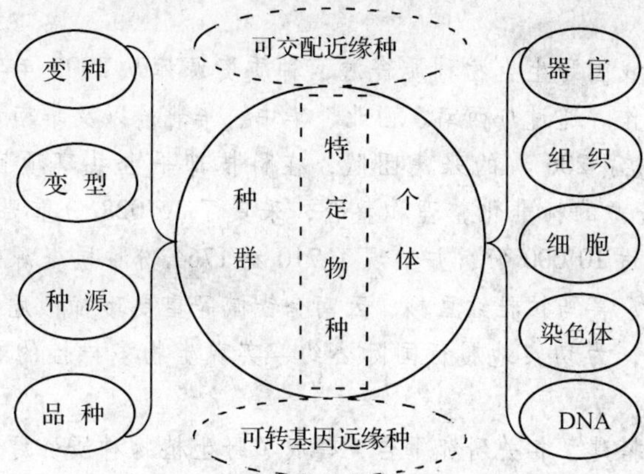

(2)种质资源工作包含调查、搜集、保存、研究和利用5个方面的内容(如下图)。

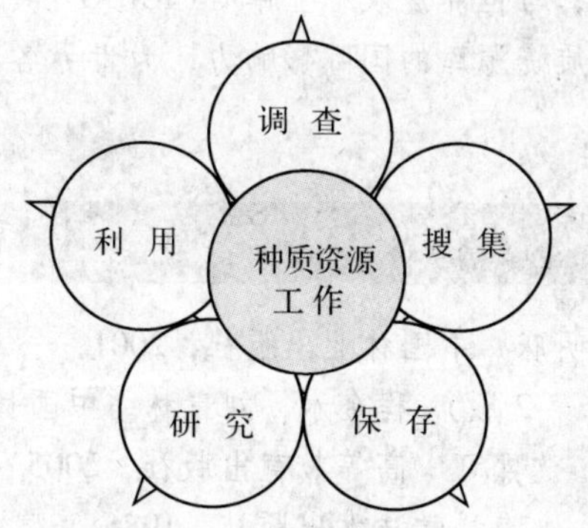

知识拓展

中国西南野生生物种质资源库

国家重大科学工程“中国西南野生生物种质资源库”(以下简称“种质资源库”)由著名植物学家吴征镒院士1999年致信国务院总理朱镕基建议立项，于2004年得到国家发改委的正式批复，2005年开工建设，2007年建成并投入试运行。总共投资约1.48亿元。

种质资源库是国家、云南省、中国科学院共同投资建设的国家重大科学工程，是中国生物学领域的一项重点工作。中国科学院昆明植物所作为该项目建设的法人单位，实行理事会领导下的主任负责制。其总体科学目标是：立足西南，面向全国，网络全世界，建成国际上有重要影响、亚洲一流的野生生物种质资源保护设施和科学体系，使我国的生物战略资源安全得到可靠的保障，为我国生物技术产业的发展和生命科学的研究源源不断地提供所需的种质资源材料及相关信息和人才，促进我国生物技术产业和社会经济的可持续发展，为我国切实地履行国际公约、实现生物多样性的有效保护和实施可持续发展战略奠定物质基础。

建成后，种质资源库主要包括种子库、植物离体种质库、DNA库、微生物种子库、动物种质库、信息中心和植物种质资源圃。同时建立研究中心，主要学术方向是种子生物学、植物基因组学和保护生物学。在第一个五年内，种质采集将达到6450种66 500份(株)，15年内将达到19 000种190 000份(株)，其中包括重复保存的种类、复份、菌株和细胞株或细胞系。

为了抢救性地保护我国野生生物种质资源，种质资源库从2005年年底就开始了野生植物种子的采集和保存工作。通过与西南、西北、华中、华北，以及华南和华东地区部分省区市15个单位合作，组成了206人的采集团队，在科技部平台共享项目的支持下，已完成3000种10 129份种质资源的标准化整理和整合，采集了15 028份重要野生植物种质资源，共享的种质资源信息超过10 000份，并实现了710种1764份种质资源的实物共享。其中对弥勒苣苔、云南蓝果树、喜马拉雅红豆杉、云南金钱槭等重要珍稀濒危物种的保存引起了国内外关注。项目的实施，为切实地履行国际公约、实现生物多样性的有效保护做出了重要贡献。

目前，种质资源库搭建了相关研究平台，建成了野生植物种质资源保藏的支撑体系。除此之外，在国际合作方面，与英国皇家植物园(邱园)“千年种子库”签署了关于野生植物种质资源保护和研究的合作协议，与世界混农林业中心(ICRAF)共同签署了树种种质资源保存的合作协议，极大地提高了种质资源库的国际影响力，为世界各国了解我国生物资源搭建了一个新的平台。

自主学习资源库

(1) 林木遗传育种学．王明庥．中国林业出版社，2001.

(2)园林植物遗传育种学(第2版)．程金水，刘青林．中国林业出版社，2010.

(3)林木育种学．陈晓阳，沈熙环．高等教育出版社，2005.

(4)果树育种学．沈德绪．上海科学技术出版社，1986.

(5)山东省林木种质资源现状分析及保护利用研究．李呈杰，等．河北林业科技，2012，4.

(6) http://icgr.caas.net.cn/pt.

(7) http://www.nfgrp.cn.

(8) http://www.cngb.org.

(9) http://training.cngb.org.

自测题

1. 名词解释

种质资源，种，变种，类型，品种，无性系，家系。

2. 填空题

(1) 种质资源是________的基础，具有不断改进________的作用。

(2) 我国园林植物种质资源的特点是：________，________，________。

(3) 种质资源按来源分为：________，________，________和________。

(4) 种质资源的保存方式有：________，________，________3种。

(5) 种质资源生物学性状研究的主要项目是：________，________，________，________，________，________，________。

(6) 种质资源工作的内容包括：________，________，________，________，________。

3. 问答题

(1) 植物种质资源可分为哪些种类？有何重要性？

(2) 我国园林植物种质资源工作的重点应放在哪些方面？

(3) 我国种质资源状况如何？怎样搜集和保存植物种质资源？

(4) 园林植物种质资源调查的主要内容是什么？

(5) 种质资源保存的范围是什么？

学习目标

【知识目标】

(1)掌握园林植物自然变异的概念；了解形态特征的变异(株型、花色、花型、花径、花瓣)，生理、生态特性的变异，抗性的变异。

(2)掌握选择育种的概念；了解选择育种的意义；掌握选择育种方式和选择育种程序。

(3)掌握混合选择、芽变选择的方法。

(4)了解基因型、表现型与选择的关系；掌握影响表型选择的因子及提高选择效果的基本途径。

【技能目标】

(1)能观察记载和分析园林植物的自然变异。

(2)能完成单株(优树)选择育种工作。

(3)能进行优良类型选择。

(4)能进行芽变选择。

(5)能估算遗传力。

4.1 园林植物自然变异

4.1.1 形态特征的变异

(1)花型

重瓣大花的花卉常具有较高的观赏价值。因此选育重瓣大花型品种，常常是花卉育种的重要目标之一。如我国的牡丹、芍药、菊花、荷花等名贵花卉的上乘品种主要是重瓣大花类型。球根类的郁金香、风信子、水仙、百合、唐菖蒲等也都有重瓣的优良品种为人们所喜爱。

重瓣花是从单瓣花中选出来的，发生的途径有雄蕊瓣化或雌蕊瓣化。在这两种情况下，花朵就失去了有性繁殖的能力而不得不依赖于无性繁殖。如牡丹花的花型进化，是由单瓣类发展到半重瓣类(千层类)，最后形成重瓣类(楼子类)，这一发展过程，就是长期选择的显著成果。

在头状花序的系统中，重瓣化可按首先瓣化的部位分成内外两种瓣化的倾向。外轮舌状瓣化是从花序边缘部分的小花首先变成平展的舌状花开始，然后层数逐渐增加，花瓣变长，而内轮的小花则无明显的变化，如翠菊的鸵羽型。内轮管状瓣化是花序内轮小花首先变成长管状花瓣，然后逐渐变长并形成一系列品种，而外轮的一轮舌状花则无变化，如翠菊中的托桂型。

在喇叭状花的情况下，重瓣化常整套地增加花冠数的层数，由原来的1层突变成2层甚至3~4层，如重瓣曼陀罗、毛地黄的重瓣自由钟等。

在不对称花的类型中，重瓣化程度一般较弱，如蝶形花，有的不对称花偶尔也可以发生重瓣的变异，如唐菖蒲、凤仙花，但重瓣化后常降低了不对称性，如凤仙花的平顶型。

皱瓣型是在平展的花瓣上发生卷曲、波缘或皱折，这样将大大地增加观赏价值，如香石竹、香豌豆、大丽花、球根秋海棠等多种花卉都有这种变异类型，这种变异在开始时仅有轻微的表现，并不引人注意，但一旦发现并隔离之后，只要连续几代的选择就可获得有显著特色的新品种。

(2)花色

花卉中的优良品种，一般都有丰富的花色。如唐菖蒲就是以花色丰富而闻名于世。其次为大丽菊、香石竹等。各种花卉中，采用较多的花色是红、粉、橙、黄、白、紫等色彩鲜艳而明快的颜色。对中间色或暗色需求极小。但不同种类的花卉因其各自的特点，在花色育种上对其颜色的要求也各不相同。如菊花以稀少的绿色为优良品种，而牡丹因缺少金黄色而以其为珍贵。因此，法国曾以培育金黄色牡丹品种为目标，利用我国的栽培种与云南一野生种进行种间杂交，继而选育出优良的金黄色牡丹品种。荷兰以黑郁金香的选育为最高目标。

(3)叶形、叶色

优美的叶形、丰富的叶色也是人们喜爱的一种观赏品质。如羽衣甘蓝原是作为蔬菜栽培的，但由于叶片深裂、着色美丽，冬季栽植花坛极为优美，日本则在1978年后进行了羽衣甘蓝的引进与育种工作，现已选育出叶形、叶色具各种特色的系统，备受欢迎。随着人们生活水平的提高，居住条件的改善，人们对室内观叶植物的需求越来越高。如我国的君子兰育种主要是以叶子的宽窄、叶色的深浅、叶脉的明显与否作为衡量品质优劣的标准，叶形宽短、叶色浓绿、叶脉突起且明显的为佳品。

秋季红叶可谓园林中主要的景观。由于叶子红色深浅不同，形成不同层次的景色，优美怡人。因此对红色叶的植物的选育工作应是园林植物育种的方向之一。

此外，叶片上的各色斑纹、条纹也是增加观赏效果的一个方面，育种时应予以注意。

(4)株型

株型直接影响园林绿化的整体效果。优美、整齐的株型是提高园林植物观赏价值的基础。所以增加株型变化的选育也是扩大园林植物应用的一个方面。株型包括株高、枝叶着生状况。由于用途不同对园林植物株型的要求也不同。如花坛布置需要矮生型草花，而切花生产则需要植株高大、茎粗壮的株型。一些国家，如日本、美国、荷兰、英

国等应用 F_1 杂种优势、多倍体诱导等方法已培育出适合各种用途的不同株型品种。其中有适宜栽植花坛的株矮花密、体型紧凑、高度整齐、不怕风雨的矮生型金鱼草、万寿菊、百日草、矮牵牛、美人蕉等品种，以及适宜作切花的植株高、茎粗壮的金鱼草、翠菊、百日草、菊花等品种。

矮生型在各种园林植物中都可能发生，但由于矮生的性状受隐性基因控制，所以极易与高的品种发生生物学混杂，导致退化变劣，故必须以严格的良种繁殖措施防止其退化。

由于枝叶着生状况不同，常使株型呈下垂型、半下垂型、直立型、扭枝型、多分枝型等，形成不同的观赏效果。如龙爪槐、垂柳、垂桑、线柏、垂枝碧桃以及在圆柏、雪松、杉木中发生的一些垂枝类型，这些性状都可以通过无性繁殖稳定遗传。

因此，在株型育种时应根据不同的绿化用途制定优良株型的选育目标。

(5) 芳香

花朵或叶片具有芳香，能吸引昆虫传粉，对于种族繁衍是有利的变异，大自然常常留下这些变异。在栽培种中富有芳香的园林植物有代代、茉莉、蔷薇、风信子、水仙、小苍兰、百合类、晚香玉、梅花、蜡梅、桂花、栀子等。但是从总体来看，没有芳香的植物还是居多数。为了使美丽的植物馥郁芬芳，育种工作者在很多植物上进行了芳香型选育的尝试。成功的有日本选育的芳香仙客来品种‘甜蜜的心’。美国在世界首次培育成具有麝香香味的山茶新品种及芳香金鱼草等。但是未达到目的的还是占多数。如为育成芳香的唐菖蒲品种，育种工作者曾用非洲原产的两种芳香的野生圆叶唐菖蒲与卷瓣唐菖蒲和栽培种进行杂交，结果由于杂交不亲和而未获得成功。所以，植物芳香性育种还是难度较大的工作。

4.1.2 生理生态特征的变异

(1) 生理特征的变异

由于遗传特性的不同，同一种群内的不同个体在生长速度上存在着明显的差异。这往往是由于光合作用、呼吸作用、蒸腾作用等生理过程强度不同所引起的。

中国科学院曾用 ^{14}C 测定湖南会同的杉木两个类型——芒杉和油杉光合作用强度及生长量。结果证明芒杉光合作用比油杉要强，芒杉在树高和胸径生长方面也大于油杉，而且整株的针叶量和总叶面积也大于油杉。

J. Barner 和 H. Polsler 用 ^{32}P 测定了31个杨树无性系的蒸腾强度，结果表明，杨树各无性系间蒸腾作用强度差异也是很大的，根据这一特性，他们将这些无性系分为大强度、中强度和弱强度3组。在一般情况下，生长期内蒸腾强度越大，耗水量越多，干物质积累也较大。大强度组的杨树无性系耗水量大，比较速生；弱强度组的无性系比较耐旱。

(2) 生态特征的变异

很多植物的分布区很广，同一植物可以在极不相同的环境条件下生长。由于纬度、海拔高度及土壤条件的不同与长期自然选择和人工选择的作用，形成了适应于分布区内各种不同生态条件下的生态群体。这种因长期适应于一定环境条件而产生的遗传性上有差异的群体，称为生态型。

同一生态型的植物，对于一定的环境条件，如温度、湿度、光周期、土壤等有共同的或相似的反应，生态型之间在外部形态、生物学特性等方面，不一定有显著的差别，它们的差异主要表现在与生态条件适应性方面。

4.1.3 抗性变异

抗性是指植物对不良环境条件，如气候、土壤、虫害、病害的抵抗能力。病虫害严重威胁园林植物观赏效果及产量。过去对病虫害只着重药剂防治，结果在消灭病虫害的同时，也使植物受到危害，或由于大量使用农药使病菌、害虫产生了抗药性又污染了环境。而选育抗病虫品种不仅能获得良好的观赏效果及稳定产量，还可减少或免除药剂防治造成的环境污染，节约开支。目前，国外选育出的抗病品种有抗镰刀菌凋萎病的郁金香、百合、香雪兰、香石竹等品种及抗 Oryptoge 疫病危害的扶郎花新品种。美国在佛罗里达州大规模进行棕榈科观赏树木抗黄化病的选育研究，收效显著。丹麦、加拿大都致力于月季的抗病育种，取得突出成绩。

实训

实训4-1 植物形态变异观察(见单元10 实训6)

4.2 选择育种概述

4.2.1 选择育种的概念和意义

选择就是选优去劣。选择育种就是从自然或人工创造的群体中，根据育种目标挑选具有优良性状的个体或群体，通过比较、鉴定和繁殖，使选择的优良性状稳定地遗传下去。

选择育种与其他育种措施相比具有所需时间短、见效快的特点。

选择是植物进化、育种及良种繁育工作的基本途径之一。达尔文生物进化论的核心是自然选择。达尔文认为，选择确定生物进化的方向，即选择虽不能创造变异，但它的作用并不是单纯的筛选，而是通过不断选择，将微小的不定变异加以积累和巩固，成为明显的遗传性状，最终创造出新品种，这就是选择的创造性作用。

选择不仅是独立培育良种的手段，也是其他育种方式，如杂交育种、引种、辐射育种、单倍体育种、多倍体育种及良种繁育中不可缺少的重要环节之一。它贯穿于育种工作的始终，如原材料的选择、杂交亲本的选择、杂种后代的选择等。没有选择，不去劣留优，就不可能培育出符合人们要求的优良品种。

选择贯穿于植物生长的整个生活周期。如种子的选择、幼苗的选择、花期的选择直到成熟时的株选和果实的选择。

4.2.2 选择育种的程序

(1)优良单株选择

在野生种群或栽培圃地中根据育种目标和选择标准(或指标)选择优良单株(如花朵、

花序)。当选单株应分别采种、脱粒、编号。选择时，将入选株和邻近株进行综合性状和目标性状比较观察鉴定。

(2)株行试验

将上年当选的材料一株一行种成株(如花朵、花序)行，每隔一定行数种一行原品种作为对照。在各个生育时期进行观察鉴定，严格选优，这是选择育种的关键。最后可保留几个、十几个，最多几十个优良株行，其余淘汰。入选的株(如花朵、花序)行各成一个品系，于翌年参加品种比较试验，个别表现优异但尚有分离的株(如花朵、花序)行可继续选株(如花朵、花序)，翌年仍参加株(如花朵、花序)行试验。

(3)品系比较试验

决定品种的取舍和利用价值的试验是品系比较试验。试验要求精确、全面、细致、可靠。试验条件应接近生产栽培条件，保证试验的代表性。品系比较试验需要进行2年(木本植物至观赏性状充分表现时)。此期间要严格地进行观察记载，根据育种目标的规定，综合评价每个材料的优缺点，最后挑选1~2个符合育种目标要求并超过对照品种的优良的品系参加区域试验。

(4)区域试验与生产试验

在不同的自然区域进行区域试验，测定新品种的利用价值、适应性和适宜推广地区。并在接近生产的栽培条件较大面积的圃地进行生产试验，对新品种进行更客观的鉴定。

一个品种参加区域试验的年限一般为2~3年(木本植物更长)。在区域试验的同时，根据需要可进行生产试验和栽培试验。如有特殊需要，也可进行多点试验和生态试验。

(5)品种审定与推广

在品系比较试验、区域试验和生产试验中表现优异，品质和抗性等符合推广条件的新品种，由省级(及以上)林业主管部门组织对其进行品种审定，审定合格后定名推广。

对表现优异的品系，从品系比较试验阶段开始，就应加速繁殖种子，以便能及时大面积推广。

4.3 实生选择

实生选种是在自然授粉产生的种子播种后形成的实生植株群体中，采用混合选择或单株选择得到新品种的方法。

4.3.1 混合选择

混合选择是指按照某些观赏特性和经济性状，从一个原始的混杂群体或品种中，选出彼此相似的优良植株，然后把它们的种子或种植材料混合起来种在同一块地里，翌年再与标准品种进行鉴定比较。对原始群体的选择只进行一次就繁殖推广的，称为一次混合选择。对原始群体进行不断地选择之后再用于繁殖推广的，称为多次混合选择。如对天然授粉草花百日草、鸡冠花等，就要实行多次混合选择法(图4-1)。

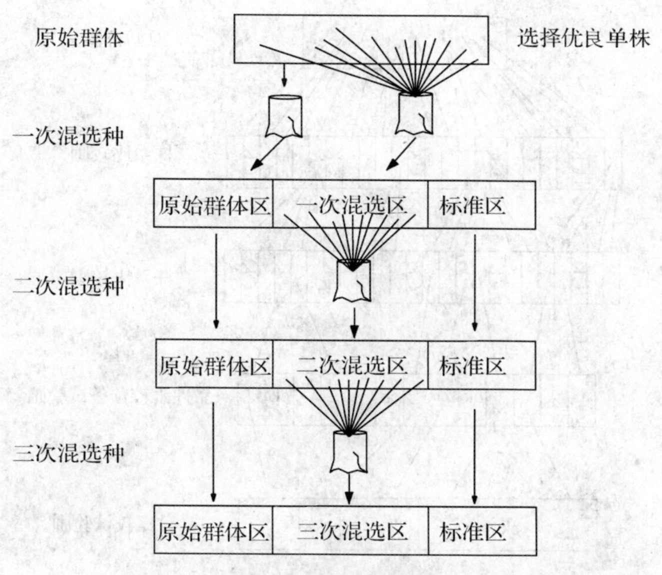

图 4-1 多次混合选择

混合选择的优点是：手续简便，易于掌握，而且不需要很多土地与设备就能迅速从混杂的原始群体中分离出优良的类型；能获得较多的种子或种植材料，便于及早推广；能保持较丰富的遗传性，以维持和提高品种的种性。

混合选择的缺点是：在选择时由于将当选的优良单株的种子或种植材料混合繁殖，因而就不能鉴别一个单株后代遗传性的真正优劣，这样就可能使仅在优良环境条件下外观表现良好而实际上遗传性并不优良的个体也被当选，因而降低了选择的效果。但这种缺点在多次混合选择的情况下，会得到一定程度的克服。因为那些外观良好而遗传性并不优良的植株后代，在以后的继续选择过程中会逐步被淘汰。另外，在开始进行混合选择时，由于原始群体比较复杂，容易得到显著的效果，但在以后各代环境条件相对不变的情况下，选择的效果就越来越不显著了，此时就需要采用单株选择或其他育种措施。

4.3.2 单株选择

单株选择就是把从原始群体中选出的优良单株的种子或种植材料分别收获、分别保存、分别繁殖的方法。在整个育种过程中只进行一次以单株为对象的选择，而以后就以各家系为取舍单位的称为一次单株选择。先进行连续多次的以单株为对象的选择，然后再以各家系为取舍单位的，就称为多次单株选择(图 4-2)。

一次单株选择又称株选法，通常在按一定任务和标准加以比较鉴定后，即可行营养繁殖，形成稳定的营养系。如我国牡丹、梅花、山茶、紫薇等形形色色的品种，绝大多数都是株选的成果。

单株选择的优点是：由于所选优株分别编号和繁殖，一个优株的后代就成为一个家系，经过几年的连续选择和记载，可以确定各编号的真正优劣，淘汰不良家系，选出真正属遗传性变异(基因型变异)的优良类型。缺点是：要求较多的土地设备和较长的时间。

自花授粉的植物、营养繁殖的植物，由于一般后代不分离，容易稳定，所以常用一次混合选择法。异花授粉植物，如百日草、鸡冠花等，由于杂种后代一般多发生分离现

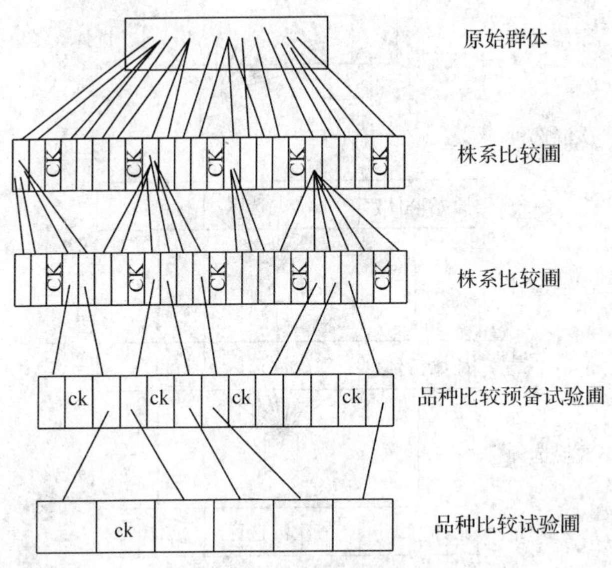

图4-2 多次单株选择法

象，必须采用多次混合选择或多次单株选择法。

实生选择法还有其他方法，如评分比较选择法、相关选择法。

4.4 无性系选择

无性系选择是从普通种群中，或从人工杂交和天然杂交的原始群体中挑选优良的单株，用无性方式繁殖之后进行选择的方法。由于同一无性系植株的基因型相同，所以无性系内选择是无效的。为了提高选择效果，必须结合无性系鉴定进行。

由于无性系选择是将挑选出来的优良单株采用无性繁殖方式推广，能够保存优良单株的全部性状。因此，对那些可采用无性繁殖的，而遗传基础又很复杂的杂种，采用无性系选择效果较好。例如，在杂种香水月季中，在现有的优良品种间进行杂交，或者从颜色鲜艳、抗性良好等植株上采集自由授粉种子，进行实生繁殖至开花为止，在此期间对它们进行混合选择，并把选出的优良单株进行嫁接，并在育种小区内测定数年，然后根据月季花的颜色、花的大小、抗逆性等进行综合评定，将最好的无性系选择出来，通过无性繁殖投入生产。

无性系选择的优点是：能在个体发育的任何时期进行选择，从而大大缩短了育种周期。此外，这种方法简单，见效快。

无性系选择的缺点是：一个无性系就是一种基因型，因而无性系内除非产生新的突变体，无法进行多世代育种；无性系遗传基础过窄，往往适应性较差；大规模应用，有时还会造成严重不良后果。

4.5 芽变选种

芽变是体细胞突变的一种，即突变发生在芽的分生组织细胞中，当芽萌发长成枝

条，并在性状上表现与原来类型不同，即为芽变。芽变包括由突变的芽发育成的枝条和繁育而成的单株变异。

芽变是植物产生新变异的无限丰富的源泉，它既可为杂交育种提供新的种质资源，又可直接从中选出优良的新品种，是选育新品种的一种简易而有效的方法。

我国花卉栽培历史悠久，资源丰富，为开展芽变选种提供了可能。我们应当充分利用这一有利条件，采用专业研究机构与群众选种相结合的方法，持续深入地开展芽变选种工作，不断地选出更多更好的新品种。

4.5.1 芽变的特点

芽变是遗传物质的突变，它的表现多种多样，极其复杂。因此，要开展芽变选种，提高选种工作的水平，首先必须熟悉芽变的特点。现将其主要特点分述如下。

1）芽变表现的多样性

芽变的表现是多种多样的，既有形态特征的变异，也有生物学特性的变异。

(1)植株的形态

①蔓性的变异　在直立的月季中产生蔓性的芽变，如从‘墨红’中产生‘藤墨红’的芽变；又如在圆柏中产生辅地柏的芽变。

②扭枝的变异　在园林植物中产生扭枝型的芽变为数不少，而且具有较高的观赏价值，从而形成像‘龙爪’柳、‘龙游’梅、‘龙桑’等品种。

③垂枝型的变异　在直立型的枝条中产生垂枝型的突变，从而形成像‘线柏’、‘枝梅’等品种。

④刺的变异　在蔷薇属的植物中，经常发现枝条上刺的变异，有的刺很多，有的刺较少，有的无刺等。

(2)色素的变异

①叶绿素的突变　叶绿素的突变产生像‘紫叶’李、‘红枫’、‘红叶槭’等品种。部分叶绿素产生像金心或金边、银心或银边的黄杨、海桐、六月雪等品种。

②花色素的突变　在大丽花、凤仙花、月季花中经常出现半朵红色半朵白色的突变，或一朵花中部分颜色发生改变，将这种植株进行嫁接或组织培养，即可分离出不同花色的植株。

(3)开花期

在园林植物中经常发现花期的变异，如花期提前或错后，但要与光照温度等环境条件的影响区别开来。

(4)能育性

园林植物雄蕊瓣化，能育性降低或雌雄蕊退化，失去生育能力等。

(5)抗逆性

出现低温开花的节能突变类型或冬天不变色的常绿类型，或抗旱或抗病虫等。

2)芽变的重演性

同一品种相同类型的芽变可以在不同时期、不同地点、不同单株上重复发生，这就

是芽变的重演性。例如'金心'海桐、'银边'黄杨等叶绿素的变异，从它们发生的时间看，历史有过，现在也有，将来还会有；从它们发生的地点看，中国有，外国也有。因此，不能把调查中发现的芽变一律当成新的类型。应经过分析、比较、鉴定，才能确定其是否为新的芽变类型。

3)芽变的稳定性

有些芽变很稳定，性状一经发生改变，在其生命周期中可长期保持，并且无论采用何种繁殖方法，都能把变异的性状遗传下去。有些芽变只能在无性繁殖下保持稳定性，当采用有性繁殖时，或发生分离，或全部后代都又恢复成原有的类型。还有些芽变，虽不经繁殖，但在其发育过程中，也可能失去已变异的性状，恢复成原有的类型，即所谓回归突变。如蔷薇曾经出现无刺的芽变。但从无刺枝上采种繁殖时，后代都全部是有刺的等。芽变的稳定性和不稳定性的实质，一是基因突变的可逆性，一是与芽变的嵌合结构有关。

4)芽变性状的局限性

芽变和有性后代的变异不同。芽变一般是少数性状发生变异，而有性后代则是多数性状的变异。因为有性后代是双亲遗传物质重组的结果，而芽变仅仅是原有类型遗传物质的突变，包括基因突变与染色体畸变，只有少数性状引起变异，因此有局限性。

4.5.2 芽变选种的方法

(1)芽变选种的目标

芽变选种主要是从原有优良品种中进一步选择更优良的变异，要求在保持原品种优良性状的基础上，针对其存在的主要缺点，通过选择而得到改善。

(2)芽变选种的时期

芽变选种工作原则上应该在整个生长发育过程的各个时期进行细致的观察和选择。但是，为提高芽变选种的效率，除经常性的观察选择外，还必须根据选种目标抓住最易发现芽变的有利时机，集中进行选择。例如，早花和晚花芽变的选择最好在花期前几周或后几周进行观察和选择，以便发现早花或晚花的变异；抗病、抗旱、抗寒芽变的选择最好在自然灾害发生之后，由于原有正常枝芽受到损害，而使组织深层的潜伏变异表现出来，所以要注意从不定芽和萌蘖长成的枝条进行选择或选择自然灾害能力特别强的变异类型。

(3)对变异的分析

在芽变选种中，当发现一个变异，首先要区别它是芽变还是环境条件的影响。其鉴别方法有下列2种：

①直接鉴定法　即直接检查遗传物质，包括细胞中染色体的数目、组型以及DNA化学测定。例如，鉴定悬铃木无果实芽变，可检查其染色体的数目，如果是奇数的多倍体，则其营养系多半不结果，此法可节省大量人力、物力和时间，但需要一定的设备和技术。

②间接鉴定法　即移植鉴定法，将变异类型通过嫁接或扦插与对照移植在相同的环境条件下，进行比较鉴定，以排除环境因素的影响，使突变的本质显示出来。如悬铃木，把不结果的芽变枝条，高接在普通悬铃木的枝条上，视其是否结果。此法简便易行，但需要时间较长，需要较多的人力和物力。

实训

实训4-2　选择育种方法(见单元10实训7)

4.6 提高选择效果的基本途径

选择效果的好坏直接关系到选种的速度和进程，同时也影响选择出的新品种的优劣。在选种过程中，为了提高选择效果，要注意影响选择效果的因素，应考虑以下几个问题。

(1)选择要在大群体中进行

大群体具有广泛选择新类型的可能性，可以实行优中选优，但是群体越大，工作量也就越大，选种前要做出充分估计。目前不少地方通过办花展，逐级评选，取得较好的效果。

(2)选择要在相对一致的环境条件下进行

品种性状的表现是基因型和环境条件共同作用的结果。在花圃生产的品种群体中进行选择，必须考虑在土壤肥力、耕作方法、施肥水平和其他环境条件相对一致的条件下进行。只有肥力均匀，营养面积一致，生长正常，基因型作用趋势大体一致，优劣植株才较易分辨。在不均匀的田间地块上选择，某些基因型一般的个体，因生长在好的条件下而表型出众，会被误选；一些具有优良基因型的个体因生长条件差，优良性状未能充分表现而落选。这样就影响选择的效果。

(3)选择要根据综合性状有重点地进行

选择时既要考虑观赏价值或经济价值，又要考虑有关生物学性状，但也不是等量齐观，要有重点进行选择。如果只根据单方面、个别特别突出的性状进行选择，有时难以选出满意的品种来。例如，只注意选择美丽的花朵，而忽视了植物本身的适应性、抗性等，也难以在生产实践中推广。

实训

实训4-3　遗传力的估算(见单元10实训8)

小结

(1)自然变异[形态特征的变异(株型、花色、花型、花径、花瓣)；生理、生态特性的

变异；抗性的变异]→选择的方式→{实生选择{单株选择→优树选择；混合选择→类型选择}；无性系选择→芽变选择}

(2)选择的程序→优良单株选择→株行试验→品系比较试验→区域试验与生产试验→品种审定与推广。

(3)提高选择效果的基本途径：选择要在大群体中进行，要在相对一致的环境条件下进行，要根据综合性状有重点地进行。

自主学习资源库

(1)园林植物遗传育种学．程金水．中国林业出版社，2000.

(2)园林植物遗传育种技术．钱拴提．中国林业出版社，2005.

(3)园林植物遗传育种学．杨鹏鸣，周俊国，等．郑州大学出版社，2010.

(4)园林植物遗传育种学．杨晓红．气象出版社，2004.

自测题

1. 名词解释

选择育种，混合选择，单株选择，实生选择，无性系选择，芽变选择。

2. 填空题

(1)________和________是选择育种的两大基本形式。

(2)混合选择可分为________、________和________的选择。

(3)为提高表型选择选择的准确性，应注意________，________，________。

(4)混合选择和单株选择的主要区别是：________________。

3. 问答题

(1)何谓选择育种？简单说明选择育种的理论依据。

(2)园林植物的自然变异表现在哪些方面？

(3)选择育种的程序如何？

(4)哪些重要因素影响选择效果？试说明理由。

(5)选择育种在园林植物育种中的地位怎样？

(6)芽变的特点是什么？

(7)芽变的鉴定方法如何？

单元5 引种技术

学习目标

【知识目标】

(1)明确植物引种的基本概念和意义。

(2)熟悉植物引种驯化的基本理论。

(3)熟悉影响植物引种成败的因素。

(4)掌握引种工作步骤和措施。

【技能目标】

(1)能全面分析影响引种成败的主要因子。

(2)能编制特定植物引种技术方案。

(3)能灵活运用引种栽培技术措施。

5.1 植物引种概述

5.1.1 植物引种的概念和意义

引种是指通过人工栽培，使野生植物变为栽培植物，外来植物变成本地植物，并形成栽培品种的技术经济活动。在植物引种过程中，由于植物易地而栽，易境而生，就产生了适应和不适应的问题。适应时，植物生长良好；不适应时，植物生不良，甚至不能生长。通常把引种分为直接引种和间接引种。直接引种是指易境栽培的植物，在新的环境条件下能正常生长发育，并产生经济效果；间接引种则是指植物易境栽培之后，在新的环境条件下，不能正常生长发育，不能产生预期的经济效果，必须通过特别的选育和栽培，才能良好生长。所以，间接引种需要经历引入试栽、适应锻炼、选优栽培等引种育种过程。鉴于此，人们通常把直接引种称为自然归化或自然驯化，而把间接引种称为风土驯化。

对于特定区域的园林事业来讲，通过引种可快速丰富植物种类、提升绿化品质、提高栽培效益。

5.1.2 植物引种驯化成功的标准

①引种植物不需要特殊的保护措施，能够安全越冬或越夏，且生长良好。

②能够用原来的繁殖方法(有性和无性繁殖方法)进行正常的繁殖。

③没有明显或致命病虫害。

④没有降低原来的观赏和经济价值。

⑤形成了品种或栽培类型。

5.1.3 我国植物引种驯化简史

植物已有5亿年的进化历程，人类只有200万年的历史，而农业的起源即人类主动利用野生植物只有1万年的时间。由此看来，在1万年前，人类面临的都是野生植物，只是后来在人类与自然的相互斗争中，才慢慢地认识到，如果将有些野生植物的种子集中种植，便能生产出更多的果实和有用的生活资料，也就不必费尽千辛万苦出去采集零散的果实或种子了。于是人们学会了栽培植物，使野草逐渐变成了作物；在作物中，种植好的，淘汰劣的，才形成了品种。这种从采集野生有用植物进而管理、繁殖和选择野生植物的过程，就是野生植物引种驯化过程。这一过程的出现，是人类迈向原始农业的标志。由此看来，植物引种是人类自身生存和发展的必然结果。

我国是农业古国，早在五六千年前，已经开始了谷类植物的引种驯化。公元前6世纪的《诗经》中，谷物已明确区分为稷、粟、大麦、青稞、糁子、高粱和豆子等。西安半坡遗址(新石器时期的仰韶文化)中，就有室内罐装的粟粒和窖藏粟堆。我们祖先在自己创造栽培植物的同时，也大量吸收外来经济观赏植物。从历史进程看，大致可以分4个时期。

(1)国内引种时期

从有农业以来到公元1纪是国内引种时期。这一时期，首先是各地野生植物逐渐家化。在商代已栽培了禾、麦、黍、稷、稻，称为五谷。周朝已开始栽桑养蚕。东周时园圃种植已成为专业，栽培植物的种类不断增加。随后开始了主要以我国黄河流域为中心的地区间交流。当时，植物大多引自国内各地和邻近国家，主要以农作物和蔬菜为主。

(2)陆路引种时期

从西汉通西域到元代末(前134年—1368)。汉武帝时期，张骞两次出使西域，沟通了当时西域各国，探究了黄河水源，开辟了汉朝与西北各国的交通，同时引种了苜蓿和葡萄。从此以后，每年有12批骆驼队沿这条后来称为“丝绸之路”的路线西行，陆续引回的植物有芝麻、芫荽、石榴、葱、黄瓜、大蒜、红花、核桃等经济植物。盛唐时期，与外国来往频繁，引入植物较多，像菠菜、椰枣、蓖麻、无花果以及花卉和药用植物等。五代时西瓜由非洲绕道西伯利亚到达中国。宋元间，棉花从南方引入，丝瓜、茄子由印度引入。

(3)海路引种时期

从明代起到新中国成立前(1368—1948)。这一时期与国外海运畅通，从南洋群岛引入了甘薯、玉米、花生、南瓜和番石榴、刺槐、悬铃木等。其中大多数是从南美原产地经过东南亚而后传来的。自1900年后，我国植物也大量被引种到国外。

(4)新中国引种时期

以前，我国引种工作虽有悠久历史，但受到当时社会经济条件限制一直处于自发的阶段。以木本植物为例，引入的种类很少，还只限于庭院种植，如雪松、悬铃木、铅笔柏、南洋杉、广玉兰等。新中国成立后，植物引种驯化工作突飞猛进。先后在北京、庐山、南京、武汉、西安、广州、昆明、杭州和贵阳等地，成立了植物研究所和以引种驯化为中心的植物园。通过引种驯化研究，我国的野生萝芙木、薯蓣、毛冬青、黄梁木、擎天树、罗布麻、黄山茶、桤木、多年生亚麻等，列入了栽培植物行列，发挥着巨大的经济和社会效益。目前，北京引种了梅花、雪松、银杏，杉木跨越秦岭，在陕西关中落户，毛竹、茶树三“过江”，柑橘北移，苹果南下，高山植物到平原落户，平原作物向高处挺进，世界“屋脊”的西藏也成功地引种了小麦、苹果、茶树、蔬菜等许多经济植物，天麻、人参、黄连、檀香等也逐渐被人们驯化。

60多年来，我国从外国引种植物的工作，也积极进行着。原产于大洋洲的桉树，福建省引种了90多种；大洋洲的速生耐盐树种木麻黄，在南方沿海地区已郁郁葱葱，一望无际；一向靠输入的定香剂植物——岩蔷薇已在南京和杭州投入生产。从欧洲引入的对海滩淤积有显著作用的大米草，犹如绿色地毯，正在东南沿海成片扩展；对石油增产有用的巴基斯坦瓜胶豆和原产于埃塞俄比亚的新食用油植物小葵子已在云南等地引种成功。名贵香料植物熏衣草、伊兰香、香芙兰、白油树，特效药用植物穿心莲、水飞蓟，更有许多国外优良花卉，如来自美洲的霍香蓟、蒲包花、月光花、波斯菊、蛇目菊、花菱草、银边翠、千日红、天人菊、含羞草、紫茉莉、茑萝、一串红、美女樱、大丽菊、半枝莲、晚香玉、仙人掌科的多肉多浆植物等，来自非洲的天竺葵、马蹄莲、唐菖蒲、小苍兰等，来自欧洲的金鱼草、雏菊、彩叶甘蓝、矢车菊、桂竹香、飞燕草、三色堇、香豌豆、郁金香，来自亚洲的鸡冠花、雁来红、曼陀罗、除虫菊等，来自大洋洲的麦秆菊等，都已在生产生活中发挥作用。

5.2　植物引种原理

5.2.1　植物引种理论的发展

为了使引种工作更有成效，在加强引种实践的同时，还必须加强对引种理论的研究。但在这一领域，长期以来反映的特点是实践多，理论研究少。

古代对植物引种驯化理论的研究是从我国北魏贾思勰开始的，在他所著的《齐民要术》一书中，提出了“习以成性”的引种驯化思想，认为环境条件可以影响植物的本性，产生新变异，适应新环境。到了元朝，《王祯农书》中明确提出引种植物要受土壤条件的限制。明朝徐光启在《农政全书》中提出了“三致其种”的理论，其基本论点是：引种植物要反复试验研究，试验成功，再行推广；同时强调农业栽培技术在引种工作中的重要作用。徐光启“通过试验”的引种思想，是非常科学的。

到了19世纪中期，达尔文《物种起源》的出版，标志着生物科学发展的新纪元。达尔文的生物进化理论确认了生物遗传变异的普遍性；人工选择学说揭示了生物定向驯化的可能性。以后随着遗传学的深入发展，生物遗传变异规律和生物与环境的对立统一关系，又被进一步认识，从而奠定了植物引种驯化的理论基础。这之后的百余年来，国内外植物引种驯化理论的研究进展较快，陆续出现了几十种引种理论，其中有影响的简介

如下。

1)气候相似论

这是一种主张从气候相似的地区引种的理论，在欧洲早已提出。20世纪初，经德国林学家、慕尼黑大学教授H·迈尔全面阐述后，遂引起普遍重视。H·迈尔认为，首先应该研究引入树种原产地的自然条件，在原产地和引进地气候条件相似时，树木引种成功的可能性最大。但他又认为，树木的本性和要求是不变的，对它们进行驯化，即迫使它们改变本性去适应新的环境条件是无效的。

这个理论曾制止了德国当时对树木的乱引种现象。有不少事例证明在气候相似的条件下引种易于成功。例如，新疆南部属于极度干旱的大陆性气候，与中亚气候相似。原产于中亚的无核白葡萄引入新疆南部，生长极为良好。

但是这个理论是有缺点的。它过分强调"气候相似"的一面，忽视和低估了植物的变异性和有可能发展改造的一面，将人的因素置于非常被动的位置。有许多事实使其无法解释，例如，在温暖、湿润条件下生长的南方桃(‘玉露’等品种)引种到气候冬季寒冷、春夏干旱的陕西杨凌地区后，仍生长良好。另外，由于影响气候的因素很多，使得"气候相似"的标准很难掌握。事实上好像对草本植物引种指导意义不大。如草本观赏植物牵牛、倒挂金钟、金鱼草、山梗菜、勿忘草、金莲花、大丽花、翠菊、紫罗兰等，不管它们来源于热带或亚热带，一直到北冰洋都可以用种子繁殖。

2)驯化理论

这是一种主张通过实生驯化，增强个体适应能力，以提高引种成功机会的理论。前苏联果树育种学家米丘林指出，在自然环境条件差异较大的地区间引种，必须从实生苗开始，才易成功，尤其杂种实生苗比纯种实生苗更易驯化。他认为植物在早期阶段(实生苗阶段)，它们的适应性有最大程度的发展，也就是可塑性最大；其次，地理和生态上的远缘杂种后代对新环境的适应能力更强。从而提出了实生驯化法、远缘杂交驯化法、逐步北移的逐级驯化法、对实生苗"斯巴达"式锻炼驯化法等。他自己用这些方法曾将前苏联的果树大幅度向北移，对于果树引种驯化的理论和实践有重要贡献。但是他过多地注意了自然环境和栽培技术的作用。事实上，通常的自然环境的变化，不可能立竿见影地导致遗传特性的变异。果树实生苗，特别是杂种实生苗比无性苗木表现出较大的适应能力，是因为实生苗有变异广泛的基因型基础，而无性系的基因型相同，适应性差。远缘杂交时，由于基因重组，后代个体的杂合体类型更多，适应性也就更广，在引入新环境条件下，选择能适应的类型，使引种驯化更容易成功。至于对幼苗施行严峻"锻炼"法，也可能会引起突变的产生，而形成新的适应。

3)栽培植物起源中心学说(遗传多样性中心学说)

前苏联植物学家瓦维洛夫从1920年起，组织了一支宏大的植物采集队，先后到过60多个国家，在生态环境各不相同的地区考察了180多次。对采集到的30余万份植物标本和种子进行了各方面的研究。在此基础上，用地理区分法，从地图上观察这些植物种类和变种的分布情况，进而发现物种变异多样性分布的不平衡，并形成了栽培植物起源中心概念。1926年发表了《栽培植物起源的研究》一书，提出了栽培植物起源中心学说。其主要内容是：

①植物起源中心有两个主要特征，即基因的多样性和显性基因的频率较高，所以又

可称为基因中心或变异多样化中心。

②最初始的起源地称为原生起源中心。当植物由原生起源中心向外扩散到一定范围时在边缘地区又会因植物本身的自交和自然隔离而形成新的隐性基因控制的多样化地区，即次生起源中心或次生基因中心。

③在一定的生态环境中，一年生草本植物间在遗传性状上存在一种相似的平行现象。如地中海地区的禾本科及豆科植物均无例外地表现为植株繁茂，粒大粒多，粒色淡，繁殖力强，抗病；而我国的禾本科植物则生育期短，植株较矮，籽粒小。瓦维洛夫将这种现象称为“遗传变异的同源系列规律”。

④根据驯化的来源，栽培植物分为两类：一类是人类有目的驯化的各类栽培植物，如小麦、大麦、棉花等，称为原生作物；另一类是与栽培植物相伴的杂草，当它被传播到不适于原生作物而杂草生长有利的环境时，就被人类分离而成为栽培的主体，这类作物称为次生作物，如燕麦和黑麦。

瓦维洛夫于1935年提出了8个作物起源中心，他认为这8个中心在古代由于山岳、沙漠或海洋的阻隔，其农业是独立发展的。每个中心都有相当多的有价值的植物和多样性的变异，是引种者探寻新基因的宝库。

瓦维洛夫的作物起源中心学说发表后，后人对此做了修改补充，季文、茹可夫斯基将8个起源中心所包括的地区范围加以扩大，另又增加了4个起源中心，使之能包括所有已发现的栽培植物种类。他们称这12个起源中心为大基因中心（表5-1）。

表5-1　瓦维洛夫提出的栽培植物8个起源中心和季文、茹可夫斯基提出的12个多样性中心

瓦维洛夫提出的栽培植物8个起源中心	季文、茹可夫斯基提出的12个多样性中心
1. 中国起源中心	1. 中国－日本中心
2. 印度起源中心	2. 东南亚及南洋群岛中心
2a. 印度－马来亚起源中心	3. 澳大利亚中心
3. 中亚起源中心	4. 印度斯坦中心
4. 南亚起源中心	5. 中亚中心
5. 地中海起源中心	6. 近东中心
6. 阿比西尼亚(今埃塞俄比亚)起源中心	7. 地中海中心
7. 南美和中美起源中心	8. 非洲中心
8. 南美(秘鲁－厄瓜多尔－玻利维亚)起源中心	9. 欧洲－西伯利亚中心
8a. 智利起源中心	10. 南美洲中心
8b. 巴西－巴拉圭起源中心	11. 中美和墨西哥中心
	12. 北美洲中心

瓦维洛夫认为，栽培植物种是在起源中心地区产生，然后传播到其他地区的。起源中心与变异中心一致，是该植物基因最集中、最丰富的地带。因此，从起源中心引种，可得到最丰富的基因资源，引种材料将具有最大的适应能力。

但是，对自然界物种形成和演化过程的研究证明，物种并不只在一个地区形成，而可能同时在几个地区形成，也可能由于自然条件的不断变化和人类栽培活动的影响，使变异中心离开了起源中心。这样，则引种范围就可以扩大，“中心”也就不那么确切了。尽管如此，这一理论对于引种工作，特别是对于寻找引种上需要的基因资源来说，仍有一定价值。

4) 生态历史分析理论

这一理论是前苏联植物园在试验3000多种前苏联植物后，1953年由库列奇亚索夫提出的。他在研究天山植物区系成分时发现，天山苜蓿不是原有成分，经引种试验证明，当它返回到湿润条件时，种子和干物质产量都成倍地增加，生长发育十舒畅，后代的植物体结构和功能也迅速地从旱生类型变回到湿生类型。这种事例表明，现代植物分布区不一定是它们的最适生长区。

古生物学的研究证明，目前地球上的植物分布状况，是古代植物经巨大的地质变迁的结果。在第三纪时，地球上处处温暖，植物繁茂。后来气候开始变冷，到了第四纪，冰川由北向南推移，一部分植物随冰川而南移，并得以保存。冰川退却后，有些逐渐返回原地，有些就地留了下来。另有部分植物，在冰川活动时，占据了优越的微域地形，或及时地产生了新的适应，而得以保存。因此，植物适应性的大小，不仅与其分布的现实生态条件有关，而且与其在系统发育中所遇到过的历史生态条件有关。天山苜蓿的旱生表现，是历史生态条件强迫形成的新适应，是次生的，而湿生表现才是原生的。水杉的现代自然分布区很小，但根据对水杉化石研究，证明北美、西欧、日本均曾生长过水杉。由此可以断言，它在历史发育中曾适应过相当复杂的生态条件，应该具有比较广的潜在适应能力。近几十年的引种事实证实了这种判断。我国西北抗旱树种小叶杨，有发达的旱生结构，对该地区干、冷的气候条件有很强的适应能力。当把这个树种引种到相对温润的北京地区后，其表现比西北更好，究其原因，小叶杨本是湿性起源。华北地区广泛分布的油松，引种到欧洲未成功。原因是油松历史分布范围狭窄，没有广泛的适应潜能。以上事例说明，如能深入地分析引种植物的历史生态，将对具体引种工作有很大的指导意义。

这种理论还认为，一般情况下，进化程度高的植物与较原始的植物相比，所遇到的历史生态条件更复杂，适应性的潜在能力更大些，引种较易成功，如栽培植物比野生植物进化，草本植物比木本植物进化，灌木比乔木进化，所以草本植物品种引种比野生大乔木引种容易得多。

5.2.2 因素论

植物引种驯化理论的核心是植物与环境的关系问题。在原产地，植物与环境间的矛盾达到了统一，植物生长正常；当被引入新的环境栽培时，能够达成新的统一，则引种成功，否则，引种失败。当然，植物与环境的矛盾斗争不是简单的、机械的，一方面植物本身要发挥其适应性的最大潜能，来适应新的环境；另一方面，人可以发挥主观能动性来选择和改造环境，满足引种植物的需要，促成矛盾的统一。通过理论和实践的综合分析，李国庆和刘君慧于1981年提出，植物引种驯化受两个方面五大因素的制约，这两个方面五大因素之间的关系就集中体现了植物与环境的对立统一关系(图5-1)。下面对各因素作些简要分析。

1) 引种植物的生物学因素分析

分析引种植物的生物学因素，是为了全面了解此种对象的现实特征和适应性，以便推断引种的可能性和制定相应的栽培措施，一般要重点调查分析以下3个因子。

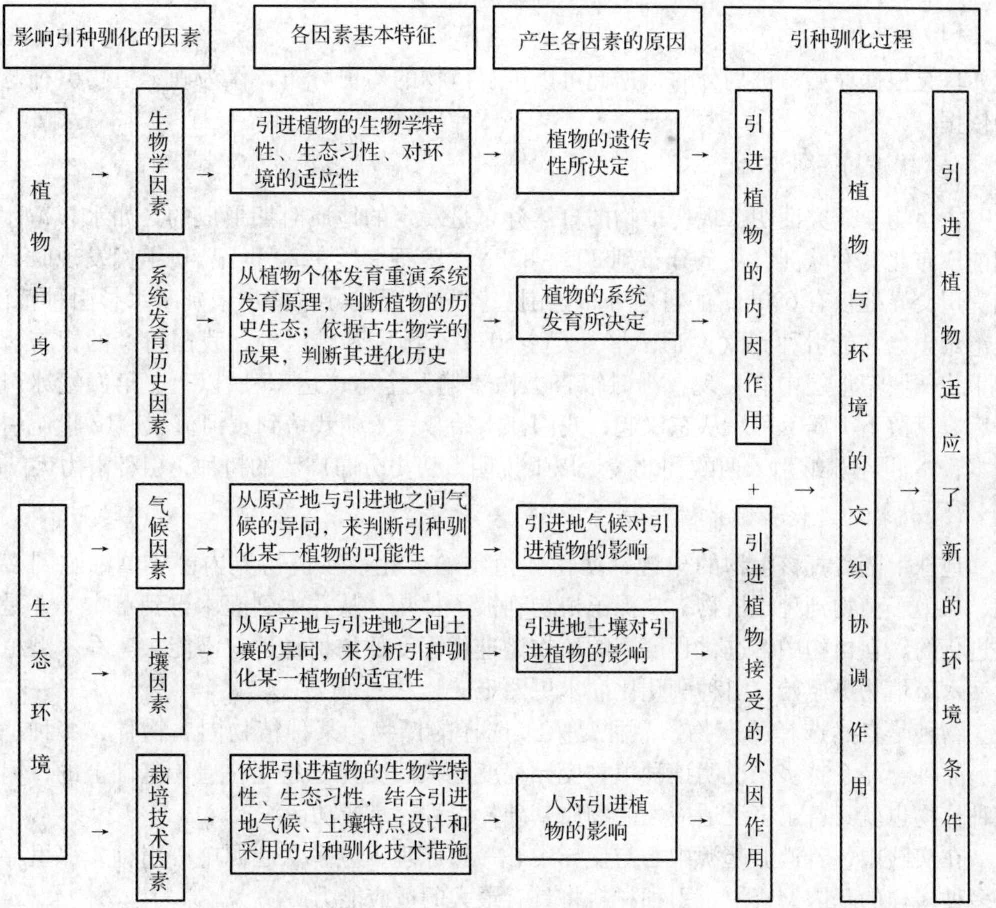

影响引种驯化的因素		各因素基本特征	产生各因素的原因	引种驯化过程		
植物自身	生物学因素	引进植物的生物学特性、生态习性、对环境的适应性	植物的遗传性所决定	引进植物的内因作用	植物与环境的交织协调作用	引进植物适应了新的环境条件
	系统发育历史因素	从植物个体发育重演系统发育原理，判断植物的历史生态；依据古生物学的成果，判断其进化历史	植物的系统发育所决定			
				+		
生态环境	气候因素	从原产地与引进地之间气候的异同，来判断引种驯化某一植物的可能性	引进地气候对引进植物的影响	引进植物接受的外因作用		
	土壤因素	从原产地与引进地之间土壤的异同，来分析引种驯化某一植物的适宜性	引进地土壤对引进植物的影响			
	栽培技术因素	依据引进植物的生物学特性、生态习性，结合引进地气候、土壤特点设计和采用的引种驯化技术措施	人对引进植物的影响			

图 5-1　植物引种驯化因素综合分析

(1) 引种植物生物学特性

生物学特性是植物在某种环境条件下自然选择的产物，有一定的遗传基础，它还反映着植物的适应性，尤其是对温度、降水等重要生态因子的反应。要着重比较引出和引入地间敏感生态因子的异同。

(2) 引种植物的生长发育规律

各种植物均有物候规律，且有一定变幅。只有当引入地的气候条件引起物候的变异在植物可以忍受的范围内时，可望引种成功，否则，可能发生冻害，不开花结果，经济价值降低等现象。所以，植物生长节律与物候节律的关系一定要弄清楚。

(3) 引种植物的分布规律

植物分布规律是历史形成的，它在水平和垂直分布上的特点，反映它的适应性。水平分布由于受人为等因素影响较大，因而垂直分布更具指示意义。

2) 引种植物的系统发育历史因素分析

生态历史越复杂，植株的适应性越广泛。考察后可以为引种驯化提供更为充分的根据。

(1)森林植物带

这是根据原始植被划分的，据此可以了解植物的历史分布，作为确定植物引种范围的依据。

(2)植物的历史分布

古生物学研究证明，现代植物的自然分布是一定的地质时期形成的。如水杉，冰川期前广布北美和欧洲，甚至分布到80°~82°N，然而水杉在20世纪40年代发现时，在湘鄂川交界处仅有600km^{2}的自然分布范围。若只按现代分布特点来判断水杉引种范围，是绝难想象它能引种到欧、亚、非、美等50多个国家和地区的。我国特产的银杏，在中生代侏罗纪地层中有发现，当时银杏类树木遍及全球，达15属以上。第四纪冰川袭击后，只留下1属1种。从东汉起，我国江南始栽；宋朝栽培到黄河流域；12世纪引入日本；18世纪相继引入西欧和北美。以上说明，历史分布广泛的树种，引种潜力大。

(3)植物的进化和变异程度

地球上随着真核生物的出现，动物和植物的分化，在植物界内，从单细胞到多细胞，从孢子植物到种子植物，从裸子植物到被子植物，从乔木到灌木再到草本等，是逐级进化的。在植物中，进化程度高的植物比进化程度低的植物适应潜能大。乔木型植物比灌木型植物更原始，引种驯化比灌木更困难。

物种是自然选择的产物，品种是人工选择的产物，某种植物同属物种、变种、类型、品种、品系越多，说明该种植物变异程度越大。变异是建立在遗传基础上的，因而该种植物也就具备了广泛适应性的物质基础，引种容易成功。

在实践中，若遵循起源中心与变异中心一致原理，应多从起源中心引种，那里存在着多种多样的基因型资源，引种材料将具有最大的适应能力。

3)环境中的气候因素分析

气候受一系列气象因子综合影响，但不是每个气象因子对植物生长发育都有同样影响。对植物生长发育有作用的因子称为生态因子。植物生活中必不可少的生态因子称为生活因子。在植物引种中，导致引种失败的原因，往往不会是所有生活因子都不具备，而常常是一个或少数几个因子影响的结果，把这种因子称为限制因子。气候因素分析就是要分析植物原产地与引进地间气候条件的异同，找出引种的限制因子。

(1)气温因素

该因素包括年平均气温、年有效积温、最高最低气温及持续时间、无霜期、季节交替速度和昼夜温差等作用因子，作用因子即引种分析因子。如厚朴分布在年平均气温10~20℃，1月平均气温3~9℃地区，因而秦岭以北地区不能正常生长。它在四川峨眉山垂直分布范围在500~1500m，1700m以上种子不能成熟。单从原产地与引进地平均温度分析，引种不成问题的植物，却会遭到极端最高最低温度的限制，如东北长春，曾引进油松，生长20年，但在1954年的酷寒中大部分冻死。因此，极端低温是植物北引的限制因子，极端高温是植物南引的限制因子。

季节交替速度，也常常成为引种的限制因子。例如，中纬度地区的气候特点是春季转暖过程中的不稳定性，常发生寒流。原产植物通常都有较长的休眠期，不会因短暂的转暖而萌动，这是对当地这一气候特点的特殊适应性。与此相反，高纬度地区，初春仍

然被冷气团控制，春季天气转暖晚，一旦转暖一般就不再突然变冷，原产于这些地区的物种，虽然有较强的对低温度的适应性，却不具备"初春乍暖莫发芽"的习性。如果把原产高纬度地区的植物引种到中纬度地区，初春暂时的天气转暖，会引起萌发，一旦寒流袭来就会造成冻害。朝鲜杨(原产于乌苏里江沿岸)、暗叶杨(原产于西伯利来东部)等高纬度地区的树木，引种到北京主要是由于上述原因而生长不良。

变温幅度和频度对外来植物也有影响。例如，引种到杭州的桉树，1956年夏季降水较少，秋后雨水充足，桉树迅速生长，到12月后开始出现较大幅度的降温。12月17日温度下降至-5.7℃，12月22日又回升到9.7℃，12月31日又骤降至-5.2℃，半个月内的温差达15℃以上，致使柠檬桉100%死亡，大叶桉死亡80%~95%，抗寒性较好的细叶桉也遭受严重冻害。

(2)光照因素

该因素是通过日照时间、日照强度、昼夜交替的光周期现象等因子，直接影响植物的发芽、生长、开花结实、落叶封顶休眠的阶段发育。

植物的正常生长发育需要一定比例的昼夜交替，即光周期现象。植物只有在适合的光同期下生长，才能完成其有性过程。南方植物北移时，生长季节内日照延长，往往造成推迟封顶或萌发侧枝，木质化程度低，冬季易受冻害；北方植物南移时，生长季节日照变短，促使极早封顶，生长期不能正常生长。如北方的银白杨、山杨引到江苏，表现出封顶早、生长停滞现象。

植物不同种类对光周期反应不同。多年生植物对光周期反应比一年生植物敏感得多。所以，树木引种时，光照易成限制因子。光照对不同植物有比较复杂的影响，要具体问题具体分析。引种观花植物时，光质也是一个重要因子。只有在紫外线较强的地区(如高山地区)，才能更成功地育成色泽艳丽、经济价值高的灌草花卉。

(3)降水和大气湿度因素

降水和大气湿度往往是植物引种限制因子。据北京植物园观察，许多南方树种在北京越冬死亡的时间，不是在最冷的时间冻死，而是初春干风侵袭造成生理干旱而死亡。山东崂山林场引种的几种落叶松中，以长期适应海洋性气候的日本落叶松生长最好，而长期适应干寒气候的兴安落叶松则普遍生长不良，这是湿度的作用。黄河流域曾大量引种毛竹，只是在湿度较大又注意引水灌溉的地区获得了成功(陕西楼观台)。在西北干旱地区，干旱对引种植物的威胁远远超过寒冷的威胁。

降水的季节变化也是影响引种成败的因子。辐射松的原产地冬季降水，而湿地松、火炬松、加勒比松等则适于夏季降水。所以，南非在引种上述树种时，把辐射松种植在冬季降水的西海岸，取得了成功；广东湛江地区引种原产于热带、亚热带夏雨型低海拔的湿地松和加勒比松生长最好。

风有时也是引种的限制因子。如三叶橡胶树的原产地是巴西赤道附近高温高湿的无风地区。引种到我国海南岛后，其主要栽培中心是在该岛的西部和东北部的无风丘陵地带。广东、广西沿海一带，虽然温、湿度适宜，但因台风猛烈，引种受挫。在广西南部和云南南部大陆深处，虽然纬度偏高(25°N)，但无风高湿却生长良好。内陆沙漠地区，风常引起流沙移动造成沙埋、曝根现象，成为引种障碍。

4)环境中的土壤因素分析

土壤是植物生长发育的基础，土壤pH值、营养状况、地下水位、含盐量及土壤微生物等，都是影响植物引种驯化的重要因子，也可能成为限制因子。

(1)土壤溶液的pH值

在同一气候区域，土壤pH值往往影响植物的分布。绝大多数植物适宜的pH值是6.0~8.0，也有些植物对酸碱的耐性较强，如沙棘在pH值等于9.5的盐碱土上仍能正常生长，马尾松则在pH值为4.5的酸性土壤上生长正常，核桃适应范围为5.5~8.0。引种植物与土壤pH值不相适应时，会导致引种失败。如江西庐山植物园在20世纪50年代初期，曾引进了一些喜中性或微碱性土壤的树种，像白皮松、日本黑松、赤松等，因该植物园土壤pH值在4.8~5.0之间，酸性较强，10多年后，这些树种陆续死亡。

(2)土壤含盐量

大多数植物不能在含盐量超过0.2%的土壤上正常生长。我国西北、华北及沿海地区有大面积的盐碱地，需要引种植物绿化。因此，这些地区必须引种耐盐碱植物，才有可能成功。植物种类间耐盐碱能力有很大差异，如紫穗槐、沙棘、刺槐、石榴、葡萄、苦楝可耐土壤含盐量0.3%；胡杨、柽柳、沙枣等可耐土壤含盐量0.5%。因此，调查和选择耐盐植物，以及人工降盐，是耐盐引种的重点问题。

(3)土壤微生物

许多植物的根部常与土壤中的真菌共生，引种时也需注意研究。如广东1974年引进国外松失败，采取了接种菌根菌措施后，1975年和1976年营造的国外松成活率达97.8%，其中加勒比松接菌苗成活率达100%。

(4)土壤营养状况

引种实践中，矿物质元素供应失调，影响引种效果。引种时，必须先对土壤作化学分析，详细了解土壤中矿物质元素的含量和它们的有效性，以便结合植物的生态学特性，采取相应的土壤改良措施，使引进的植物不致因缺乏某种或某些元素而发生生理性病害或品质降低的现象。

以上分别分析了与引种有关的生态因素，但在应用中，既要个别分析，又要综合研究和引种的关系。因为引种植物所适应的不是单个因素，而是生态环境。只是在引种过程中，各因素的作用不总是同等重要，要分析主导因素，抓矛盾的主要方面来解决问题。

5.3 引种程序和措施

5.3.1 引种程序

(1)引种材料的收集和筛选

植物种类繁多，性状各异，生态习性也不相同。引种前，首先根据育种目标了解种的分布范围和种内变异类型。根据引种原理分析、筛选出适合引进的植物种类。通过交换、购买、赠送或考察收集的方式获取引种材料。应把引种植物自然分布与栽培分布范围内的各种生态类型同时引入新的环境条件下，以便比较它们在新环境中的反应，从中选出最适宜的类型，作为进一步引种试验的原始材料。

(2)种苗检疫

引种是传播病虫害和杂草(导致外来物种入侵)的一个途径，国内外在这方面都有许多严重的教训。例如，榆树枯萎病1918年首现荷兰、比利时，随后肆虐整个欧美数十年；云杉卷叶蛾由于引种云杉而传入美国；松材线虫病、樱花根癌病由日本传入我国。引种中，必须对新引进的植物材料进行严格的检疫。还要通过特设的检疫圃隔离种植，以便及时发现新的病虫害和杂草，及时采取措施。

(3)登记编号

对引进的园林植物，一旦收到材料，就应详细登记；只要地方不同，或收到的时间不同，都要分别编号。登记的主要内容包括：名称、来源、材料种类(插条、球茎、种子、苗木等)和数量，寄送单位和人员，收到日期及收到后采取的处理措施等。

(4)引种试验

新引进的品种在推广之前，必须先进行引种试验，以确定其优劣和适应性。试验时应以当地具有的代表性的优良品种作为对照。试验的一般程序如下：

①种源试验　是指对同一种植物分布区中不同地理种源提供的种子或苗木进行的栽培对比试验。通过种源试验可以了解植物不同生态类型在引进地区的适应情况，以便从中选出适应性强的生态型进一步试验。种源试验中，要注意选择引进地区有代表性的多种地段栽培，以便了解各种生态型适宜的环境条件。

②品种比较试验　将通过观察鉴定表现优良的种类做有重复的品种比较试验。试验中观测的主要项目包括：植物学性状；物候期；抗性；适应性等。

③区域栽培试验　是在完成或基本完成品种比较试验时开始的。目的是查明引种植物的推广范围。因此，需要把在少数地区进行品种试验的初步成果，在更大的范围和更多的试验点上栽培。

(5)品种鉴定、审(认)定与登录

专家组的技术鉴定、地方行政管理部门的审(认)定是品种形成所必需的环节。品种的国际登录是知识产权保护的前提。

(6)良种繁育和推广

引种试验往往是由少数科教单位和企业实施的，引种试验成功的植物，还必须及时推广后才能使成果产生经济效益。良种繁育是推广的前提。

5.3.2　引种栽培技术措施

引种时必须注意栽培技术的配合，以避免因栽培技术没跟上而产生错误判断。

(1)播种期和栽植密度

由于南北方日照长短不同，植物向北引种时，可适当延期播种。这样做可减少植物的生长，增强植物组织的充实度，提高抗寒能力。反之，向南引种时，可提早播种以增加长日照下的生长期和生长量。

在栽植密度上，可采用簇播和适当密植，使植株形成相互保护的群体，以提高向北引种植物的抗寒性。向南引种时，则要适当增大株行距，以利于植物生长。

(2)苗期管理

向北引种，在苗木生长后期，应减少浇水，少施氮肥，适当增加磷、钾肥，有利于促进组织木质化，提高抗寒性。向南引种时，为了延迟植株的封顶时间，提高越夏能力，应该多施氮肥和追肥，增加灌溉次数。

(3)光照处理

向北引种的植物，苗期宜早、晚遮光，进行8~10h短日照处理，可使植物提前形成顶芽，缩短生长期，增强越冬抗寒能力。而向南引种的植物，可采用长日照处理以延长植物生长期，提高生长量，增强越夏抗热能力。

(4)土壤pH值

生长在南方酸性土壤上的植物，北移时可选山林隙地微酸性土壤试种。一些对pH值反应敏感的花木，如栀子、茉莉、桂花等，可适当浇含有硫酸亚铁螯合物等，或多施有机肥，从而改良北方碱性土壤。对于北方含盐量大的土壤，要注意在雨后覆盖土壤，防止因水分蒸发而产生的反盐现象。向南引种时，植物移栽到南方酸性土壤上，可适当施些生石灰以提高土壤pH值，保证植物正常生长。

(5)防寒、遮阴

向北引种的植物，在苗木生长的第一、二年的冬季要适当地进行防寒保护。如可设置风障、基部培土、覆草等，以提高温度、降低风速，从而使幼苗、幼树安全越冬；而对于由北向南引种的植物，为使其安全越夏，可在夏季搭荫棚，给予适当的遮阴。

(6)种子的特殊处理

在种子萌动时，进行低温、高温或变温处理，可促使种子萌芽。在种子萌动以后给予干燥处理，有利于增强植物的抗旱能力。也可做耐盐、抗寒锻炼。

(7)接种共生微生物

松类、豆科等植物有与某些微生物共生的特性，引进这类植物时，要注意同时引进与其根部共生的土壤微生物，以保证引种成功。

5.3.3 注重引育结合

引种要结合选择进行。引种的品种栽培在不同于原产地的自然条件下，必然会发生变异。这种变异的大小取决于原产地和引种地区自然条件的差异程度以及品种本身的遗传性的稳定程度。新品种引入后，要防止品种退化，采用混合选择法去杂保纯，或者引进该品种的种子进行选择和繁殖，以便推广。在引进的品种群体中还可挑选优良单株或建立优良单株的无性系，以便于进一步培育新品种。

当引种地区的生态条件不适于外来植物生长时，常通过杂交改变种性，增强对新地区的适应性。如我国西北地区的银白杨，引种到南京、杭州、武汉等地生长不良。1959年南京林学院以银白杨为母本，分别用‘南京’毛白杨、‘民权’毛白杨等的花粉授粉，取得了杂种，该杂种(‘银毛’杨)在南方地区生长良好。

引种植物通过诱变处理，也经常能够获得生育期、形态、适应性等方面的突变体。

实训

实训5－1 引种环境因素分析(见单元10实训9)

小结

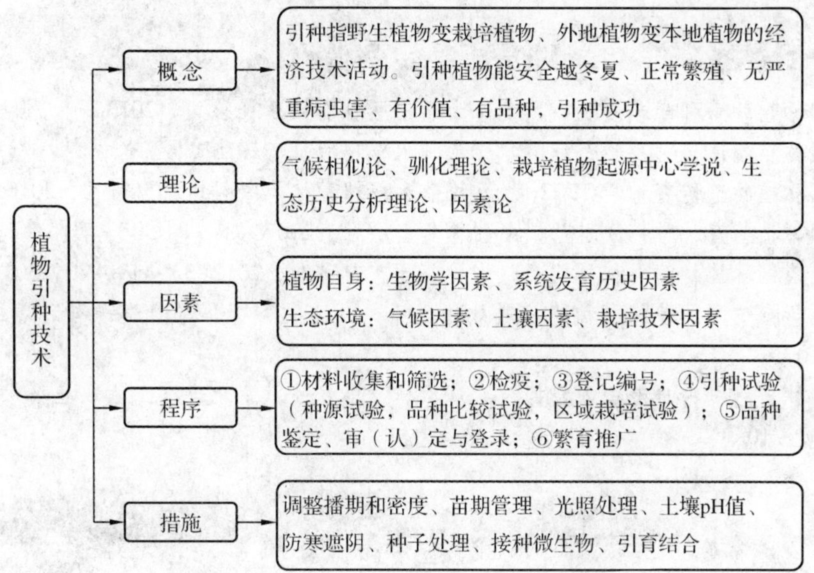

知识拓展

园林植物引种过程中的生物入侵

生物入侵，也称生态入侵，是指外来物种因为偶然的机会进入某一适宜其生存和繁殖的地区，其种群数量不断增加，分布区逐步扩展的过程。生物入侵的形成，是以外来生物为基础、以其“恶性”繁殖为特点和以危及本地动植物的生存为结果的系统化过程。

园林植物引种所带来的入侵生物不仅包括植物，而且还包括随着植物材料带进来危险性昆虫、杂草和微生物，形成昆虫、杂草和微生物入侵，后者更具有隐蔽性，危害极大，容易被园林植物引种工作者忽视。

园林植物引种导致发生生物入侵的原因很多，概括起来就是急功近利和东施效颦。在生产实践中，忽视引种驯化的科学性，不了解引种本身是一项科技含量高和风险大的工作，不遵照引种驯化科学程序，看见别人种什么，自己就想种什么，忘记了自己的特殊性和树种之间的生物学差异性，违反了植物引种的客观规律，结果导致引种失败或者生物入侵。

外来入侵生物的主要危害有3个方面。一是导致生态系统多样性、物种多样性、生物遗传资源多样性的丧失和破坏。特别是外来杂草在入侵地往往导致植物区系的多样性变得单一，并破坏耕地。入侵我国的豚草、紫茎泽兰、飞机草、水葫芦、大米草等的蔓延，已到了难以控制的局面。二是导致农林牧渔业生产的严重经济损失。如美洲斑潜蝇、马铃薯甲虫、烟粉虱、松材线虫、湿地松粉蚧、美国白蛾等，近年来在我国每年严重发生，面积达 300 × $10^4 hm^2$ 以上。三是威胁人类健康。普通豚草和三裂叶豚草所产生的花粉能引起人类花粉过敏症，导致枯草热症。

园林植物引种推广是专业性很强的工作，植物引种本身也存在利弊，特别在目前大规模引种的情况下，更应该冷静分析，正确对待，确保绿化植物引种推广的健康发展，降低和避免引种本身可能导致的潜在危害性。园林植物引种工作中的防止生物入侵，应纳入国家生态安全的主渠道，综合制定综合的防止生物入侵的对策。

自主学习资源库

(1)园林植物育种学．刘鹏．黑龙江大学出版社有限责任公司，2013.

(2)园林植物遗传育种学．杜晓华．水利水电出版社，2013.

(3)园林植物遗传育种学(第2版)．程金水，刘青林．中国林业出版社，2010.

(4)园林植物育种学．戴思兰．中国林业出版社，2007.

(5)浅谈园林植物的引种驯化．赵艳格．园艺与种苗，2012(3)：19－20，30.

(6)浅析影响园林植物引种驯化成败的因素．沈金元，彭华华．资源与环境，2012年8月(下)：103.

(7)园林植物引种与生物入侵探讨．章承林，李春民．湖北生态工程职业技术学院学报，2007(1)：7－10.

自测题

1. 名词解释

引种，自然驯化，风土驯化，栽培植物起源中心，生态历史分析。

2. 填空题

(1)植物引种包括两个方面的内容，一是________，二是________。

(2)引种成功的标准是：①________；②________；③________；④________；⑤________。

(3)植物引种驯化的基本理论主要有：①________；②________；③________；④________；⑤________。

(4)因素论认为影响植物引种驯化的因素是：①________；②________；③________；④________；⑤________。

3. 简答题

(1)园林植物引种有何重要意义？我国引种的成就怎样？

(2)从植物学、生态学、经济学等多角度分析植物引种成功的标准是什么？

(3)如何评价现有的引种驯化理论？

(4)分析栽培技术在园林植物引种驯化中的作用。

(5)园林植物引种驯化工作的主要环节是什么？

4. 论述题

(1)制定一种园林植物引种驯化实施方案。

(2)调查所在地区植物引种现状，对未来工作提出意见和建议。

单元6 杂交育种技术

学习目标

【知识目标】

(1)掌握杂交、杂交育种、杂种优势等基本概念。

(2)掌握杂种优势产生的原理及途经。

(3)清楚杂交育种的方法、步骤。

(4)熟悉杂种优势的应用途径。

【技能目标】

(1)掌握园林植物杂交育种中花粉收集、贮藏、生活力鉴定技术。

(2)掌握园林植物有性杂交的技术及育种的一般程序。

(3)能分析描述杂种特征。

6.1 杂交育种概述

6.1.1 杂交育种的概念

杂交育种是以基因型不同的园林植物种或品种进行交配形成杂种，通过培育选择，获得新品种的方法。它是现在国内外应用最普遍、成效最显著的育种方法之一。

根据杂交亲本亲缘关系的远近，有性杂交又分为近缘杂交和远缘杂交两大类。近缘杂交是指同一种内品种间或类型间的杂交。近缘杂交的亲和力较高，杂种后代的稳定比远缘杂交快，选育新品种的时间短，是杂交育种最常用的方法。远缘杂交是指不同种间、属间、科间或地理上相距很远的不同生态型的杂交。远缘杂交由于亲缘关系较远，杂交亲本之间的亲和力较弱，并出现杂交不孕、杂种不育、杂种分离范围广泛、世代长等现象，其育种难度较高。

6.1.2 杂交育种的意义

(1)杂交育种是创造新品种新类型的重要手段

目前世界上栽培的观赏植物，很多是由两个或更多的物种杂交，经过长期选育而成的。如现代月季是由一季开花的法国蔷薇(*Rose gallica*)、百叶蔷薇(*R. centifolia*)、突厥

蔷薇(*R. damascena*)与原产中国四季开花的月季花(*R. chinensis*)、香水月季(*R. odorata*)等10余个种经过反复杂交长期选育出来的，这些品种集中了多个亲本的优良性状，其类型丰富，有色有香，是世界主要切花之一，也是园林中栽培的重要花木。

(2)杂交育种可加速植物进化

植物的自然进化速度比较慢，而人工杂交打破了原有的生物种间生殖隔离，促使物种间的基因交流，可将在自然界很难结合在一起的基因加以重组，使之朝着人类需要的方向加速进化。例如，蔷薇属全世界原来共约150个种，现在通过多次种间杂交而育成的月季已发展到16 000多个品种，其中我国的月季和香水月季是两个决定性的杂交亲本。我国菊花可能是两个以上野生种杂交起源的，宋代刘蒙中记载仅26个品种，现在估计有3000个品种以上，这主要是通过杂交育种培育的。由此可见，杂交大大加快了新品种的形成速度。

(3)杂交育种更富于创造性和预见性

通过杂交可以把亲本双方控制不同性状的有利基因综合到杂种个体上，使杂种个体不仅综合双亲的优良性状，而且在生长势、抗逆性、生产力等方面超越其亲本，表现杂种优势。从而获得某些性状更符合要求的新品种。因此，它比单纯的选择育种更富于创造性和预见性。例如，中国林业科学研究院以钻天杨为母本，青杨为父本杂交育成的北京杨，不仅生长速度比亲本快，而且克服了钻天杨幼苗抗寒性差、雨季多病、材质低劣和青杨生长慢、不耐旱及旱季多病等缺点，成为北京绿化的优良树种。

此外，杂交育种若与其他育种方法相结合，如引种、倍性育种、诱变育种等，常会取得更好的效果。例如，韩国引种火炬松时，把火炬松与当地刚松杂交，得到的杂种表现非常好。许多优良的多倍体植物也是通过杂交得到的。

植物在自然选择的作用下，向着有利于自身的方向发展。而杂交育种是以满足人类的需要为目的的，使植物定向发展。通过杂交育种，园林植物的花色越来越鲜艳，花型越来越丰富，姿态越来越美，观赏价值越来越高。对于粮食作物和果树，通过杂交育种培育的新品种，其产量越来越高，品质越来越好，极大地满足了人们的需要。所以，当前杂交育种仍是培育园林植物新品种的最主要方法和有效途径。

6.1.3 杂交育种程序

1)育种程序

对整个杂交育种工作的进程而言，草本植物与木本植物有差异，应根据植物种类，编制具体的育种程序。一般由以下几个内容不同的试验圃组成(图6-1)。

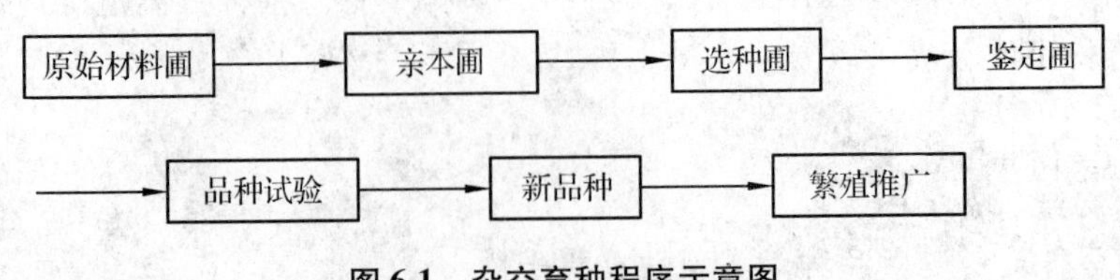

图6-1 杂交育种程序示意图

(1)原始材料圃和亲本圃

种植国内外搜集来的原始材料的试验地称为原始材料圃。设立原始材料圃的目的是观察研究各种原始材料在当地条件下的生长发育特性，并每年从中选出一定数量的优良的原始植株作为杂交亲本，种于亲本圃内。在亲本圃内，根据杂交组合的需要对双亲花期进行调节。为便于杂交操作，亲本圃内的植株应加大行距。有时还要将亲本种于温室或进行盆栽。

(2)选种圃

种植杂种后代的试验地称为选种圃。在选种圃内，对杂种后代应按照组合，采用单株的或混合的方式进行多次选择，直到选出优良一致的品系为止。选种圃内应种植亲本作为对照。杂种株系在选种圃的年限，因性状稳定所需要的世代而异。

(3)鉴定圃

鉴定圃是种植由选种圃所选出的优良品系的试验圃地。其任务是鉴定各品系后代的整齐一致性，同时进一步对各性状进行观察比较。通常种植在鉴定圃内的材料数目多，而每份材料的总数量较少，因此，小区面积较小，一般几平方米至十几平方米；小区重复次数少，为2～3次。小区多采用顺序排列，并应每隔几个小区设一对照区。试验条件应接近栽培生产地的条件。

(4)品种比较试验圃

品种比较试验圃是种植由鉴定圃选择出的一些优良品系的圃地，它是在较大的面积上进行的更精确、更有代表性的栽培试验，并对品种的生育期、抗性品质等做更详细而全面的研究。品种比较试验的小区面积较大，可增至20～40m^2；重复次数较多，可增至4～5次。排列顺序多采用随机区组法。对照按试验品种对待参加试验。试验地的条件要力求接近栽培生产地的条件，以提高试验的代表性。为保证试验结果精确可靠，一般品种比较试验应进行2～3年。然后选出最优良的品种参加区域试验。

对突出优异的品种，在鉴定圃或品种比较试验阶段就可着手原种的生产，并进行繁殖。还可在较大面积的生产条件下开展生产试验以及结合主要栽培措施进行栽培试验。

对于木本园林植物，其寿命长、繁殖方法复杂、需营养面积多以及种植规模比较大等，在育种程序上虽然与以上程序大体相似，但也有不同之处。例如，木本园林植物在选种圃中主要是多次淘汰劣株，直至最后可将保留优良植株的选种圃直接改成区试圃。这样就可省去移栽的环节，既节省人力、物力，又可使植物不受损害。

2)加速育种进程的方法

为缩短育种周期，通常可采用以下几种方法。

(1)加速世代进程

杂种后代的遗传要经过一定世代才能逐步稳定，1年一代则需5～6年的时间才能进入鉴定圃。如采用北种南繁异地加代或利用温室就地加代方法，一年就可种植2～3代，是加速世代进程的有效方法。例如，百合从种子到开花的时间较长，将百合幼苗在试管内培养5～6个月就可以获得直径1.7～2.5cm的鳞茎，有的在第二年就提前抽苔，这就能使杂种幼苗提前开花，从而缩短生育周期。唐菖蒲从种子播种到开花需要2～3年时间，而用温室促成栽培法，通过温度控制和肥水管理，只需1年便可开花，大大缩短了生育周期，加速了育种过程。

(2)加速试验进程

可根据具体情况，适当地改进育种方法和程序，以加速试验进程，缩短育种年限。如对突出优异的材料可越级提升等。

(3)利用无性繁殖或组合培养技术

新品种定型后，为了推广应用就需要大量的种苗，对于能用无性繁殖的植物，要充分用其营养繁殖器官，扩大繁殖系数。

球根类花卉，可以利用其鳞片、株芽、芽眼繁殖。有的可以用单芽扦插，单芽嫁接。

有的可以利用组织培养法，如香石竹、四季海棠、菊花、月季、翠竹、水仙、百合、兰花等。

(4)利用花药培育的单倍体育种新技术

利用花药培养单倍体可使杂种一代育纯，大大缩短育种年限。

实训

实训6-1　花粉贮藏及生命力测定(见单元10实训10)

6.2 杂交育种技术

6.2.1 杂交育种计划的制订和准备工作

杂交育种首先应制订详细的育种计划和做好育种的准备工作。育种计划包括育种目标、杂交组合、杂交方式、亲本研究、花期调整、杂交数量、杂交进程和操作规程等。下面介绍其主要内容。

1)育种目标的确定

杂交育种，首先要确定育种目标。目前世界上园林植物主要育种目标有花色、花型、香味、株型、观叶、抗病虫、抗除草剂、抗干旱、抗寒、耐热、耐盐碱、早花、晚花、四季开花；切花品种要求生长健壮、秆高且粗硬直挺、花瓣厚实、水养期长、丰产、易包装运输等；盆花要求生长充实、节间短而多分枝、株型紧凑、观赏性强等。但制定具体目标时必须从生产和园林绿化的实际需要出发，有针对性，突出重点，使育种工作有目的地进行。一般杂交中，一次只要求解决一个重点问题，切不可面面俱到。

2)亲本选择

正确地选择杂交亲本是杂交育种成败的关键。杂交后代的性状是亲本的继承和延续，或者是在亲本性状基础上加以发展，杂交亲本遗传性状的优劣，直接影响到杂交后代遗传性状的好坏。要在深入研究原始材料的基础上，遵循以下几项原则选择亲本。

①亲本应具备育种目标所要求的目的性状，综合性要好，优点多，缺少少，父母本

优缺点能够互补。杂交后，由于基因重组，使后代可以出现两具亲本的优良性状组合在一起的单株，通过培育和选择，育成综合性状比较全面的优良品种。例如，上海植物园为了育成在国庆节开花品质优良的早菊品种，决定用花型大、色彩多但花期晚的普通秋菊同花型小、花色单调但花期早的五九菊杂交，结果综合双方的优点，成功地育出了大批在国庆节开花的早菊新品种。

②选择地理上起源相距较远、生态型差别较大的亲本杂交可以丰富杂种后代的遗传组成，有较大的杂种优势。其杂种后代有生命力强，适应性广泛和抗逆性好等优良性状。杂种香水月季实际上也是地理远缘杂交后代，由于其观赏价值高、适应性强，现已遍及世界各地。

目前世界各国栽培最广泛的行道树种，二球悬铃木(*Platanus hispanica*)是美国东部的单球(1~2球)悬铃木(*P. occidentalis*)与生长在地中海西部地区的多球(2~8球)悬铃木(*P. orientalis*)的杂交种。由于生长迅速、冠荫浓郁、适应性强，在欧、美及亚洲得到广泛栽培。又如，南京林业大学和江苏植物所从1963年开始，共同开展了马褂木和北美鹅掌楸的杂交试验。经过多年重复，这一对组合的亲和力很强，杂种优势显著，生长势比亲本旺盛、落叶迟、抗性强。据1966—1969年观察记载，杂种植株高生长比马褂木增长42.3%。

③亲本选择时要考虑两个亲本遗传传递能力的强弱。一般来说，野生种比栽培种，老的栽培种比新的栽培种，当地品种比外来品种，纯种比杂种，成年植株比幼年实生苗，自根植株比嫁接在其他种砧木上的植株，遗传传递能力要强。另外，母本对杂种后代的影响常比父本强，因此要尽可能选择优良性状较多的做母本。

④选择的亲本一般配合力要高。一般配合力是指某一亲本品种与其他若干品种杂交后，杂种后代在某个性状上表现的平均值与群体平均值的离差。一般配合力是由基因的加性效应决定的。用一般配合力高的品种做亲本，杂交后代可能出现超亲变异。

另外要选择结实性强的种类做母本，而以花粉多而正常的做父本，以保证获得种子。园林植物中有一些是奇数多倍体(三倍体或五倍体)，常花而不实，不能作为杂交亲本。

⑤应选用当地的推广品种作为亲本之一。当地推广品种对当地自然条件和栽培条件有强大的适应性，综合性状一般也较好，用它作为亲本之一，杂交育种成功的希望较大。尤其在一些自然条件严酷、气候多变的地区，选用地方品种作为亲本，常能得到抗逆性强的品种。

3)杂交方式的确定

(1)成对杂交

成对杂交又称单交，简称杂交。即由一个母本和一个父本配制成对的杂交，以A×B表示。当两个亲本优缺点能互补，性状总体基本上能符合育种目标时，采用单交。单交只需杂交一次即可完成，杂交及后代选择的规模不需很大。方法简便，杂种后代的变异较为稳定。单杂交时，正交、反交最好都做，以资比较。

(2)复式杂交

复式杂交又称复交，是指在多亲本之间进行的杂交，一般是将两亲本杂交产生的杂种，再与另一个或多个亲本杂交，或者是两个杂交种进行杂交。复交的方式因采用亲本

的数目及杂交方式不同，又分以下几种：三交(A×B)×C、双交(A×B)×(C×D)、四交[(A×B)×C]×D等。复交各亲本的排列顺序根据各亲本的优缺点互补的可能性，一般将综合性状好并且有主要目的性状的亲本排在最后一次杂交，这样后代出现主要目的性状的可能性大。

复交与单交相比所需年限较长，工作量大，所需试验地面积、人力、物力都较多，所以仅限于育种目标要求方面广，必须多个亲本性状综合起来才能达到育种要求时采用。例如，目前栽培广泛、优点很多的杂种香水月季，首先用我国的月月红(*Rosa chinensis*)×突厥蔷薇(*R. demascena*)得到波邦蔷薇(*R. bonrbobiana*)，继之又与法国蔷薇(*R. gallica*)等杂交而得"杂种波邦"。然后再与月月红杂交，育成了现在还有栽培的杂种长春月季(*Hybrid peretuals*)。这时它具备了很多形态上的优点，但仍一季或一季半开花，而不是四季开花。最后又与我国原产四季开花的香水月季(*R. odorata*)杂交，终于育成了现代杂种香水月季(*Hybrid teas*)。杂种香水月季是综合了四季开花、花香浓郁、花蕾秀丽、花色、花形丰富、花梗长而坚韧等多种优点的月季新品种，它是近代月季的基础和主要品种群。

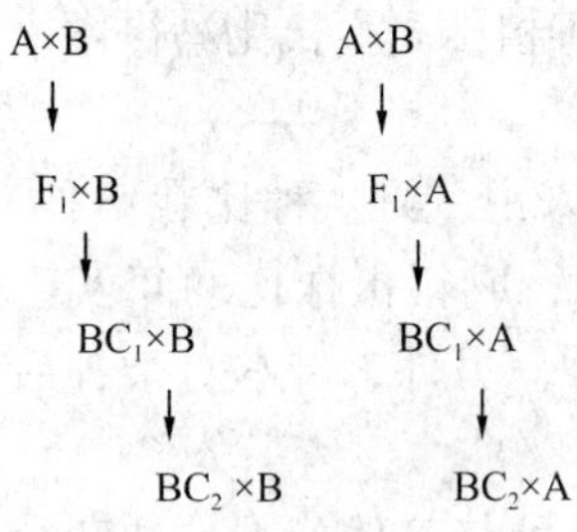

图6-2　回交图式

(3)回交

两亲本杂交获得的杂种再与亲本之一进行杂交，叫作回交。其杂交方式如图6-2。

用于回交的亲本叫轮回亲本。非回交亲本叫非轮回亲本。回交只进行一次，称一次回交；进行多次，叫多次回交。回交次数应根据实际需要确定。

一般在第一次杂交时选具有优良特性多的品种做母本，而在以后各次回交时做父本。回交的目的是使亲本的优良特性在杂种后代中慢慢加强，直至把某一优点完全转移到杂种中。回交的次数视实际需要而定，一年生花卉可回交3~4次，并使回交后代自交。回交育种法近年主要用于培育抗性品种或用于远缘杂交中恢复可孕性和恢复栽培品种优点等。

(4)多父本混合授粉

多父本混合授粉实际也属于复式杂交的范围，其杂交方式是选择两个或更多的父本花粉，将它们授于同一个母本植株上，可用A×(B+C+D+…)表示。这种方式有时可以收到综合杂交的效果，减少多次杂交的麻烦，同时还可以解决远缘杂交不孕现象，能提高杂交亲合性和结实率，提高后代生活力，甚至改变后代遗传性。某些园林植物去雄后任其天然杂交，实际上也是多父本混合授粉。利用天然杂交育种，方法简单易行，而且后代分离类型丰富，有利于选择。

关于多父本授粉的机制还需进一步研究，但目前从胚胎学上已看到有多精子进入胚囊的现象。

6.2.2　杂交的实施和杂交技术

1)花部构造和开花习性

杂交前对杂交植物的花部构造、开花习性和传粉特点等要了解清楚，以便采取有效

措施，确保杂交成功。

花的构造多种多样，典型的花由花萼、花冠、雄蕊和雌蕊构成。在一朵花里，雄蕊和雌蕊都有的，称两性花，如月季、山茶等。在两性花中有雄雌蕊同时成熟的，如梅花；雄蕊早于雌蕊成熟的，如香石竹；雌蕊早于雄蕊成熟的，如银胶菊；也有柱头异长的，如百合属。有的虽是两性花，有自花不孕的，如油茶；也有自花能孕的，如翠菊。

在一朵花里，只有雄蕊或只有雌蕊的称单性花。在单性花中有雌雄同株的，如柏、松、柿树等；也有雌雄异株的，如杏、杨树、柳树等。

花的传粉方式有虫媒花和风媒花两种。虫媒花一般有鲜艳的花瓣、香味、蜜腺等，以引诱昆虫，并且花粉粒大而少，有黏液。为了防止某种传粉的昆虫进入花朵，可以用纱布做隔离袋。风媒花通常无鲜艳的花瓣、香味、蜜腺，但可能具有大的或羽毛状的柱头，以接受空气中的花粉。风媒花的花序紧密，花粉量大，花粉粒小，它们能够在空中飘浮。所以在杂交时，风媒花必须用纸袋(牛皮纸、玻璃纸均可)隔离。

2) 花期调整

园林植物开花的时间，因种(或品种)及环境条件不同而不同。影响花期迟早的主要环境因素是温度和光照。同种园林植物的花期一般南方比北方早、低海拔比高海拔早、阳坡比阴坡早。例如，对玫瑰的调查发现，山东平阴比北京开花早15~20d，北京妙峰山的山脚北安河(海拔150m左右)比妙峰山上(海拔1200m左右)早开花30~40d；一般背风的阳坡比阴坡早开花3~5d。另一些园林植物的开花则是受光周期的控制，如菊花属短日照植物；唐菖蒲则属长日照植物；大丽花则属中性植物。在调整花期之前，首先就要弄清影响园林植物花期的主导因素是什么，然后才能采取相应的措施，促使花期相遇。如菊花给予少于10h的短日照，就可提早开花，而给予多于10h的长日照条件则可延迟开花。

采取适当的栽培措施也能调整花期。例如，一串红、香石竹、大丽花、菊花等采用摘心处理，可推迟花期。有的可以通过打蕾的办法延迟花期，有的可以通过控制水肥的办法促进或延迟花期。对于种子小、成熟快的树种如杨树、柳树，想提早开花，可将花枝剪下，放入温度15℃以上的温室内进行水培。若要延迟开花，可放入2~5℃的低温阴凉条件下。

有些园林植物，还有通过生长素类化学试剂的处理促进开花的实例。例如，用赤霉素处理牡丹、山茶、小茶梅、杜鹃花、仙客来等，能够提早开花。

通过异地采粉或花粉贮藏，可延长花粉的寿命和可授期，实际上起到延迟花期的作用。

3) 花粉技术

(1) 父本花粉的收集

为了保证父本花粉的纯洁性，在授粉前对即绽蕾的花朵应预先套袋隔离。待花药成熟弹粉时，可直接采摘父本花朵，对母本进行授粉。也可把花朵或花序剪下，在室内阴干后，将花粉收集于器皿中备用。

月季杂交可摘取即将开始撒粉的花朵水插或插于湿沙中。供次日授粉用。杨树、柳树可预先剪取花枝，插于水中培养，散粉时轻轻敲击花枝，使花粉落于纸上，然后去杂收集。

(2)花粉的贮藏

花粉的贮藏与运输可以打破杂交育种中双亲时间上和空间上的隔离，扩大了杂交育种的范围。花粉贮藏的原理在于创造一定条件，降低花粉代谢强度，延长花粉寿命。花粉寿命的长短，因植物种类不同而异。有的花粉寿命很长，如杉木的花粉可活17年；有的花粉寿命很短，如大麦的花粉在取下后2min后死亡。一般在自然条件下，自花授粉植物花粉寿命比常异花、异花授粉植物为短。花粉寿命还与温度、湿度有密切关系。通常高温高湿花粉呼吸旺盛，很快失去生命力；但在极干的条件下，花粉失去水分，也不利于保存。因此，延期使用的花粉，应妥善保存。

(3)花粉生活力测定

经长期贮藏或从外地寄来的花粉，在杂交前必须对花粉生活力进行测定，以便对杂交结果进行分析研究。花粉生活力测定的方法分为直接法和间接法。详见本书实验7。

4)杂交技术

(1)母株与花朵的选择

母本植株必须选择品种纯正，生长健壮，开花结实正常的优良单株。在母株数量较多时，一般不要在路旁或人流来往较多的地方选择，以确保杂交工作的安全。去雄的花朵以选择植株中上部向阳的花为好。每株(或每枝)保留的花朵数一般以2~3朵为宜，种子和果实小的可适当多留一些，多余的摘去，以保证杂种种子的营养。

(2)去雄与套袋

凡属两性花的品种为防止自交，杂交前需将花蕾中未成熟开裂的花药除去。去雄后应立即套袋隔离以防止天然杂交。去雄和套袋时间都应在雌雄蕊未成熟时进行，但也不宜过早，以免影响花蕾的发育。一般在花蕾开始变松软，花药开始呈现黄色时摘除为宜。单性花不必去雄，但须套袋隔离。去雄时，可用手轻剥花蕾，然后，用镊子或小剪刀摘除花中雄蕊。去雄要细致、彻底，不要损伤雌蕊，也不要碰破花药。去雄时用的工具必须用70%的酒精消毒，以杀死黏着的花粉。

隔离用的袋子必须能防水、透光、透气，一般可采用薄而透明的硫酸纸做袋子，虫媒花可用细纱布或亚麻布做袋子。袋子的大小因种而异，一般以能套住花朵或花序并留有适当的空间为宜，套袋后应挂上标牌，注明去雄日期。

(3)授粉

去雄后，当柱头分泌黏液而发亮时雌蕊成熟，即要授粉，这时授粉的结实率最高。授粉时可用授粉工具如毛笔、棉花球等蘸上花粉授予柱头上。如量多而干燥的花粉可使用喷粉器喷粉。一般授粉时，如果花粉用量多，则结实率高而且种子多。为确保授粉成功，也可连续2~3次授粉。授粉后就立即套袋隔离，挂上标牌，注明杂交组合和授粉日期，授粉次数等。

(4)杂交后的管理

授粉后，当柱头枯萎时说明已经受精，可将套袋除去，以免影响幼果生长发育。在去袋的同时，可对杂交结实率做第一次检查。有的花灌木要随时摘心、去杂、追施磷钾肥，以增加杂交种子的饱满度。有的还要采取适当的防冻、保暖措施，及时防止病虫害

以及其他各种意外的损失，随时做好观察记载工作。

(5) 室内切枝杂交

对种子小而成熟期短的某些园林植物如菊花、杨树、柳树、榆树等，或剪取枝条，在温室内水培杂交。

水培时母本枝条应长且粗壮，以保证供给种子成熟必需的营养，父本枝条可稍短。采回的枝条未培前要把无花芽的徒长枝和有病虫害的枝条修剪掉。母本花枝保留花朵不宜过多。菊花每组合3~4朵花蕾，杨树每个枝条留2个叶芽，3~5个花芽，多余的除去，以免过多消耗枝条养分，影响种子发育。为收集大量花粉，父本花枝应尽量保留全部花芽。

把修剪好的枝条插在盛有清水的广口瓶中，每隔3~4d换一次清水，天热时要勤换水，如发现枝条切口变色或黏液过多，须及时修剪切口，以免影响水分输导。室内要通风透光，防止病虫害发生。

室内切枝杂交的去雄、隔离、授粉以及杂种采收等均如前述，只是对于单性花的隔离，如条件允许可把父、母本枝分放在不同室内，且室内又无其他植物花粉干扰时，则可不用套袋。

5) 克服远缘杂交不孕和杂种不育的方法

远缘杂交中因亲本之间在形态、生理、生态上差别过大，不能完成受精和结实过程的现象，叫作远缘杂交的不孕性，或称作杂交的不亲和性。具体表现为：远缘亲本的花粉在柱头上不能萌发；或虽能萌发，但花粉管生长缓慢或花粉管太短，不能进入子房到达胚囊；或虽能到达胚囊，但不能受精；或只有卵核或极核发生单受精。以上这些不亲和现象又称为配子的不亲和性。此外，还可表现为雌、雄配子虽能受精，但因胚、胚乳、子房停止发育或发育不正常，致使幼胚不发育；杂交种子的幼胚、胚乳和子房组织之间缺乏协调性，胚乳不能为杂种胚提供正常生长所需的营养，从而影响杂种胚的发育等。

远缘杂种(F_1)不能正常结实的现象，叫作杂种不育。

远缘杂交育种有三大困难，即杂交不亲和、杂种不育和杂种分离复杂。但多数园林植物可无性繁殖，克服了杂种分离的问题。因此，远缘杂交育种主要解决前两个问题。

(1) 克服远缘杂交不孕的方法

①选择适当亲本并注意正反交　选配适当亲本，可提高远缘杂交的成功率。如在梅花与杏的杂交中，用'江梅'型品种比用朱砂品种做母本能明显提高杂交结实率。杂种常表现有较高的亲和力，所以选用杂种做母本，特别是选用第一次开花的实生苗效果良好。

远缘杂交还常常看到正反结果不同的现象。例如，山茶和怒江山茶，连蕊茶和茶花的正反交存在显著差异。

②改变授粉方式　混合授粉和多次重复授粉是克服远缘杂交不亲和性常用的一种方法。米丘林曾用玫瑰与桂蔷薇直接杂交失败后，用少量的玫瑰花粉混入桂蔷薇花粉中授粉，则获得成功。重复授粉，即在同一母本花的蕾期、开放期进行多次重复授粉。由于雌蕊发育成熟度不同，它的生理状况有所差异，受精选择性也就有所不同，有可能促进

受精率的提高。

③预先无性接近法　米丘林曾用山梨和普通梨杂交没有成功。后来，他用山梨和黑果种山梨先进行有性杂交，将杂种幼龄实生苗的芽条嫁接到成年梨树的树冠上，经6年时间，接穗受母本影响，它们在生理上逐渐接近，当杂种山梨开花时授以梨的花粉，这样便成功地获得了梨与山梨远缘杂交种。宁波市的香石竹远缘杂交运用此方法获得成功。

④柱头移植或涂抹柱头液　由于远缘杂交缺乏许多促进花粉萌芽与生长的活性物质，因此，在授粉前取父本柱头的汁液涂在母本柱头上，或者将父本的小片柱头移植到母本的柱头上，然后再进行授粉，杂交易于成功。如在柳树杂交中，以杨树柱头榨出液涂在柳树柱头上，然后授以杨树花粉，成功地获得了属间杂种。

有的把母本花朵雌蕊的花柱剪短，再进行授粉。例如，百合类种间杂交时常因花粉管在花柱内停止伸长而不能受精，因此采用子房上部1cm处切断花柱，然后授粉而获得成功。

⑤媒介法　当甲与乙直接杂交不能成功时，可以用两亲之一先与第三类型丙进行杂交，将杂交得到的杂种再与另一亲本杂交，这种媒介的方法，有时较易获得成功。例如，米丘林为了获得抗寒性强的桃品种，曾用矮生扁桃与普通桃进行杂交，未能获得成功。他又用媒介者扁桃和山毛桃先行杂交，获得了媒介者扁桃，再利用媒介者扁桃与普通桃进行杂交，从而取得了成功。试验表明，在樱桃亚属与李亚属的远缘杂交中，沙樱桃可以作为理想的媒介者。

⑥化学药剂处理　应用赤霉素、萘乙酸、吲哚乙酸、硼酸等化学药剂处理可克服某些远缘杂交不结实的缺点。例如，百合品种间杂交不结实，用0.1%～1.0%生长素羊毛酯，涂于剥去花瓣的子房基部，结果增加了结实率。

⑦组织培养技术的应用。有些杂种幼胚发育很不正常，甚至在未形成有生活力的种子以前就中途夭折。用幼胚培养法可以克服上述现象，以获得杂种苗。据报道，应用幼胚培养，获得了王百合×麝香百合、白花百合×大百合、王百合。王百合×大卫百合5个远缘杂交种。

⑧改变授粉条件　在金花茶与山茶的远缘杂交中，2月如温暖少雨，结实率显著提高，如低湿多雨，结实下降，甚至不结实。因此在深冬和早春的花卉杂交中，宜在温室或保护地进行，从而改善授粉受精条件。

(2)克服杂种不育的方法

①杂种胚的离体培养　在多数情况下，种属间杂种，虽然结实，但得到成熟杂交种子瘪瘦，胚的发育大多不健全，而将杂交所得的不饱满种子或未成熟种子，或在其发育中取出幼胚，置于一定的培养基中培养，由于适合的营养和优良的培养条件，其出苗率大为提高。例如，1985年南宁树木园提供金花茶杂种种子99粒，其中51粒种子用于胚离体培养，48粒按常规播于干净蛭石内催芽，结果前者出苗17棵，出苗率达33%；后者出苗仅2棵，只有4.2%。

②杂种染色体的加倍　杂种一代在减数分裂时联会过程受阻，不能产生正常有效的雌雄配子，故不能结实。体细胞染色体数加倍，获得异源四倍体，可提高结实率。例如，温室花卉中邱园报春就是通过加倍染色体并恢复可育性的一个远缘杂种。

③回交法　在亲本染色体数不同和减数分裂不规则的情况下，杂种产生的雌配子并不都是无效的，其中有一部分可以接受正常花粉而结实。因此，当染色体数目较多，染

色体加倍法不易成功时，可考虑用回交法来克服杂种不育。不同回交亲本对提高杂种结实率有很大差异，回交时不必局限于原来的亲本，可用不同品种多次回交。

④自由授粉 远缘杂交第一代植株在自由授粉下，比人工套袋隔离强迫自交的情况容易结实。因为柱头有自由选择花粉的机会，以及有可能在同株异花间，或相邻种植的亲本之一自由回交，选择更适宜的配子完成受精，达到部分结实。

⑤延长杂种培育世代 远缘杂交的结实性，往往随着生育年龄和有性世代的增加而逐步提高。例如，米丘林曾用高加索百合和山牵牛百合杂交并获得了种间杂种——紫罗兰香百合，这个杂种在第一、二年只开花而不结实，在第三、四年得到了一些空瘪的种子，而在第七年则能产生部分发芽的种子。

6.2.3 杂交后代的选育

杂交种子的获得，仅仅是杂交育种工作的开始，如要从杂种中选育出符合育种目标的新品种，还需要进行一系列的鉴定，选择工作才可能实现。如何进行杂种后代的选择呢？

选择的原则一般是先选组合，后选单株。杂交组合好，杂交后代优良单株出现的机会也就多。自花授粉植物或常异花授粉植物的亲本，大多是纯合体，一般杂交第一代不分离，此时主要进行组合选择，中选组合不必进行株选，只需淘汰不良植株，再按组合采收种子。由于隐性优良性状和各种基因的重组类型在 F_1 尚未出现，所以对组合的选择不能太严；杂种二代（F_2）性状强烈分离，为了使优良性状能在 F_2 及其后代表现出来，F_2 群体要大，一般每一组合的 F_2 应种几百株，甚至千余株。F_2 主要根据目标性状进行单株选择。而异花授粉植物因亲本多为杂合的，故在杂种第一代就发生分离，因此在第一代进行优良组合选择的同时就可进行优良单株选择。一般一、二年生的草花，杂交后往往在第一代就发生分离，所以在第一代就可进行单株选择，如选出符合我们要求的优良单株，能无性繁殖的就建立无性系；如不能无性繁殖，可选出几株优良单株，在它们之间进行授粉杂交。再从中选出优良单株。早花性和抗性一般分离比较早，所以可早期选择，并根据育种目标，淘汰不必要的组合。对木本植物，杂种的优良性状要经过一段生长才能逐步表现出来。所以杂种植物淘汰要慎重。一般要经过3～5年观察比较；特别是初期生长缓慢的树种，时间更放长一些。否则就有可能把已到手的有希望的杂种丢失。

杂种选择的时期，应贯穿于从种子开始至杂种培育的整个生长发育过程的各个阶段，而且应在实生苗各种性状表现最明显的时期深入现场观察比较。如抗湿、抗病性状的选择，要在雨期进行观察；抗热性状，则在夏季高温期间观察；抗旱性状，在旱期观察；抗寒性状在严冬季节观察；早花的选择，在孕蕾期进行等。

选择时重点性状还要与综合性状相结合。例如，月季以提取香精油为主要育种目标时，首先要考虑香味浓、香味质量好、香精油含量高，同时也要考虑发枝力强、着花率高、鲜花产量高等。

实训

实训6－2 植物有性杂交(见单元10 实训11)

6.3 杂种优势利用

6.3.1 杂种优势及优势育种

杂种优势是指两个遗传组成不同的亲本杂交，产生的杂种第一代在生长势、株高、花径、成熟期、抗病虫、抗不良环境的能力等方面超过双亲的现象。仅利用F_1杂种优势的育种方法叫优势育种，也叫一代杂种育种。

杂种优势通常以杂种一代某一性状超越双亲相应性状平均值的百分率表示，称为平均优势。

$$平均优势(\%)=[(F_1-双亲平均值)/双亲平均值]\times100\%$$

超过较好亲本值的百分率称超亲优势。

$$超亲优势(\%)=[(F_1-较好亲本值)/较好亲本值]\times100\%$$

超过对照品种值百分率称超标优势。

$$超标优势=[(F_1-对照品种值)/对照品种值]\times100\%$$

在园林植物中，也存在着负向杂种优势利用，即杂种一代某一性状负于双亲相应性状平均值的百分率。

有些性状要求正向优势，如花径大、抗逆性强；有些性状要求负向优势，如植株矮等。当F_1等于双亲的平均值时(简称中亲值Mp)，杂种优势等于零；F_1大于中亲值时为正向优势；F_1小于中亲值时为负向优势。

杂种优势的强度是随着杂种世代的前进而迅速降低的，不会固定，自交后优势便再度减弱，乃至消失变劣。因此杂种优势利用的主要是F_1，即在大面积生产上应用的主要是杂种第一代。

优势育种与重组育种的相同点是都需要选配亲本，进行有性杂交。不同点是重组育种先进行亲本的杂交，然后使杂种后代纯化成定型的品种用于生产；优势育种则先使亲本自交纯化，然后使纯化的自交系杂交获得杂种F_1用于生产。简单地讲，重组育种是先杂后纯，优势育种是先纯后杂。另外，因优势育种在生产上每年都用F_1播种，不能用F_1留种，因而需专设亲本繁殖区和制种田。

目前，园林植物的F_1代杂种的利用是非常有效的。例如，球根海棠、金鱼草、三色堇、虞美人、石竹、矮牵牛、紫罗兰、蒲包花等。

6.3.2 杂种优势产生的原因

关于杂种优势的原理，许多学者做了理论探讨，但目前仍停留在假说阶段。Bruce在1910年提出了显性假说，认为杂种优势是由双亲的显性基因在杂种个体上得到互补作用的结果。例如，以基因型为aaBBCCddEE的甲系与基因型为AAbbccDDee的乙系杂交，杂种一代为AaBbCcDdEe基因型。可以看出，甲系只表现3个显性性状，乙系只表现2个显性性状，而杂种却表现了5个显性性状。杂种优于双亲。

在1936年，East提出了超显性假说(又称为等位基因抑质结合假说)，认为杂种优势是由于杂种所具有的异质结合的等位基因相互作用的结果。他认为，各对等位基因之

间不存在显性与隐性的关系，但存在着遗传效能上的微小差异。因此杂合基因型的遗传效应比纯合基因型大。例如，a_1a_1为甲系，a_2a_2为乙系，其杂种基因为a_1a_2，a_1控制合成一种酶，这种酶使植物体进行一种生理代谢功能，a_2控制合成另一种酶，这种酶使植物体进行另一种生理代谢功能。可以看出，甲系和乙系各只能进行一种生理代谢，而杂种可以进行两种生理代谢，故杂种优于双亲。

关于杂种优势产生的机理有很多解释，以上是被多数人接受的两种假说，它们各自从一个侧面解释了杂种优势产生的原因，但都不全面。现在看来，这两种假说实际上是形成杂种优势产生的两类遗传效应，可同时具有。当然在不同生物、不同性状上，两种效应的作用程度不同。两种假说的共同点在于：都认为杂种优势来源于F_1各对基因的杂合，不论具有显隐性关系的 AaBbCc 还是无显隐区别的a_1a_2，都能形成优势。

6.3.3 一代杂种选育的关键环节

1)选育优良的自交系

自交系间杂种一代的杂种优势明显、稳定，杂种的株间整齐一致。因此对于自花授粉植物(因其一个品种近于一个自交系)可直接利用品种间杂种一代，而异花授粉植物选育杂种一代工作则应从选育自交系开始。选育优良自交系的程序如下。

(1)选择育成优良自交系的基础材料

为了增加成功的机会和节约人力、物力和时间，应该选用优良品种或杂交种作为分离自交系的基础材料。该材料最好能在品种比较试验和已初步进行品种间配合力测定的基础上进行，把重点集中在几个有希望的品种上。一般选择作为育成自交系基础材料的品种或杂交种，数量不要超过10个。

(2)选择优良单株自交

在选定的优良品种或杂交种内再选择优良单株进行自交，一般每个品种或杂交种选数株或数十株进行自交。对于品种应多选一些植株自交，而每一自交株的后代可种植相对较少的株数。对于杂交种则要相对少选一些单株自交，但每一自交株的后代则应种植较多的株数。对于株间整齐一致的品种可相对少选一些单株自交，对于株间一致性较差的品种应该针对各种有价值的类型每类都选育一些有代表性的植株。

(3)逐代系间淘汰选择和选择优良植株自交

根据育种目标逐渐淘汰不良的自交系，但随着自交系数目的减少，则应增加每一个自交系的种植株数。自交一般进行4~6代，直到获得纯度高、性状稳定、生活力不再明显衰退的自交系为止。以后可按自交系为单位，分别在分离区播种繁殖，任其系内自由授粉，但需防止系间授粉或外来花粉影响。

2)进行配合力测定

配合力的高低是选配杂交亲本的重要依据之一。配合力和杂种优势有密切的关系，但含义并不完全相同。配合力专指杂种一代的经济性状，主要是指产量的高低，即一个自交系(或品种)与另一个自交系(或品种)杂交后杂种一代的产量表现；杂种优势是指杂种在经济性状、生物学性状等方面超越亲本的现象。因此，利用杂种优势时，既要注意亲本配合力的高低，又要注意它们的杂种在有利性状方面优势的强弱。

配合力是指亲本通过有性过程传递其优良性状给子代的相对能力。配合力又分为一般配合力和特殊配合力。一般配合力是指在一个交配群体中某个亲本的若干杂交组合子代平均值与子代总平均值的离差；而特殊配合力是指在一个交配群体中某个交配组合子代平均值与子代总平均值及双亲一般配合力的离差。配合的测定常用以下几种方法。

(1)简单配组法(不规则配组法)

这是用的较多的、最省工的配合力测定法。就是把育成的自交系按育种目标、亲本选配的原则和育种工作者所掌握的性状遗传规律配成若干组合，进行人工交配取得各组合的杂种种子，例如1×2、1×3、1×4、1×5、1×6、2×5、3×2、3×5、5×6等。如果F_1表现1×5最好，就选定这个组合和1号与5号自交系制种亲本，也可多选几个组合经过品种比较试验后再选定最优组合。这种方法简便易行。

(2)顶交法

该法用于测定一般配合力大小。顶交法是将所选出的品种与同一品种杂交，比较各组合F_1优势程度，选优去劣。在顶交法中要用符合要求的当地最优良品种做顶交亲本，假定要创造杂种优势是花径大的，供试的品种有10个，分别编成1、2、3、4、5、6、7、8、9、10号，以当地主栽品种作为顶交亲本和这10个品种分别杂交。即可获得10个杂交组合，翌年进行比较，按花径的大小测定配合力的高低。花径大的谓之配合力强，再结合外表性状好的作为亲本材料。

(3)轮配法

该法又称双列杂交法。这是既能测定一般配合力又能测定特殊配合力的方法。具体做法是将各供试品种全部加以配合，比较各杂交组合F_1的花径，选出杂交配合力强和花径大的杂种一代。如遇到有几个杂种一代的花径都显著大于亲本品种，而组合之间花径又相差不大时，应一并入选。假如有1、2、3、…10号品种，先用1号品种分别与2、3、…10号9个品种杂交，然后再用2号品种分别与1、3、4、…10号9个品种杂交。其组合总数为10×(10－1)=90。如果参加测定的品种数为n个，其组合总数为$n(n-1)$(不包括自交)。这种方法用工较多，但每一个组合的正交和反交都有，不过多数情况下，正交和反交没有区别，为了节省劳力可以只进行正交，以减少一半的组合。如表6-1所示。

表6-1　10个供试品种的杂交组合

♀ \ ♂	1	2	3	4	5	6	7	8	9	10
1		×	×	×	×	×	×	×	×	×
2	√		×	×	×	×	×	×	×	×
3	√	√		×	×	×	×	×	×	×
4	√	√	√		×	×	×	×	×	×
5	√	√	√	√		×	×	×	×	×
6	√	√	√	√	√		×	×	×	×
7	√	√	√	√	√	√		×	×	×
8	√	√	√	√	√	√	√		×	×
9	√	√	√	√	√	√	√	√		×
10	√	√	√	√	√	√	√	√	√	

注：×表示正交，√表示反交

3)自交系间配组方式的确定

经配合力测定选出优良杂交组合及其亲本自交系后，还需进一步确定各自交系的最优组合方式，以期获得好的杂种。根据配制杂种一代所用亲本自交数，配组方式可分为单交种、双交种和三交种。

(1)单交种

单交种即用两个自交系配成的杂种一代。单交种优点为杂种优势强，株间一致性强，制种手续较简单。缺点是种子生产成本高，有时对环境条件的适应力较弱，在生产单交种时，每年需3个隔离区，即两个自交繁殖区，一个单交区。

(2)双交种

双交种即用4个自交系统先配成两个单交种，再由两个单交种配成用于生产的杂种一代。双交种的优点是可使亲本自交系的用种量显著节省，杂种种子的产量显著提高，从而降低制种成本；同时双交种的遗传组成不像单交种那样纯，适应性强。缺点是制种程序比较复杂，杂种的一致性不如单交种。

(3)三交种

三交种即用两个自交系杂交做母本，与第三个自交系杂交产生杂种一代的方式。三交种具有生活力强、产量高的优点，只是性状整齐略低于单交种，与双交种接近。此外，由于母本是单交种，种子的产量大，质量也较好。但三交种要求父本自交系的花粉量要大。制种时因为有自交系参与，种子成本较高，但比单交种成本低。在生产三交种时，每年需保持5个隔离区，即3个自交繁殖区、1个单交区和1个三交区，最少需要3个隔离区。

6.3.4　杂种F_1种子的生产

由于每年都需要生产杂种一代种子供生产上应用，所以在杂种种子的生产中，应本着获得杂交率高的杂种种子和降低成本的原则，根据各种不同植物开花授粉习性，选用适当的制种技术。常用的杂种一代制种方法如下：

1)简易制种法

(1)异花授粉植物

①混播法　将等量的父母本种子充分混合后播种，采得的杂交种子正反交均有。此法只适用于正、反交增产效果和两个亲本主要经济性状基本相似的组合。

②间行种植　父母本单行或数行相同种植，如果正、反交增产效果和经济性状基本相似，父母本的行数可相同，父母本植株和种子可混收混用；如果正、反交F_1都有优势但性状不一致，则应分别收种，分别使用；如果正交有优势反交无优势，只能以正交F_1用于生产，父本行数应少些，父母本比例一般为1∶2。为降低制种成本，最好选配正、反交F_1都有优势的组合。

③间株种植　这种配置方式比较适用于父母本性状相似，种子可混收的组合。但该配置方式杂交百分率较高，田间种植和种子采收都比较麻烦，且容易出错，应用不广泛。

(2)自花授粉植物

该类植物只能用人工去雄授粉配制杂种，因而较费工，但杂交结实率高，繁殖系数大。适用于杂交一朵花或获得较多数量杂交种子的植物。

2)人工去雄制种法

对某些雌雄异株或同株异花授粉花卉和雌雄同花花卉，可将父母本按适当比例种植，利用人工拔除母本雄株，摘除母本雄花或人工去雄授粉等方法获得一代杂交种种子。例如，崂山三色堇制种基地在每一个大棚内，均有1行父本及7行母本，用人工仔细地掰掉母本花的雄蕊，然后把父本的花粉抹在母本花的柱头上。

3)化学去雄制种法

利用化学去雄剂，喷洒母本植株，破坏雄性配子的正常发育或改变植物的性分化倾向，达到去雄目的，再与相应父本按相应比例隔行种植生产一代杂种。由于雌雄配子对各种化学药剂的反应不同，因此不同植物可选择特定的杀雄剂，在适当的浓度与剂量下，抑制和杀死雄配子。选用的化学杀雄剂，必须是对雌蕊无害的；不会引起植株发生遗传性变异的；杀雄效果稳定、处理方法简便、价格便宜并对人畜和植物无害的。

4)利用苗期标志性状的制种法

利用双亲和F_1杂种苗期所表现的某些植物学性状的差异，在苗期可以比较准确地鉴别出杂种苗或亲本苗(即假杂种苗)，这种容易目测的植物学性状称为“标志性状”。标志性状应具备两个条件：①这种性状必须在苗期就表现明显差异，而且容易目测识别。②这个性状的遗传表现必须稳定。

利用苗期标志性状的制种法，就是选用具有苗期隐性性状的品系作母本(如月季的扁刺)与具有相对应的显性性状的父本(如新疆蔷薇的弯钩刺)进行杂交，在杂种幼苗中淘汰那些表现隐性性状的假杂种。此法的优点是亲本繁殖和杂交制种简单易行，制种成本低，能在较短的时间内生产出大量的一代杂种。其缺点是间苗、定苗工作复杂，需要掌握苗期标志性状，间苗、定苗技术熟练。

5)利用雄性不育系制种法

在两性花植物中，利用可遗传的雄性器官已经退化成丧失功能的纯系母本，在隔离区内与相应的父本按一定比例间隔种植。在不育系上采收杂种种子。目前，花卉中存在雄性不育的植物有百日草、矮牵牛、金鱼草等。

6)利用自交不亲和系制种法

某些两性花植物，虽然具有正常花器官，但是自交结实性能却严重不良，即具有所谓的自交不亲和性。利用其这方面的遗传特点，育成稳定的自交系，并把它当作亲本，进行隔行种植，所得的正反交种子均作为杂种一代。

实训

实训6-3　杂种特征分析和描述(见单元10实训12)

小结

杂交育种是利用基因重组原理，通过两个遗传型不同的个体进行杂交获得杂种，并对杂种进行选择鉴定，获得新品种的方法。杂交育种要经过育种目标的确定、原始材料的收集和研究、杂交组合和杂交方式的选择、亲本开花的生物学特性的了解、花期调整、杂交技术、杂交后代的培育和选择等一系列过程。杂种优势在自然界中普遍存在，生产中推广应用的杂交种就是利用杂交优势来提高植物的生长势、生活力、抗逆性、产量、改进品质。

知识拓展

国兰与大花蕙兰杂交育种研究进展

大花蕙兰又名虎头兰、喜姆比兰，植物分类学上属兰科（Orchidaceae）兰属多年生草本植物，是兰属内一些附生兰杂交种的统称，目前已经成为五大盆栽兰花之一，也是重要的切花兰种类之一。中国是兰属植物的分布中心之一，世界上兰属植物有50～60种，中国已知的兰属植物有31种，占全球的一半以上，主要为地生兰，如墨兰、春兰、建兰、蕙兰、寒兰、虎头兰等。利用国兰与大花蕙兰进行杂交可以把两者的优良性状很好地结合起来，既为大花蕙兰品种培育提供新的思路，也是国兰发展的一个新途径。美国、日本、新西兰等国的兰花育种者将大花蕙兰与建兰、纹瓣兰等杂交，已培育出一些早花、微香、短叶型或垂花型大花蕙兰品种，很受消费者的欢迎。国兰杂交育种起步较晚，但近年来也获得了为数不少的杂交种。从长远来看，兰属内的广泛杂交育种必然会出现。

1. 国兰的杂交育种研究

20世纪80年代以来，国内一些研究者开始用杂交方法培育国兰新品种，四川省农科院生物技术核技术研究所的吴汉珠、王续衍等于1986年之前进行了兰属植物种和品种间的杂交育种工作，1989—1993年期间已有49个杂交组合的种子萌发，其中包括了兰属内地生种与地生种之间的杂交，培育出的新品种中有10余个在历届中国兰花博览会展出，获得金奖4个，这是中国兰花育种历史上新的起点。李方等获得了台兰×蕙兰的杂交成功。朱根发等获得了2个国兰品种间和5个墨兰×大花蕙兰种间杂交后代及大花蕙兰×纹瓣兰、建兰×纹瓣兰种间杂交组合后代。周丽等以兰科4属8种的兰花为试材，进行了以兰属为主的远缘杂交育种技术研究，结果表明，属内种间组合较易获得杂种，结实率大于75%；属间组合较难获得杂交后代，并且正反交对结实率的影响很大。根据朱根发报道，利用墨兰做种间杂交，目前已培育出68个新杂种；利用建兰做亲本之一，已登录了45个新杂种；利用春兰培育了39个新杂种；利用寒兰培育了13个新杂种；利用蕙兰做亲本杂交，目前只获得了9个登录的杂交种。

2. 大花蕙兰杂交育种研究

大花蕙兰的杂交育种已有100多年的历史，至今已登录的大花蕙兰品种数以万计。它们的亲本主要是大花的附生兰类，常常要经过多次反复的杂交，才能形成有价值的品种。一直以来，在大花蕙兰的育种方面，国内外的育种专家主要还是采取常规育种手段，远缘杂交是兰花育种的重要方法，在洋兰品种的改良上获得了巨大成功。大花蕙兰杂交育种，是世界兰花育种工作的重点之一，现在主要集中在日本、美国、澳大利亚、中国台湾等国家和地区。大部分兰属植物的原生种都用于培育大花蕙兰新品种，包括中国兰如墨兰、春兰、建兰和纹

瓣兰等，已在英国皇家园艺协会(RHS)上登录了数目不等的杂交种。但世界兰花商品化生产为大花蕙兰育种提出更多和更高的要求，使用传统的育种技术已遇到了越来越多的问题。2002年厦门北大生物园将花期调控基因*API*转入大花蕙兰。另外，在花色、花香及抗性等方面的育种工作中，各国学者也在积极探索尝试用基因工程进行更有效的杂交育种。

3. 国兰与大花蕙兰杂交育种研究

(1)杂交亲本的选择

张志胜等以兰属、文心兰属、蝴蝶兰属的兰花为材料，对中国兰花远缘杂交及其杂交种子的萌发进行了研究，结果表明，国兰类各种间杂交易成功，结果率在80%以上；墨兰和大花蕙兰杂交，结果率和杂交种子数量随品种和正反交不同而异；兰属和其他属兰花杂交，结果率较低，且产生的杂交种子量很少。朱根发等进行了大花蕙兰、墨兰、建兰、纹瓣兰、兔耳兰等兰属植物的种间远缘杂交试验，经胚胎培养获得了一定的杂交组合，结果显示，以大花蕙兰为母本与墨兰杂交的成功率明显小于以墨兰为母本与大花蕙兰杂交的成功率。郑立明以春兰'送梅'为母本，以韩国进口的大花蕙兰'粉姬'等品种为父本杂交，杂交种子播种后2个月就开始大量萌发，萌发率可达80%以上。

(2)核型分析的应用

大花蕙兰均为杂交种，染色体的倍性呈多样化，既有二倍体，也有三倍体、四倍体，甚至六倍体，其中以四倍体为多。在育种中，必须对亲本的倍性进行了解，才能对杂交后代的倍性、育性有清楚的掌握，使育种的成功率大大提高。王利民分析不同近似系数的品种作为亲本杂交的结果，发现随两亲本的近似系数增高，杂交成功率和坐果率都有增高的趋势。成功的杂交组合亲本近似系数多在0.950~0.980。核型近似系数可以为亲本选配提供依据，减少育种的盲目性。(引自郑君爽等，2011)

自主学习资源库

(1) 园林植物育种学．张激方．东北林业大学出版社，1990.

(2) 园林植物育种学．杨晓红．气象出版社，1999.

(3) 园林植物遗传育种．张明菊．中国农业出版社，2001.

(4) 观赏植物育种学．孙振雷．民族出版社，1999.

(5) 林木育种学概论．王明庥．中国林业出版社，1989.

(6) 作物杂种优势利用的制种途径．王贵余．中国林业出版社，2002.

自测题

1. 名词解释

有性杂交，近缘杂交，远缘杂交，正交，反交，单杂交，三杂交，双杂交，回交，配合力，杂种优势，优势育种，重组育种。

2. 填空题

(1)依据杂交亲本亲缘关系可将杂交分为________和________两种类型，树木有性杂交育种是以________为主。

(2)杂交亲本选择包括________和________选择。

(3)克服杂种不育的方法有________，________，________。

(4)植物远缘杂交不孕的障碍主要来自于________，________，________3个方面。

(5)回交是________得到的________，再与________进行杂交，其目的是________。

(6)(A×B)×C叫________；(A×B)×A叫________。

(7)有人做了“小叶杨×(钻天杨+旱柳)”的杂交试验，出现超亲后代。他所采用的杂交方式叫________。

3. 判断题

(1)品种间和种间杂交是近缘杂交，属间杂交是远缘杂交。杨类和松类的杂交育种都是以品种间杂交为主。

(2)有性杂交育种时，品比试验和区域栽培试验可以同时进行，其主要目的是为了获得完整的资料。

(3)显性基因学说认为，杂种优势起源于超显性基因的互补作用。

(4)同一树种的不同生态型之间杂交，双亲具有的亲和力较小。

(5)四杂交的杂交方式是按(甲×乙)×(丙×丁)进行的。

(6)植物的开花时间是由内在遗传因素和外界环境条件中的温度和湿度决定的。

(7)远缘杂交的不育性指杂交时受精困难，不能结果和获得种子。

4. 问答题

(1)选择杂交亲本的原则是什么？怎样选择杂交母株？

(2)在杂交前，需要制订杂交计划，计划中应包括哪些内容？

(3)人工杂交为什么要去雄？哪些情况下不需要去雄？

(4)哪些植物适合室内切枝杂交，室内切枝杂交有什么优越性？

(5)简述容易无性繁殖的花卉(月季)杂种苗的选择鉴定程序。

(6)为什么要对有性杂种进行区域化栽培试验？

(7)产生远缘杂交不孕和杂种不育的原因是什么？如何加以克服？

(8)如何开展杂交育种工作？

单元7 新技术育种

学习目标

【知识目标】

(1)掌握辐射育种、化学诱变育种、多倍体育种、单倍体育种、基因工程育种、航天育种的基本概念和意义。

(2)熟悉辐射育种、化学诱变育种、多倍体育种、单倍体育种的基本原理。

(3)了解新技术育种的发展历程和趋势。

【技能目标】

(1)能用秋水仙素诱导多倍体植物。

(2)能用花药诱导单倍体。

(3)能在实验室条件下鉴定多倍体。

(4)能科学观察和分析诱变材料性状变异。

7.1 辐射育种

7.1.1 辐射育种概述

植物辐射育种是人为地利用物理诱变因素，如X射线、γ射线、β射线、中子、激光等诱发植物产生可遗传的变异，再育成新品种的方法。1936年W. E. Demol用X射线处理郁金香，历经10年育成了'法腊迪'突变品种。随后辐射育种快速发展，截至1988年年底，全球已育成了30种观赏植物的突变品种379个，其中菊花最多(162个)，其他依次为大丽菊、月季、秋海棠、六出花、香石竹、杜鹃花等。我国辐射育种从1956年开始，现有22个省(自治区、直辖市)建立钴源60余个，据1993年不完全统计，已在菊花(含地被菊)、月季、美人蕉、荷花、叶子花、唐菖蒲6种植物上，育成63个突变品种，其中月季和菊花较多(表7-1)。

射线引起变异的原因一是基因突变。辐射诱变常用的电离射线，具有较高的能量，能引起物质的电离和激发。原子核外的电子吸收外来能量，从能量较低的轨道跃迁至能量较高的轨道的现象叫作激发。假如激发的能量很大，使其轨道上的电子能够脱离原子核的吸引而自由运转称作电离。发生电离的原子便不再是中性，而是带有正电荷，成为离子化的原子。由离子化的原子组成的分子便要发生化学变化，如放出磷酸盐与碱基，

表 7-1　菊花辐射诱变新品种

品种名称	γ射线照射量(R)或剂量(rad 或 Gy)[亲本材料]	变异性状及特征
‘辐橙早’	4kR[江城落霞]扦条	温光反应不敏感，提早 100d 开花，花期 6 个月
‘四季黄’	3kR[药红]脚芽幼叶愈伤组织	花黄色，重瓣，不露心，四季开花
‘两季黄’	3kR[药红]脚芽幼叶愈伤组织	花黄色，重瓣，矮，两季开花
‘四季红’	3kR[药红]脚芽幼叶愈伤组织	花红色，重瓣，矮，四季开花
‘四季墨红’	3kR[药红]	花紫红色，重瓣，花大，四季开花
‘金光四射’	3krad[五光十色]植株	花型，瓣型变异
‘昂首金狮’	3krad[粉勾环]植株	花色变异
‘金绣球’	3krad[011]植株	瓣型变异
‘瑶池雪岸’	3krad[粉勾环]条株	花色变异
‘紫霞’	3krad[黄金印]植株	花色变异
‘重阳芍药’	3krad[赛芍药]植株	花色变异
‘夕霞’	10Gy[新妃]当年嫩枝	花瓣外缘多匙瓣，橙红黄色，匙荷型 - 舌状花，花径大，叶形正型
‘四季粉’	3kR[药红]脚芽幼叶愈伤组织	花粉红，重瓣，四季开花
‘满天星’	30Gy[104 菊]	花色胭脂红变为乳白，重瓣，抗病虫，耐旱
‘紫天鹅’	20Gy[104 菊]	花色胭脂红变为紫红，重瓣，抗病虫，耐旱
‘白云涌’	3krad[长风万里]植株	花型和瓣型变异
‘雪映红’	2.5krad[大光明]植株	花型和瓣型变异
‘紫云托月’	2.5krad[霜满天]植株	花型和瓣型变异
‘金丝带’	3krad[粉勾环]植株	花色变异
‘春桃’	2.5krad[紫荷]枝条	花色和瓣型变异
‘西施含笑’	3krad[春桃]植株	花色和瓣型变异
‘黄卷云’	3krad[春桃]植株	花色和瓣型变异

碱基脱胺，造成碱基的转换和颠换，并产生氢键断裂，单链或双链断裂，双链之间的交链，不同 DNA 分子之间的交链，以及 DNA 和蛋白质分子之间的交链等。在随后的一系列重组修复中易产生误差，这种误差即表现为突变。射线引起变异的第二个原因是染色体断裂的频率大大增加，断片重排造成基因的重新排列与组合，从而引起生物有关性状的变异。

7.1.2　辐射诱变技术

1)γ源装置

X 射线装置、γ源装置、中子源、微束和激光辐照装置等都是植物辐射育种的常用辐照装置，其中γ源，特别是^{60}Co γ源装置用得最广泛。近年来也有采用^{137}Cs γ源，它有半衰期长(29.9 年)、能量比^{60}Co 小的特点。γ源既可用于急性或半急性照射，也可做长期慢性照射，即放在温室或田间，使植物在发育过程中长期接受低剂量照射。γ放射源在不用时贮存在铅制容器或水井内，其他安全使用问题，可参阅有关辐射防护书籍。

(1)γ辐照室

以^{60}Co γ辐照室的应用最为广泛。辐照室一般采用钢筋混凝土结构，当辐射源强超过1000Ci(居里)时，墙的厚度要大于1m。辐照室由操纵间、迷道和辐照间三部分组成(图7-1)。操纵间一般有控制操作台和钴源提升机械，室内设有观察系统(如采用工业电视机或潜望镜，也可采用透明的化学溶液作为观察窗，像用$ZnCl_2$溶液)；还设有剂量仪(伦琴计)和防护用测量仪表、报警系统(带有报警系统的毫伦计或微伦计等)。迷道是起减弱射线作用的通道，其结构可以是弧形的，也可用直角拐弯式的通道。在一般情况下每一拐角可使射线减弱10～100倍。辐照间内主要设有贮源设备和通风系统等。贮源设备基本上有两种方式；一种是目前普遍使用的水井式贮源结构，这种方式安全性好。平时不用源时存放在水井底部，辐照时提升到所要求的高度上(图7-2)；另一种是干式贮源结构，一般是采用铅罐式贮源装置，并将铅罐埋入地下，需要时远距离提升源到所要求的高度上。辐照室内还专设有强力通风系统，更换新鲜空气。由于辐射源能引起空气的电离，使得空气中产生大量的臭氧和一氧化氮等有害气体，因此必须更换新鲜空气。

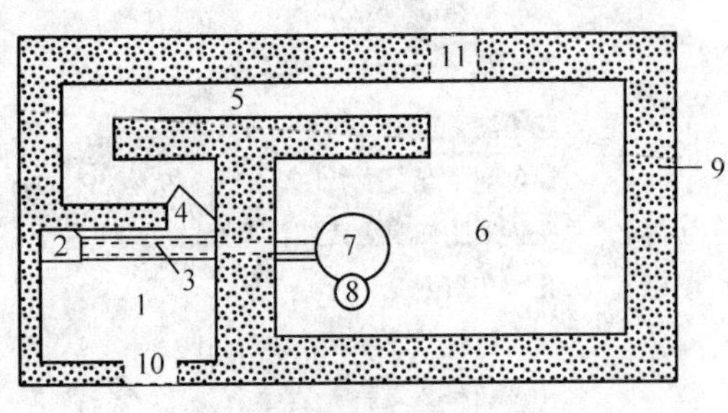

图7-1　辐照室平面图

1. 操纵间　2. 电动升降机　3. 地沟　4. 安全门　5. 迷道　6. 辐照间　7. 水井　8. 钴源　9. 混凝土墙　10. 门　11. 运源洞

图7-2　^{60}Coγ源射线辐照装置(北京)

(2)γ温室

为了辐照植株和苗木，并加速研究周期，采用γ辐照温室是一个合适的途径。其结构基本上类似于γ辐照室。一般采用低强度的辐射源，如100Ci左右的^{60}Co γ源和采用^{137}Cs源(它易于防护)。室内要有人工光照系统，也可采用人工光照和日光相结合的采光系统，以利于植物生长，并设有调温调湿设备。图7-3为浙江省农科院原子能所的^{137}Cs γ温室(源强为120Ci)。

图7-3　^{137}Csγ射线种植温室(浙江)

(3)γ 圃

应用慢性照射来研究植物辐射生物效应，采用 γ 圃是比较有利的手段，特别是对多年生和高大的植株更为合适，并可结合放射生态学进行研究。由于 γ 圃是开放性的，要特别重视安全防护的措施，一般 γ 圃建在远离人口稠密区，设一定距离的防护带。图 7-4 是四川省农科院的 ^{60}Co γ 圃(源强 290～1000Ci)。

图 7-4　$^{60}Co\gamma$ 射线苗圃(四川)

2)材料和剂量

植物的各个部分都可以进行照射处理，但同一植株各个部位的效应有很大的差异。种子处理最为广泛，其次是花粉和整个植株，也可对枝条、块茎、球茎、鳞茎、匍匐茎和人工培养的细胞、组织或器官进行照射。

剂量选择上常用以下 3 个指标：

致死剂量(LD100)　指植物的种子或某一器官经辐射后，引起全部死亡的剂量。

半致死剂量(LD50)　指植物的种子或某一器官经辐射后，仍存活 50% 的剂量。

临界剂量　指植物的种子或某一器官经辐射后，只存活 40% 的剂量。这是目前广泛采用的适宜剂量指标(表 7-2)。

表 7-2　一些植物辐射育种诱变剂量

植物种类	处理材料	突变育种常用剂量 γ(Gy)
玫　瑰	芽　条	380
杜鹃花	嫩枝插条	50～70
仙客来	种子；球茎	90～150；10
唐菖蒲	休眠球茎	70～80
君子兰	种　子	700～800
矮牵牛	种子；从生芽	150～200；30～40
金盏菊	种　子	700～800
水　仙	休眠鳞茎	7.5～10
小苍兰	休眠球茎	40～50
一串红	种子植物	150～200
山　茶	嫩枝插条	10～330
非洲紫苣苔	叶　柄	30
风信子	鳞　茎	3

（续）

植物种类	处理材料	突变育种常用剂量 γ(Gy)
虎叶万年青	叶　片	10
菊　花	发根插条；发根插条(慢照射)；嫩花枝	10~20；10~20；8~9
非洲菊	幼　株	15
绣线菊	种　子	300
大波斯菊	发根插条	19
大丽菊	新收根块	20~30
藏红花	块　茎	10~15
鸢尾属	新收鳞茎	10
毛叶秋海棠	扦插叶上不定芽	100
秋海棠	叶　片	20~30
罂粟秋牡丹	种子；小块茎	100；100~150
郁金香	大鳞茎(2x)；(3x)；新收小鳞茎	5；5以上；4
虎　刺	发根插条	20
倒挂金钟	嫩　枝	25
扶　桑	发根插条	100~200
牡　丹	种子；接穗	45；18~27
常春藤	插　条	40
六出花	幼株根茎(2x)；幼株鳞茎(3x)	3~5；5~7
麝香石竹	插条(慢照射)	5~10
蔷薇属	一年生植株；休眠芽、插条；夏芽	80~90；40~50；20~40
美人蕉	根茎(2x)；根茎(3x)	20；30以上
六道木	插条或幼茎	50~60
丁香属	插条或幼茎	30
铁线莲	插条或幼茎	2~3
槭　属	种　子	100~150
桃色忍冬	种　子	140以上
黄忍冬	种　子	100

3)辐射突变体的选育

(1)辐射后代的选育

一般以种子(大多为干种子)进行辐射处理时，由于种子的种胚是多细胞组织，照射后往往不是胚中所有的细胞发生变异，变异只在个别细胞中发生。因此，由这样的种子发育成的M_1(突变体一代)植株组织是异质的嵌合体。M_1一般为隐性突变，只有经过1~2代自交后，隐性突变性状才能表现出来。在辐射M_1中往往会有一些畸形植株出现，如缺叶绿素的白化苗，有的叶缘缺刻呈深裂等；有一些植株表现出生理损伤，如种子发芽缓慢，植株矮化，发育延迟等，在高剂量情况下表现更为突出。但是M_1这些形态和生理上的变异，大多数是不遗传的，一般不进行选择，如果有个别显性突变和品种不纯，M_1

出现分离也可进行选择，视具体情况而定。由于M_1有生理损伤，在苗期需加强管理，减少死苗，增加成活率。M_2是株选工作的重点，在整个生育期中要进行仔细的观察比较，根据育种目标选择所需要的突变体，选择的株数在可能条件下要适当多一些，以便反复比较，进一步筛选。经鉴定后即可繁殖推广，或用于杂交的原始材料。对于"微突变"的变异类型，在M_2还不容易鉴别，只能在M_2和以后各世代中进行选择。

(2)无性繁殖器官辐射处理后的选育

无性繁殖的园林植物，选择自然产生的芽变，是有效的方法。用射线照射无性繁殖器官，可以提高芽变的频率，是加速选育新品种的有效途径之一。

无性繁殖的园林植物诱发突变有下列特点：①无性繁殖器官照射处理后，在幼芽的体细胞里发生突变。从而发育成变异的植株或枝条，通过无性繁殖的方法，遗传给后代，不会像有性繁殖那样出现复杂的分离现象，所以稳定得比较快。②异质的园林植物辐射后往往在当代就表现出来，故选择可在M_1进行。

经过辐射处理的无性繁殖器官，在萌发过程中，发生变异的细胞往往分裂较慢，生活力弱，生长发育不如正常细胞，如不加以人工扶植，正常细胞往往占了主导地位，而慢慢恢复原来的性状。为了给发生变异的细胞创造良好的生长发育条件，促使它增殖，让突变表现出来，所以要采取一些人工措施，如多次摘心、修剪等，促使从植株基部萌发或促使从茎部长出更多的侧枝，然后分别扦插或嫁接，以增加选择的机会。例如，日本中岛(1977)在月季的试验中比较了植株修剪和不修剪的效果。辐照量为154R和254R，修剪过的花色突变率分别为16.6%和17.2%，而未修剪过的突变率只有6.9%和8.8%，而且修剪过的突变枝花色全部为纯合突变体。Broerties(1967)也用同样方法在大丽花中得到了许多花色变异。

实训

实训7-1　诱变材料性状的观察(见单元10实训13)

7.2　化学诱变育种

7.2.1　化学诱变育种概述

化学诱变育种是指人工利用化学诱变剂，如烷化剂、叠氮化物、碱基类似物等诱发植物产生可遗传的变异，再将有用的突变体选育成新品种的过程。化学诱变育种有操作简便、价格低廉、专一性强、可重复试验等优点。一般认为在植物上利用化学物质诱发突变的工作应从Oehlkcers(1943)用乌来糖(urethane 脲烷)诱发月见草、百合等染色体畸变开始。Auerbach和Robson(1944)首次发现芥子气[$S(CH_2CH_2Cl)_2$]能够引起生物突变。随后Gustafsson等和Koller分别诱发获得大麦突变体和观察到染色体异常。在花卉中有用EMS 2.5%诱导麝香石竹的花色突变；1978年美国用EMS 4%处理紫薇1h，获得叶小而厚、花小、茎粗壮、抗白粉病、耐干旱的突变体；有用化学诱变育成大花、多花、矮干金鱼草突变体。

7.2.2 化学诱变技术

1)化学诱变剂

某些化学物质的生物学活性与电离辐射相似，这些化学物质在诱变育种上被用来诱发突变，因此把这类化学物质称为化学诱变剂。化学诱变剂的种类很多，有近千种化学物质，且还在不断增加。最有效和应用较多的诱变剂有烷化剂和叠氮化物两大类和以秋水仙素为代表的多倍体药剂。

(1)烷化剂

这是诱发植物突变最重要的一类诱变剂，它都带有一个或多个活泼的烷基，这些烷基能转移到其他电子密度较高的分子中去。这种通过烷基置换其他分子的氢原子的作用称为烷化作用，所以把这类物质称为烷化剂。烷化剂均具有很高活性，能与水作用(水合作用)，一般产生不起诱变作用但有毒性的化合物。这些烷化剂大多是潜在的致癌剂，在使用时应避免与皮肤接触或把它的挥发气体吸入体内。对乙烯亚胺更要特别注意，由于它极易挥发，在操作时，必须在通气良好的通风柜中进行。甲基磺酸乙酯的毒性较小。表7-3列出了几种主要烷化剂的理化特性及其保存方法。

表7-3　几种主要烷化剂的特性

诱变剂	特　　性							保存方法
	性质	密度(g/mL)	水溶性	熔点和沸点	pH=7 水中半衰期		分子量	
甲基磺酸乙酯(EMS)	无色液体	$D_4^{25}=1.203$	-8%	沸点=85~86℃/10mmHg	20℃93h	30℃26h	124	室温避光
亚硝基乙基脲(NEH)	黄色固体		微溶	熔点=98~100℃			117	
乙烯亚胺(EI)	无色液体	$D_4^{20}=0.833$	溶	沸点=56℃/760mmHg			43	室温避光
硫酸二乙酯(DES)	无色液体	$D=1.18$	不溶	沸点=208℃	3.4h	1h	154	室温避光
N-甲基-N′-硝基-N-亚硝基胍(MNNG或NG)	黄色固体		溶	熔点=118℃			147	低温避光
亚硝基乙基尿烷(NEU)	粉红色液体	$D_4^{17}=1.088$	-0.5%	沸点=53℃/5mmHg		84h	146	
叠氮化钠(NaN_3)	白色液体	$D_4^{20}=1.846$	溶于水	熔点，分解成Na+N			65	

(2)碱基类似物及有关化合物

碱基类似物是一些与DNA碱基相类似的化合物，它们能掺入到DNA分子中，不妨碍DNA的复制。然而由于碱基类似物在某些取代基上与正常的碱基不同，当存在这些类似物时，DNA的复制会发生碱基配对错误。目前常用的碱基类似物有5-溴尿嘧啶(BU)、5-溴去氧尿核甙(BUdR)，它们是胸腺嘧啶的类似物；还有2-氨基-嘌呤

(AP)，它是腺嘌呤的类似物。

除碱基类似物外，还有一些化合物如N－甲基化羟基嘌呤、8－乙氧基咖啡碱(EOC)、1,3,7,9－四甲基尿酸(TMU)都有使染色体断裂的作用。马来酰肼(MH)是尿嘧啶的异构体，能与细胞内的氢硫基起作用，诱发染色体的断裂。

(3)叠氮化物

叠氮化物是一种高效的诱变剂。Nilan用NaN_3处理萌动种子，得到80%的突变频率。而X射线、γ射线和中子引起的叶绿素突变最高只能达到15%～17%，化学诱变剂如EMS和dBS等可达40%～50%。NaN_3在诱发非致死的形态突变方面，Nilan曾报道其频率也可达58.5%。可见，NaN_3诱发的突变频率之高是其他任何一种物理的或化学的诱变剂所不能比拟的。许多研究者还发现，NaN_3几乎不引起染色体畸变，但却能提高γ射线引起的染色体畸变频率。NaN_3在酸性溶液中十分有效，而在碱性溶液中几乎无效。另外，在充氧的水中预浸也可提高其诱变效率。NaN_3对人几乎无毒，使用安全。

(4)其他种类的化学诱变剂

①抗生素　许多抗生素如重氮丝氨酸、丝裂霉素C、链霉黑素等具有破坏DNA及核酸的能力，进而造成染色体断裂。

②羟胺(NH_2OH)　羟胺能引起染色体畸变，一般认为这种化合物最初是和DNA的胞嘧啶作用，然而也不排除引起主链断裂的副反应。

③吖啶　吖啶(氮蒽)代表一类杂环染料，其中吖啶橙在有光条件下能够诱发染色体断裂，ICRl-70在无光条件下能引起DNA碱基的缺失或累加，从而造成染色体结构性突变。

2)处理方法

(1)材料

植物的各个部分都可用化学诱变剂进行处理。突变育种大多是从多细胞组织开始的，常用的有种子、芽或插条等。根据育种需要，人们还希望处理块茎、鳞茎或球茎、休眠的插条或木本嫩枝、已发根的插条或正在生长的植株、木本芽以及繁殖该植物时最方便的其他类似的器官。此外，也可以处理花粉、合子和原胚，这些材料还能避免产生突变嵌合体，利于提高诱变频率和选择效率。

(2)方法

常用的处理方法有浸渍法、滴液法、注射法、涂抹法、施入法和熏蒸法等。

把种子、芽和休眠插条浸泡在适当的诱变剂溶液中。

在植物茎上做一浅的切口，然后将浸透诱变剂溶液的棉球经过切口注入，这个方法可以用于完整的植株或发育中完整的花序。

可用适量的诱变剂对处理的器官注射或涂抹。

在培养基中用低浓度诱变剂浸根。

可以在密封潮湿的小箱中用化学诱变剂蒸汽熏蒸铺成单层的花粉粒。在用化学诱变剂处理植物材料时，必须有足够的溶液进入其细胞中，为此应当使用较多的诱变剂溶液来处理植物。对于一些易分解的诱变剂，需注意处理的时间或更换新的诱变剂溶液。

(3)剂量

为了使处理材料获得较高的诱变效应，确定诱变剂的合适剂量是一个重要的问题。一种化学诱变剂处理的剂量取决于药剂和植物本身，而其中主要的是药剂浓度、处理的持续时间及处理的温度。

①化学诱变剂本身对剂量的影响　化学诱变剂的使用范围受它们在溶液中的溶解度及其毒性的限制。如相同摩尔浓度的MMS比EMS诱变能力强，但它的高毒性限制了它的诱变效率。诱变剂除了与被处理的材料反应外，也可与溶剂系统的成分，如缓冲成分、增溶剂和溶剂本身发生反应。例如，烷基磺酸酯及硫酸酯的酸性水解产物虽无诱变能力，但能引起植物的生理损伤，从而降低了诱变剂的诱变效应。

②浓度与处理时间　不同的植物由于对诱变剂的敏感性不同，处理时要求的浓度也不同。只要溶液中诱变剂的浓度高于细胞中浓度，吸收就按扩散定律进行。处理溶液的体积也起作用，在实际应用中是用较大量的诱变剂溶液(至少1粒种子1ml)，使每粒种子有充分吸收等量摩尔的诱变剂的机会。在处理时最好搅动处理液。一般认为高浓度的诱变剂毒性相对增大，而生理损伤也相应增高。表7-4列出了处理种子时化学诱变剂的浓度范围。适宜的处理时间，必须使受处理材料完全被诱变剂所浸透，并有足够的药量进入生长点的细胞。预先浸泡过的种子可以缩短时间，而对于种皮渗透性不良的木本植物种子应适当延长时间。处理的持续时间还要以所用诱变剂的水解半衰期而定(表7-5)。对一些易分解的诱变剂只能利用适当的浓度在较短的时间内处理，如处理持续时间较长时，可使用缓冲液或在诱变剂分解1/4时更换一次新的溶液以保持相对稳定的浓度。如果在预先浸种后又在较高温度下(约25℃)用较高的浓度进行处理(0.5~2h)，则无需用缓冲液或更换诱变剂溶液。

表7-4　一些诱变剂处理的浓度范围和实例

诱变剂	作　物	种子状态	适宜浓度	处理例子		诱变效应
				浓度(%)	时间(h)	
甲基磺酸乙酯(EMS)	小麦	干种子	0.05~0.3mol 或0.3%~0.5%	0.2~0.4	6~24	M_2突变率18%
		水浸20h		0.2	4	M_2突变率10.5%
	大麦	干种子		0.6	24	大量形态和叶绿素突变
		水浸16~18h		0.3	2~4	M_2突变率27%
	水稻	水浸5h		0.5	8	10%突变率
	豌豆	干种子		0.5		$M_2$67%家系突变
	高粱	干种子		0.15~0.45	12	M_2有大量突变
硫酸二乙酯(DES)			0.015~0.02mol 或0.1%~0.6%			
乙烯亚胺(EI)	小麦	干种子	0.85~9.00mmol 或0.05%~0.15%	0.012~0.02	12~18	大穗抗病突变
				0.04		$M_2$51%家系突变
硫酸二甲酯(DMS)	水稻		0.025%~0.2%	0.01-0.02	12	M_2大量突变
	棉花			0.05	24	高产抗病突变体

（续）

诱变剂	作　物	种子状态	适宜浓度	处理例子		诱变效应
				浓度(%)	时间(h)	
亚硝基乙基脲(NEH)	小麦	干种子	0.01%～0.03%	0.015		M_2大粒突变
		干种子		0.05	12	$M_2$50%家系突变
	苜蓿			0.07		有经济价值突变
亚硝基乙基脲烷(NEU)			1.2～14.0mmol 或0.01%～0.03%			
叠氮化钠(NaN_3)			0.001～0.004mol			
1，4 - DAB			0.1%～0.2%			
秋水仙素			0.01%～1.0%			
富民农			0.01%～0.03%			

表7-5　在不同温度下DES及EMS的水解半衰期

温　度(℃)	水解半衰期(h)		温　度(℃)	水解半衰期(h)	
	DES	EMS		DES	EMS
40	0.32	7.92	10	13.1	378
30	1.00	25.9	5	27.6	796
20	3.34	93.1	0	59.2	1716

③温度　对化学诱变剂的水解速度有很大影响，低温下化学物质能保持其一定的稳定性，当温度增高时，可促进诱变剂在体内的反应速度和作用力。操作时可在低温下(0～10℃)把种子浸泡在诱变剂溶液中以足够的时间使诱变剂进入胚细胞，然后把处理种子再转移到新鲜的诱变剂溶液中，40℃高温处理，以提高诱变剂在体内的反应。

3)影响诱变剂效率的因素

由于化学诱变剂的作用特点，一些物理的和化学的条件，其中包括前处理、后处理和处理时的条件，都应严格控制才能充分发挥诱变剂的作用。

(1)预先浸泡

在用化学诱变剂处理前，必须用水预先浸泡种子，以提高诱变效率。种子的预先浸泡一方面可提高细胞膜的透性，加速对诱变剂的吸收速度；另一方面使种子的细胞代谢活跃起来，提高对化学诱变剂的敏感性。研究者发现，细胞S期(DNA合成期)对烷化剂的处理最为敏感，处理效率最高。Mikaelsen等(1971)指出，喜马拉雅大麦种子胚细胞在20℃的蒸馏水中浸泡15～20h，就进入S期。浸泡的时间取决于不同种子到达S期所需的时间。

(2)诱变剂溶液的酸碱度

诱变剂溶液的酸碱度对诱变效果影响甚大，有时甚至是成败的关键。首先，许多诱变剂在不同的pH下有不同的分解产物，从而影响诱变效果。例如，亚硝基甲基脲(MNH)在低pH时分解成亚硝酸，在高pH时产生重氮甲烷；NaN_3在pH=3时可获得很

高的叶绿素和形态突变频率，而在碱性条件下几乎是无效的。另外，有些诱变剂水解后可产生强酸，从而显著地提高植物的生理损伤，降低 M_1 植株的存活率，相应也减少有益突变被分离出来的可能性。因此，通常使用缓冲液来配制诱变剂溶液，这样可大大地减轻水解副产物的生理损伤。还有试验证明缓冲液本身对植物也有影响，它既影响植物的生理状态，也影响诱变作用。因此，应当选择适当的缓冲溶液及一定的浓度，一般认为磷酸缓冲液效果较好，其浓度一般不超过 0.1mol。

(3)后效

后效指残留在种子中的化学诱变剂对种子后期萌发和生长产生的影响。后效作用取决于化学诱变剂的物理化学特性和后处理方法。消除后效的主要方法是在种子用化学诱变剂处理后，立即用水冲洗，以尽可能去除残留的化学诱变剂。一般是在低温下(±2℃)用流水冲洗，水洗的时间长短决定于化学诱变剂的水解速度及植物的类型。有些诱变剂分子能溶于细胞内的脂肪体，要完全除去残留是十分困难的。水洗后再干燥并贮藏也会增加后效。若在低温(0～4℃)下再干燥及贮藏，可使代谢活动延缓下来，从而不增加生理损伤。有人用试验证明在快速干燥后贮存于 -20℃的冰冻条件下，可完全消除后效。

7.3 多倍体育种

7.3.1 多倍体育种概述

选育细胞核中具有3组以上染色体新品种的方法，称为多倍体育种。

多倍体品种一般表现为：

①巨大性　随着染色体加倍，细胞核和细胞变大，因而组织器官也多变大，一般茎粗、叶宽厚、色深、花大、色艳、果实大、种子大而少，如 $3x$ 山杨比 $2x$ 高生长增加11%，粗生长增加10%，$4x$ 百合比 $2x$ 大2/3，$4x$ 萱草比 $2x$ 花大、花瓣厚、花色鲜艳等。但也有例外，如香雪球、决明多倍体表现矮小。

②可孕性低　三倍体的性细胞在减数分裂中，染色体分配不均匀，以致形成非整倍的配子，所以表现无籽或种子皱缩，如无籽香蕉、无籽葡萄、无籽西瓜、无籽柑橘、无球悬铃木等。但也有少数例外，如风信子三倍体品种($2n=3x=24$)表现高度可孕性。根据达林顿等(1951)研究，在风信子的每一套染色体组($x=8$)中有5种形态类型，而同类染色体可以互相配对，在减数分裂中可产生正常的雌雄配子。

③适应性强　由于核体积增大，表现耐辐射、耐紫外光、耐寒、耐旱等特性，如多倍体杜鹃花及醉鱼草多分布在我国西南山区，而二倍体只分布在平原；$14x$ 的报春在极地生长；$8x$ 的画眉草分布在极端干旱的沙漠地带等。

④有机合成速率增加　由于多倍体染色体数量增多，有多套基因，新陈代谢旺盛，酶活性加倍，从而提高蛋白质、碳水化合物、维生素、植物碱、单宁物质等的合成速率，如多倍体甜菜产糖量提高，多倍体花卉香味更浓等。

⑤可克服远缘杂交不育性　如英国的邱园报春系多花报春(*Primula floribunda*)与轮

花报春(*P. vertieillata*)的杂交种，后代不孕，检查染色体为 $2n=18$。1950 年在一株杂种花枝上结了饱满种子，检查染色体为四倍体 $4x=36$，恢复了孕性，并且性状稳定。

多倍体品种通常有 3 种类型：①同源多倍体品种：如美国育成的金鱼草、麝香百合四倍体；②异源多倍体品种：如四倍体邱园报春、八倍体大丽花等；③非整倍性多倍体品种：如栽培菊花大多为六倍体，$2n=6x=54$，$x=9$，但其中有不少是非整倍性多倍体，如染色体最少的品种为 $5x+2=47$，染色体最多的品种 $2n=8x-1=71$。

7.3.2 人工诱导多倍体技术

人工诱导多倍体目前主要采用化学方法，这里主要介绍秋水仙素诱导技术。秋水仙素 1937 年被发现，是从原产于地中海一带的秋水仙植物中提取的。纯的秋水仙素呈针状结晶体，易溶于水和酒精，并有毒。其分子式为：$C_{22}H_{25}NO_6+1.5H_2O$。当秋水仙素与正在进行有丝分裂的细胞接触时，纺锤丝就立刻被破坏，这样就抑制了已经复制的染色体分向两极，从而阻碍了中期以后的细胞分裂进程。当秋水仙素被洗掉，细胞恢复正常分裂功能后，这个受影响的细胞的染色体数就加了一倍。

除秋水仙素外，严育瑞在 1963 年筛选出当时一种新的有机汞杀菌剂——富民农(Fumiren)，其化学名称是对甲苯砜苯胺基苯汞。富民农为灰色粉末，极不易溶于水，一般先用热丙酮将富民农溶解，而再倒入水中，配成浓度为 0.1% 的原粉悬浮液。富民农的加倍效果与同秋水仙素相同。

(1) 诱变材料

实践证明，在多倍体育种上比较有效的是下列一些植物：①染色体倍数较低的植物；②染色体数目较少的植物；③异花授粉植物；④通常能利用根、茎或叶进行无性繁殖的观赏植物；⑤从远缘杂交所得的不孕杂种；⑥从不同品种间杂交所得的杂种或杂种后代。

(2) 试剂浓度

处理时所用的秋水仙素浓度是诱导多倍体成败的关键之一，如果所用的浓度太大，就会引起植物的死亡；如果浓度太小，往往不发生作用。一般有效浓度为 0.0006% ~ 1.6%。浓度大小随不同植物和同一植物不同组织而异，所以处理前要查阅相关资料或预先试验，找出某种植物或某种组织的最适浓度，一般浓度为 0.2% ~ 0.4% 的水溶液较为常用。

(3) 处理时间

处理时间的长短，随着植物种类的不同、生长的快慢以及使用的秋水仙素浓度而异(表 7-6)。一般发芽的种子或幼苗，生长快、细胞分裂周期短的植物，处理时间可适当缩短；处理时秋水仙素浓度越大，处理时间则要越短，相反则延长。多数试验指出，浓度大、处理时间短的效果大于浓度小而处理时间长的。但一般以不少于 24h 或处理细胞分裂1 ~ 2 个周期为原则。如果处理时间过长，染色体增加可能不是一倍而是多倍。如 1938 年，德尔曼用 0.5% 秋水仙素处理紫万年青的雄蕊组织细胞，结果随着处理时间的延长，而出现各种多倍性，最高的连续增加 5 次，获得六十四倍染色体的细胞。

表7-6　秋水仙素诱导多倍体植物实例

种　类	浓度(%)	时间(h)	处理部位	备　注
波斯菊	0.05	12～24	子叶或幼苗	
波斯菊	1		植株生长点	渗入羊毛脂涂布，获得40%四倍体部分枝条
金盏花	0.02～0.16	1～14	4片叶子幼苗	
矮牵牛	1		幼苗生长点	变成四倍体
百　合	0.6～1.0	2	植株生长点	很多变成四倍体
石刁柏	1.6	1/6	发芽5d幼苗	在真空中处理
卷　丹	0.05	24	浸渍鳞片	
卷　丹	0.2	2～3	浸渍鳞片	
石竹属	2		滴入由对生叶在节部形成的杯状内幼芽	
金鱼草	0.2		生长点或叶腋	幼株去顶
凤仙花	0.5	24	2片子叶幼苗	
三叶草属	0.15～0.3	8～24	幼苗(4～15)	在人工光照下每隔3h滴一次，然后用清水冲洗
曼陀罗	0.2～1.2	240	浸渍种子	
柳穿鱼	0.1～0.2	6	4～6片叶幼苗	渗入羊毛脂涂布
猩猩木属	1		刚萌发的侧芽	每天滴一次药液；加10%甘油后每隔2d滴一次
桃	1		10龄主枝生长点	
葡　萄	0.05～0.5	120	顶芽	
凤　梨	0.2～0.4	144～240	幼苗生长点	

(4)处理方法

①浸渍法　此法适合于处理种子、枝条、盆栽小苗的茎端生长点。一般发芽种子处理数小时至3d，处理浓度0.2%～1.6%。经常检查，若培养皿溶液减少时即须添加稀释为原浓度一半的溶液，但不宜将种子淹没。如曼陀罗、波斯菊等均获得很好的结果。浸渍的时间不能太长，以免影响根的生长。处理后用清水洗净再播种或沙培。百合类用鳞片繁殖，可将鳞片浸于0.05%～0.1%的秋水仙素水溶液中，经1～3h后进行扦插，可得四倍体球芽，唐菖蒲实生小球亦可用浸渍法。

盆栽的幼苗，处理时将盆倒置，使幼苗顶端生长点浸入秋水仙素溶液内，以生长点全部浸没为度。组织培养的试管苗也可照样浸渍，根部可用纱布或湿滤纸盖好，避免失水干燥。处理时间从数小时至数天不等，插条一般处理一两天即可。此法与滴定法相比，优点是生长点与药液接触面大，药液浓度比较好控制，缺点是用药量较大，不太经济。

②滴液法　用滴管将秋水仙素水溶液滴在幼苗顶芽或大苗的侧芽处，每日滴数次，一般6～8h滴一次，如气候干燥，蒸发快，中间可加滴蒸馏水，或滴加蒸馏水稀释一半的溶液。反复处理一至数日，使溶液透过表皮渗入组织内起作用。如溶液在上面停不住而往下流，则可搓成小脱脂棉球，放在子叶之间或用小片脱脂棉包裹幼芽，再滴秋水仙

素溶液，使棉花浸湿。同时尽可能保持室内的湿度，以免很快干燥。此法与种子浸渍法相比，药液比较节省。

③毛细管法　将植物的顶芽、腋芽用脱脂棉或脱脂棉纱布包裹后，脱脂棉或纱布的另一端浸在盛有秋水仙素溶液的小瓶中，小瓶置于植株近旁，利用毛细管吸水作用逐渐把芽浸透。此法一般多用于大植株上芽的处理。

④涂抹法　秋水仙素乳剂涂抹在芽上或梢端，隔一段时间再将乳剂洗去。

⑤套罩法　保留新梢顶芽，除去芽下数叶，套上一个胶囊，内盛0.6%的琼脂加适量秋水仙素，经24h即可去掉胶囊。

⑥注射法　医用注射器将秋水仙素溶液徐徐注入芽中。

⑦复合处理　日本山川邦夫、山口彦子(1973)将好望角苣苔属(*Streptocarpus*)中的一些种用秋水仙素处理11d，又用X射线照射，剂量4~5rad，结果60%染色体加倍，比单独处理加倍率提高一倍，其中两株获得八倍体。

(5)处理注意事项

①幼苗生长点的处理越早越好，获得全株四倍性细胞的数目就越多，处理时间越晚，则大多是混杂的嵌合体。

②植物组织经秋水仙素处理后，在生长上会受到一定影响，要加强管理，注意改善外界条件，以利于其生长。

③处理期间，在一定限度内，温度越高，成功的可能性越大。温度较高，处理时所用的浓度要低一些，处理的时间短一些；相反，温度较低时，处理的浓度要大些，处理的时间也要长些。

④诱导多倍体时，处理的数量宜适当多些，以便选择有利变异。

⑤处理后须用清水冲洗，避免残留药剂。

⑥秋水仙素的药效可以保持很久，尤其是干燥的粉末。配制和使用时，要注意安全，别让粉末在空气中飞扬，以免误入呼吸道；也不可触及皮肤，因为秋水仙素性极毒，配成水溶液时，先配成原液，使用时稀释。水溶液用有色瓶，放在黑暗处。

7.3.3　多倍体鉴定

(1)直接鉴定

直接鉴定即取根尖或花粉母细胞，通过压片，检查其染色体数目，如染色体数目普遍地比原来增多，这就说明染色体已经加倍了，这是鉴定染色体是否加倍最直接的基本的可靠方法。

(2)间接鉴定

间接鉴定即根据多倍体形态和生理特征加以判断。因为多倍体不仅细胞内染色体数目与二倍体有区别，就是在形态和生理上也有许多是与二倍体有区别的；其中以气孔的大小和花粉粒的体积为最可靠。例如，一种自然发生的四倍体金鱼草，无论是植株的高度，或其他器官如花序、叶片、花朵、花粉粒和气孔等均较二倍体大。又如凤仙花，陈俊愉教授实测结果(1950)见表7-7所示。

表7-7 凤仙花 $4x$ 与 $2x$ 枝条性状比较

器官	性状	$4x$	$2x$
叶	叶长	13.0cm	12.7cm
	叶宽	3.4cm	2.6cm
	叶厚	0.07cm	0.02cm
	气孔长	0.034cm	0.019cm
花	花茎	4.7cm	4.1cm
	瓣数	13.0枚	8.3枚
	花色	较深	较浅
果	果长	2.57cm	2.47cm
	果宽	1.02cm	0.90cm
种子	每条种子数	4.7枚	8.3枚
	直径	0.46cm	0.37cm

由上表可见，四倍体叶大而厚，花大，瓣多，色深，果大，种子大而数少，气孔较大，都与二倍体有一定的差异。气孔检查的方法是：将叶背面剥下一层表皮，放在载玻片上滴一滴清水或甘油，即可观察；或先将叶片浸入70%的酒精中，去掉叶绿素就更容易识别。干燥的花粉容易在显微镜下看出；或将花粉先用45%的醋酸浸渍，加一小滴碘液，使其颜色更加清楚。

7.3.4 后代选育

对于很多适于无性繁殖的园林植物，人工诱导多倍体成功以后，即可直接用于无性繁殖如扦插、嫁接等，尤其对那些从来不结种子，无法通过有性杂交来改变遗传性的园林植物，多倍体育种途径越显有效。对需用种子繁殖的一、二年生草花，诱导成功的多倍体后代中往往会出现分离。所以须用选择的方法，不断选优去劣。有的多倍体缺点还比较多，要通过常规的育种手段，逐步地加以克服，如要消除多倍体的不孕性，还必须进行品种间和品系间的杂交，从中选出可孕的植株。因此在诱导多倍体时，至少要诱变两个或两个以上的品种成为多倍体。另外，还要注意诱导成功的四倍体与普通二倍体的隔离，如天然杂交后产生的三倍体往往是不结籽的，但这一点在果树上可以利用。一般多倍体类型往往需要较多的营养物质和较好的环境条件，须适当稀植，使其性状得到充分发育，并注意培育管理。

实训

实训7-2　秋水仙素诱导植物多倍体(见单元10实训14)

实训7-3　植物多倍体鉴定(见单元10实训15)

7.4 单倍体育种

7.4.1　单倍体育种概述

利用植物仅有一套染色体组的配子体而形成纯系的育种技术称作单倍体育种。20世纪60年代有人用曼陀罗花药进行组织培养，首次培养出了大量的单倍体植株。随后很多国家相继在烟草、矮牵牛、水稻、小麦、辣椒、油菜、杨树、三叶橡胶、茶树等几十种植物中分别诱导出单倍体植株，有的单倍体植株进一步培育成了新品种。近十几年，木本植物获得26个种的花粉植株中，有23个种是我国首先获得成功。

单倍体育种有3条途径：①孤雄生殖，不经过受精作用，直接从花粉培养成单倍体植株的过程，又称花药培养，简称花培；②孤雌生殖，使卵细胞不经过受精作用直接分化成单倍体植株的过程；③无配子生殖，由极核、助细胞、反足细胞直接分化成单倍体植株的过程。目前花药培养技术成熟，应用广泛。

单倍体植物不能结种子，生长又较弱小，没有单独利用的价值。但在育种工作中作为一个中间环节能很快培育纯系，加快育种速度。在杂交育种，杂种优势利用，诱变育种，远缘杂交等方面具有重要意义。具体表现为：①克服杂种分离，缩短育种年限；②快速获得异花授粉植物的自交系；③作为新材料，可提高辐射诱变和化学诱变育种效率；④克服远缘杂种不孕性与不易稳定的现象；⑤开辟了杂种起源的园林植物育种的有效途径。

7.4.2　花药诱导技术

(1)培养材料采集

用单核后期的花粉进行培养，较易取得成功。一般通过染色压片镜检确定花粉发育时期。染色剂不同，染色效果不一样，多数植物花粉可用碘化钾、卡宝品红、醋酸洋红染色，有些木本植物染色困难，可用PICCH(丙酮－铁－洋红－水合二氯乙醛)效果较好。同时找出小孢子发育时期与花药外形的相关性，以便选取外植体。如金花茶(*Camellia chrysantha*)花药呈白色时，小孢子发育处在四分体以前；淡黄色时处于单核各个时期；黄色时为单核期至双核期；橙黄色时已为双核期。金花茶花药培养以淡黄色时为宜，此时花蕾横径为1.2～1.5cm。在一朵花中如花药多数，其发育程度也不一样，有的由内向外成熟，如金花茶；有的由外向内成熟，如牡丹。接种时应选择多数花药处于单核期。恶劣天气如高温、低温亦对花药发育带来影响，如橡胶炎热天气会引起小孢子死亡。所以取材时最好选择天气较好时进行。如接种材料需到外地采集或要经过长途运输，需注意保湿和材料的干净，避免污染，如不能马上接种，应密封放在4℃冰箱中保存，抑制小孢子进一步发育。

(2)接种材料的消毒

材料在消毒之前，用石蜡封住花蕾柄断口，防止消毒时酒精渗入杀死小孢子。具体做法是：把石蜡放到小烧杯中，加热至120℃左右，石蜡全部融解，把花蕾柄断口浸入石蜡中数秒钟，让石蜡封住花柄导管，然后用自来水冲洗4～5次，75%酒精消毒30s，再用0.1% HgCl消毒处理5～6min，最后用无菌水冲洗4～5次，清除花蕾上残留的药剂。酒精和升汞处理时间的长短，可根据材料不同而异，一般花蕾大，苞片多且厚，消毒处理时间可长一些；花蕾小、苞片少且薄的处理时间应短一些。对有些不能很好消毒的花蕾，其花药开始可接种在加入抗菌素的培养基上，如氨苄青霉素对革兰氏阴阳细菌都有较好颉抗作用，使用浓度100mg/L。

(3)培养基

表7-8提供了一些植物的相关资料，具体操作参见本书8.4节。

表7-8　不同植物的花药培养基和培养效果

植物种名	培养基(mg/L)	培养结果	培养天数(d)
枸杞	1. MS+KT 0.5～1，2,4-D 0.2～2，蔗糖3%～5% 或 MS+KT 0.2～1，NAA 0.1，IAA 1，蔗糖3%～5% 2. MS+ IAA 0.1，GA 0.1～0.5，蔗糖3% 3. MS+ IAA 0.1～0.5，蔗糖3%	2n=12 愈伤组织 胚状体 分化芽 生根	30 30 20～30
杨树	1. MS+KT 2，2,4-D 2，蔗糖3% 2. MS(大量元素1/2)+BA 1，NAA或IAA 0.2～0.5，蔗糖2% MS(大量元素1/2)+ KT 1，NAA或IAA 0.2～0.5，蔗糖2% 3. MS(大量元素1/2)+ NAA 0.8，IAA 0.2，蔗糖2%	2n=19 愈伤组织 从生芽 壮苗 生根	30～40 20～30 20
橡胶	1. 改良MB+KT 1，2,4-D 1，NAA 1，椰乳5%，蔗糖7% 2. 改良MB(微量元素×2)+KT 0.5～1，NAA 0.2～0.5，GA 0.5，蔗糖7%～8% 3. MS(大量元素4/5)+GA 1～4，IAA 1～2，蔗糖4%～6%，5-溴尿嘧啶1～2	2n=18 愈伤组织化 胚状体 小植株	50 60～90 30～40
葡萄	1. 改良B5+BA 1.5～2，2,4-D 0.5，蔗糖3% 2. 改良B5+BA 0.5～4，NAA 0.2，蔗糖2%，LH 500 3. MS(大量元素1/2)+BA 0.1，NAA 0.1，蔗糖2%，LH 500	2n=19 愈伤组织 胚状体 小植株	30 20 60
楸树	1. MS+KT 2，2,4-D 2，蔗糖3%，LH 100 2. MS+BA 1，NAA 0.5，生物素5，胰岛素8，蔗糖2% 3. MS(大量元素1/2)+ IAA 1，IBA 0.2，蔗糖2%	2n=17 愈伤组织 小植株 小植株生根	25～50 约100 20
柑橘	1. N6+KT，BA 2，2,4-D 0.5～2，蔗糖8% 2. MS+BA 2，IAA 0.1，蔗糖2%，LH 500 3. MS+IAA 0.1，GA 1～4，蔗糖2%，LH 500	2n=9，小胚状体 大胚状体 小植株	70 20
枳	1. MS+KT 0.2～2，IAA 0.2，蔗糖2% 2. MS+蔗糖2%	2n=9，胚状体 小植株	28
七叶树	1. 改良MS+KT 1，2,4-D 1，蔗糖2% 2. 改良MS+蔗糖2%	2n=20，胚状体 小植株	56
金花茶	1. MS+BA 1，KT 0.2，NAA 0.5，MS+BA 0.1，KT 0.2，2,4-D 0.5 2. MS+BA 1，NAA 0.5	愈伤组织 胚状体	20～30

注：(1)改良MB：KNO_3 950，KH_2PO_4 510，$MnSO_4 \cdot 4H_2O$ 10，H_3BO_3 12，叶酸1，其余同MB(MS大量元素和铁盐及H培养基微量元素及有机物质)。

(2)改良B5：KNO_3 2500，$(NH_4)_2SO_4$ 150，$MgSO_4 \cdot 7H_2O_2$ 50，$CuSO_4 \cdot 5H_2O$ 0.25，$CoCl_2 \cdot 6H_2O$ 0.25，其余同B5培养基。

(3)改良MS：MS有机物质改变。

7.4.3 染色体加倍

(1)花粉植株染色体加倍

加倍可在两个阶段进行，一是在试管内的培养阶段进行；二是在花粉植株定植后进行。在培养基中进行的染色体加倍也可分为两种方法：一是通过愈伤组织或下胚轴切断繁殖，使之在培养过程中自然加倍。枸杞的花粉植株就是用这种方法加倍的。即首先将子叶期的胚状体转移到GA的培养基上，使其子叶下胚轴伸长，然后将伸长的下胚轴切成1mm长的切段，再转移到含BA 0.5mg/L、NAA 0.8mg/L的培养基上培养，约10d，切段开始形成愈伤组织，约20d愈伤组织表面变为白色，呈绒毡状，即开始分化形成绿苗。经两个月即长成无根的绿苗，这时即有相当一些苗染色体加倍。二是在培养基中加入一定浓度的秋水仙碱，使愈伤组织或胚状体加倍，但这样做往往会影响胚状体的诱导率及小植株的分化率，因此，必须找出适宜的秋水仙碱处理浓度。据报道，杨树在分化培养基中加入20mg/L秋水仙碱，愈伤组织分化率为对照的90.20%，而染色体加倍率提高36%。在幼苗定植以后，随着树体的生长，染色体有自然加倍的趋势，但如果这些花粉植株在自然加倍过程中辅以人工加倍措施，能加速细胞二倍化的进程。加倍方法详见多倍体育种。如果培养所得小植株中有的来源于体细胞而不都是来源于花粉则最好不要在培养基中进行染色体加倍，在移栽成活后，用毛细管法进行人工加倍时，加倍率比对照高出23%，总加倍率可达67.39%。

(2)鉴定方法

①观察器官　单倍体植株一般矮小。

②观察细胞　其细胞及细胞核都较小。

③检查气孔保卫细胞叶绿体数目　一般单倍体叶片和气孔都较小，叶绿体较少。

④观察染色体数　镜检根尖、茎尖分生组织染色体数。

实训

实训7-4　花药培养诱导单倍体（见单元10实训16）

7.5 基因工程育种

7.5.1 基因工程育种概述

运用分子生物学技术，将目的基因(DNA片段)通过载体或直接导入受体细胞，使遗传物质重新组合，经细胞复制增殖，新的基因在受体细胞中表达，最后从转化细胞中筛选有价值的新类型构成工程植株，从而创造新品种的定向育种新技术称为基因工程育种。其特点是：①分子生物学揭示了生物都有共同的遗传密码，这使人类、动植物和微生物之间的基因交流成为可能，为创造新品种开拓了广阔的前景；②遗传性的改变完全根据人类的目的和有计划地控制，可定向地改造生物，甚至创造全新的生物类型；③直接操作遗传物质，能避免杂交育种后代分离和多代自交、重复选择等，短时间内可稳定形成新品种新类型；④能改变观赏植物的单一性状，而其他性状保持不变。

基因工程是20世纪70年代初期才发展起来的一门新技术，至70年代末运用这一技术已能通过微生物生产人的胰岛素和干扰素等药品。80年代以后，逐渐把此技术应用到高等生物的物种改良和新品种的培育上。在园林植物上先后有矮牵牛、郁金香、吊兰、萱草、百合、石蒜、朱顶红、水仙、唐菖蒲、鸭跖草、花叶芋、石斛、热带兰、伽兰菜、石竹、香石竹、罂粟、金鱼草、非洲菊、菊花、月季等研究报道。转基因成功的植物已达60多种，进行田间试验的转基因植物已超过500例。

基因工程操作的第一步是分离或合成目的基因；第二步是把带有目的基因的DNA片段与载体DNA体外重组；第三步是将重组体转入到受体细胞；第四步是重组体克隆的筛选和鉴定(图7-5)。

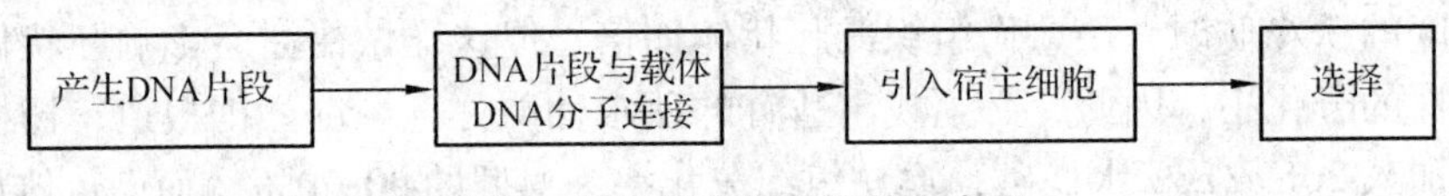

图7-5 基因工程操作的基本步骤

7.5.2 工具酶

(1)限制性核酸内切酶

这是一类能识别双链DNA分子中特异核苷酸顺序的水解酶。人们早就发现大肠杆菌中存在限制酶和修饰酶。限制酶能降解无关的外来DNA；修饰酶则能修饰(甲基化或葡糖基化)自身的(或有关外来)DNA免被限制酶降解。

在基因工程中具有实用价值的限制性内切酶是II型酶。这类酶的分子量一般小于10万D，是由2个或4个相同的蛋白质亚基组成，其识别顺序的长度为4~6个核苷酸，其中又以识别4个核苷酸顺序的最多。大多数II型酶所识别的顺序在双链之间具有180°的旋转对称性，如COREI识别顺序为$\frac{\text{GAA}\quad\text{TTC}}{\text{CTT}\quad\text{AAG}}$。II型限制酶的切割位点是在识别顺序之中或临近此顺序的固定位点上，酶作用于DNA双链分子时，水解核苷酸磷酸双酯键的3′位的酯键，产生3′端带羟基、5′端是磷酸单脂的片段。

同一种酶产生具有相同末端的片段。各种酶产生片段末端有两种类型：黏性末端和平整末端。黏性末端是指双链DNA经限制酶解降后，产生的片段每个末端带有1~4个核苷酸长度的单链，因一个片段两个单链末端的碱基可互补，因此，同一种酶切得的DNA片段在适宜的条件下，其互补单链片段可借氢键相连，成为稳定的接头。例如，COREI酶能识别$\frac{\text{G}\downarrow\text{AATTC}}{\text{CTTAA}\downarrow\text{G}}$…顺序产生黏性末端。平整末端是由于酶切割双链DNA分子时是在对称性识别顺序的正中，使得到的片段末端不具有突出的单链，而成为齐头的末端形式。平整末端同样具有连接酶连接时所需要的反应基因3′末端羟基和5′末端磷酸单脂。例如，SmaI酶能识别$\frac{\text{CCC}\downarrow\text{GGG}}{\text{GGG}\uparrow\text{CCC}}$顺序，产生$\frac{\text{CCC}}{\text{GGG}}$平整末端。

(2)DNA连接酶

DNA连接酶能够封闭DNA双链，DNA/RNA杂种双链中的单链缺口，对由限制酶所

造成的黏性末端退火相连时所出现的缺口也能封闭。这种酶作用的性质是在反应中，辅助因子都被分解形成酶－AMP(腺苷－磷酸)复合物，这种复合物同已暴露的5′－磷酸基和3′－OH的缺口结合，腺核苷基就从酶转移到磷酸基末端，使其活化，活化的磷酸基末端与3′－OH末端形成一个磷酸二酯键，把缺口封闭。基因工程应用最多的是T4连接酶。

(3)DNA多聚酶

DNA多聚酶是一种多功能酶，全酶具有5种活性：①通过核苷酸聚合反应使DNA链沿5′－3′的方向延长；②循3′－5′方向由3′－OH端水解DNA链，表现3′－5′核酸外切酶活性；③从5′端降解双链DNA的一条链，释放单或寡核苷酸，主要功能是除去酶前的先导链，使该部分由与模板严格互补的新合成链所替代，故此酶有切补修复的功能；④具有焦磷酸解活性，即焦磷酸过量时，由3′－端使DNA链降解；⑤焦磷酸交换活性，这种活性是指无机焦磷酸基与脱氧核苷三磷酸(dNPPP)的β和γ磷酸基交换。后两种活性是聚合反应的逆反应。DNA聚合酶I主要用于合成ds－cDNA第二链，缺口转译标记DNA以及DNA顺序分析。

(4)DNA末端转移酶

这是从小牛胸腺提取纯化的一种酶，能在DNA分子的3′－OH端合成低聚多核苷酸，而不需要模板。若所用的脱氧核苷是同一种的，则所连接的多聚物称为同聚末端；同聚物的性质随所用的底物而异。用末端转移酶在两群DNA片段上分别加上多聚A(或G)、多聚T(或C)，从而造成两种可互补的同聚黏性末端，经退火这两种DNA分子就能连成一个分子，这种方法称为同聚末端连接。其优点是任何一种DNA片段的两端都连接上一个同聚尾，可防止本身黏接成环或分子间自聚；此外，同聚末端比限制酶切割得到的黏性末端长，使两个DNA片段之间易于配对且黏聚紧密，这样就可以直接用于转化而不需要在体外连接。采用末端转移酶构成的同聚末端连接法常用于真核基因的cDNA克隆；在分子生物学研究中还用末端转移酶进行DNA片段3′－末端的放射性同位素标记。

(5)逆转录酶

这种酶是以RNA为模板，按RNA中的核苷酸顺序合成DNA，与一般转录过程中遗传信息流从DNA到RNA的方向相反。此酶由两种多肽组成。利用逆转录酶能将真核基因的mRNA转录成cDNA拷贝，并以此建立克隆，大量扩增，这就为真核基因研究和基因工程提供了一种重要的手段。

7.5.3　目的基因

1)目的基因的分离和获得

(1)从生物的基因组中分离基因

用限制酶把组织的全部染色体DNA切割成许多小段，并分别与载体重组，转入到大肠杆菌中，如此形成的转化细胞群含有各种染色体DNA片段，繁殖其中的某一种转化细胞，即可增殖相应的DNA片段，分离出纯一的目的基因。在真核生物中用此法已分离出蚕丝蛋白、鸡卵清蛋白、兔和鼠的β珠蛋白等基因，以及人生长激素等基因片

段，用此法还可以构建基因文库(某种生物全部DNA片段的克隆总体)。

除限制酶法外，还可以运用mRNA或cDNA与变性的DNA片段或部分变性的双链DNA杂交，以从生物基因组中钓取含有相应基因的DNA片段。应用某些基因在碱基组成上与总DNA有些不同，所以也可以利用物理性质差别从总DNA中分离特异的基因，如爪蟾的核糖体RNA基因就是通过CsCl密度离心梯度分离而得。也可用超声波取得DNA随机片段。

目前在花卉基因工程上所利用的有花色素合成相关基因、形态建成基因、抗虫基因、抗除草剂基因、烯合成抑制基因等。如金鱼草的*CHS*(苯乙基苯乙烯酮合成酶)、*DFR*(二氢黄酮还原酶)基因；香石竹的*CHI*、*DFR*基因，矮牵牛的*CHS*、*CHI*、*DFR*基因；蔷薇的*CHS*、*CHI*基因，以及黄色素和橙黄色素合成酶基因等。随着科技进步及研究手段的完善，所分离到的目的基因会越来越多。

(2)基因的酶促合成

以mRNA为模板，用逆转录酶逆转录成互补的DNA(cDNA)，然后去除做模板的mRNA，使cDNA加倍成双链，即可获得该mRNA的结构基因。由mRNA逆转录完成的产物是长短不一的双链DNA分子群，还需要应用凝胶电泳分离纯化出最长的双股DNA。此外，这种酶促合成的双链cDNA在与载体DNA分子相接之前，一般还要用同聚物dA－dT(或dG－dC)接尾法，在ds－cDNA的3′－末端通过T4连接酶接上相应的同聚物。通过逆转录酶促方法合成基因是获得真核结构基因最主要而又最常用的方法。至于提取特异mRNA的来源常选择特异而高度分化的器官组织，因为在这些组织的细胞中富集特异的mRNA，比较容易提取纯化。至于分离含量少而广泛分布于各种细胞中的蛋白mRNA，则需求助于其他方法，如用双抗体法从多核糖体中分离有关的mRNA。

逆转录方法的缺点是取得的cDNA中没有天然基因中所具有的调控序列以及结构基因中的插入序列。

(3)化学方法合成基因

在体外用化学合成或化学合成结合酶促合成是取得所需目的基因的另一途径。为此，必须事先知道目的基因或mRNA或相应蛋白质的一级结构，即核苷酸或氨基酸的顺序，以单核苷酸为原料，先合成许多寡核苷酸小片段(约为8～15个核苷酸长)，使各片段间部分碱基配对，取得DNA短片，以后再经过DNA连接酶作用，将一些短片依次连接成一个完整的基因链。近年来，一系列多肽和蛋白质的基因(如舒缓激肽、增血压素、胸腺素α_1、胸啡肽、胰岛素A链和B链以及胰岛素原、干扰素等)都已合成并得到表达。据报道，目前国外已有80余种合成的基因，北京大学克隆出香石竹斑驳病毒合成基因等。

2)几种外源基因及其应用

(1)抗虫基因

苏云金芽孢杆菌(*Bacillus thurigiensis*)产生的伴胞晶体蛋白对多种昆虫的幼虫有很强的毒杀作用，故称为杀虫晶体蛋白(ICP)，它对脊椎动物无毒性，对环境安全。不同的菌株可产生不同类型的杀虫晶体蛋白，从而表现出对不同昆虫毒性的专一性。对鳞翅目有毒效的ICP的分子量通常在130kD，它在昆虫幼虫的肠道中经蛋白酶降解可产生一种分子量约为60kD的抗蛋白酶酶解的多肽，是真正具毒性的物质，位于130kD蛋白分子

的氨基端。因此，130kD蛋白实际上是原毒素。

将编码毒蛋白的基因与NPTⅡ基因构建成融合基因，随后转入农杆菌的表达载体之中，再通过同源重组即可得到带有毒蛋白基因农杆菌。用叶圆片法感染植物的外植体，在卡那霉素筛选培养基上可得到抗卡那霉素的转基因植株。中国科学院微生物所对毒蛋白基因的5′和3′端进行改造，构建了带有双转录的增强子，并插入翻译增强子TWV的Ω片段的中间载体，分别将含4种不同缺失长度的*Bt*基因载体，即含基因3.6kb、2.8kb、2.1kb和1.8kb转入农杆菌LBA4404，并与中国林业科学研究院合作转化欧洲黑杨，共获得54株转基因植株。对杨尺蛾和舞毒蛾的抗虫性测定结果表明，杀虫率在50%以上的有27株，占50%；杀虫率在80%~96%占测试株的15%，有较明显的杀虫效果。南京林业大学与中国农业科学院生物技术所合作，将1.8kb的经过人工改造的*Bt*基因转入杨树NL-80106，获得了转基因植株，有显著的杀虫效果(图7-6)。

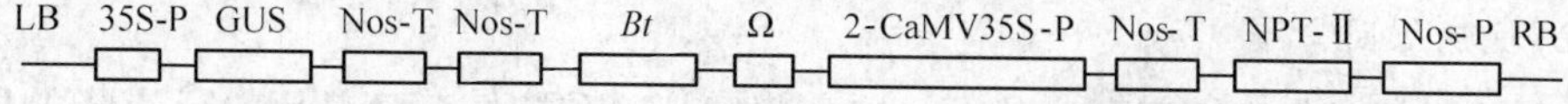

图7-6　经部分人工改造合成的*Bt*基因表达载体结构图

LB，T-DNA左边界：35S-P，CaMV35S启动子；Nos-T，胭脂碱合成酶基因终止子；Ω，增强子；NPT-Ⅱ，卡那霉素抗性基因；Nos-P，胭脂碱合成酶基因启动子；RB，T-DNA右边界

昆虫特异性蝎毒素*AaIT*具有较高的选择性，对哺乳动物和其他动物无害，安全性好，对许多鳞翅目害虫具有较高的毒性，是十分理想的抗虫基因源。伍宁丰等通过农杆菌介导的方法，利用优化了密码子的*AaIT*基因转化杨树杂种。NL-80106，获得转基因植株。用转基因杨树无菌苗叶片对一龄舞毒蛾进行了离体杀虫试验，所有试验的转基因植株都表现不同程度的抗虫性，虫体明显比对照小，其中A12杀虫效果最显著，其致死亡率达55%。进一步的试验仍在进行中。*IT*基因有望成为又一种有效的林木抗虫基因源。但是不同的Bt毒蛋白对害虫有一定的专一性，同时人们也担心高表达毒蛋白的工程植株所造成的强选择压力可能会导致昆虫的抗性。因此，从战略上说，导入几种不同的抗性基因可能更加合适。事实上，除了Bt毒蛋白之外，人们也在探索其他途径，至今比较成功的是利用植物的蛋白酶抑制物。20世纪70年代不少学者已注意到植物受机械损伤后，有两种特定的蛋白质大量积累，它们对胰蛋白酶、胰凝乳蛋白酶、弹性蛋白酶、氨肽酶A和B等具有强烈的抑制作用，分别称为蛋白酶抑制物Ⅰ和Ⅱ。这两种蛋白酶抑制物广泛存在于豆科和茄科植物中。在番茄和马铃薯中，受机械损伤诱导后其含量可增加到占可溶性蛋白的2%~5%，在马铃薯中甚至可达10%。这类蛋白质也被认为有助于植物对昆虫蚕食的防卫，因蛋白酶抑制物能抑制昆虫消化系统中的蛋白酶，从而抑制蛋白质的降解，导致昆虫消化不良而影响其生长发育，甚至死亡。Hilder等将豇豆胰蛋白酶抑制物基因转移到烟草后，明显增强了转基因烟草对*Heliothis rirescens*幼虫的抗性。Johnson等将编码番茄蛋白酶抑制物Ⅰ和Ⅱ及马铃薯的抑制物Ⅱ的基因通过Ti质粒导入烟草，结果表明，导入的基因在烟草中均能正常表达，转化的植物的叶抽提物也明显表现出对胰蛋白酶及胰凝乳蛋白酶的抑制作用。在导入抑制物Ⅱ基因的烟草上，烟草天蛾幼虫的生长受到显著抑制。每克鲜重组织表达量在50μg时，幼虫的生长受中等程度的抑制；而达100μg时，生长受严重影响。但在导入番茄抑制物Ⅰ基因的转基因植株上，幼虫的生长基本上不受影响。已知蛋白酶抑制物Ⅰ是一种胰凝乳蛋白酶的抑制物，对胰

蛋白酶的抑制作用很弱；而蛋白酶抑制物Ⅱ具有两个反应位点，一个抑制胰蛋白酶，另一个抑制胰凝乳蛋白酶。上述结果表明，由于蛋白酶抑制物抑制了胰蛋白酶的活性，而不是抑制胰凝乳蛋白酶活性，使昆虫幼虫的生长受到抑制；进一步的设想是将Bt毒蛋白基因与蛋白酶抑制物基因重组在一起后导入植物，以扩大转基因植物的抗虫谱以及提高对害虫的毒性。田颖川等将Bt基因和豇豆胰蛋白酶抑制剂基因转化毛白杨，获得了转双价抗虫基因植株，其中一株转双价基因毛白杨对杨扇舟蛾[*Clostora anachoreta*(Fabricius)]6d的杀虫率达90%以上。南京林业大学等，将*Bt*和*CpTI*基因共转化杨树'NL-80106'(*Populus deltoides*×*P. simonii*)，获得了转双价抗虫基因植株，部分转基因植株的一龄舞毒蛾试验表明，转双价抗虫基因表现明显的抗虫性，10d杀虫率最高的达90%以上。树木的生长周期长，人工林的林分结构单一，在树木抗虫基因工程中采用两个或两个以上的杀虫基因共转化树木，对选育广谱性、持久性抗虫树木新品种尤为重要。

(2)抗病基因

抗病基因可以分为抗病毒病基因、抗真菌病基因和抗细菌病基因。已克隆的抗病毒病基因主要是RNA的外壳蛋白基因(CP)，如烟草花叶病毒TMV、黄瓜花叶病毒CMV等。英国牛津大学病毒所的研究小组曾克隆杨树花叶病毒PMV外壳蛋白基因来转化杨树，以育成抗杨树花叶病毒的杨树无性系。与抗病毒植物基因工程的研究相比，抗真菌基因的研究尚处在初始阶段。几丁质酶基因(*Chi*)和角质酶基因(*Cut*)是目前克隆的抗树木真菌病的两种基因。几丁质酶催化乙酰几丁质的生物合成，转基因植物通过释放能引起真菌发育进入休眠的乙酰几丁质来阻抑真菌的生长。而乙酰几丁质还能活化植物的某些基因，从而产生能消化真菌细胞壁成分的酶来破坏真菌的细胞成分。美国Harvey研究小组已从杨树的创伤反应基因中，分离出编码几丁质酶的转录子序列，并构建了能在杨树细胞中表达的几丁质酶基因表达系统。美国加州的研究人员克隆了角质酶基因，旨在提高树木叶片的角质层厚度和强度，加强叶组织的自我保护能力，抵御真菌的侵害。

防御素是广泛存在于动植物体中的一类广谱微生物抗性肽。其中，兔NP-1防御素的抗菌范围广，对真菌、细菌及病毒等都有较强的抑制作用。南京林业大学与中国科学院遗传所合作，将克隆的'NP-1'基因构建在植物表达载体上(图7-7)。并对毛白杨进行了遗传转化，获得了转基因毛白杨，经体外抑菌试验表明，转'NP-1'基因毛白杨植株组织提取物对枯草杆菌、农杆菌的抑菌效果明显，这一结果为防御素基因在树木抗病基因中的应用展现了可喜的前景。

(3)抗逆基因

植物在逆境条件下往往形成特定的逆境蛋白，但大多已发现的逆境蛋白的生理功能至今不清楚。不少植物生理学家认为是一些小分子的化合物，如脯氨酸、葡萄糖、甜菜碱(N,N,N-3甲基甘氨酸)，它们对于植物忍受环境渗透胁迫的能力具有十分重要的作用。例如，在干旱条件下，植物游离脯氨酸的含量可增加几十倍甚至上百倍。国内外一些实验室已在尝试将与脯氨酸合成有关的不同的脯氨酸基因(*pro*基因)导入植物，以观察其对抗逆性的影响。中国科学院遗传所陈受宜等已从黑麦中分离克隆到一段DNA片段，通过Ti质粒导入烟草后，转化的植株中在一定的生长发育阶段游离脯氨酸的含量增加，耐盐性相应提高，并初步观察到这一性状可以遗传给子代。已知植物中甜菜碱生物

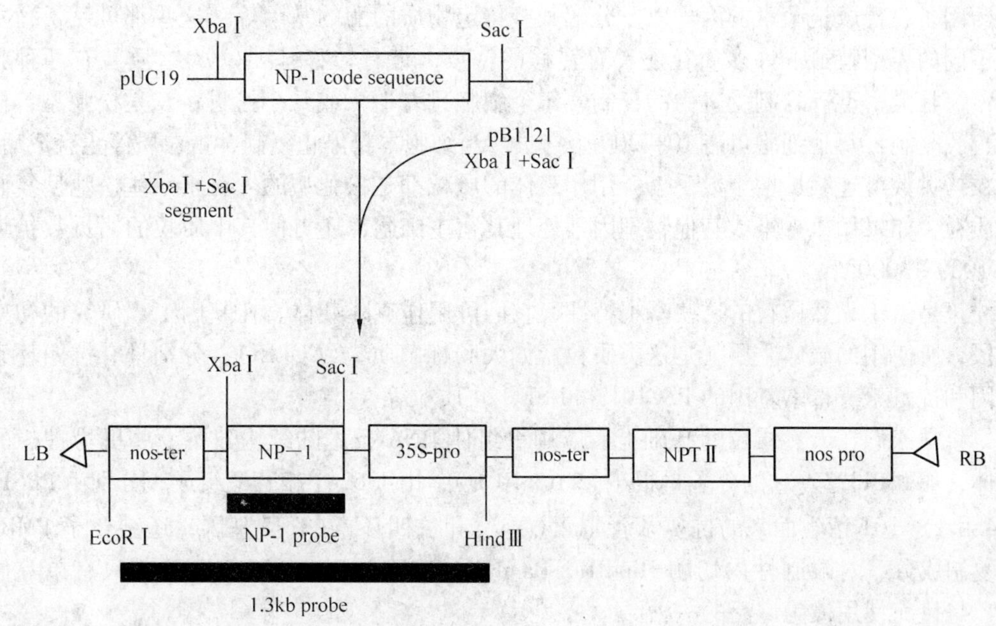

图7-7　兔防御素基因‘NP－1’的植物表达载体pBIC－35SNP1的构建

合成的最后一步是由甜菜醛(3－甲基甘油醛)形成甜菜碱，这一反应为甜菜醛脱氢酸(BADH)所催化。现已从山菠菜中分离到BADH酶的cDNA克隆。在自然条件下，山菠菜比菠菜更耐盐碱。从山菠菜克隆出BADH的cDNA与菠菜相比，同源性达87.5%，用其转化水稻，转基因植株大部分能在含0.5%NaCl的盐池中生长，结实率达10%，而对照严重受害，几乎全部枯萎。

(4)抗环境污染基因

植物对污染环境的修复作用称为植物修复。重金属如汞离子的积累是很难去除的一种环境污染。从可能降解汞离子的细菌中克隆出汞离子降解酶基因*merA*，构建了植物表达载体，并转化至*Liriodendron tulipifera*中，获得了转基因植株，转基因植株‘merAl8－llF’，在6d内将Hg^{2+}转化为Hg^{2+}的能力是对照的10倍，降解Hg^{2+}的效果明显。

SO_2是大气的主要污染物之一，日本纸业公司克隆了降解SO_2基因，并转入日本山杨中，所获得转基因植株代谢SO_2的能力明显提高，田间试验仍在进行中。

7.5.4　分子克隆的载体

载体是把外源基因导入受体细胞使之得以复制和表达的运载体。

(1)质粒载体的特性及其改造

在天然载体中，质粒是应用得较为广泛的一类载体。它们是细胞中独立于染色体外共价闭合环状的DNA分子，具有独立复制稳定遗传的能力。一般它们的存在与否对细胞的生存无决定性的影响。与染色体相比，质粒的分子量较小，介于$2\times10^6\sim150\times10^6$D之间。质粒本身除具有复制和调控系统外，还携带着一些功能各异的基因，如致育因子、

抗药因子、合成抗菌素的因子以及分解某些特定物质的酶的基因等，这些都可赋予宿主以不同的表型特征。许多质粒还具有转移的特点，带有转移基因(*tra*)。质粒有两种状态：一是紧密型，复制受寄主的控制，每个细胞只有1个或几个拷贝；二是松弛型，质粒自我复制，每个细胞可有10～200个拷贝。当细胞本身停止复制，蛋白质停止合成后，质粒拷贝数可连续扩增至数千个。用作载体的质粒都是松弛型的。对于一些松弛型复制的质粒，如果用氯霉素或其他物理因素处理其宿主细胞，还可使其中质粒的拷贝数扩增到1000～3000个。

正是由于天然质粒的这些基本特性，它们可用作克隆载体。在基因工程研究的初期阶段，所使用的载体主要就是这类质粒。如大肠杆菌质粒(COLEI)，分别具有抗四环素基因和抗氨苄青霉素基因的PSC101和$RSF_2$124质粒等。

科学家们在天然质粒的基础上，应用重组体DNA技术陆续构建了一些更为理想的载体，如PBR322，它的分子量很小(2.6×10^6D)，由4362个核苷酸组成，分别由$PRSF_2$124和PSC101衍生而来的抗氨苄青霉素(Ap^{γ})和抗四环素(Tc^{γ})基因，还结合了PMB9的复制成分，对限制性内切酶HindIII、BamH1、SalH1、PstH1和COREI都只有单一位点，是目前使用最为广泛的一种。

(2)大肠杆菌λ噬菌体及其衍生物载体

大肠杆菌λ噬菌体是最常用作载体的一种大肠杆菌病毒，其遗传背景较复杂，是长约50kb的线状双链DNA分子，分子量为(2.96×1.5)×106d。分子两端各有12个核苷酸组成的5′-单链，两者在宿主细胞内可互补，形成COS位点。

大肠杆菌λ噬菌体作为载体的优点是：在基因组中约有1/3的区段(J-N基因间)可以被取代而不致影响其裂解生长；在宿主细胞中能大量繁殖，有利于外源DNA的扩增；噬菌斑的形态有助于进行重组体选择。但是大肠杆菌λ噬菌体作为载体存在着突出缺点：其DNA对大多数常用限制酶有过多的切点，有的酶切点于基因组必要区，如大肠杆菌DNA上分布有5个COREI位点，其中两个分别位于噬菌体复制基因和控制宿主细胞裂解基因附近，其余3个则在J-N基因间。为了使λ噬菌体更合适作为载体的需要，科学家们采用了点突变、缺失和替换方法进行了各种改造，获得了一系列的λ噬菌体衍生物载体，如Charon载体，它可携带外源的DNA片段较大，可达22×10^4bp。根据噬菌斑类型直接判断是否有外源DNA插入，这是因为经改造后的噬菌体DNA本身已不能形成噬菌体颗粒，而必须有外源DNA插入。这类载体有较强的启动子，能增强外源DNA的表达。charon载体可接纳动物、细菌的DNA片段，所以常用作构建基因文库。

(3)真核细胞的克隆载体

常用的有Ti质粒，是根瘤农杆菌内染色体外的环状双链DNA分子，大小大于200kb，分子量约为$90\sim150\times10^6$D，含有$15\times10^4\sim23\times10^4$bp，根据诱导合成冠瘿碱的类型，Ti质粒可分为3类：章鱼碱型、胭脂碱型和农杆碱型。DNA分子杂交证明，由根瘤农杆菌所引起的植物冠瘿组织细胞核中存在着和Ti质粒同源的一段DNA，这表明在转化过程中农杆菌Ti质粒的部分DNA整合到了植物细胞核，并与植物DNA一道复制和表达。这段DNA称为T-DNA，长约23kb。包括有生长素基因和细胞分裂素基因，引起细胞特异性的变化，从此人们试图用这种天然遗传转化体系，将外源基因转至植物细

胞，并利用植物细胞的全能性，经过细胞或组织培养，由一个转化细胞再生成完整的转基因植物。但是农杆菌整段 T－DNA 转至植物后，形成的冠瘿瘤细胞很难分化成植株，这一障碍到 1983 年有重大突破，该年比利时根特大学 Montagu 和 schell 领导的研究小组以及由 Monsanto 公司 Fraley 领导的研究小组分别将 T－DNA 上的致瘤基因切除，代之以外源基因，证明可以将外源基因转入植物基因组，并从转化细胞再生成完整的可育植株，至此第一例转基因植物诞生。与此同时，华盛顿大学 Chilton 领导的研究小组又取得了另一项突破性进展，即将细菌的新霉素磷酸转移酶（NPTII）基因转入植物细胞后，植物细胞可抗卡那霉素（Kaw），这使 *NPTII* 基因成为迄今用得最广泛的选择标记基因之一。目前已报道用农杆菌介导转基因有香石竹、菊花、月季、扶郎花、金鱼草、矮牵牛、花烛属、郁金香、龙胆、枸杞、绣球等。

Ti 质粒虽然是一个天然载体，但由于 T－DNA 基因产物常引起植物激素的不平衡，很少能再形成正常植株。作为植物基因工程的运载工具，必须对 T－DNA 加以改造。近几年，这方面的研究已取得了一些进展，使得 Ti 质粒有可能成为外源基因的载体。其基本方法是，首先把保留了 T－DNA 顺序、标记基因而去除了致瘤基因的一个 T－DNA 片段，与大肠杆菌载体 DNA 相连，构成一种过渡质粒，再在质粒 T－DNA 片段适当的酶切部位插入目的基因；然后将重组的这种质粒引入到含野生型 Ti 质粒的根瘤农杆菌中，通过质粒间的同源重组，就能产生在 T 区带有外源目的基因的 Ti 质粒。由此获得具有外源基因的 Ti 质粒的农杆菌便可用以转化植物。

在转化技术上，1985 年 Horsch 等人首创由根瘤农杆菌介导的烟草叶盘转化法，直接用植物的组织进行转化，此后用不同叶片、叶柄、子叶、子叶柄、下胚轴、茎、匍匐茎、块茎、茎尖分生组织、芽、根、块根、合子胚或体细胞甚至用成熟种子等作为外植体转化成功。利用根瘤农杆菌的 Ti 质粒已成功地转化多种园林植物，如花叶芋、麝香石竹、菊花、枸杞、花烛、月季、杨树、火炬松、桦木、北美翠柏、黑云杉等。鉴于农杆菌只感染大多数双子叶植物及少数单子叶植物，因而单子叶植物像禾谷类转化仍是需要攻克的难关。但近来已有转化单子叶植物如天门冬属、吊兰、水仙等植物的报道。

（4）其他导入法

①利用微弹射击法　1987 年康奈尔大学研究者们设计出一种基因枪，把直径 1～4μm 的钨粉或金粉在供体 DNA 溶液中浸泡，DNA 可被包被在钨粉或金粉颗粒上，然后用基因枪 400m/s 把微粉打入植物细胞或组织，如郁金香、月季、石斛兰、美国鹅掌楸、天蓝绣球、菊花、白云杉、黄杉、欧洲云杉、火炬松。Akadiwiss（1991）认为用碳化钨代替纯钨粉，可提高转化率，尤其适合单子叶植物。

②电激法　在很强的电压下，细胞膜出现电穿孔现象，经过一段时间后，细胞膜的小孔会封闭，恢复细胞膜原有的特性。由此原理设计的电击法，可用于基因转移，但在植物中，由于细胞壁对外源基因的摄取有不利影响，所以，一般以原生质体为受体细胞。不过也有人以幼嫩的分生组织为受体，取得较好的效果，如虾脊兰属、龙胆的顶端分生组织。

③PEG（聚乙二醇）介导法　用杂交万代兰的花组织制备原生质体，用 PEG 介导的质粒吸收进行转化，以瞬时表达 *GUS* 报告基因，选用 pPUR 质粒含有 *GUS* 基因，吸收质粒 22h 能测得原生质体裂解中有 *GUS* 活性。

7.5.5 重组体DNA分子的克隆和筛选

应用连接酶把目的基因与合适的载体相连，重新组合的DNA片段称为重组DNA或重组体。重组体必须引入受体细胞，才能进行增殖与表达；而宿主细胞中经扩增的重组分子还需要从混合的菌液中选择分离出来。

目前在花卉基因转移中应用最多的报告基因是*GUS*基因(β-葡糖苷酸酶基因)、*NDT*Ⅱ(新霉素磷酸转移酶基因)、*CATC*(氯霉素乙酰转移酶基因)、*Hyg*(潮霉素磷酸转移酶基因)、*Luc*(荧光酶基因)、*Nos*(胭脂碱合成酶基因)。由于这些报告基因的结构、功能及其特异性研究比较透彻，基因较小，易于操作，并可与许多种抗生素基因及目的基因连接在一起，因此多用作选择性标记。

(1)重组体DNA的克隆

将重组质粒DNA分子引入到受体细胞，基因型和表现型均发生相应变化称为转化；将重组噬菌体或重组病毒DNA引入受体细胞，前者称为转导，后者称为转染。在基因工程中，常把鉴定和筛选出的含有重组体的受体细胞进行纯系增殖，这一过程称为DNA克隆。

转化或转导成功的关键之一是受体细胞应处于感受态，即受体细胞处在最适于摄取和容忍外源DNA的生理状态。目前，用作受体细胞的主要是大肠杆菌。为提高转化效率，可采用氯化钙处理受体细胞使呈感受态的方法。现在也常把各种细菌或植物细胞先用酶或化学试剂去除细胞壁，使其形成原生质体后再用氯化钙处理，以用作受体细胞。

(2)克隆基因的分离与鉴定

通过转化、转导、转染等方法建立的重组体DNA须从受体细胞群中分离出来并鉴定。

①遗传选择法　利用克隆载体本身所具有的遗传标志，如质粒载体有抗药性标记或营养标记，噬菌体载体有形成噬菌斑的能力等。如质粒pBR322载体，携带有两种抗性基因——Ap^{γ}和Te^{γ}基因，这两个基因中存在限制酶的作用位置。当一段外源DNA插入到任何一个抗药性基因中时，该基因即失去活性。由此便可检测出外源基因是否成功地与载体DNA重组。当这种重组质粒引入受体细胞，它将使宿主表现另一个完整抗性基因所指令的抗性。

②核酸杂交法　可以从基因文库中筛选出含有特定DNA片段的重组克隆。这是通过放射性同位素标记的RNA或DNA探针，依据核酸序列互补的原理来检测特定的重组克隆。这个方法是首先把筛选的菌落影印到铺放在琼脂平板表面的硝酸纤维素滤膜上，进行培养，保留原来的母版做对照。将已长有菌落的硝酸纤维滤膜取出，用碱液处理，使DNA变性，以使其同硝酸纤维滤膜有强亲和力，在膜上形成DNA印迹。高温(80℃)下烘烤膜，则DNA牢固地固定于膜上。然后用同位素标记的探针RNA或DNA与膜上的DNA杂交，通过放射自显影法，可从X光片上出现的曝光点检测出含有与探针序列互补的菌落，并据此从母版相应的位置排出所需要的菌落。此法稍经修改，即可适用于噬菌斑的筛选。核酸杂交法可以用来检测任何一种插入的DNA序列，不论插入的DNA序列在宿主中能否得到表达。这类杂交中所广泛使用的探针，大多是利用缺口移位标记。近年又研制出一类不用放射性同位素的糖基化探针和生物素探针。

③应用免疫化学法 是利用某种有效的特异性抗体，直接检测重组克隆所表达的多肽产物来鉴定和筛选菌落。当所要检测的重组克隆既无可供选择的任何基因的表型特征，又缺乏合适的探针时，免疫化学法就是筛选重组体的重要途径。

7.5.6 克隆DNA分子的表达

在构建重组DNA分子和宿主细胞时还须考虑外源基因表达的问题。即要求外来的基因在宿主细胞中能准确地转录和翻译，所产生的蛋白质在宿主细胞中被降解，最好能分泌到细胞外。为了使外源基因表达，需要在基因编码顺序5′端有能被宿主细胞识别的启动基因顺序以及核糖体结合的顺序。两种常用方法能用来使外源基因在宿主细胞中顺利地表达。

(1)在形成重组DNA分子时，在载体的启动基因顺序和核糖体结合顺序后面的适当位置连接外源基因。如将兔的β珠蛋白基因或人的成纤维细胞干扰素基因分别连接到已经处在载体上的大肠杆菌乳糖操纵子的启动基因后面，能使它们在大肠杆菌中顺利地表达。

(2)将外源基因插入到载体的结构基因中的适当位置上，转录和转译的结果将产生一个融合蛋白。这种蛋白质被提纯后，要准确地将两部分分开，才能获得所需要的蛋白质。在早期的遗传工程研究中，生长激素释放抑制因子和鼠胰岛素基因的表达，都是通过将它们连接在β-半乳糖苷酶基因中的方式实现的。

实训

实训7-5 抗性鉴定方法(见单元10实训17)

7.6 航天育种

我国从1987年8月开始利用返回式卫星进行了多种空间科学试验，在空间物理学、微重力科学和空间生命科学等领域建成了具有一定水平的对外开放的国家级试验室，建立了空间有效载荷应用中心，具有支持进行空间科学实验的基本能力。近年来在植物育种方面都取得了可喜的成果。

图7-8 “神舟”四号搭载牡丹种子的宣传画

7.6.1 航天技术

航天技术是探索、开发和利用宇宙空间的技术，也称为空间技术。主要由空间飞行器技术、运载器技术和地面测控技术三部分组成。1975年11月26日我国首颗返回式卫星发射成功，开启了航天搭载试验(包括航天育种)的新纪元，至2005年9月共发射了22颗返回式卫星。目前已初步形成了返回式卫星平台、中等容量地球静止轨道卫星公用平台、太阳同步轨道卫星平台和小卫星公用平台。独立自主地研制的12

种不同型号的长征系列运载火箭，适用于发射近地轨道、地球静止轨道和太阳同步轨道卫星，在国际商业卫星发射服务市场中占有了一席之地。特别是自1992年开始实施载人飞船工程以来，已成功地发射并回收了4艘无人、3艘载人“神舟”号试验飞船。2013年探月工程喜获成功，标志着我国航天技术再上新台阶(图7-8)。

7.6.2 航天技术育种

(1)航天技术育种概念

航天技术育种是指利用返回式卫星和高空气球所能达到的空间环境对植物(种子)的诱变作用以产生有益变异，在地面选育新种质、新材料，培育新品种的植物育种新技术。

空间环境具有“长期微重力状态、空间辐射、超真空、交变磁场和超净环境等”主要特征。科学试验证明，空间辐射和微重力等综合环境因素对植物种子的生理和遗传性状具有强烈的影响作用，因而在过去的几十年里一直受到国内外研究者的广泛关注。经过我国科技工作者10多年的种子空间搭载试验，已经探索出旨在改良植物产量、品质、抗性等重要遗传性状的植物育种新方法。空间技术育种在有效创造罕见突变基因资源和培育园林植物新品种方面能够发挥更重要的作用。观赏上的“新、奇、特”是园林植物育种的重要目标，航天诱变的非定向性和不可预见性正好增加了园林植物育种成功的概率。

(2)航天技术育种进展

早在20世纪60年代初，前苏联及美国的科学家开始将植物种子搭载卫星上天，在返回地面的种子中发现染色体畸变频率有较大幅度的增加。20世纪80年代中期，美国将番茄种子送上太空，在地面试验中也获得了变异的番茄，种子后代无毒，可以食用。1996—1999年，俄罗斯等国在“和平号”空间站成功种植小麦、白菜和油菜等植物。国外关于空间植物学的研究主要在于载人航天的需要，搭载的植物种子主要用于分析空间环境对于宇航员的安全性；其次是探索空间条件下植物生长发育规律，以改善空间人类生存的小环境，解决宇航员的食品自给问题，使宇宙飞船成为“会飞的农场”。迄今为止，国外尚未见有利用空间环境诱变培育农作物品种的研究报道。

自1987年以来，我国科学工作者富有独创性地利用返回式卫星先后进行了60多种植物的空间搭载试验，23个省(自治区、直辖市)的70多家科研单位参加了多学科的研究。先后搭载了小麦、大麦、萝卜、青椒、茄子、番茄、谷子、绿菜花、甘草、大蒜、大豆、水稻、甘薯、玉米、棉花、绿豆、红小豆、烟草、鸡冠花、白皮杉、油杉、黄瓜、石刁柏、丝瓜、三色堇、仙人掌、西瓜、东方罂粟、油菜、辣椒、香菜、菊花、百合、青菜、白莲、芝麻、苎麻、韭菜、木本香料、向日葵、西洋参、瓠子、苦芥、高粱、蓖麻、苜蓿、枸杞、花生、兰花、早熟禾、月季、爬山虎、乌头、落新妇、羽扇豆、紫花地丁、地黄、蒲公英、二月蓝、麻黄、毛竹、茶花等种子，还曾搭载过多种微生物、家蚕等品种。搭载的种子经多年地面选育，已培育出水稻、小麦、青椒、番茄、莲子等新品种，有的已初具产业化规模。如‘航育1号’，水稻新品种，株高降低14cm，生长期缩短13d，增产5%～10%，累计已推广$2\times10^4hm^2$。‘华航一号’水稻新品种，穗大粒多结实率高，增产10%，亩*产达500kg以上，推广$7\times10^4hm^2$以上。‘87－2’青椒一个在500g以上，亩产5000kg左右，维生素C含量增加20%(图7-9)。特大粒白莲品种‘卫星3号’，每粒莲子2.4g以上，比常规品种增产60%。太空莲落户京城90d长出花蕾，产量高、莲蓬大、花色亮、花箭多，具有更高的观赏价值(图7-10)。还有特大粒的红小豆、特长的油菜、含铁量增加69%的巨穗谷子，紫色、红色、茶色、绿色的水稻，早熟高产的红薯、黄瓜、大葱等。

图7-9 航天椒与航天黄瓜

图7-10 太空莲‘卫星3号’

(3)航天育种的步骤

航天育种技术已成为我国为数不多的具有原创性的自主高新技术，10多年来的探索研究为空间技术育种学科形成奠定了良好的基础。

①制订育种目标和计划　目标决定后续的一系列工作；植物种类数量、投入的人财物、时间、市场等都要周密计划。

②材料准备与预处理　材料主要是植物种子。2003年3月25日，“神舟”三号实验飞船搭载了葡萄、树梅、兰花等6个品种的种子和试管种苗。

③卫星搭载　北京航天卫星应用总公司利用返回式科学实验卫星为育种单位提供搭载服务(图7-11)。目前我国太空飞行时间最长为15d。

④返回材料的繁殖与筛选　自1998年以来，全国范围内已相继建立了数十个“航天

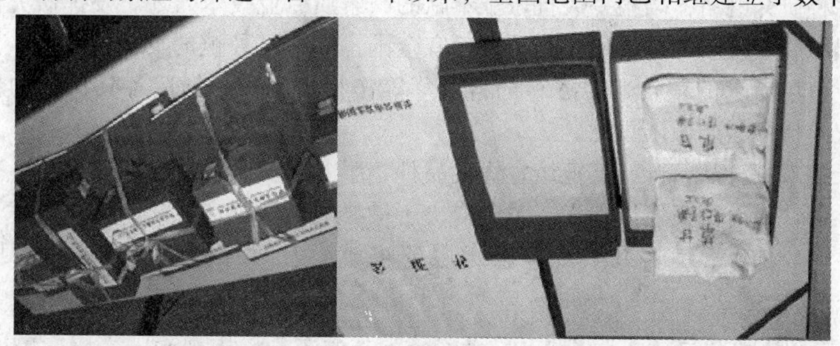

图7-11 航天育种的市场化运作

2003年12月16日，卫星搭载物品交接仪式在京举行。交接的物品是北京航天卫星应用总公司利用第18颗返回式科学实验卫星搭载的花卉、林木等植物种子，总计116种

* 1亩$=667m^2$。

育种中心"或"航天育种基地"，以加大繁殖和选择的力度。1996 年 10 月上天的国土普查卫星首次搭载了花卉种子进入太空，其中包括仙客来、三色堇、美国石竹等 30 多种花卉，这些花卉种子返回地面后，普遍在花期、花型、株型等方面发生了变化。目前，一串红、万寿菊、醉蝶、矮牵牛、小丽菊、金盏菊 6 种花卉变化最为喜人，如过去开花 4 个月的万寿菊现在可以连续开 9 个月，而传统紫色的醉蝶居然开出了白色、粉红等多种颜色。草本花卉需要 4 ~ 5 代的筛选，性状才能稳定。

⑤推广应用　航天新品种的高附加值，已经引起社会、政府部门及一些企业集团的关注和极大兴趣，这为加速航天技术育种成果的试验、示范和推广，创造了良好的外部环境。建立新的推广体系和专业人才队伍也是当务之急。

7.6.3　航天技术育种前景

(1)航天飞行和地面模拟诱变相结合，提高植物育种效率

国家通过"863 计划"、自然科学基金等多种手段给予支持，将集中航天、农业等领域专家，开展一项航大育种工程，该工程将发射一颗专门从事航天育种的农业卫星，成规模开展航天育种试验。

空间科学试验投资大，技术要求很高，试验机会有限。探索地面模拟空间环境因素的试验研究工作，对于揭示空间诱变机理、空间育种研究及其产业的持续发展意义重大。近年来，中国农业科学研究院空间技术育种中心在国家自然科学基金及"863"课题的资助下，在国内率先开展了利用高能加速器和零磁空间等地面装置模拟空间环境因素的试验技术与生物效应探索研究，取得良好进展，为建立作物空间技术育种创新技术体系奠定了基础。

(2)空间技术育种产业化市场化

我国航天技术育种是空间技术、工程技术应用于农业科学而形成的交叉领域，随着国家航天育种工程项目的实施，将在全国范围内形成一支多层次、跨学科、跨部门的空间技术育种研究网络，培植一大批乐于奉献的高素质专业技术人才。发挥研究网络各自优势，组织联合攻关，开展研究和培育适宜全国不同地区种植的突破性稳产、高产、优质和适应市场需求的粮食、经济和饲料牧草等作物新品种，创造各具特色的优异新种质，为农业持续增产做出贡献。

航天技术育种从一开始就把培育优良品种，服务农业生产作为主要目标。作为高技术应用学科，能否真正发展壮大，关键取决于最终能否实现产业化。空间技术育成品种的种子生产、加工、销售及其配套技术服务将成为空间育种产业形成与发展的重要动力。

(3)航天技术育种将成为促进种植业经济发展的重要科技力量

植物育种的每一次具有革命意义的重大突破，无一不是以新的优异种质材料的发现或选育成功为前提。航天技术育种的最大优势，在于有可能在较短的时间里创造出目前其他育种方法难以获得的罕见突变基因资源，有可能彻底改变近年来植物育种研究的徘徊局面，培育出突破性的优良品种，直接服务于农业生产。另一方面，航天技术育种创造的各具特色的优异新种质、新材料可广泛应用于常规育种，以培育更多高产、优质、

抗性强的新品种，在更大范围内促进农作物增产和农业持续发展。

实训

实训7－6　经济性状测定（见单元10实训18）

实训7－7　育种田间试验设计与统计分析（见单元10实训19）

小结

（1）辐射诱变以γ射线应用较多。

（2）化学诱变多用烷化剂、叠氮化物等诱发植物变异。

（3）人工诱变多倍体主要采用秋水仙素诱导技术。

（4）单倍体的花药培养技术成熟，且应用广泛。

（5）运用分子生物技术创造新品种的定向育种新技术称为基因工程育种。

（6）航天育种的技术关键是返回材料的繁殖与筛选。

自主学习资源库

（1）植物细胞工程原理与技术．周维燕．中国农业出版社，2001.

（2）植物基因工程原理与技术（第2版）．王关林，方宏筠．科学出版社，2002.

（3）植物生物技术．张献龙，唐克轩．科学出版社，2004.

自测题

1. 名词解释

辐射育种，致死剂量，半致死剂量，临界剂量，化学诱变育种，化学诱变剂，烷化剂，多倍体育种，单倍体育种，培养基，花粉植株，基因工程育种，克隆，载体，核酸分子杂交，限制性核酸内切酶，DNA末端转移酶，逆转录酶，杀虫晶体蛋白，航天育种，航天育种工程。

2. 填空题

（1）诱导单倍体植物发生的途径是________，________和________。

（2）单倍体植物的特点是________。

（3）秋水仙碱易溶于________和________，而不易溶于________。

（4）秋水仙素的作用是通过________来实现染色体加倍的。

（5）产生多倍体的途径一般有两种，即________和________。

（6）辐照室是由________、________和________三部分组成。

（7）化学诱变常用的处理方法有______、______、______、______和______等。

（8）化学诱变剂处理的剂量取决于________、________及________。

（9）单倍体诱导时，用________期的花粉进行培养，较易取得成功。

（10）单倍体加倍可在两个阶段进行，一是在________阶段，二是在________。

（11）单倍体鉴定方法有________、________、________、________。

(12)基因工程操作的第一步是________；第二步是________；第三步是________；第四步重组体克隆的筛选和鉴定。

(13)基因工程常用的工具酶是________、______、______、______、______。

(14)目的基因分离和获得的途径有________、________、________。

(15)从______年以来，我国科学工作者利用返回式卫星先后进行了______次植物的空间搭载试验。

(16)我国航天育种具有国际______性，是______应用于农业科学形成的交叉领域。

3. 问答题

(1)何谓辐射诱变育种？常用哪些射线来处理植物材料？

(2)简述辐射处理的方法。

(3)多倍体植物具有哪些特征、特性？在育种上有何意义？

(4)怎样诱导多倍体？怎样鉴定多倍体？

(5)培育单倍体在园林植物育种上有何意义？

(6)简述人工诱导单倍体的一般过程和基本原理。

(7)基因工程育种与常规育种有何异同？

(8)在基因工程中常用的工具酶有哪些？其作用机理是什么？

(9)把目的基因导入受体细胞常用的方法有哪几种？

学习目标

【知识目标】

(1)掌握良种繁育的概念和意义。

(2)了解良种繁育的任务、途径和方法。

(3)了解品种退化和防止的一般知识。

(4)掌握草本花卉原种、采穗圃、组织培养的良繁原理。

【技能目标】

(1)能完成草本花卉良种繁育圃规划。

(2)能营建木本植物良种采穗圃。

(3)能植物组织培养的基本操作。

(4)能完成脱毒苗生产任务。

8.1 良种繁育概述

8.1.1 良种繁育的概念和意义

良种繁育是运用遗传育种的理论和技术，在保持并不断提高良种种性与生活力的前提下迅速扩大良种数量的一套完整的种苗生产技术。良种繁育是选育工作的继续，是新品种推广中不可缺少的重要环节。

园林植物良种繁育的意义在于，可在短期内迅速、大量地繁育优良种苗，扩大种植面积，为园林绿化、美化提供充足的种源。良种繁育的优良种苗是指纯度较高、发芽力和幼苗生活力高的整齐而健壮的种苗。重视良种繁育工作，能大大提高优良品种的使用效率。例如，北京从国外引种金叶女贞后，通过加速良种繁育，几年内便大量应用于园林工程——金叶女贞与紫叶小檗构成大色块对比，效果极好。

8.1.2 良种繁育的任务

(1)在保证质量的情况下迅速扩大良种数量

新选育的优良品种一开始在数量上总是比较少的，远远不能满足园林绿化的需要。

所以良种繁育的首要任务就是大量繁殖专业机构或个人选育出的并且通过了品种审定的优良品种种苗。良种繁育的工作跟不上就会推迟良种投入生产的年限。

(2)保持并不断提高良种种性

优良品种在投入生产以后，在一般的栽培管理条件下，常常发生优良种性逐渐降低现象，最后甚至完全丧失了栽培利用价值，而从生产中淘汰。例如，从上海引种的羽状鸡冠，在栽培的第一年，有着整齐的圆锥花序、鲜明的花色和羽毛般的光泽，同时株高整齐一致，但在以后几年中逐步表现出花型紊乱、花色暗淡并失去了光泽，以及高低参差不齐等退化性状。所以良种繁育的另一任务就是要经常保持并不断提高良种的优良种性，保证育种成果在园林绿化中长时间发挥作用。

(3)保持并不断提高良种的生活力

在缺乏良种繁育制度的栽培管理条件下，许多自花授粉和营养繁殖的良种，常常发生生活力逐步衰退的现象，表现为抗性和产量的降低。最典型的例子是作物中马铃薯因感染病毒而逐年变小的现象。在园林植物中也存在类似情况，如北京林业大学从荷兰引种的郁金香、风信子等球根花卉，栽培的第一年表现优良，但在以后的几年中逐渐退化：植株矮、花序短、花朵稀疏。自花授粉的一、二年生草花，如牵牛、凤仙花、香豌豆、羽扇豆等，也有生活力降低、生长势削弱、花朵变少等衰退现象。因此经常保持并不断提高良种的生活力，对发生生活力退化的优良品种采取一定措施使其复壮，也是良种繁育的重要任务之一。

8.1.3 品种退化及防止技术

品种退化是指品种在生产和繁育过程中，由于种种原因会逐渐丧失其优良性状，失去原品种典型性的现象。从狭义上来说，品种退化是指优良品种在种性遗传上的劣变、不纯；从广义上来说，则包括由于栽培条件、栽培方法不适，病虫害严重感染，繁殖材料质量不高，以及机械混杂等诸多因素影响，而造成的优良品种在生产上、应用上、观赏上价值降低的现象。园林植物品种退化具体表现有形态畸变，生长衰退，花色紊乱，花径变小，重瓣性降低，花期不一，抗逆性差等。

1)品种退化的原因

(1)机械混杂与生物学混杂

机械混杂指在采种、晒种、贮藏、包装、调运、播种、移栽等栽培和繁殖过程中，把一个品种的种子或苗木机械地混入了另一个品种之中，从而降低了品种的纯度，随之丰产性、物候期的一致性、观赏价值也都降低。机械混杂的危害不仅能影响当代，而且会进一步引起发生生物学混杂，从而影响后代遗传品质，造成品种更为严重的退化，这不仅给栽培管理带来不便，在混杂程度严重的情况下，甚至失去品种栽培的利用价值。

生物学混杂是指由于品种间或者是种间产生一定程度的天然杂交，这样造成一个品种中渗入了另一个品种的基因，从而大大降低了品种的纯度和典型性。生物学混杂在异花授粉植物和常异花授粉植物的品种间和种间最易发生，自花授粉的植物中也间或发生。例如，矮金鱼草品种，原品种植株极矮，几乎平铺地面，是布置花坛、花台的良好材料。但种植时由于与其他高株的金鱼草隔离不够，便会发生生物学混杂，表现为高低

不齐、株形混乱等严重退化现象，原来宜做花坛材料的优良性状也会完全丧失。

(2)良种自身遗传性发生变化和突变

尽管良种是一个纯系，但在各株之间的遗传性上或多或少地存在差异，由于这些内在因素的作用，加之环境条件、栽培技术等外界因素的影响，在繁育过程中，繁殖材料本身不断发生变化，差异增多。

异花授粉的花木自交系是同品种植株间相互传粉，内部的差异不断积累，促使纯系杂化。这种由量变的积累过渡到质变的发生，会使良种失去原有的优良性状。例如，由大花重瓣金盏菊退化成小花单瓣金盏菊。基因突变也使原品种失去一致性。

(3)不适宜的外界环境条件和栽培技术

优良栽培品种都直接或间接地来自野生种，其野生性状在良好的栽培条件下处于潜伏的隐性状态。如果栽培技术不当，外界条件不能满足品种优良种性的要求时，优良的种性就会向着对自然繁衍有益的野生性状变异，某些优良性状就不表现出来，长期下去，处于隐性状态的野生不良性状将代替优良性状，导致品种退化。例如，菊花、翠菊等都会产生花朵变小，颜色晦暗，没有光泽，重瓣性降低等现象。

(4)缺乏经常的选择

有许多园林植物品种具有复色花、叶，若不注意对其特点性状的选择，或缺乏对影响其特点性状因素的抑制，也会发生品种退化现象。如红黄相间的五色鸡冠、洒金碧桃、洒金黄杨等观花、观叶的园林植物，在良种繁育中，缺乏选择，复色花、叶会被单一颜色所取代。这是由于在具有嵌合体的植物组织内部，细胞分裂速度不同，在不同条件下，对外界环境的适应能力不同，所以在缺乏选择时，会发生退化现象。

(5)长期进行无性繁殖或近亲繁殖造成生活力衰退

用无性繁殖方法得到的园林植物都是由体细胞繁殖而来的，除了产生突变以外，基因型是相同的，由于其后代始终是前代营养体发育的继续，得不到有性复壮的机会，致使后代生活力逐渐降低。例如，扦插繁殖的杨树、柳树等苗木比实生繁殖的苗木提早衰老，出现早期枯梢、树干空心等现象。长期进行自花传粉、近亲繁殖使不利的隐性性状得到表现，出现生活力衰退现象。

(6)病毒侵染

当组织和细胞受到病毒或类菌质体等侵染后，会破坏其生理上的协调性，甚至引起细胞内某些遗传物质的变异，如良种繁育时在病株上留种或选取繁殖材料，或将已带病毒的种子或芽条进行繁殖，会引起品种衰退。许多花卉品种退化是由病毒传播感染引起的。例如，大丽菊、菊花、香石竹、唐菖蒲、郁金香等，常发生病毒性的萎缩病而使生活力衰退，生长势下降，观赏品质降低的退化现象。

2)防止品种退化的措施

(1)防杂保纯

①防止机械混杂　严格遵守良种繁育制度和种子苗木的检验制度，特别要注重以下几个环节：

采种　由专人负责按照成熟期及时采收。落地的种子宁舍勿留。先收获最优良的品

种，种子采收后当时标以品种名称。盛种子的容器必须干净，如用旧纸袋应消除原有名称或标记。晒种时各品种要分别用不同的盛器，并间隔一定的距离。

播种育苗　播种要选无风天气，相似品种最好不在同一畦内育苗，播后必须插上标牌做标记，并绘制播种布局图。合理轮作，避免隔年种子萌发造成混杂。

移植　要专人起苗、专人移栽。移植后及时记下定植点。

去杂　在移苗、定植、初花期、盛花期和末花期分别进行一次去杂，及时拔除杂株。

②防止生物学混杂如下方法：

空间隔离　生物学混杂的媒介主要是昆虫和风。一般风力大又在同一方向上，花粉量多，质地轻，容易飞散，花瓣少，天然杂交率高，播种面积大，缺乏天然障碍物的情况下，隔离距离要大；反之则小。在种植面积小，数量少的情况下可以用纱布、铁纱、塑料纱网或罩子防止昆虫传粉。也可以采取分区播种，分地保管品种资源，防止混杂。

时间隔离　又分为同年度隔离和跨年度隔离两种。同年度时间隔离指同一年内对品种材料进行分期播种，分期定植，错开花期。这种方法对于一些光周期不敏感的花卉较适用，如翠菊、百日草、大丽菊等。跨年度时间隔离是把全部品种分成两组或3组，每组内品种间杂交率不高，每年只播一组，将收获的种子妥善保存，用2~3年。这种方法对种子有效贮存期长的植物适用。

木本植物以空间隔离为主。在建立母树林和种子园时，要规划出空间，建立隔离林带，或者利用地形作屏障进行隔离。

(2)改善栽培条件

①选择土壤　土壤理化性质要与植物的要求一致。应选择质地和酸碱适中，通透性好，排灌方便的土壤作繁育地。特别是对球根花卉更为重要。

②合理轮作　轮作可以防治病虫害，合理利用地力；能防止混杂，提高植株特别是球根花卉的生活力。

③避免不良砧木和种条的影响　采用嫁接繁殖的木本植物，宜选用幼龄砧木，尤以本砧实生苗为好。接穗、插条，也要选择幼年阶段的材料，如雪松、圆柏用幼树的枝条扦插，用大丽花基部腋芽扦插，用幼龄枝条作接穗，成活率高，生长势强。

(3)经常选择

选择是防止退化的有效方法。根据不同类型的植物，可考虑在植物的全生长期内进行多次选择。选择可以采用去劣法，也可采用选优法。

要注意选留具有品种典型优良性状的植株。品种中同一植株不同花序部位产生的种子，其品质的典型性也不同。通常在留种植株上最先开的花比晚开的花能产生更好的后代，表现为花较大，花期较早。

在具有两种花色的园林植物中，应选择两种花色的比例最符合人们需要的花序或花朵留种，如五色鸡冠和绞纹凤仙花。对一些观叶植物，如‘花叶’鸭跖草、‘银边’天竺葵、‘花叶’常春藤、‘银边’六月雪、东瀛珊瑚、‘金心’黄杨等，在选择插穗时都应从典型性高的枝条上剪取。

(4)改变生活条件，提高生活力

品种长期在同一地区生长，某些不利因素对种性经常发生影响时，则品种的优良特

性可能变劣。如果用改变生育条件的办法有可能使种性复壮，保持良好的生活力。

①改变播种期　使植物在幼苗和其他发育时期遇到与原来不同的生活条件，植物同化这种条件，从而提高生活力。如牵牛、凤仙花秋播改为早春播，香豌豆春播改为晚秋播，可以提高生活力。

②异地换种　将长期在一个地区栽培的良种，定期地换到另一地区繁殖栽培，经1～2年再拿回原地栽培，或两个地区将相同品种互换，也可以将同一品种分成两部分，分别换到另外两个地区栽培1～2年，然后拿回原地混合起来栽培，这些处理都能在一定程度上提高品种的生活力。

此外，采用低温锻炼幼苗和种子，或高温和盐水处理种子用萌动的种子进行干燥处理，也都能在一定的程度上提高植物的抗逆性和生活力。

(5)利用有性过程增加内部矛盾，提高生活力

在保持品种性状一致性的条件下，利用有性杂交能增加植物体内部矛盾，提高生活力。例如，在自花授粉植物同一品种的不同植株间可进行品种内杂交，这种品种内杂交其生活力的优势一般可维持4～5代；在品种间选择具有杂种优势的组合，通过品种间杂交，可利用杂种一代的优势，提早开花期，提高生活力，增进品质和抗性。日本在金鱼草、报春等方面应用这种方法取得了显著的效果。

(6)无性繁殖和有性繁殖相结合

有性繁育能够得到发育阶段较低，生活力旺盛的后代，但其遗传性容易发生变异，由于这个原因，优良品种进行有性繁殖时往往变得不优良。无性繁殖可以保持植物的优良性状，但长期进行营养繁殖，阶段发育将逐渐老化。因此，无性繁殖与有性繁殖在良种繁育中交替使用，既可以保持优良种性，又可得到有性复壮。

(7)脱毒处理

许多园林植物特别是营养繁殖的花卉，如大丽花、菊花、香石竹、百合、唐菖蒲、郁金香等容易感染病毒，引起退化。脱毒处理，可恢复良种种性，提高生活力。

脱毒处理的主要方法是组织培养法。在人工培养基上，切取0.1～0.3mm茎尖培养，可获得脱毒苗木。目前，美国、法国、日本、英国、荷兰等采用组织培养获得了百合、香石竹、菊花、大丽花、小苍兰、牵牛等种类的无毒苗木，并进行商业生产。

8.2　草本花卉良种繁育技术

草本花卉种类繁多、变异丰富，优良品种层出不穷。然而草本花卉世代更替频繁，混杂退化也快。只有建立严格的良种繁育制度，按照一定的技术程序，才能保证良种的有效应用。

8.2.1　生产原种

由育种者直接提供的种子称为原原种，国外称为育种家种子。如果是育成的新品种，必须通过品种审定。地方品种提纯后的种子，可申报管理部门审定或认定。这类种子要代表该品种真正纯系后代。

原种是良种的第一代种子，一般是在合同条件下，由一个具有生产原种条件的单位(如科研、教学单位及原种场等)组织生产。国外称作基础种子。

原种是具有该品种育成推广时的典型特征和生产力的种子。良种繁育中生产原种，是通过提纯复壮而获得的，一般分为以下几个步骤：

(1)单株选择

选择时应严格掌握品种的真实性和典型性，在此基础上选择生长健壮、表现良好的单株。经室内分株选种，再复选一次，入选单株分别脱粒贮藏，进入下一年株行圃。

(2)分株比较——株行圃

将上年入选的优良单株的种子以株为单位种植。每一单株的种子种植一行至数行，成为株行。并设立对照和保护行。通过株行间、株行与对照行间的对比，从中选出典型性和一致性表现突出的株行。入选的株行以株行为单位分别收获、脱粒、贮藏，下一年进入株系圃。

(3)分系比较——株系圃

将上一年株行圃入选的各个优良株行，以株行为单位分别种植，一个株行种子种成一个小区，成为株系，进行株系间、株系与对照区间的比较，进一步淘汰偏离品种典型性、丰产性及抗逆性不良的株系。通过田间鉴定，把优良一致的入选株系混合收获，这批入选株系的混合种子，叫作原原种。

(4)混系繁殖——原种圃

将上年入选株系混合脱粒的种子种植于原种圃，进行繁殖。原种圃要求地力高，肥力匀，采用匀播稀植或单株移栽，并精心管理，尽可能扩大繁殖系数，在品种特征特性表现最明显的生育期，再进一步去杂去劣。从原种圃收获的种子，叫作原种。

以上生产原种的方法，又称为三级提纯法(图8-1)。

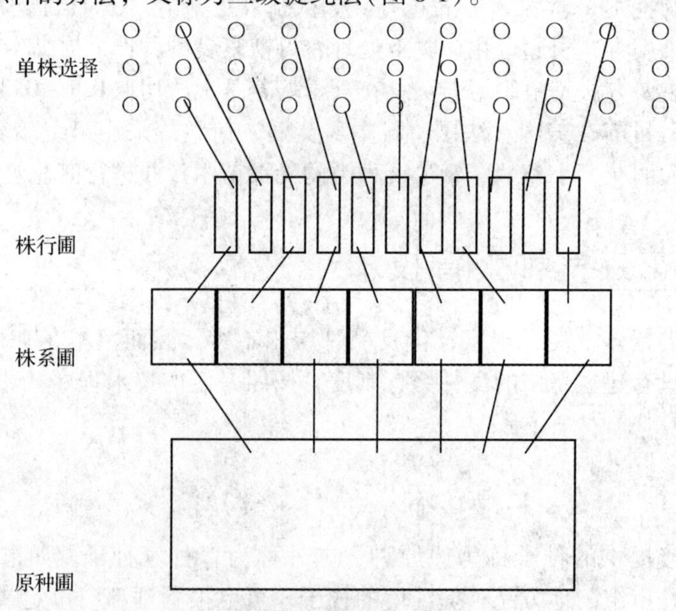

图8-1 三级提纯法生产原种示意图

8.2.2　原种繁殖

由于原种的种子数量一般都比较少，不能直接用于生产，因此生产种的繁殖可由一般种子生产基地或农户承担。用原种直接生产出来的种子，称为原种一代，国外称为登记种子(注册种子)。用原种一代再扩大繁殖的种子，称为原种二代。

8.2.3　原种(良种)普及

通过原种的生产和繁殖，所获得的种子数量都是有限的，特别是对某些繁殖系数低、用种量大的植物，不能满足生产需求，须经进一步繁殖，以获取大量的种子用于生产。这些种子一般称为生产用良种。国外称为合格种子(鉴定种子)。

8.3　采穗圃营建技术

8.3.1　采穗圃的概念和意义

采穗圃是用优树或优良无性系做材料，为生产遗传品质优良的枝条、接穗或种根而建立起来的树木良种繁育场所。其目的是为生产性苗圃提供大量优良无性繁殖材料，是园林树木的主要良种繁育形式。

建立采穗圃的优点是：①穗条产量高，产量稳定，可以年年大量地向生产上提供优良的种条。由于采穗圃年年平茬，无位置效应和成熟效应的繁殖材料。②由于采取修剪、施肥等措施，种条生长健壮、充实、粗细适中，可以使嫁接成活率或发根率提高。③由于采穗圃用无性繁殖，所以种条的遗传品质有所保证。④采穗圃如设置在苗圃附近，劳力安排容易，可以适时采条，避免长途运输和保管，既可提高成活率，又可提高工效，减低成本。

8.3.2　采穗圃的种类和特点

(1)根据建圃形式和建圃材料的不同分类

①普通采穗圃(初级采穗圃)　建圃材料是未经子代测定的优树。可提供无性系测定和资源保存所需的枝条和接穗材料，也可提供培育无性系苗所需的插穗。

②改良采穗圃(高级采穗圃)　建圃材料是经过无性系测定的优良无性系或人工杂交选育定型的材料。提供建立改良无性系种子园或优良无性系的推广应用材料。

建成的初级采穗圃可以根据无性系测定的结果，进行留优去劣，保留和扩大遗传品质优良的无性系，改建为高级采穗圃。

(2)按所提供的繁殖材料分类

①接穗采穗圃　以生产供嫁接用的接穗为目的。其经营特点是：作业方式通常为乔林式。栽植密度一般株行距为 4 ~ 6m。

②条、根采穗圃　以生产供繁殖用的枝条和根为目的。其经营特点是：作业方式通常采用垄作式或畦作式，成垄或成畦栽植，更新周期一般为 3 ~ 5 年，一般栽植密度株距为 0.2 ~ 0.5m，行距 0.5 ~ 1.0m。

8.3.3 采穗圃的建立及抚育管理

(1)采穗圃的规划设计

采穗圃的面积大小，一般按育苗总面积的1/10计算。

采穗圃宜选在气候适宜，土壤肥沃，地势平坦，便于排灌，交通方便的地方，并尽可能在苗圃附近。如设置在山地，要选择坡度不大的半阳坡，以便进行管理，并有利于采穗树的生长。采穗圃地址选定后，对圃地进行精耕细作，施足基肥，合理设置排灌系统。

采穗圃按品种或无性系进行区分，同一种材料为一个小区，但要画好定植图，注明每一个品系所在的位置，挂上标牌，防止品种混杂。

(2)采穗母树的培育

采穗母树可根据树种的特性，分别采用嫁接、扦插或埋根等无性方法繁殖，其接穗、插穗和种根除来源于优树外，还可以包括适合于当地生长的优良类型。

采穗树的树形，对生产的种条数量和品质，以及对采穗树的经营管理方式，均有直接的关系，所以，采穗树的树形培育，是采穗圃营造技术中的中心环节。

采穗母树的树形要根据树种特性，各地自然条件和利用方式等不同进行整形。如杨树采穗圃的干形有灌丛式、高干式，其中灌丛式为多；柳杉根据采穗树的高矮培养成为低干、高干、中干等形状。

培养采穗母树树形的人工措施就是整形修枝，主要包括截干和修枝两个内容。截干的目的就是削弱顶端优势，降低分枝部位和整个母树的高度；修枝会使母树的枝条发育良好，增加种条数量，并且便于经营管理。

(3)采穗圃的管理

采穗圃管理包括土壤管理和树体管理两部分。

①土壤管理　提高采穗树质量的重要措施之一，应及时松土除草，间种植绿肥，适时灌水，增加土壤肥力。

②树体管理　包括除萌、定条、防治病虫害和树体更新等内容。

8.4 组织培养技术

8.4.1 植物组织培养的概念

利用植物体的器官、组织或细胞乃至原生质体，通过无菌操作接种在人工培养基上，在适宜的光照和温度条件下，使之分化、生长、发育形成完整植株的技术称为植物组织培养。由于培养物是脱离了植物母体，在试管或其他容器中进行培养，所以也叫离体培养。

植物组培技术是快速繁殖植物新品种的重要方法，技术配套成熟，应用广泛。一般根据培养材料的来源和特性，将其分为6类。

①植株培养　指幼苗及较大的完整植株的培养。

②组织培养　指构成植物体的各种组织，如分生组织、输导组织和薄壁组织的离体组织的培养，或已诱导出的愈伤组织的培养，这是狭义的组织培养概念。

③器官培养　指构成植物体的各种器官，如根、茎、叶、花和果实等的离体培养。这是目前应用最广泛、与生产实际联系最紧密的一类组织培养形式。

④胚胎培养　指成熟及未成熟的胚胎离体培养，包括合子胚、珠心胚、子房、胚乳及试管受精等。

⑤细胞培养　指利用能保持较好分散性的离体细胞或很小的细胞团进行的液体培养。如单细胞培养、花粉粒悬浮培养等。

⑥原生质培养　指利用酶或物理方法去掉细胞壁后所获得的活原生质体的培养。

8.4.2　组织培养的意义

组织培养技术在园林植物育种中有多方面的作用。

(1)快速繁殖

应用组织培养技术繁殖无性系的速度，是常规繁殖无法比拟的。如应用组织培养法繁殖兰花，1个外植体一年可以繁殖400万个原球茎；1个草莓芽1年内可繁殖10万个芽；1个苹果芽在8个月内可繁殖6万条苹果幼茎等。这对加速繁殖珍稀树种、品种、优系或芽变株系极为有用。

(2)生产无毒苗

在植物组织培养中，通过热处理和微茎尖(0.1～0.2mm)分生组织培养，可脱除植物所带病毒，获得无毒苗。以此作为繁殖材料，可繁殖大量无毒苗木，以满足生产需要。

(3)培育新品种的得力手段

①利用组织培养中产生的体细胞无性变异培育新品种。如从绿色菊花花瓣培养中，可选出开紫花和黄花的植株。

②结合秋水仙碱诱变，获得多倍体植物。

③可方便安排各种理化诱变因子和进行各种离体选择。

④利用胚培养和试管内授粉受精技术克服杂交的不亲和性和杂种胚的早期败育。

⑤利用花药、花粉进行单倍体育种，可缩短育种年限，提高选择效率。

⑥原生质体培养，可用于体细胞杂交及生物工程中遗传转化的受体。

(4)保存种质资源

种质资源保存是一项耗资费时的工作。例如，常规保存800个葡萄品种，需占地$1hm^2$，而借助组织培养，只需$1m^2$的场所。

8.4.3　组织培养的原理

植物组织培养是基于植物细胞全能性这一理论基础来进行的。

植物细胞全能性是指植物的每一个细胞都具有整株植物全套的遗传信息，不管是性细胞如花粉，还是体细胞如叶肉细胞，在经过处理后，放入能让细胞繁殖生长的培养基中，给它一定的培养条件，整株植物全套的遗传信息就能进行表达，从而产生一个独立完整的个体。

只要有一个完整的有生命力的细胞，即使这个细胞已经是高度成熟和分化的细胞，也能保持着恢复到分生状态的能力。一个已停止分裂的成熟细胞转变为分生状态，并形成未分化的愈伤组织的现象叫“脱分化”。在人工培养条件下，脱分化产生的愈伤组织，经过继代培养，通过人为控制又可产生分化。把这种原已分化的细胞，经脱分化培养后再次进行分化的现象叫再分化。再分化的结果是形态建成，分化出各器官，产生完整植株。在有些情况下，再分化也可不经愈伤组织阶段，而直接发生于脱分化的细胞。组培苗的生产程序如图8-2。

根、茎、叶、花等外植体 —脱分化→ 愈伤组织或胚状体 —再分化→ 生长点(芽苗)⟶幼茎⟶生根⟶小植株

图8-2　组培苗的生产程序

8.4.4　培养基制备

培养基是根据植物的需求，人工配制的含有各种营养成分的营养液。它是离体植物(外植体)赖以生长、分化的基础。

1)培养基的组成成分

各种培养基的配方各不相同，但所含的主要成分除水以外基本上可以归纳为五大类，即无机盐类、有机物质、植物生长调节物质、糖(碳源)、介质或载体(纸桥、琼脂等)。

(1)无机盐类

无机盐是植物生长发育所必须的化学元素，主要包括大量元素和微量元素。

①大量元素　除碳、氢、氧外，还有氮、磷、钾、钙、镁、硫。常用的氮素有硝态氮和铵态氮。大量培养基都以硝态氮为主，植物组织从培养基中吸收氮后，经过一系列反应转化成氨基酸，进而合成蛋白质。

②微量元素　指浓度小于10^{-7}~10^{-5}mol的元素，主要包括铁、硼、锌、铜、锰、钴等。植物对这些元素的需要量甚微，但又不可缺少。培养基中铁是用量较多的一种微量元素，通常以硫酸亚铁与Na_2-EDTA(螯合剂)制成螯合物出现在培养基中。

(2)有机物质

主要包括维生素类、氨基酸及其他有机附加物。

①维生素类　主要有B族维生素，如V_{B1}、V_{B6}、V_{B12}，烟酸(V_{PP})，生物素(V_H)以及抗坏血酸(V_C)等。常用的维生素质量浓度在0.1~1mg/L之间。此外还有肌醇(环已六醇)、泛酸和泛酸钙等。

②氨基酸　是蛋白质的组成成分，也是一种有机氮源。常用的氨基酸有甘氨酸以及酰胺类物质，如谷酰胺、天冬酰胺和多种氨基酸的混合物如水解酪蛋白(CH)、水解乳蛋白(LH)等。在组织培养中应用的氨基酸还有谷氨酸、半胱氨酸、丝氨酸以及酪氨酸等。

③其他有机附加物　其中最常用的有质量分数为10%的椰乳(CM)、0.5%的酵母提取物(YE)、麦芽提取液及各种果汁、菜汁等。

(3)植物生长调节物质

这类物质是培养基中不可缺少的部分。除整体植株及成熟胚培养以外，植物生长调节物质在其他各类组织培养中必不可少，甚至对外植体的生长、分化起决定性作用。其中影响最显著的是生长素和细胞分裂素。

①生长素类　为吲哚乙酸(IAA)、吲哚丁酸(IBA)、萘乙酸(NAA)和2，4-二氯苯氧乙酸(2，4-D)等。

②细胞分裂素　有动力精(激动素KT)、6-苄基氨基嘌呤(BA)、玉米素(ZT)以及异戊烯腺嘌呤(2ip)等。

其他生长调节物质还有赤霉素(GA_3)、脱落酸(ABA)、乙烯利(CEDP)和三十烷醇。

为了减少植物组织在培养过程中所排出的有害物质的影响，可以在培养基中加入质量分数为0.1%~1.0%的具有强吸附功能的活性炭。有时在培养基中预先加入适量的抗生物质，如青霉素、链霉素等以减轻污染。

(4)糖

糖是植物组织培养中不可缺少的碳源，也是能源物质，并有维持一定渗透压(一般在152~415kPa范围之间)的作用，常用1%~5%的蔗糖，也有用葡萄糖、果糖和山梨糖的。

(5)介质(培养载体)

液体培养时水就是营养介质，有时可用纸桥作为培养物的支持载体。固体培养基中常用的载体是琼脂。琼脂是从海藻中提取出来的一种凝胶性物质，植物细胞并不能利用它，但由于其具有无毒、可塑、遇热溶化、冷却后固形化、可使各种可溶性物质均匀地扩散分布等特性，因此是制备固体培养基极为理想的一种凝固剂。其余的凝固剂还有明胶、硅胶和丙烯酰胺泡沫塑料等。

2)培养基的配制

选择合适的培养基是培养成功的关键。培养基种类很多，需根据植物种类、培养材料类型及培养目的选用培养基。

目前常用的培养基有：MS、ER、B_5、SH、HE等。其中以MS应用最为广泛。White培养基在某些方面的应用也是十分理想的。现介绍MS培养基的配制方法。

(1)培养基母液的配制

为简便起见，将培养基配方中的药品用量扩大一定倍数称量供一段时间使用，即配成一些浓缩液，用时稀释，这种浓缩液就是贮备液，即母液。按药品种类和性质分别配制，单独保存或几种混合保存，一般大量元素比使用液浓度高10~100倍，微量元素等可高20~1000倍。但要注意过高的浓度和不恰当的混合会引起沉淀，影响培养效果。

①大量元素母液的配制　称取16 500mg硝酸铵放入500mL烧杯中，用适量蒸馏水溶解后倒入1000mL容量瓶中；然后同上，根据表8-1中的数据依次称取硝酸钾、磷酸二氢钾、硫酸镁、氯化钙，溶于蒸馏水，倒入同一容量瓶。最后定容到1000mL，摇匀后倒入1000mL洗净的试剂瓶中，贴好标签放入冰箱中备用。

②微量元素母液的配制　称取166mg碘化钾放入烧杯中，用适量蒸馏水溶解后倒入1000mL容量瓶中；然后同上，根据表8-1中的数据依次称取硼酸、硫酸锰、硫酸锌、钼

酸钠、硫酸铜、氯化钴，溶于蒸馏水，倒入同一容量瓶。最后定容到1000mL，摇匀后倒入1000mL洗净的试剂瓶中，贴好标签放入冰箱中备用。

③肌醇母液的配制　由于肌醇用量大，配制容易，常从有机物中分出来，单独配制。加上肌醇时间放长了易变质，配制母液常只配制100mL，含量为20mg/mL，每次取用时1L培养基只需取母液5mL即可。因此称取2000mg肌醇，倒入小烧杯中用蒸馏水溶解，然后定容至100mL容量瓶摇匀即可。

④其他有机物母液的配制　称取100mg的烟酸放入烧杯中，用适量蒸馏水溶解后倒入1000mL容量瓶中；然后同上，根据表8-1中的数据依次称取盐酸吡哆醇、盐酸硫胺素、甘氨酸，溶于蒸馏水，倒入同一容量瓶。最后定容到1000mL，摇匀后倒入1000mL洗净的试剂瓶中，贴好标签放入冰箱中。

表8-1　培养基母液的配制

类别	中文名称	化学式	1L培养基中药品用量(mg)	母液扩大倍数(倍)	1L母液中药品称取量(mg)	1L培养基取用母液量(mL)
大量元素	硝酸铵	NH_4NO_3	1650	10	16 500	100
	硝酸钾	KNO_3	1900		19 000	
	磷酸二氢钾	KH_2PO_3	170		1700	
	硫酸镁	$MgSO_4 \cdot 7H_2O$	370		3700	
	氯化钙	$CaCl_2 \cdot 2H_2O$	440		4400	
微量元素	碘化钾	KI	0.83	200	166	5
	硼酸	H_3BO_3	6.2		1240	
	硫酸锰	$MnSO_4 \cdot 4H_2O$	22.3		4460	
	硫酸锌	$ZnSO_4 \cdot 7H_2O$	8.6		1720	
	钼酸钠	$Na_2MoO_4 \cdot 2H_2O$	0.25		50	
	硫酸铜	$CuSO_4 \cdot 5H_2O$	0.025		5	
	氯化钴	$CoCl_2 \cdot 6H_2O$	0.025		5	
铁盐	乙二胺四乙酸二钠	Na_2-EDTA	37.3	200	7460	5
	硫酸亚铁	$FeSO_4 \cdot 7H_2O$	27.8		5560	
有机成分	肌醇	$C_5H_{12}O_6 \cdot 2H_2O$	100	200	20 000	5
	烟酸	NC_5H_4COOH	0.5		100	
	盐酸吡哆醇VB_6	$C_8H_{11}O_3N \cdot HCl$	0.5		100	
	盐酸硫胺素VB_1	$C_{12}H_{17}ClN_4OS \cdot HCl$	0.1		20	
	甘氨酸	NH_2CH_2COOH	2		400	

⑤铁盐母液的配制　称取硫酸亚铁($FeSO_4 \cdot 7H_2O$)5560mg溶于约400mL蒸馏水中，适当加热并不停搅拌；称取乙二胺四乙酸二钠(Na_2-EDTA)7460mg溶于400mL蒸馏水中，适当加热并不停搅拌。然后将两种溶液混合在一起，调整pH值到5.5，最后加蒸馏水定容到1000mL。摇匀后倒入1000mL洗净的棕色试剂瓶中，贴好标签放入冰箱中。

(2)配制培养基的步骤

配制培养基时一般将已配好的各种母液按顺序排好，根据母液倍数或浓度计算和吸取相应量的各种母液和生长调节物质，计算和称取琼脂和蔗糖，加入到含有水的容器中加热，不断搅拌使琼脂完全溶解后结束加热，然后加水定容。用 1mol/L HCl 或 1mol/L NaOH 调节 pH 值至所需值，培养基要趁热分装于培养容器中，若用 100mL 的三角瓶，每瓶分装 20～50mL 培养基。分装时注意不要将培养基倒在容器口或容器壁上，以免导致杂菌污染。分装后立即用封口膜或棉塞封口，培养基的处理应作相应的标记。培养基配制可按如下步骤进行(图 8-3)。

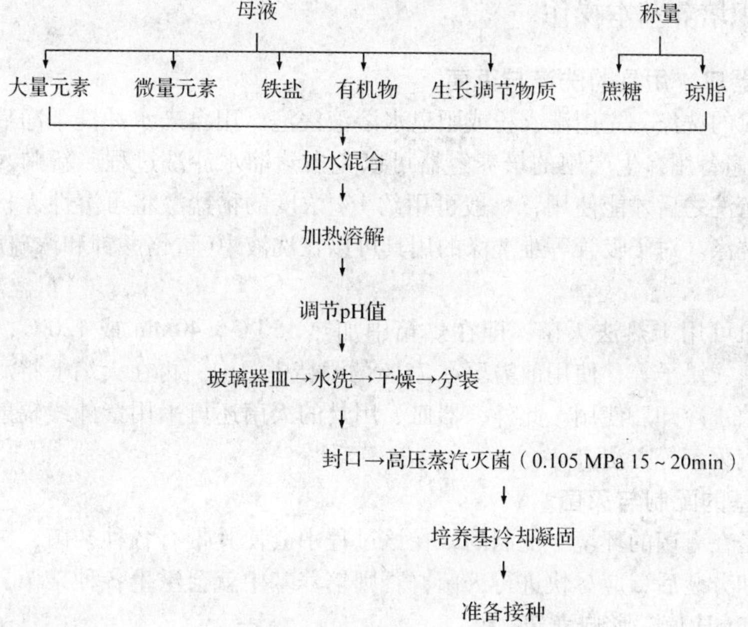

图 8-3 培养基的配制程序

8.4.5 外植体的选择

由植物(母体)上取来用作离体培养的材料被称为外植体。它是指第一次接种用的植物材料。虽然几乎每种植物的组织或器官都可作为外植体，但是具体采取什么组织或器官，则取决于培养的目的和所涉及的植物种类。实际上，从同一植株来的各部分离体组织中，其脱分化和形态发生能力因植株的年龄、季节、生理状态而异。因此，在确定合适的外植体材料时应考虑到以下几个方面：

①选择优良的品种。

②选择合适的器官　木本植物、较大的草本植物采取茎段作为外植体比较适宜，它能在培养基中萌发侧芽，成为进一步繁殖的材料，如月季、变叶木、朱蕉、巴西铁树、菊花、香石竹等；草本植物可采用叶片、叶柄、花葶、花瓣等作为外植体，如非洲紫罗兰、秋海棠类、虎眼万年青、非洲菊、花毛茛、银莲花等。

③选择适龄的外植体　一般选取处于生理活跃状态，生长能力较强的部位。如幼嫩茎尖、刚萌发的幼芽等。

④选取外植体的时间或季节　植物快速生长的季节是取材的最佳时期。如番木瓜茎尖培养，冬季取材难于成活，夏季取材不仅成活率高，生长速度也快，增殖率高。有些含酚类多的植物，应在酚类分泌物含量最低的季节取材，接种成活率高。

⑤选择外植体的大小　较大的外植体有较强的再生能力，但是太大易污染。一般选取外植体大小在0.5～1.0cm。若是通过分生组织培养来淘汰病毒，则外植体越小越好，因为病毒在茎尖上的分布是越到茎尖分生组织越少。

⑥选择健壮的母体植株　一般在晴天中午或下午从生长健壮的无病虫害的植株上，选取发育正常的器官或组织，其代谢旺盛，培养容易成功。

8.4.6　组织培养基本操作

1)培养器皿、用具的洗涤与灭菌

一般器皿的洗涤，先用洗衣粉或肥皂水溶液浸泡，用自来水冲洗干净后，再用蒸馏水冲洗1～2遍备用，生产用的培养容器可以免去蒸馏水冲洗过程。新购入的玻璃器皿只有在彻底清洗之后才能使用，一般可用约1%浓度的稀盐酸将可溶性无机物除去，也可用洗涤剂洗涤。对于吸管等难洗涤的用具可以在洗液中(重铬酸钾和浓硫酸混合液)浸泡后再洗。

玻璃器皿可用干热法灭菌，即在烘箱中加热150℃，40min或120℃，2h。金属用具，如刀、剪、镊子等，使用前需要在75%的酒精中浸泡，再在火焰上将酒精烧去或在加热器上灭菌，冷却后使用。此外，器皿、用具的灭菌还可采用紫外线辐射、表面灭菌液、高压蒸汽灭菌等方法。

2)培养基的配制与灭菌

培养基是在有菌的环境中配制的，在该过程中会使其带有各种杂菌，因此一旦培养基配制完毕和分装后，应尽快进行灭菌，否则培养基中就会滋生各种杂菌，改变培养基的营养成分和pH值，影响培养效果。

常用灭菌方法是用高压蒸汽灭菌法进行灭菌，将培养基置于高压灭菌锅中，从达到要求温度的时刻算起，在0.105MPa的压力下(121℃)灭菌15～40min。灭菌的时间取决于温度，而不是直接取决于压力。由于容器的体积不同，瓶壁的厚度不同，所需灭菌时间也不同(表8-2)。培养基灭菌时间不能过长，否则容易引起培养基中营养成分的损失，并且琼脂也会因灭菌时间的延长，凝固能力下降，甚至不能凝固。因此，所需的灭菌时间应随着要进行灭菌的物体体积而变化。

表8-2　培养基所必需的最少灭菌时间

容器的体积(mL)	在121℃下灭菌所必需的最少时间(min)	容器的体积(mL)	在121℃下灭菌所必需的最少时间(min)
20～50	15	1000	30
75～150	20	1500	35
250～500	25	2000	40

3）培养材料的灭菌和接种

（1）外植体的选取

一般说来，未受病、虫侵袭的植物组织内部可以看作是无菌的，因此植物材料通常只需表面灭菌后，即可视为获得无菌材料，可以作为接种用的外植体。选好的外植体用加有少许洗衣粉（或洗洁精）的水清洗一两次或流水冲洗数小时至一天。

（2）材料的初步切割

对茎尖先除去老叶，然后除去一两片包裹茎尖的嫩叶，注意茎尖嫩叶不要去除太多，以免伤口面暴露过大，在灭菌时伤害过强；过多的叶片可在灭菌、水洗后，接种之前再行切去。

对茎段先除去叶，留一段叶柄；无菌水冲洗后，将茎断面及叶柄再切除一小段，以减少灭菌药物的危害。

（3）材料表面灭菌与接种（以下操作需在无菌条件下进行）

材料的表面灭菌要在超净工作台或接种箱内操作。将一干净烧杯置于超净台，再把初步洗涤及切割好的材料置入，同时准备好灭菌溶液、无菌水、待用培养基等。工作人员换上洁净的工作服，戴上帽子。用肥皂洗手至肘部，自来水冲洗干净，用洁净毛巾擦干，用70%酒精棉球擦手。把沥干的植物材料转放到灭菌过的三角瓶或广口瓶中，看好时间并记录，按照下列步骤进行材料灭菌操作，所获得的材料即为待接种材料。

用70%～75%酒精浸蘸几秒钟并摇动⟶0.1%～0.2%升汞+0.1%吐温20的灭菌液3～5min并摇动数次⟶用无菌水清洗3～5次⟶剥去外层小叶，取带少量叶原基的小茎尖移入培养基。

灭菌剂要求既要有良好的灭菌作用，又要不会损伤外植体材料或较少损伤材料，还要易被无菌水冲洗掉或能自行分解，不会遗留在培养材料上而影响生长。表面灭菌剂对植物组织也是有毒的，因此应当正确选择灭菌剂的浓度和处理时间，以尽量减少组织的损伤和死亡。

常用灭菌剂的使用浓度及效果见表8-3。

接种就是用灭菌过的器械，将切割好的外植体插植到培养基表面上。具体操作是左

表8-3　常用表面灭菌剂使用浓度及效果比较

灭菌剂	使用浓度（%）	去除的难易	灭菌时间（min）	效果
次氯酸钙	9～10	易	5～30	很好
次氯酸钠	2	易	5～30	很好
漂白粉	饱和溶液	易	5～30	很好
溴　水	1～2	易	2～10	很好
过氧化氢（双氧水）	10～12	最易	5～15	好
氯化汞（升汞）	0.1～1	较难	2～15	最好
酒　精	70～75	易	0.2～2	好
抗生素	4～5（mg/L）	中	30～60	较好
硝酸银	1	较难	5～30	好

手拿三角瓶，解开拿走封口膜，封口膜口朝下保持原状放在超净台上；将三角瓶几乎水平拿着，靠近酒精灯焰，将瓶口外部在灯焰上燎烧数秒钟，然后用右手拿镊子夹一块外植体送入瓶内，轻轻插入培养基上，镊子灼烧后放回架上，再包上封口膜，便完成了第一瓶的接种操作。接着再做第二瓶、第三瓶……

注意镊子及外植体不要碰到桌面、封口膜、三角瓶外壁、手、袖口等，否则就可能带菌，这时外植体必须弃掉。

4)接种材料的培养

接种好的培养容器应立即放入培养室(箱)内进行培养。通常采用25±2℃恒温培养。组织培养物与正常植物一样需要光，多用日光灯作辅助照明。光照时间和光照强度视不同植物、不同器官、不同组织而定。通常使用的光照时间是12～16h，光照强度为1000～2000lx。需要暗培养的材料可用黑纸(布)包围起来，或在培养箱或橱内进行，也有的专用暗房进行暗培养。

5)组培苗移栽及初期管理

当外植体经过诱导形成愈伤组织，再诱导生芽、生根形成完整植株后，要进行几次移栽，使其逐渐适应外界的自然环境。移栽方式有：出瓶移栽、容器移栽和大田移栽。

(1)出瓶移栽(“盘炼”)

组培苗是在相对湿度极高的培养容器内生长，其叶片的保护组织(角质层、蜡质层)发育较差，气孔的调节能力也极弱。同时，在培养基无菌状态下诱发的幼根对土壤的适应能力也差。因此，组培苗在移入大田以前必须经过一段时期的锻炼，才能提高移栽的成活率。

将瓶中的小苗小心取出，在20℃左右的温水中浸泡约10min，换水2次，洗净其根部的培养基，迅速栽在装有已经过消毒处理基质的育苗盘中，喷淋透水，喷洒一定剂量的杀菌药，然后放在干净、排水良好的温室或塑料保温棚中。在初期应保持较高的空气湿度，需时20d左右。

移栽基质以疏松、排水性和透气性良好者为宜，如蛭石、河沙、珍珠岩、过筛炉灰渣、腐熟锯末、草炭、腐殖土、中草药渣、椰糠等均可。

出瓶移栽的作用在于促使瓶苗根系吸收能力和叶片同化作用能力的提高，同时增强其适应变化环境的能力。出瓶移栽完成后，瓶苗就可以进行容器移栽了。

(2)容器移栽

容器多选择塑料营养杯，移栽基质主要为田园土，配以松针土、腐殖土、营养土等。基质装至营养杯的1/4处，栽下的苗根要与营养土贴紧。移栽后应经过短期遮阴，注意保湿。

(3)大田移栽

移栽前要通过整地、作床，灌足底水。移栽时要选在阴天进行，移栽方法可以采用穴植法。移栽后的初期管理，主要是水分管理，最好是喷灌，增加雾化效果。因为此时叶面蒸发快而苗根吸水能力差。移栽7d左右可以进行叶面施肥，20～30d后，即可按照一般大田育苗技术规范管理。

小结

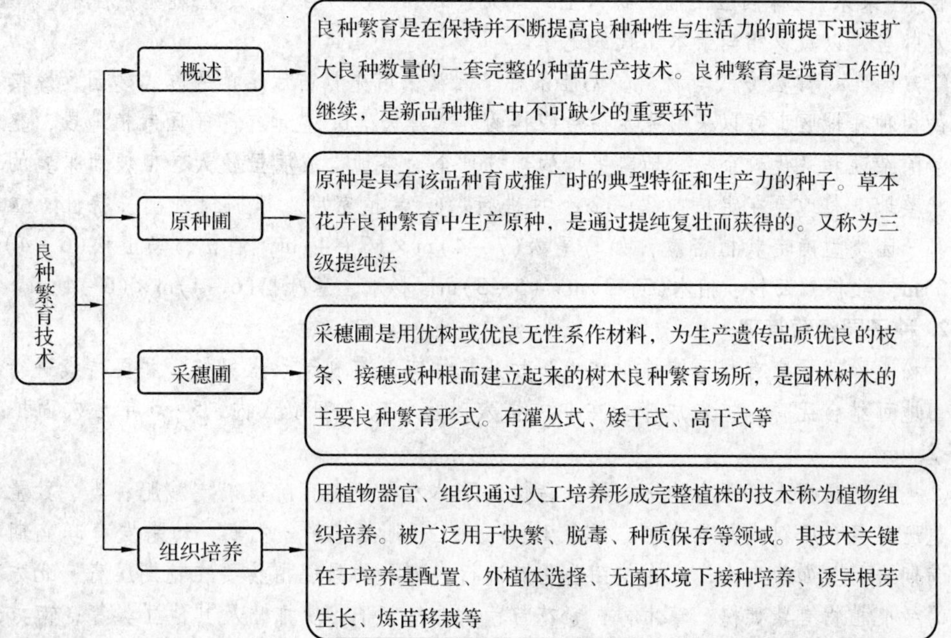

知识拓展

种子园营建与管理

1. 种子园营建

种子园是用优树无性系或家系按设计要求营建的，实行集约经营的，以产生优良遗传品质和播种品质种子的特种林。

①种子园规模　按种子园供种范围的用种量、单位面积产种量确定种子园建设规模；种子园内同一树种的面积应在10hm^{2}以上，以近方、圆形为好，避免长条形。

②园址条件　在适于该树种生长发育的生态条件范围内，选择有利于长期大量结实的地段建园。种子园要集中成片，海拔适宜，地势平缓，光照充足，土层厚肥力好，病虫兽害不严重，交通方便。

③隔离　种子园是通过控制授粉来生产高度杂合的和有遗传优势种子的，因此，外源花粉需得到有效隔离。

④种子园区划　种子园区划为若干大区，大区下设置小区。地势平缓地段可划分成正方形或长方形；山区沿山脊或山沟、道路等划界，不求形状规整或面积一致，但应连接成片。小区按坡向、坡位和山脊等区划，或按栽植年份、栽植材料划分。

⑤建园材料来源和数量　在了解建园树种地理变异规律的情况下，种子园可采用优良种源区的优树繁殖材料；实生苗种子园大区中使用的单亲或双亲家系间不能有亲缘关系。面积在10～30hm^{2}的第一代无性系种子园应有50～100个无性系；31～60hm^{2}的应有100～150个无性系；60hm^{2}以上的应有150个以上无性系。实生苗种子园所用家系数应多于无性系种子

园所用无性系数。第一代改良种子园所用无性系数量为第一代无性系种子园的1/3~1/2。

⑥配置设计　配置指无性系(家系)植株在种子园中排列的相对位置。配置原则主要是同一无性系(家系)植株间应间隔3株以上，或大于20m，以防自交；尽量避免无性系(家系)间有固定邻居，以减少相同亲本子代的比率。

⑦建园　a. 建园方式与材料。无性系种子园常采用先育苗后定植的方式建园，嫁接成活率高的树种和地区也可以采用先定砧后嫁接的方式建园。b. 整地。种子园栽植地段，整地前要先清除杂灌和采伐剩余物。地势平坦的地方可全面整地。坡度虽较大，但坡面平整的山地可带状整地。整地要在定植前3~12个月进行。c. 栽植密度。根据树种生长特性、立地条件、种子园类型确定栽植密度，如马尾松(7-4)m×(7-4)m，油松、华山松(6-4)m×(5-3)m，红松、云杉、柏木(5-3)m×(5-3)m，杉木、落叶松(6-4)m×(6-4)m。

2. 种子园经营管理

①松土除草　应有利于植株正常生长和开花结实，有利于水土保持，并要持续进行。在南方山地可结合抚育，扩穴成带。在北方扩穴时应将表土回填穴内，5~6年后穴面扩大至1.5~2.0m^2。

②施肥　根据土壤肥力状况、树种特性以及林木生长发育阶段确定施肥种类、数量和时间。追肥以复合肥料或氮肥为主，每年1~3次，分别在花芽分化期、幼果发育旺盛期和籽粒饱满期进行。如为1次，应在花芽分化期进行。套种的绿肥植物要在花期压青。北方可供选择的绿肥植物有紫穗槐、草木樨、紫花苜蓿、毛叶苕子、沙打旺及其他豆类等；南方适用的绿肥植物有紫云英、铺地木兰、苕子、猪屎豆、日本草及各种豆类等。

③灌溉　干旱地区灌溉有利于形成健壮的结实层。生长期间当土壤持水量小于最大持水量的65%时进行灌溉；但花芽分化期不灌溉。灌水量以浸润范围稍大于根系分布范围为宜，南方山地应采取保墒措施。

④辅助授粉　在种子园开花结实初期，或开花撒粉期遇阴雨天气时，应采取人工辅助授粉措施。花粉从10~20个无性系植株或优树上采集，混合均匀后用滑石粉或死花粉按1∶5~1∶4比例稀释，在雌花授粉适期，静风时用喷粉器喷洒。

⑤树体管理　及时清除砧木萌条。开花结实初期，不能修剪树冠下方侧枝。采种必须保护树体。

⑥病虫兽害防治　根据种子园中病虫害和危害动物的发生、发展和活动规律，采取有效措施及时防治。加强检疫，防止把危险性病虫害引入园内。

⑦护林防火　做好护林防火工作，每年及时清除林道及大区界上的植被。

⑧开花结实习性观察　观测各无性系(家系)雌雄(球)花花期早晚、产量和年变化，了解各无性系(家系)的球果出籽率和种子播种品质。

⑨去劣疏伐　取得子代测定和开花结实习性资料后，要及时对第一代无性系种子园去劣疏伐。一般分2~3次进行。

3. 技术档案

技术档案是种子园基本建设内容之一，是科学研究、规范管理的基础材料。

种子园档案主要包括：上级下达的计划任务书、总体设计方案及有关图表、种子园基本情况表、种子园小区立地条件登记表、种子园优树登记表、经营活动登记表、种子园定植(嫁接)、补植(补接)登记表、无性系(家系)生长状况调查表、无性系(家系)开花物候调查表、结实量登记表和种子苗木品质调查表等。

种子园建档要求做到资料收集完整、记录准确、归档及时、使用方便。原始记录保存于施业单位。汇总报告，一式三份，分存于施业单位、施业单位上级主管部门和技术指导单位。

自主学习资源库

(1)园林植物遗传育种学(第2版). 程金水，刘青林. 中国林业出版社，2010.

(2)园林植物遗传育种学. 杜晓华. 水利水电出版社，2013.

(3)园林植物育种学. 戴思兰. 中国林业出版社，2007.

(4)园林植物育种学. 刘鹏. 黑龙江大学出版社，2013.

(5)主要针叶造林树种种子园营建技术. 中华人民共和国国家标准 GB10019—1988.

(6)母树林营建技术. 中华人民共和国国家标准 GB/T16621—1996.

自测题

1. 名词解释

良种繁育，机械混杂，生物学混杂，空间隔离，时间隔离，脱毒处理，采穗圃，植物组织培养，外植体，继代培养，脱分化，接种，培养基。

2. 填空题

(1)良种退化的主要原因有：①______，②______，③______，④______，⑤______。

(2)通常采用__________和__________方法来防止生物学混杂。

(3)依据无性系测定与否，可将采穗圃分为__________和________两种类型。

(4)组织培养时，由培养材料到小苗需要经过_________，_________，______3个诱导过程。

(5)培养基的组成是：①______，②______，③______，④______，⑤______。

(6)培养基配制时，大量元素母液中______要单独配制，微量元素母液中______要单独配制。

3. 问答题

(1)园林植物良种繁育的任务是什么？

(2)哪些途径可以有效防止良种退化？

(3)草本植物良种繁育的一般程序是什么？

(4)采穗圃有哪些种类？建立采穗圃有何意义？

单元9 主要园林植物良种选育

学习目标

【知识目标】

(1)了解主要园林植物种质资源、生物学特性。

(2)明确主要园林植物的育种目标。

(3)掌握主要园林植物品种改良的方法。

(4)了解主要园林植物育种现状及发展趋势。

【技能目标】

(1)能选择有效的技术路线完成当地特色园林植物的新品种选育。

(2)能在主要园林植物品种选育的重要环节上开展工作。

(3)能熟练地繁育主要园林植物新品种。

(4)能自觉地将园林植物新品种用于生产。

9.1 牡丹育种

牡丹(*Paeonia suffruticosa*)，又名木芍药、洛阳花、富贵花。为毛茛科芍药属的落叶小灌木。原产于我国秦巴山区，现仍有野生分布，在华北和华中及西北的部分地区广为栽培，以河南洛阳、山东菏泽栽培最盛，其次是北京和安徽亳州市。一般用于盆栽观赏。牡丹是我国十大名花之一，素有“花中之王”、“国色天香”之美誉。

牡丹在我国栽培广泛，历史悠久，迄今已有2000年的历史。北宋欧阳修在《洛阳牡丹记》中记录了31个品种。至清代，栽培中心由洛阳移至山东菏泽，至今不衰。中国牡丹在世界传播以后，国外相继开展了育种工作，进一步丰富了牡丹品种。牡丹属植物在全世界共35种，现在我国野生种和栽培种有近1200余个，牡丹的世界栽培中心仍然在中国。牡丹在园林布景中无论孤植、丛植、片植都很适宜。牡丹作为盆花亦十分方便，还可作为切花栽培。丹皮还可入药。

9.1.1 育种目标

(1)提高观赏品质

①丰富花色　牡丹花色有红、黄、蓝、白、黑、绿、紫、粉、雪青及复色。但黄、

绿、黑、白、复色还是稀少颜色，橙色更为少见。丰富花色仍然是主要任务。

②延长花期　牡丹花期一般集中在4月下旬至5月中旬，单株花期7~10d，花期太短，也较集中。选育花期较长的品种，可大大提高牡丹的观赏价值。

③色香兼备　牡丹花径比较大，花径小的野生种重瓣性差，因而小花重瓣、一枝多花品种是选育目标。牡丹栽培品种多有程度不同的香味，彩斑多为紫色辐射斑，颜色和分布单调，需要培育花色更为艳丽、花型更为丰富、香味浓郁开花容易的新品种。

(2)增强抗性

牡丹对栽培条件要求高，喜凉恶热，宜燥惧湿，耐寒性稍好，在我国黄河中下游地区生长良好，但在东北和两广及福建等地区栽培困难。应培育耐寒、耐湿、耐热、耐干、耐粗放管理、抗污染及抗病虫害的牡丹品种。

(3)提高繁殖能力，缩短生育周期

牡丹品种花蕊瓣化或退化严重，不能结实或结实率很低。而且播种后需4~5年才能开花，使育种周期延长，妨碍了一些优良品种的繁殖。应选育繁殖能力强，实生苗开花早的品种。

(4)提高经济价值

丹皮是贵重的药材，其品质因品种而异。观赏价值高的品种往往药用价值不高。应培育观赏、药用兼优的品种。

9.1.2　种质资源

(1)野生种质资源

①牡丹　分布于陕西，是重要的原始种，其特点是花径大。

②矮牡丹　花白色，部分微带橘红晕，基部淡紫色。分布于陕西、山西等地，属原始种，植株矮小。

③紫斑牡丹　花瓣白色，腹内基部具大斑；花丝淡黄色；花盘黄白色。分布于四川、陕西和甘肃，抗性强。

④四川牡丹　花淡紫至粉红色，花丝白色。分布于四川，花期较长。

⑤杨山牡丹　花白色。分布于湖南、甘肃和陕西等地，是药用牡丹原种。

⑥延安牡丹　白色或淡紫色，基部具深紫黑色斑块。主要分布在在陕西。

⑦紫牡丹　花红色至紫红色，花丝深紫色。分布于云南、四川、西藏等地，一枝多花。

⑧狭叶牡丹　花红色，至红紫色。分布于四川、云南。

⑨黄牡丹　花瓣黄色，有时边缘红色或基部有紫色斑块，花丝淡黄色。分布于云南、四川、西藏等地，花径小，花期较早。

⑩大花黄牡丹　花黄色。分布于西藏，花期长，稍有香气。

⑪卵叶牡丹　与矮牡丹相近。主要在湖北神农架一带。

⑫林氏牡丹　白色，基部具紫黑色斑块，花丝白色，花药黄色。主要分布在甘肃、湖北、河南。

(2)栽培品种群

从历史演化来看，各品种群间相互交流、融合。但由于各品种群所在地自然条件和主要野生种源的不同，在长期的历史发展和人工选择过程中，仍形成各具特色的品种群。中国栽培牡丹形成了4个品种群。

①中原品种群　这是我国最大的栽培牡丹品种群，历史最久，品种最多，约550个，变异也最丰富。现以菏泽、洛阳为其栽培中心，已培育出抗性强、开花多的品种，适宜寒冷地区栽培。中原牡丹与紫斑牡丹、矮牡丹和杨山牡丹的起源有一定的联系。

②西北品种群　这是第二大栽培品种群。目前有100多个品种，主要分布于陕西、宁夏、青海及甘肃大部分地区。在该品种群中，分布品种表现出紫斑牡丹的基本特征。

③江南品种群　在安徽、铜陵等地品种较多，而且铜陵凤凰山一带为全国药用牡丹基地。江南品种群中一部分品种如“凤丹”系列直接表现出杨山牡丹基本特征，也有一部分品种是中原品种南移后，经风土驯化或进一步杂交改良后形成，有着复杂的遗传背景，表现各种野生牡丹的综合影响。历史上品种数量众多，现存数量少。

④西南品种群　分布于四川、云南、贵州等地，以彭州和成都为栽培中心，其他栽培地有大理、丽江、昭通、武定等地。天彭品种群是甘肃品种南移，中原品种西移，并经长期驯化或杂交改良的产物。但现有品种中，紫斑牡丹的影响较大。

(3)栽培品种

①按花期　可分为早花品种、中花品种、晚花品种。

②按花色　可分为黄、白、红、粉、紫、黑、蓝、绿和复色9种色系。

③按花型　可分为单瓣(单叶)类，包括单瓣型一种花型；半重瓣(复叶)类，包括荷花型、蔷薇型两种花型；重瓣(多叶)型，包括托桂型、皇冠型、绣球型、台阁型4种花型。

9.1.3　花器构造与开花习性

(1)花器构造

牡丹野生种花器构造简单，花萼5片，花瓣5~10片，离生，心皮2~5枚，雄蕊多数，着生于心皮周围；栽培品种花器构造变化较大，可分为单瓣型、半重瓣型与重瓣型。

①单瓣型　花瓣5~15片，雄蕊200~300枚，雌蕊5~6枚。雄蕊、雌蕊均发育正常，结实率较高。

②半重瓣型　花瓣20~100片，雄蕊200~300枚，雌蕊5~11枚。

③重瓣型　花瓣100~200片及以上，雄蕊、雌蕊部分或全部瓣化、退化，结实率较低或不结实。

(2)开花习性

牡丹单株寿命一般可达百年。它的生长周期较长，幼年时期发育缓慢，播种后4~5年才能开花。青壮年阶段，长势强健，开花繁茂，这一阶段约25年，是牡丹的最佳观赏时期。40年后，进入老年阶段，长势衰弱，着花变少。

牡丹年周期生长发生规律因品种、地区不同而异。黄河中、下游地区，每年4月下旬至5月中旬开花。单株花期7～10d，短的3～5d，群体花期20～25d。花谢后，每年6月新的花芽开始分化。

牡丹开花对温度变化十分敏感。以3.6℃为生物学零度，牡丹开花所需积温315.2℃。在达到开花积温的条件下，温度达到16～18℃时，牡丹才能开花。

在温度5℃，相对湿度70%的条件下，花粉可贮藏80～90d。实生苗的花粉比长期进行营养繁殖植株花粉生活力更强。

9.1.4 育种的途径、方法

(1)引种驯化

中国牡丹公元8世纪传入日本，17世纪传入荷兰，18世纪传入欧洲。而后法国培育的黄色的种间杂交种又传入日本。1890年，欧洲已达上百种牡丹品种。国际间，牡丹的传播与品种交流一起延续至今。例如，1981年上海植物园与日本安部牡丹园交换了一批牡丹品种，丰富了我国的牡丹品种。国内牡丹的引种驯化，应选择适应本地区生态环境的优良品种，需要注意原产地与引种地气候、土壤条件的差异，引种与逐步驯化相结合，有目的地进行。

(2)选择育种

①芽变选择　芽变是获得新的牡丹品种的重要途径。诱发芽变，及时发现优良性状变异芽变，选择芽变，固定芽变，就有可能培育出新品种。

②实生选种　通过单株选择发现实生苗群体中个别牡丹的花型、叶型、花色、抗逆性等性状的变异，通过比较、鉴定，进行单株单独选育繁殖，就可能获得新的优良品种。

(3)杂交育种

牡丹的人工杂交育种在4月下旬至5月初进行。当母本花蕾破绽1～2d，花瓣微微张开而花粉尚未成熟时去雄。去雄时，用剪子把花瓣剪下，用镊子把雄蕊全部摘除。然后套袋隔离，挂牌注明去雄日期。一般在母本开花的第二天，当柱头分泌黏液时进行授粉。授粉时，摘去隔离袋，把事先收集的父本花粉用毛笔等细软物蘸取少许，涂抹在母本柱头上。然后再套袋隔离，挂牌注明杂交亲本名称及授粉日期。

授粉后管理与采收：授粉后7～10d，进行观察。若子房膨大，说明授粉成功。牡丹种子多在8月下旬成熟。当蓇葖果初裂，种子呈褐黄色或微变黑时即可采收。过早或过晚采种，都会影响发芽率和出苗率。

(4)倍性育种

倍性育种包括多倍体诱导、单倍体诱导等。芍药属中原产我国的几个种都是二倍体($2x=10$)，只有个别牡丹品种中发现三倍体或混倍现象。因此，进行牡丹的多倍体育种，有广阔的前景。通过秋水仙素、咖啡碱等药剂，对牡丹进行诱导处理产生多倍体，有效改进牡丹的观赏品质和经济价值。此外，利用染色体加倍的办法，也可解决牡丹与芍药杂交不育的问题。

除以上育种方法外，国内外学者在组织培养方面做了大量工作。另外，随着分子生物学的深入发展，开始用分子标记法对牡丹育种和杂交后代的亲缘关系和遗传多样性进行研究，这对杂交亲本的选择具有重要意义。

9.2 梅花育种

梅花(*Prunus mume*)为蔷薇科李属，落叶小乔木。是原产于我国的名贵花木，已有2000多年的栽培历史。位“中国十大名花”之首。原产于长江以南。全国现在以艺梅、赏梅著称的有武汉磨山，无锡梅园，苏州光福，南京梅花山，杭州灵峰等地。梅花盛开时，纷繁如雪，望之如海，落英缤纷，香飘数里，素有“香雪海”之美名。游人观梅，醉而忘返。

梅花这一历史悠久的传统观赏名花，“色、香、姿、韵”俱佳，为天下尤物。更以其“万花敢向雪中出，一树独先天下春”的品格赢得人们的赞赏。赢得古代文人墨客纷纷将其入诗、入画，留下“疏影横斜水清浅，暗香浮动月黄昏”、“夜深梅印横窗月，纸帐魂清梦亦香”等千古绝唱。

9.2.1 育种目标

梅花的育种目标以提高其观赏价值为主。根据梅花的自然生长条件和现有品种的具体情况，育种目标概括如下几个方面。

(1)提高观赏品质

梅花的主要观赏特征包括重瓣性、雄蕊色彩、花态、枝姿等多方面。用于群体观赏的品种应着花繁密，重瓣性强，整体效果好，而用于个体观赏的品种则应具有优美的花态，别致的花心、花丝、雄蕊及多变的枝姿。这些都是提高梅花本身观赏价值的重要方面，应在育种时分别顾及。

梅花品种的花色目前主要属于白色、粉色至红色系列，而缺乏明显的黄色系列，现仅有的黄香型品种其黄色也较淡，在梅花群体中显得并不突出。为此，培育黄色品种是提高梅花观赏价值、丰富梅花品种的重要途径之一。

梅花苍劲古朴，在改进花型花色等观赏品质的同时，还需注意选育象垂枝类的照水梅、折枝类的龙游梅那样树姿新奇的类型。

(2)提高抗寒性

梅花具有一定的抗寒能力，但在东北及华北地区，一般不能露地越冬，使其北移受到限制。为此，提高梅花品种的抗寒性当为育种的主要目标之一。

(3)增强抗病虫能力

梅花久经栽培，在长期的栽培过程中，多有病虫害侵染，大大影响树势，降低观赏价值。如何培育出抗病、抗虫的梅花品种是当今梅花育种中的重要课题。

(4)延长花期

梅花大多集中在早春季节开花，单株开花时间最长能持续1个月左右，而盛花期只有10d左右。在梅花品种群中，培育早花、晚花的品种对延长梅花的整体花期，进而延长梅花专类园的收益期具有十分重要的经济意义。

(5)花香育种

梅花与其他同属植物一样，花虽有一定香味，但甚淡，目前尚缺香味较浓的梅花品种。因此，提高梅花的香味仍是一个重要的育种目标。

另外，梅花是小乔木，适宜露地园林栽培，树型的矮化和丛生是"改革梅花走新路"的目标之一。

9.2.2　种质资源

梅花种内的遗传多样性丰富，既有野生的变异类型，更有丰富的栽培品种。据估计，我国现有梅花品种300多个(而日本号称有400多个)，如此众多的品种表现了丰富多彩的性状。株型、枝姿、叶色、花色、花型、花瓣、花期、果型、果色、抗性等方面均有很宽广的变异。为育种提供了丰富的原材料。

根据陈俊愉教授提出的梅花分类新系统，梅花分作4系5类16型。

1)直梅系

(1)直脚梅类

枝斜出或直上，不扭曲，花呈梅花型，单瓣至重瓣，花托不大，枝叶典型，新生木质部绿白色，花具有各种颜色。

①江梅型　花单瓣，有白、红、粉等色，萼绛紫或在绿底上洒紫晕。如'单粉'、'江梅'等品种。

②宫粉型　花重瓣或复瓣，粉红至深红色，萼紫色。如'小宫粉'、'桃红台阁'等品种。

③玉蝶型　花白色，重瓣，紫萼。如'紫帝白'、'三轮玉蝶'等品种。

④洒金型　花单瓣或重瓣。一树上有粉、白两色、一花有两色或花具斑点、条纹。如'单瓣跳枝'、'复瓣跳枝'等品种。

⑤绿萼型　花多重瓣，白色，绿萼。如'小绿萼'、'金钱绿萼'等品种。

⑥朱砂型　花单瓣或重瓣，紫花，紫萼。枝内新生木质部紫红色。如'粉红朱砂'、'铁骨'等品种。

⑦黄香型　花小而密，花色微黄，别具一种芳香。如'黄香梅'等品种。

(2)照水梅类

枝下垂，花也向下开。

①单粉照水型　单瓣，花粉红色，紫萼。如'单粉照水'。

②双粉照水型　花重瓣，粉红至深红色，紫萼。

③残雪照水型　花重瓣，白色，紫萼。如'残雪'。

④白碧照水型　花重瓣，白色，绿萼。如'双碧垂枝'。

⑤骨红照水型　花单瓣，蝶形，紫色，紫萼。如'骨江垂枝'。

⑥五宝照水型　花重瓣，一树开红、白两色花，具条纹、斑点。

(3)龙游梅类

枝条自然扭曲，花重瓣，蝶形，白色。如‘龙游’。

2)杏梅系

只有杏梅一类。花大，呈杏花形，多重瓣，粉红色，叶粗大，树势强，花期较晚，抗寒性强。如单瓣杏梅型、送春型等品种。

3)樱李梅系

仅1类即樱李梅类：美人梅型，如‘美人’。

4)山桃梅系

这是梅花与山桃远缘杂交成功，获得的新系统。

9.2.3 梅花开花习性

梅花花期较早，一般在早春季节开花，如果此期间气温较为平稳且偏低，梅花花期则相对较长；而此时如果气温较高，则梅花花期较短，观赏时间也就随之变短。由于全国各地气温变化较大，使梅花的自然花期也有较大差异，如海南、云南等地自然花期在12月~翌年1月，广东、台湾在1月，长江流域一般在2月，黄河流域在3月上中旬，而青岛、北京等地则在3月下旬至4月上旬，形成了从南到北逐渐推进，在全国范围内花期达4个月之久的局面。而单朵花期一般在7~17d，群体花期10~25d；花后即抽枝，6~7月新梢停止生长，之后进行花芽分化。

梅花品种雄蕊变化十分丰富，无论从花丝长短、花丝色彩、雄蕊着生方式、花药色彩还是花粉形态结构都表现出丰富的多态性。花药一般为黄色，也有淡粉红、粉红或紫红色类型出现。此外，梅花雄蕊经常出现瓣化现象。

12月中旬前后，花粉母细胞即开始进行减数分裂，形成4个单倍体小孢子，即四分体。小孢子进一步进行有丝分裂，形成二细胞花粉。

大多数梅花品种具1枚雌蕊，也有一些品种有2~7枚雌蕊，也有雌蕊缺少者。梅花雌蕊在品种间差异较大，有的发达，结实力强，有的退化，无结实力，在多雌蕊个体中，往往部分雌蕊退化，最后有1~3枚雌蕊正常发育结果，形成鸳鸯梅、品字梅等类型。

9.2.4 育种方法

(1)实生选种

梅树经过长期的栽培，形成了纷杂的品种群，而且梅花大多数品种有自花不孕特性，所以这些品种经天然异花授粉(存在天然杂交)后产生多变的后代，从这些后代中可以根据具体的目标、要求进行选择，经初选、复选、决选等程序，确定优良单株进而繁殖推广，使其成为品种。

早在20世纪50年代，陈俊愉等便开始了梅花实生选种的工作，从‘透骨红’天然授粉实生苗中选出了‘华农朱砂’品种，又从实生群体中选出了‘华农玉蝶’等品种。武汉中国梅花研究中心在天然授粉实生苗中进行了大量的选种工作，先后选出梅花品种30个。实践证明，实生选种在栽培群体大、历史久的物种中具有多快好省之功效。

(2)芽变选种

芽变选种是木本植物育种的一个重要手段，它是将植株上发生变异的芽或枝切离母株进行繁殖、鉴定的方法。芽变选种是建立在对植物个体或群体的细致观察的基础之上的。

梅花品种中利用芽变选种者为数较多，一些古老品种是否从芽变选来现已无从考证，但现代梅花栽培实践证明梅花芽变发生的概率较大。

武汉中国梅花研究中心将‘锦生垂枝’嫁接后，获得芽变品种‘锦红垂枝’；王世福等在浙江萧山县进化镇郗坞村“萧山大青梅”梅园中，选出‘青丰’优株，很可能是芽变的结果。

在现代栽培梅花品种中，垂枝类、龙游类等枝条明显发生变异的品种类型，估计是从芽变选择而来。此外，洒金型梅花品种也可能是芽变的产物，其起源尚未可知，可能是自然芽变，也可能是嫁接嵌合体。从同工酶研究的结果看，其嫁接嵌合体的可能性较大。

梅花品种普遍重瓣性强，结实性能较差，在杂交育种成功的可能性较小的情况下，利用芽变选种便可成为一种行之有效的手段。

(3)杂交育种

①杂交育种的目的性较实生选种强，可以有针对性地进行父母本组合，效率也较实生选种为高。例如，武汉中国梅花研究中心从1981年起进行品种间杂交育种，以‘小宫粉’为母本，‘江南朱砂’为父本授粉后从后代中选育出‘小红长须’、‘江砂宫粉’、‘江南台阁’、‘单轮朱砂’等品种，其中‘江砂宫粉’与‘江南台阁’为重瓣品种；以‘残雪’为母本，‘小宫粉’、‘江南朱砂’为父本进行混合授粉，从后代中选出‘磨山宫粉’重瓣品种。张启翔自1985年以后，运用远缘杂交方法进行梅花的抗寒性育种，以山桃、陕梅杏、辽梅山杏等亲本与梅花杂交，获得了杂种后代，其中山桃梅经胚胎抢救后，已成株开花，表现出了较强的抗寒性，能耐 -30℃的低温。近年来，将毛樱桃与梅花品种杂交后，也获得了杂种后代。

②杂交技术　授粉应选在晴天上午9：00～12：00进行，在授粉前1～2d，预先采集父本花粉，母本也应预先去雄，授粉时用毛笔或细软物蘸取花粉涂抹在柱头上。为保证杂交成功，可采用重复授粉或多父本混合授粉的方法。杂交完毕，套袋隔离，挂牌，注明组合名称，杂交日期。一般授粉后1周即可去掉纸袋，霜雪春雨较多地区，母本可预先盆栽，以便管理。

③采收与播种　梅花种子成熟约在6月，采收的种子通常夏季播种，可以带果肉或净子播，对杂种幼苗精细管理，经过比较鉴定，选育出具有目标性状的后代，通过无性繁殖生产大量幼苗，推广应用。

(4)生物技术在梅花育种中的应用

截至目前，在梅花育种中生物技术应用的程度仍然有限，主要在远缘杂种的胚胎抢救和试管良种快繁两个方面。傅萼辉等对梅花品种进行了离体快繁研究，他们在自行研究的WB培养基中，接种美人梅嫩枝茎段，经过近百天的诱导培养，长芽、生根，移栽成活率达80%以上。这一方法对美人梅离体快繁奠定了良好基础，但对大多数真梅类梅花品种来说，仍需进一步研究。柴明良等在大叶青果梅胚离体培养中，采用花后74～83d的幼胚在1/10MS或1/2MS培养基上离体培养获得成功。

(5)引种

梅在我国的自然分布范围主要集中在长江流域及其以南地区。其分布北界是秦岭南坡，西起西藏通麦，南至云南、广东。所以北方地区往往从南方引入抗寒性较强的品种驯化栽培。如北京林业大学从安徽、武汉等地引入‘送春’梅，自青岛引入‘单瓣杏’等，从而大大丰富了北京露地越冬的梅花品种。

(6)诱变育种

用物理或化学因素诱导梅花产生变异，通过比较观察获得具有目标性状的品系，待性状稳定后即可繁殖推广，山东农业大学正在进行这方面的工作。

9.3 月季育种

月季是蔷薇科蔷薇属(*Rosa*)植物的总称。月季是世界重要花卉，有四季开花、花朵丰满、色彩鲜艳、香味浓郁等优良性状，也是我国十大名花之一，同时，月季是世界花卉市场上最重要的切花种类，与香石竹、唐菖蒲、非洲菊并称世界四大切花。全世界有记载的月季品种达2万个，栽培价值高的也有几百种。

月季是少数同时具有乔木(树状月季)、灌木、藤本和地被等不同形态，可以建造专类园的植物之一。月季在园林绿化中应用形式广泛，除月季园之外，还可栽植在花坛、花境，或制作盆景等。月季还有很高的经济价值，如提取月季(玫瑰)芳香油、作月季花酱、浓缩Vc等经济用途。

9.3.1 育种目标

(1)花色

包括培育白色、黄色、橙色、粉红色、朱红色、红色、蓝紫色、表里双色(花瓣正背面颜色不同)、混色(含变色、镶边色、斑纹嵌合色)等新品种，特别是白色纯正、黄色不褪色、红色不黑边的新品种，也包括培育真正蓝色、黑色、绿色等珍奇品种，使品种不断更新，花色更加丰富多彩。

(2)花香

香气是月季迷人的魅力之一，培育浓香月季品种，对提高月季的观赏品质和芳香油含量都是十分重要的。

(3)花型

要求花型优美、高心，花蕾呈美丽的球形或长尖形。花瓣丰满，花瓣为30～50瓣的品种较好。特大的花型或极微的花型给人新奇的感觉。

普遍认为高心翘角和高心卷边杯状形最佳。培育高心翘角杯状形花型，一般选用花瓣长阔、中脉明显而粗、主次脉分枝次数多、瓣缘肉薄的品种作亲本；培育高心卷边杯状花形，一般选用圆阔花瓣、主脉分枝次数多、瓣缘和瓣中厚度差异小的品种作亲本。

(4)开花习性

四季开花性即连续不断开花是现代月季绝大多数品种的基本特征，也是月季的重要优点之一。因此，四季开花性状一直是育种首要目标。

(5)株型

月季株型有灌丛、矮丛、藤本、矮生等类型，不同的用途需要培育不同株型的品种。如花坛月季育种，要求植株矮小、花枝横长、花繁叶茂，适用于庭院栽培。

(6)抗性

月季花期长，可周年生长开花。可我国大部处北温带地区，寒冷季节长，夏季高温高湿，致使月季病虫害多，生长开花不良，只春秋两季开花较好。故应把抗寒、抗旱、抗高温高湿、抗病虫害等性状作为月季的育种目标。

病虫是月季的棘手问题，培育抗黑斑病、白粉病、红蜘蛛、蓟马等病虫的品种，可以减少农药污染环境、降低成本，从而提高花卉商品质量。

月季的观赏功能多，有盆栽、地植、切花用等，为此要求不同，育种目标也有所不同或有所侧重或增加新的内容，如切花月季育种，除以上目标外，还要求花梗硬、长，少刺，瓣质硬，瓶插寿命长，耐修剪，萌发力强，丰产性好等。

9.3.2　种质资源

19世纪以来，随着人们对遗传学的掌握和应用，月季育种也加速发展，四季开花，颜色鲜艳的品种不断出现，而这些品种亲本的谱系比较清楚，又有明确的登记注册制度，所以确定将1867年以前的品种归为古代月季。但不是绝对的，也有个别例外。

古代月季中有许多珍贵的种质资源，有的尚待利用，现在还在采用。因此，世界许多国家都有保存古代月季的蔷薇园，供保存种质和科研之用。

(1)古代月季

①法国蔷薇(*R. gallica*)　又称普洛旺蔷薇(Provins)。原产于南欧，从法国到土耳其中部的西亚。高0.8~1.5m，有刺和刺毛，小叶3~5枚，革质多皱纹，非常耐寒，花期6月，花色为粉红、深红、紫色。

②大马士革蔷薇(*R. damascena*)　又称突厥蔷薇。没有法国蔷薇耐寒，高1~2.5m，小叶5~7枚，常为灰绿色，花色为红、粉红和白色，味浓香。

③白蔷薇(*R. alba*)　花白色或淡粉色、奶白色，很香，花松散，多数为半重瓣，叶子带青色，刺很少，曾经在保加利亚用于提炼香精(玫瑰油)。

④洋蔷薇(*R. centifolia*)　又称百叶(瓣)蔷薇或荷兰蔷薇。洋蔷薇是大而松散下垂的灌丛，非常重瓣的花悬挂在柔弱的枝条上。花色为玫瑰红色，芳香。

⑤苔蔷薇(*R. moss*)　由单瓣花的洋蔷薇芽变而来的苔蔷薇在18世纪或19世纪初选育出约200种苔蔷薇品种，其颜色有白、深红、粉红、黄、紫红多种颜色。

⑥波特兰月季(*R. portland*)　由意大利传至法国，曾经培育出150个品种。它的特点是较迟开花，具有令人愉快的红色，其重大贡献是与中国月季杂交产生杂种长春月季的先驱。

⑦波旁月季(*R. borbonica*)　是中国的月月粉和秋季开花的大马士革蔷薇的天然杂交种。半重瓣，鲜亮粉红色的花继承了亲本大马士革蔷薇良好的秋季开花和芳香的特性。

⑧偌塞特月季(*R. noisettiana*)　又称偌伊斯氏蔷薇。是中国月月粉与麝香蔷薇(*R. moschata*)的杂交种，连续开花，花色有白、粉红和黄色等。

以下是中国蔷薇类。中国蔷薇属植物有82种，约占全世界总数的41%。中国是野生蔷薇的主要分布区之一，中国蔷薇类植物对现代月季育种有重大贡献。

⑨月季花(*R. chinensis*)　又称月季、月月红、长春花等。原产于中国，为常绿或半常绿灌木，一般直立，往往有攀缘性。花重瓣，较小，粉红或红色，新梢顶端开花，单生或数朵成总状花序，不香。约于1768年传入欧洲。有两个变种：小月季(*R. chinensis* var. *minima*)和绿月季(*R. chinensis* var. *viridiflora*)。

⑩香水月季(*R. odorata*)　原产于中国中南和西南地区。有连续开花的习性，花大，直径约5~8cm，花单生，或2~3朵成为总状花序，花色有白、黄、杏黄、粉红、鲜红等色，只缺深黄和暗红色，有芳香；常绿或半常绿灌木，常蔓生。变种为大花香水月季(*R. odorata* var. *gigantea*)和米黄香水月季(*R. odorata* var. *pseudo-indica*)。

⑪野蔷薇(*R. multiflora*)　又名多花蔷薇，原产于中国、朝鲜及日本，有许多变种，先后由中国和日本传入欧洲，成为创造小花矮灌月季及蔓性蔷薇的主要亲本。为落叶蔓性灌木。花期5~6月，花白色或粉红，一枝开数朵到十几朵。变种为荷花野蔷薇(*R. multiflora* var. *carna*)和七姊妹(*R. multiflora* var. *platyphylla*)。

⑫玫瑰(*R. rugosa*)　原产于中国北部、朝鲜、日本北部和西伯利亚东部。落叶灌木。夏秋开花，非常香，可提制玫瑰香油。野生种为单瓣花，栽培变种为重瓣，颜色多为紫红，也有纯白色；蔷薇果鲜红，耐寒、耐盐，并能经得住海风的侵袭，在英国、东欧、北欧，常将玫瑰栽培在海边地区做绿篱。一种重瓣的白玫瑰现在在我国的月季园中仍有栽培。品种繁多的现代月季中也有玫瑰的血缘。

⑬光叶蔷薇(*R. wichuraiana*)　又名爬地蔷薇。原产于中国南方，半常绿，伏地蔓生，藤长4~7m，平滑绿色，散生钩刺。花期7月，单生或多花簇生，纯白色，芳香；果球形。1861年传入欧洲，具有光泽的叶与修长枝条上的密集小白花，成为有吸引力的亲本材料，成为多种近代攀缘性蔷薇的来源。

⑭血红蔷薇(*R. mogesii*)　又称华西蔷薇。原产于中国西南，直立灌木。枝光滑少刺，小叶7~13枚；花血红色，花径3~7cm，单生或2朵聚生，夏季开花。由于血红色的花为其他蔷薇罕见，具有育种价值，在欧洲已形成一些杂种。

⑮木香(*R. banksiae*)　原产于中国云南、四川、湖北、江西、甘肃、河北等地。为生长非常繁茂的常绿攀缘灌木。伞形花序，花小而密，花径大约3cm，花色为白色或黄色，有紫罗兰的香气。变种有重瓣白木香和重瓣黄木香。

⑯中国西北野蔷薇资源　我国新疆、青海、甘肃等一些野蔷薇，在极端温度-39~38℃、年降水量200mm的恶劣自然条件下繁茂生长，这种抗寒耐热、抗旱耐涝，抗病虫的特性对改良现有的月季品种具有重大意义，有希望育出新一代的月季品种群。这些月季品种群有：宽刺蔷薇(*R. platyacantha*)；弯刺蔷薇(*R. beggeriana*)；密刺蔷薇(*R. spinosissima*)；疏花蔷薇(*R. laxa*)。

我国的蔷薇资源，除以上列举的以外，还有一些各具特色的种类，如东北、内蒙古

的黄刺玫，湖南、浙江、福建开大白花的硬苞蔷薇。

⑰杂种长春月季(Hybrid Perpetual Roses，简称 HP.) 这群月季介于老品种和现代月季之间，由 1837 年开始到 1900 年，短期内曾经培育出 4000 多个品种，主要分布在法国、英国，德国也有少部分。大多数杂种长春月季生长健壮，多刺，开大而重瓣的花，花期长，有少数单瓣花。浓香，颜色由粉红、鲜红到深红，也有白色和紫红色，缺真正的黄色。有的四季开花，有的一年只开两次花，比不上四季开花的现代月季，现代月季出现后，4000 多种长春月季品种绝大部分被淘汰，现在只剩百余个品种了。

⑱小花矮灌月季(Polyantha Roses，简称 Pol.) 这类月季是中国的野蔷薇(*R. multiflora*)与中国的小月季(*R. chinensis* var. *minima*)杂交，再将其杂交后代与杂种茶香月季的品种杂交而形成杂种。它综合了以上 3 种亲本的优点。既具有野蔷薇的多花性，小月季的矮生性和杂种茶香月季的连续开花、花形美、色彩丰富等性状，并有一定的抗寒、耐热性。它既适合布置花坛，又可以做切花，曾盛极一时。后又加入大型藤本光叶蔷薇(*R. wichuraiana*)的血缘，产生大量的芽变，使这一类型发生变化。杂种小花矮灌月季与杂种茶香月季及普纳月季反复多次杂交形成了优点更多的丰花月季，从而淘汰了小花矮灌月季。

(2)现代月季

现代月季是一个庞大的种群，按美国月季协会 1966 年的定义，是指 1867 年第一个杂种茶香月季出现后的品种群。分以下几大类：

①杂种茶香月季(Hybrid Tea Roses，简称 HT.) 其特点是：树势健壮美观，叶片多为革质而有光泽，花梗硕长挺拔，有旺盛的开花能力，大部分单枝开花，色彩极其丰富、艳丽，有的具有天鹅绒或缎质绒光，花朵硕大丰满，有的高心、卷边、翘角，形态优美。这种花耐寒力强，开花期长，从春天直到初霜期，基本上是长开不败，适于展览、切花及花坛布置，是最受欢迎的品种群。

②丰花月季(Floribunda Roses，简称 Fl.) 又称聚花月季。其特点是：长势健壮而有活力，只有黄色品种长势较弱。分枝多，树形优美，灌丛状，耐寒也耐热，兼有杂种茶香月季的丰富多彩与优美花型；花色有白色、粉红到最深的红色，由淡黄到金黄、橙或古铜色，由浅紫到深紫色，还有黄、红、粉红许多双色，以及红、褐、紫、白等相结合的复色，但花径略小，成簇而集中地开放出大量悦目的花朵。适于布置花坛，也适于做切花和盆栽。

③壮花月季(Grandiflora Roses，简称 Gr.) 又称大姐妹月季或大花月季，壮花月季系由杂种茶香月季'阿姆斯壮'('Charlotte Amstrong')与丰花月季'香花'('Floradora')杂交选育而成，既有杂种茶香月季大型重瓣的优雅花朵，又有丰花月季成簇开放丰富的花群；花的颜色也很丰富，只缺少淡紫色；能够连续大量开花，抗寒性强。壮花月季长势猛壮，植株高大，超过两个亲本，抗病力较强。

④藤蔓月季(Climbing Roses，简称 Cl.) 藤蔓月季包括一年开 1 次花的一季藤蔓蔷薇和连续开花的藤本月季两大类。

一季藤蔓蔷薇是野蔷薇(*R. multiflora*)及其杂交系统、杂种光叶蔷薇系统、木香(*R. banksiae*)、硕苞蔷薇(*R. bracteata*)与杂种长春月季、茶香月季、杂种茶香月季、诺塞特月季、月月红等杂交或芽变产生的系列品种。

连续开花的藤本月季是麝香蔷薇与连续开花的若干月季杂交，波旁月季和其他蔷薇或月季杂交，野蔷薇和杂种茶香月季及杂种矮花小灌杂交，杂种长春月季、茶香月季、杂种茶香月季等的芽变而产生的品种。

⑤微型月季(Miniatures Roses，简称 Min.)　株型矮小，一般不超过30cm，开花甚密，花朵较小，其颜色种类繁多，有深红、粉红、白、黄、橙、淡紫、紫红、混色等多种；有单瓣，有的品种花瓣重叠，花形极美；还有一些品种，芳香四溢。

微型月季原产于中国，小月季(*R. chinensis* var. *minima*)18世纪传入欧洲，此后我国的粉红月月红相继传入欧洲，在欧洲进行了一系列的杂交育种，目前微型杂交种有500多种。

微型月季小巧玲珑、花形精致，深受人们喜爱，非常适合布置窗台、案头、阳台，或配以山石、古木制成高雅的树桩盆景。还可成排植于花坛，构成微型花篱，并可陈设于花架、假山之上。

⑥灌木月季(Shrub Roses，简称 S.)　是一个庞大的类群，几乎包括前面所述的类型以外的其他多种类型的月季。灌木月季生长强健，有韧性，适于粗放管理。有些非常耐寒，多数灌木月季有较强的抗病性。灌木月季生长往往特别繁茂，开花有单瓣、重瓣，有多种颜色，有的是春季或初夏一季开花，也有的自春季至秋季开出大量的花朵，还有些灌木月季秋、冬季结出满树红色的蔷薇果，具有独特的自然美，有的还具有独特的香气。

灌木月季由于种类庞杂，其用途也多种多样，有的可做华丽的风景树，有的可作花篱、窗幕，有些可用作地被植物，有爬藤习性者，可装饰花廊、水榭、凉台，还有的可培育成柱状月季。

⑦树状月季及月季桩景　有的称月季树，实际上这是由3种不同的蔷薇或月季嫁接组合而成。基部砧木常用狗蔷薇或疏花蔷薇，中部用无刺叶蔷薇嫁接在砧木上，作为树干，然后在距地面约1m高处再嫁接所喜爱的杂种茶香月季或丰花月季优良品种，经过3年，构成花树景观。这种月季树在公园或庭院点缀风景，引人注目，特别受到人们的青睐。树状月季要用支柱支撑，由于树干不宜暴晒，较高温度的暴晒会引起树干开裂，而导致昆虫侵袭，所以支柱通常置于树干的南边或是面向西边，并在树干上涂白保护。

树状月季的树冠常不耐寒。冬季温度在－12℃以下的地区，应进行防寒保护。

9.3.3　育种技术

1)引种

月季引种一直是丰富某一地区种、变种，特别是品种的重要方法。在月季栽培史上，引种起了重要作用。引种使月季野生类型成为栽培类型，使中国月季和欧洲的蔷薇有机会杂交演化产生了现代月季，使野生资源和栽培品种得到了充分利用，使月季栽培分布区扩大到南半球地区。

(1)确定引种类型及其品种

收集国内外的月季品种资料和市场需求。根据本地区月季类型及其品种存在的问题和生产者的需求，分析世界各地月季新品种的特征特性，确定引种的类型及其品种。

(2)引种试验

引种试验即对引种品种进行种植鉴定，观测对本地区自然和栽培条件适应程度、观赏价值以及品种特征，是否符合本地区栽培应用和市场需求。试验分两个阶段，先是少量小面积种植引种品种，并与当地主栽品种比较，从中选出有希望的品种；然后扩大中选品种面积，进行品种正式对比试验。

(3) 栽培应用鉴定

引种试验确定选中的品种，在一般条件下大面积栽培，鉴定品种的抗逆性、观赏性、市场需求度，肯定利用价值，最后扩大繁殖推广。

2) 选择育种

(1) 芽变选种

芽变育种是获得园林植物新品种的便利途径。据不完全统计，月季新品种中约有300个来自于芽变。

在近代栽培月季品种中，基因突变或倍性变异往往引起花色、花型及株型方面产生芽变，选择芽变的枝或单株，然后通过嫁接、扦插等无性繁殖方法，使芽变分离、纯合、稳定下来。再经过与原品种比较试验，筛选优良的芽变培育成新品种。月季的芽变经常发生，但不同的种群发生的概率有较大差异。中国月季芽变比例相对较小，而杂种茶香月季由芽变所产生的新品种达到品种总数的10%，小花矮灌由芽变所产生的品种竟达到品种总数的30%。许多著名的月季品种如‘芝加哥和平’、‘火和平’、‘北京和平’、‘藤和平’都是‘和平’的芽变品种；‘糖果条’是‘粉和平’的芽变品种。

(2) 实生选种

有些月季品种在自然条件下，由于自然授粉而产生杂种。可有计划地保留某些优良品种的花朵，任其接受其他品种的花粉，使之结籽，种子成熟后，及时采收、处理、播种，然后培育、选择出优良植株，再通过繁殖、鉴定从而选育出优良品种。

采用实生选种的方法简便易行，省时省力，速度快，工效高。

3) 杂交育种

杂交育种是目前月季育种中应用最多、效果最好的方法，已有百年的历史。目前，80%的月季品种都是通过杂交得到的。

(1) 亲本的选择

①应具有育种目标所要求的性状，而且优良性状突出，双亲的优缺点能互补。

②尽量选择具有目标性状遗传背景和遗传组成相对纯合的为亲本。

③选用雌雄发育健全的品种，一般以雌蕊正常结果性好的为母本，雄蕊花粉正常发育的为父本；最好父母亲本花期相遇。

④选个体发育中年、生长势较好、无病的植株为母本，确保杂交果实的生长发育。

(2) 杂交技术

①去雄　在母本花蕾即将进入初放期时进行。以上午8：00～10：00进行为好。用镊子或刀片去掉花瓣，再去掉雄蕊。去雄要彻底、仔细，不碰破花药。去雄后套袋隔离。

②采花粉　在父本开花初期，采收雄蕊花药，放入容器或纸上在室内晾干，花药自然开裂，花粉散出备用。

③授粉　一般在去雄后次日上午10：00以前进行，此时母本柱头已分泌黏液，即可授粉，用干毛笔等授粉工具将父本花粉涂在柱头上；第二天用同法再次授粉，每次授粉后都要套袋，然后挂牌注明杂交的父母本名称，杂交日期。授粉后7～10d进行检查，如果花托膨大，即说明杂交成功，可去掉隔离袋，进行正常管理。

(3)播种与选择

杂交后，经过4～5个月果实成熟，可收果采种。采出的新鲜种子用水选法选留有种仁的种子，然后进行1～5℃低温沙藏处理50～60d，以达到出苗率高而整齐。沙藏后的种子播种，5℃以上就发芽出苗。

一般是在杂交第一代植株群体中，按照育种目标选择优株。在繁殖圃的一、二年幼苗经过一次选择，然后移植选种圃内，也可初选优株进行高接或扦插，这样由播种到开花经3年选优去劣，直到符合育种目标的性状稳定，最后选出优良的植株育成新品种。

4)诱变育种

月季的诱变育种包括物理诱变和化学诱变。国内的月季诱变育种主要采用物理诱变中的辐射诱变。

月季辐射处理材料可选用综合性状优良的品种或个别优良性状特别突出的品种。辐射处理一般采用外部急照射方法。适宜的处理剂量，生长状态的植株、枝芽，一般为2～3kR(约20～30Gy)；休眠状态植株、枝芽是3～4kR；沙藏种子一般为4～5kR。处理后，植株进行定植，枝芽进行嫁接或扦插成苗，并加强栽培管理使其生长开花，选择出突变体后，将其进行无性繁殖和鉴定，从而培育出新品种。

5)多倍体育种

由于多倍体几乎都有花大的特征，所以在园林中广泛地被选择或应用。如蔷薇属染色体基数为$x=7$，现代月季中多为四倍体或更高倍性。

人工诱导多倍体常用的方法是秋水仙素溶液处理幼茎、幼苗根茎、茎端等，以获得多倍体。常用0.2%～1.6%秋水仙素溶液浸种，一至数日后用流水冲洗，即可播种；用0.2%～0.5%的秋水仙素溶液加上0.3%二甲基亚砜溶液处理幼芽，将溶液滴在生长点附近，重复处理数次，诱发多倍体新梢；也可用棉球浸渍以上溶液塞在植株或枝条中心部的生长点附近；还可用1%秋水仙素琼脂涂抹刚要萌动的新梢上，如长出有多倍体特征的新枝，用无性繁殖来固定。

6)生物技术育种

生物技术作为月季育种新方法还是刚刚起步，澳大利亚、日本、美国、中国等已开展这方面的研究。矮牵牛的蓝紫色基因导入月季组织取得成功，企图培育出真正的蓝色月季新品种；农杆菌与光叶蔷薇诱导分生组织初步成功。可利用的基因有抗月季花叶病毒和其他病毒的蛋白质膜基因、抗虫性几丁质基因等。

9.4　桂花育种

桂花(*Osmanthus fragrans*)属木犀科。染色体数$2n=2x=46$。常绿灌木或小乔木，树形端庄，冠幅阔大；分枝性强且分枝点低。叶对生，革质；芽为鳞芽，多2～4个叠生。花小，密集簇生于叶腋。桂花为短日照秋季开花的树种。花多开于8～10月，常分2次

开放，前后相隔2周左右。花开时，香气浓郁；花色因品种而异，有浅黄白、黄、橙黄和橙红等颜色。是园林中绿化、美化、香化的重要树种，也是我国十大名花之一。此外，桂花还是食品工业中的重要原料。

桂花原产于我国西南及华中地区，印度、尼泊尔及柬埔寨也有分布。桂花在我国栽培已有2000年的历史，现四川、云南、广东、广西、湖北等地区均有野生分布，淮河流域至黄河下游以南各地普遍栽培。在湖北咸宁、广西桂林、浙江杭州等地形成了较大的桂花生产基地。

桂花宜生于温暖的亚热带地区，喜温暖湿润气候和深厚肥沃的微酸性土壤；不耐水渍和盐碱土；喜光，不耐寒。

9.4.1　育种目标

桂花花期较短，一般仅2周时间；花小，花型单一；花色也较单调，一般以黄色为主。适应性不太强，对不良环境条件反应比较敏感。故利用丰富的种质资源及各种育种手段与方法，选育以下类型的桂花已为当务之急：

①培育花期长、花大、花色丰富、花型多样的品种。

②培育抗逆性强的品种，尤其耐寒、耐水湿的品种。

9.4.2　种质资源

(1)近缘种资源

桂花为木犀属植物，该属植物种类多，利用潜力很大。本属植物的花具有芳香，为著名的芳香植物，很多种类可直接应用于园林，有的种类是很好的育种原始材料。花期不同：野桂花、短丝木犀、香花木犀、山桂花等3~5月开花；厚边木犀、牛矢果、小叶月桂则5~6月开花；尾叶桂花的花期则为11~12月；大部分种类如毛柄木犀、红柄木犀、毛木犀、宁波木犀、狭叶木犀、坛花木犀、蒙自桂花、细脉木犀、桂花等花期为9~10月。木犀属植物的花期从3~12月不等。花色相对比较单调，以白色花者占据主导地位，其次是黄色，花色从黄白至橘红均有。

木犀属植物均为常绿，但有的为乔木，有的为灌木；叶片大小形态也具有很大的变化；此外，叶片质地、毛被状况、网脉、花序等许多性状在不同种类上也表现出一定的变异。

(2)品种资源

桂花种内形态变异大，品种丰富。分为四大类群：

①四季桂类(系)　四季桂品种群(型)。

②秋桂类(系)　金桂品种群(型)，花色金黄；银桂品种群(型)，花色乳白、淡黄色；丹桂品种群(型)，花色橙红。

9.4.3　育种技术

(1)引种

引种是最简单的丰富园林植物种类的方法。木犀属野生资源，除了桂花在园林中广为栽培外，其他很多种类仍自生自灭于山野之中。近年来这一工作已引起园林工作者的重视。石山桂花、宁波木犀、齿叶木犀等在广西、浙江、台湾园林中也已栽培观赏。此外，红柄木犀、野桂花、短丝木犀、香花木犀、山桂花等均为颇有发展前途的园林绿化植物，可直接引种栽培。但在引种时必须注意适地适树，因地制宜，因种制宜。此外，还应大力开展种内不同种源与区域的植物引种，特别是一些境特殊地区的种源，往往存在某些抗逆性的种质，并没有加以引种与研究。

(2)实生选种

桂花易发生天然杂交，在实生繁殖的条件下，个体变异比较复杂。所以有计划地从野生群体中采种育苗，从实生苗中选择优良变异类型，从而育成新品种。这是目前应用较为普遍的选育新品种的方法，现有的很多新品种均由此法选育而来。采种时应注意从遗传多样性高的地区采种，还应注意收集不同地域的种子。但这种选育方法花费时间较长。故在幼苗期进行选择时除了淘汰劣株、病株外，不要轻易淘汰幼苗，一般应经多年观测；若选择花的变异类型，则选择应持续到花期。

(3)杂交育种

杂交是获得桂花新品种的一个重要途径，桂花近缘种变异丰富，分布地区也广泛，应大力开展远缘杂交以获得新优类型。其中齿叶木犀就为桂花与柊树的杂交种，形态也介于二者之间。桂花种内存在天然杂交，目前多利用天然杂交的种子选育优良类型，进行种内人工近缘杂交时应注意选择含有目标性状的父、母本进行杂交。目前，有组织地进行人工杂交尚属不多。进行人工杂交时，有的桂花品种不结实，选择母本时必须注意；此外，木犀属内植物花小，操作时应注意及时去雄与套袋。对于花期不一的父、母本，可收集花粉后短时低温贮藏或利用光温调控使植株花期一致。杂交所获得的种子应及时采集，一般须沙藏数月有利于后熟，然后播种。对杂种苗的选择，幼年期可表现出来的性状可进行早期选择，否则必须逐年观察选择，但这样花费人力、物力较大，因此如何在苗期就预测出成年树的优劣，是一个期待解决的问题。对中选的优良单株繁殖成无性系，然后与对照品种一起栽植，进行观察、比较、选择、鉴定等一系列过程。

(4)利用生物技术选育新品种

桂花易于天然杂交，故遗传性非常混杂，人工杂交难以获得具有明显杂种优势的后代。因此可培育自交系进行杂交以获得优良杂种。但桂花为木本植物，用常规方法获得自交系相当困难。应用花药、花粉离体培养获得单倍体植株，再将单倍体植株人工加倍使之成为纯合的二倍体，就能获得稳定的自交系。此外，在花粉离体培养过程中，可结合诱导变异，然后加倍，即有可能获得稳定的新优类型。

9.5 山茶育种

山茶是山茶科山茶属中具有观赏性种类的统称。山茶原产于我国南方各地，朝鲜、日本也有分布。全世界山茶属植物120余种，云南有62种。山茶为常绿花木，开花于冬春之际，花大且优美艳丽，是深受我国人民喜爱的传统花卉，已有1300年以上的栽培历史。现在栽培的山茶花除原种外，全世界已发展到了5000多个品种，我国的茶花品种大

约有 300 个。茶花在我国以杭州和昆明、大理等地栽培最多。

多数山茶为二倍体($2n=2x=30$)，少数变种为三倍体，如大花山茶等，也有四倍体的大叶怒江山茶和六倍体的云南波代山茶和茶梅。

9.5.1　育种目标

(1)花色

山茶的花色从深红到白色，色彩丰富，但没有黄色和青紫色。1960 年，我国首次发现了金花茶，花呈硫黄色，叶长而宽，花单瓣，稀疏，花朵小，不够美观。为使其成为花与叶大小均衡，植株外形美观，观赏价值高的山茶花，必须与其他园艺品种进行杂交。

近年来，我国又发现了一种内侧为黄色，外侧为紫色的新品种，若通过云南山茶、茶梅等种间进行杂交，青紫色的山茶花的育种目标有可能实现。

(2)花香

山茶的花形奇异，花色艳丽。但是在所有的山茶品种中，却未发现有香味的茶花。日本的姬荣梅和茶梅多数品种都为具有芳香的原种。我国近年来发现了带有香味的山茶，如昆明发现的香茶花，是云南山茶的珍品，暂定名为‘玫金香’；福建也发现了有香味的逸香茶花。

(3)开花期

山茶花期较长，各品种相续可达 7 个月之久，但就每个品种来说，只有两个多月，冬季或秋季开花的也较多。所以，选择不同开花期的山茶，改变花期，有很大潜力。

(4)树形

有的山茶品种枝条稀疏，间隔宽，树形高大、细长；有的山茶品种叶片大而且具细毛，外观粗糙，枝叶与花不匀称，这些性状都影响观赏效果。山茶的育种应朝着培育矮化、树形紧凑、单株花朵数量较多的方向努力。

(5)抗寒性

山茶主要分布在亚热带，抗寒性较差。但有些野生品种和栽培类型具有较高的抗寒性，能耐冬季短期的低温和霜雪。

9.5.2　种质资源

(1)山茶

山东、浙江、福建和四川等地野生，分布至韩国、日本。我国民间栽培，花色、花型多种。

(2)云南山茶

云南野生或栽培，花色有红、淡红、深红至深紫色，近年又发现重瓣白色品种，现有 140 多个园艺品种。

(3)茶梅

花白色至红色，品种较多。

(4)黑牡丹

系尖萼红山茶的变种，花型有2~3个，粉红色。小枝和叶有长丝毛，苞片和花萼呈橘黄褐色，叶披针形。

(5)长瓣短柱茶

花白色、微香，已栽培。其变种珍珠茶又名菊花茶，花白色、重瓣、芳香，四川有栽培，现已引种至杭州、昆明等地。

(6)怒江红山茶

花型小巧清雅，叶型小，花淡粉红色，偶有白色，适应性强，具有较高观赏价值，是很好的育种原始材料。

(7)金花茶

全世界有24种5个变种，主产于广西南部。花瓣蜡质、金黄色，是培育深黄、橙黄山茶的良好原始材料。

(8)西南红山茶

野生种，花单瓣(6~7瓣)，有时具皱纹，花色从深红至白色，一株树上具有不同颜色的花，叶型和花型都有较大的变化。

(9)攸县油茶

花白色、基部略带黄色，花瓣6~7片，呈向外展开型，花瓣边缘向外反卷，有香味，适应性强。

(10)蒙自连蕊茶

花和叶均小，花和小枝都具有清淡的香味，花瓣5片，边反卷并有粉红条状。叶片边缘具小锯齿，叶脉不明显，叶柄以及二面中肋均具绒毛。

9.5.3 育种技术

(1)引种

①国内引种　山茶在我国分布最北界限是黄河以南，在南方地区，气候温和，主要作为庭园树木在露地栽培。在黄河以北一般只能盆栽。所以在山茶由南向北引种时，应注意：

培养土　山茶是典型的酸性植物，要求pH值4.5~7，以pH值5.5最好。引种时，可带原土团，或用黑山泥、兰花泥作培养土，以保证引种成功。

浇水　北方的水含盐、碱较重，最好用雨水或用1%的硫酸亚铁水溶液浇山茶。

越冬　霜降时应该移入温室。一般室温7℃即可生长，白天不超过10℃，夜间不低于3℃，就能安全越冬。

②国外引种　原产于日本的许多山茶，先后引入我国栽培，长势较好。如半文型的‘金丝玉蝶’，产于日本，我国引种较早。花瓣纯白，花蕊如金丝，是山茶的上品。

(2)选种

山茶属异花授粉植物，在自然繁殖或人工繁殖的情况下，往往存在一些优良单株，

通过评选、繁殖、对比试验，产生新的品系。1984 年金花茶协作组在广西防城、东兴、南宁等地用百分制评选法，评选出了‘金杯’、‘金吊钟’、‘黄铃铛’、‘大鹏’、‘毛玉兰’等优株。日本茶花协会在全国评选出‘田原紫’、‘万叶桃红’、‘沙美’等优良品种；从芽变中评选出‘并天白’、‘富士’、‘五色山茶’等品种。初步统计日本新品种中，从实生选出的约占3/5，从芽变选出的约占1/5，由此可见在山茶中进行选种是行之有效的方法。

(3)杂交育种

数十年来，山茶种间杂交取得了许多成功的例子，材料有山茶、南山茶、茶梅、尾代山茶、油茶、大理山茶、怒江山茶、波代山茶等。此外，还有一些属间杂交的例子，如山茶与茶等。

①花器构造与开花习性　山茶为两性花，1～3 朵着生于枝顶或叶腋。花萼 5～6 片，雄蕊的数目依品种而定，有的不到 10 枚，有的多至 200 枚以上。雌蕊 1 枚，子房上位，花柱 3～5，基本联合。最适宜的开花温度为白天 10℃，夜温 0℃以上，每天有 8～9h 的短日照。

②去雄　山茶易天然杂交，为此必须在花蕾已经长出，花瓣露色而未开放时除去母本的花药。最简便的方法是用剪刀剪去下部花冠，然后剪除花药，再套袋隔离。

③授粉　授粉一般在母本去雄 2d 后进行，当柱头膨大而分必黏液时，即表示柱头已成熟，应及时从尚未开放的父本花朵上取花药，用毛笔或直接用镊子夹取花药在柱头上授粉。注意不要碰伤柱头。授粉后即套上纸袋，并挂牌注明父本名称和授粉时期。为了提高杂交结实率，第二天可再授粉一次。由于山茶花的花药很多，各花药的成熟时间要经过好几天。在此期间，其他植株的花粉很容易通过风或昆虫送到选定的父本花药上，造成花粉混杂，所以在选定的父本花朵开放之前也给它套袋。

授粉后母本子房膨大，但不一定真正授粉结实。杂交成功的果实一般在 9～10 月成熟，当蒴果开裂时种子脱落，在良好条件下播种发芽。实生苗经 2 年可开花。通过品种比较试验，优良类型可用扦插或嫁接法繁殖。

除常规育种外，茶花还可用单倍体诱导、多倍体诱导产生新品种。

9.6　杨树育种

杨树指杨柳科杨属(*Populus*)的所有树种，全世界 100 余种，我国原产 50 余种，引入 20 种左右。杨树易杂交，易无性繁殖，是育种最早的园林树木，也是改良成效最显著的树种，目前杨树栽培基本实现了品种化(优良无性系)。杨树在世界各大洲都有适宜的栽培品种，因而杨树在园林树木中占有极其重要的地位。

9.6.1　育种目标

(1)速生性

速生是园林景观早建成、早见效的基础。杨树不同种类的生长速度差异较大，白杨派多用于道路绿化，因而速生性更是其追求的重要目标。

(2)抗性

杨树的抗性育种主要集中在抗虫(天牛、透翅蛾、潜叶类害虫)、抗病(锈病、叶斑病、心腐等)、抗寒、抗旱、抗污染等方面。

(3)树形

树形由干形和冠形构成。杨树干形要端正、挺拔，树皮要光滑，颜色要明亮，皮孔要细小美观。冠形要有特色，如塔形、柱形、椭圆形、三角形等。分枝朝两个方向发展，或直立或平展。

(4)易繁殖

白杨派和大叶杨派不易扦插生根，通过与易生根的种类杂交，提高生根力是重要目标之一。

(5)材性

材性虽不是园林植物育种的直接目标，但材质差是杨树的普遍缺陷，通过提高木材的纤维数量和质量，增加木材的比重，可间接实现延长寿命、增强抗性的目的。

9.6.2 种质资源

9.6.2.1 主要物种资源

1)白杨派

(1)白杨组。

①毛白杨　北方特有，高大雄伟，抗烟抗污染。扦插较难生根。优良变种(类型)有截叶毛白杨、箭杆毛白杨、易县毛白杨、小叶毛白杨、抱头毛白杨等。

②银白杨　天然生长在新疆，三北地区栽培，抗寒(-40℃生长正常)，耐高温及大气干旱。

③新疆杨　西北生长，窄圆柱形，皮光滑、绿色，抗风、抗叶病及烟尘。

(2)山杨组

①河北杨　分布西北、华北，干端正、皮白光，根蘖强，耐水湿，无性繁殖稍难。

②响叶杨　华西华中特有，宜长江流域中下部栽培。

③山杨　广布性高，耐寒树种。

2)大叶杨派

①大叶杨

②椅杨　皆天然分布华中华西山区溪边，栽培不多。

3)青杨派

①青杨　北方特别是西北分布，干高直，皮灰绿光滑，冠椭圆形，速生、抗尘。优良类型有园果青杨、白皮青杨、垂枝青杨、阔叶青杨等。

②小叶杨　黄土高原为适生区，适应性强。类型有塔形小叶杨、垂枝小叶杨、菱叶小叶杨、秦岭小叶杨等。

③滇杨　云南特有种，树形美观、速生易繁。

4)黑杨派

①美洲黑杨　大乔木，冠广阔，叶大、绿色、光滑、三角状卵形，是重要的速生亲本，极易无性繁殖。

②欧洲黑杨　外来种，大乔木，叶多菱形，两面绿色不同，是重要的杂交亲本之一。

③钻天杨　乔木，冠圆柱状，雄性。

④箭杆杨　速生，窄冠，高大匀称，干皮灰白色，美观，雌性，根幅小，宜密植。

⑤欧美杨　外来种，速生易繁，适应性强，国内广栽，抗病虫力稍差。

5)胡杨派

胡杨，西北荒漠区树种，耐盐、耐热、耐寒、耐涝、耐大气干旱，优良的抗性种质。

9.6.2.2　主要品种资源

银毛杨1、2、3号，银新杨，15A杨，健杨，五月杨，新生杨，迟叶杨，尤金杨，小黑杨，北京杨，小美杨类(赤峰杨34，白城杨2，八里庄杨，大官杨，小意杨2，小美12等)，群众杨，合作杨，三倍体毛白杨，84K杨，沙兰杨，Ⅰ-214杨，Ⅰ-101杨，Ⅰ-69杨，Ⅰ-72杨，南林杨系列，南抗杨系列，陕林杨系列，中林杨系列(欧美杨107、108)，天演速生杨，中天杨，中林2001，中林46，中林美荷杨，创新1号杨，北抗1号杨，抗食叶害虫转基因杨(N-12/N-172/N-153)。

9.6.3　育种方法

1)选择育种

(1)种源选择

美国南方试验站曾采集6个州的美洲黑杨种源进行种源试验，每个州选25株，从每株的自由授粉子代(实生苗)中选4株，即每个家系4个无性系，每个州100个无性系，总计600个无性系，采用2株小区重复4次进行试验。

1974年意大利曾进行美洲黑杨52个家系(1040个无性系)的种源试验，材料来自美国北纬30°16′~44°14′，西经72°53′~109°，结果认为意大利北部应选用北纬35°~37°范围内的种源。

中国林业科学研究院曾进行毛白杨的种源试验，包括山东、河北、河南、北京、陕西、甘肃6省市的材料，4年生苗期试验结果表明：陕西省周至县的种条在河北磁县是最佳种源，遗传增益达30%。同时证明，毛白杨个体变异大于种源、林分的变异。

我国还有一些杨树种(如山杨)分布很广，目前尚未很好研究，也应积极开展种源研究。美洲黑杨是杨树中速生性最好的种，在我国开展美洲黑杨的种源研究，也是十分必要的。种源研究，不仅可以直接利用优良种源，还可为杂交育种提供优良亲本。

(2)优良类型选择

优良类型是指其一个或某几个性状表现优异的一类个体。各杨树种内都有不同的变异类型存在，如据陈章水等人调查，新疆杨有青皮型、白皮窄冠型、弯干型、疙瘩型，前两种为优良类型。如陕西关中一带，将当地的毛白杨分为二白杨、绵白杨等，山东选出了抱头毛白杨，陕西选出了截叶毛白杨。河南林业科学研究所等将毛白杨划为35个类型，提出了16个优良类型，如箭杆毛白杨、大叶毛白杨等。这些研究说明杨树的种内变异是十分复杂的。但是往往形态类型之间没有明显界限，同一类型的个体之间，还存在着形态、生长、适应性、抗性等方面的差异，所以单纯的类型选择往往效果不好，应类型选择与单株选择相结合。例如，在优良类型中再选优良单株效果会更好。

(3)超级苗的选择

据中国林业科学研究院韩一凡对银白杨、大叶杨、小叶杨的细胞学研究，性细胞 $n=10\sim19$，$n=19$ 的只有7%～30%，说明杨树染色体的杂合性很强。因此实生后代必然表现多种多样的变异；杨树又是雌雄异株的风媒花树种，在野外自由授粉的种子后代，父本是不清楚的，很容易形成天然杂种，这就更增加了后代的多样性。有很多著名的杨树品种，例如'Ⅰ-214'、'Ⅰ-68/55'、'Ⅰ-63/51'、'Ⅰ-72/58'、'健杨'、'八里庄'杨、'白城'杨等，都是从实生苗中选出的。

为了进行超级苗选择，应大量培育实生苗，进行严格的选择。如意大利罗马农林试验中心，每年要培育50万株实生苗，从中进行严格选择，Ⅰ-69/55、Ⅰ-63/51等品种就是这样选出的。比利时的格拉蒙杨树研究所，每年也要培育3万～4万株实生苗。

超级苗的标准，应包括生长量指标、形质指标和抗性指标。

2)引种

新中国成立前我国从欧美等国引种的杨树有欧美杨(原称加拿大杨)、钻天杨、欧洲黑杨、美洲黑杨引和箭杆杨。箭杆杨可能早在汉代时即已引入。

20世纪50～60年代引入60余种，70年代初引入80余种，其中16个纯种，4个变种，30个人工杂交种，30个欧美杨无性系。在华北和中原地区大力推广'Ⅰ-214'、'健杨'等取得了良好的结果。70年代初期又从意大利引进了'Ⅰ-69/55'、'Ⅰ-63/51'、'Ⅰ-72/58'等新品种，并逐步在江汉平原、江淮平原、长江中下游平原水网区逐步推广，扩大了我国杨树栽培区域。杨树引种，第一步是根据当地生产的需要与可能选定引进树种(品种)，然后全面分析引进区与原产区自然条件(土壤气候等)的相似程度，判断引种可能性；第二步是制订引种计划，开展引种试验。引种要注意研究种内变异，选择最适宜的生态型或者按种源试验的要求开展引种试验，同时根据引进种生态特性的要求，选适宜的立地条件进行试验，根据试验结果判断引进种的适应性(抗寒、抗旱、抗盐碱、耐水湿，对光照、光周期反应等)、抗病虫能力、生长速度。需要的栽培管理措施，引种的经济价值等，综合评定引种是否成功。第三步是繁育推广。在引种过程中要注意防止品种混杂，严格检疫，防止病虫害带入和传播。

3)杂交育种

(1)杂交亲本的选配

杂交亲本的选配应遵循亲本选配的一般原则，根据不同地区生产的实际需要，充分利用杨树种类多、分布广的优势，选用不同的种，种内不同的种源、不同的类型及优良单株，育成符合各种要求的优良品种，如为了培育速生品种，应充分利用美洲黑杨，为了培育速生耐寒的品种，应注意利用美洲黑杨的北方种源。例如，山海关附近生长的美洲黑杨(引入时间不详，有人称为山海关杨)即为美洲黑杨的北方种源。为了培育耐旱品

种，可以利用小叶杨。辽杨、香杨、苦杨是我国极耐寒的杨树种，也可与美洲黑杨的北方种源杂交，育成适合高寒地区生长的速生品种。可以利用新疆杨、箭杆杨、钻天杨为亲本，育成窄冠型品种。为了培育材质好、寿命长的品种，应当利用响叶杨、毛白杨等树种资源。

亲本选配还应考虑所选亲本的可配性，根据现有试验资料，各派内种间杂交，亲和力都是比较强的。胡杨派与各派之间，如不采取特殊措施，几乎是不可配的，已获得的杂种，生活力也很低。白杨派、大叶杨派与其他各派，可配性也较低，杂种表现也不理想，都还没有育出可用于生产的品种。黑杨派与青杨派之间，正反交亲和力都很强，我国已育成的杂交品种，多是这两个派的派间杂种。

(2)杂交技术

杨树室内切枝杂交技术要点如下。

①雌雄株识别　将花芽纵向剖开，花盘中只有一个雌蕊，即为雌株，花盘中有10个左右的花药(鱼子状物)即为雄株。从冠形看，雄株枝条粗壮稀疏，花芽多而且较大；雌株枝条较细、稠密，开张角度较大，花芽少且较小。

②花枝采集　在选定的亲本树树冠中上部采集花枝，采下的花枝要挂好标签，注明树种、采集地点、性别，包好后运回。

③花枝修剪及水培管理　雄花枝保留全部花芽，雌花枝根据枝条粗细保留3~5个花芽，枝顶保留1个叶芽，其余芽子全部去掉。使雌雄花期一致，雄花枝应提前3~4d放入温室水培，室温控制在15~20℃，湿度保持在60%左右。

④花粉采收和贮藏　雄花序即将散粉时，可将花序摘下晾在洁白的纸上或细的土壤筛中，每天收集1~2次，筛除杂质，在干燥的室内晾2~3h，然后贮藏备用。贮藏时将花粉装入小瓶(只装1/3瓶)，用棉塞塞紧，或用纸将花粉包好，放入有无水氧化钙或硅酸的干燥器中，再将干燥器放在冷凉处或冰箱中。

⑤授粉　当柱头明亮分泌黏液时，即可授粉。每天8：00~10：00授粉，连授3d。授粉后在标签上注明父本名称和授粉日期。授粉后的管理，室内温度可适当提高，要及时换水，防止病虫害。

⑥种子采收　当果穗上个别蒴果开裂时，应将整个果穗用纸袋套好，以免种子飞散，全部蒴果开裂后，取下纸袋剥出种子。种子采收时要防止混杂。因杨树种粒很小，采收后要尽快播种，以免种子丧失发芽力。

(3)杂种后代的培育选择

获得杂种种子后，种子的贮藏、播种育苗，与一般育苗技术相同，但应注意防止混杂。由于亲本群体间、单株间，甚至同一单株的细胞和组织间的差异很大，杂合性很强，所以同一组合的杂种，性状表现极为复杂。例如，山东在进行杨树杂交育种时发现，小叶杨×美杨、南林场×毛新杨的组合中，杂种苗多数感染锈病，但有个别无性系完全不感染。杂种苗的生长和分枝特点分化也很大。所以从育苗开始就要经常进行观察对比和鉴定选择。

4)其他育种方法

(1)多倍体育种

20世纪30年代，在前苏联和瑞典分别发现了三倍体巨型山杨，生长快，抗心腐病。

后来联邦德国曾人工诱导出三倍体欧洲山杨，即在授粉前用秋水仙碱溶液处理尚未开花的柔荑花序，生产同源四倍体，再与二倍体杂交获得了三倍体。该三倍体树冠窄、适应性强、生长快、抗锈病。近年，北京林业大学也育成了三倍体毛白杨新品种，非常速生。说明多倍体育种，也是杨树育种的重要途径。

(2)单细胞系培育

利用杨树体细胞间的遗传变异或诱变处理，诱导细胞产生遗传变异，然后进行细胞分离培养，筛选培育有特殊用途的单细胞系。中国林业科学研究院用群众杨的原生质体，在试管中培养出了耐2% NaCl浓度的细胞系。辽宁杨树研究所也曾用这种方法培育出耐盐碱的单细胞系。

9.7 兰花育种

兰花是整个兰科（Orchidaceae）植物的总称，是有花植物中最大的一个科，全世界约有800属25 000~30 000种，我国约有173属1240余种。兰花分布很广，但大多数种生长在热带、亚热带地区。兰花具有重要的观赏价值和经济价值，既可做盆花观赏亦可做切花使用。由于兰花具有花期长、花朵绚丽，且易于进行工厂化栽培等特点，越来越受人们的喜爱。随着世界经济的发展和人们生活水平的提高，兰花作为花卉业的重要组成，将获得更大的发展，也将推动兰花遗传育种研究的进一步深入。

9.7.1 育种目标

育种目标随着兰花的种类、不同时期以及各国的欣赏习惯而异。

1)国兰的育种目标

目前除了传统的正格花外，奇花、水晶艺、图斑艺等品种也备受欢迎。因此，奇瓣兰、叶艺兰、水晶艺、矮种、抗性等已经成为国兰育种的重要目标。

(1)香气

国兰的香味贵在幽远、温和和无异味，不能太浓也不可太淡。

(2)花色

以淡雅为贵、素心为上。近年来，绿色和红色花系也颇受欢迎。素心花皆为好花，如'绿脂素'、'黄脂素'、'白脂素'、'桃腮素'和近年来选育的'红素'均为兰花中精品。

(3)花型

以荷瓣为上，梅瓣次之，水仙瓣再次。奇花种类主要包括：多瓣或少瓣、多舌或多鼻、花瓣鼻化或舌化等。

(4)株型

传统的兰花株型育种目标是中等株高、半直立型，近年来矮种兰花颇受欢迎。

(5)叶

近年来叶艺育种受到重视，主要包括：①奇形叶类兰花；②叶艺类，指叶片上有白色或黄色的斑块及花纹；③水晶艺类，指兰叶上嵌有晶莹玉润的斑点和条纹组织，且叶

姿畸变行龙，苍劲奇美。

(6)肩

肩指左右两萼片的相对位置。一般以一字肩为上品，飞肩次之，落肩最次。

(7)捧心

捧心指植物学的花瓣。以柔软、光洁、形状似蚕蛾之皮肤为上品，阔观音兜和僧鞋菊次之，挖耳捧、硬蚕蛾捧再次，豆荚、蟹钳捧等为下品。

(8)舌

舌即唇瓣。一般要求圆而短，以大如意舌、刘海舌、大圆铺舌为上，小如意舌、方胜舌、方版舌等次之，微缺舌、尖如意舌再次之，吊舌、狭兰舌最次。

(9)壳

壳指植物学上的薄鞘。兰花之壳有绿、白绿、红紫、淡紫、赤绿等各种颜色，都有可能出名种，凡壳纹理直而筋肌粗糙、色彩昏暗者则选育不出好品种。

(10)衣

衣即鞘，要求衣长且大。

(11)兰筋

兰筋指壳和衣上的筋纹。要求纹理细软光润，根从底透顶光艳夺目。

(12)苔

苔指唇瓣上的颗粒状突起物。要求颗粒细致柔润明亮，颜色要求绿色、嫩绿色或白色。

(13)点

点即兰舌上色彩斑点，要求颜色清澈鲜亮，分布规则。

(14)鼻

鼻即蕊柱，育种目标为鼻小而平整，内有蜜腺。

(15)花梗

花梗要求细长，春兰在10cm以上，蕙兰在20cm以上。

(16)抗性

国兰由于长期用分株繁殖，许多品种带有病毒，包括一些名贵品种，因而抗病毒病育种应成为国兰的重要目标。

2)洋兰的育种目标

(1)提高花的观赏价值

洋兰以观花为主，花期长、花型好、花多、有香味是重要目标。

①花大　一般要求花大，但作为切花，大小适中即可，如切花蝴蝶兰的花朵直径以6~7cm为佳。

②花多　这是培育兰花新品种的共同要求。

③花色　白花是传统花色育种目标之一，目前洋兰花色育种向着纯色、系列和多变

的方向发展。

④花型　其育种随着兰花种类和市场需要而不断变化。目前，卡特兰以楔型花较受欢迎，蝴蝶兰、拖鞋兰等兰花的花型育种也已突破原来标准型，向着多样化的方向发展。

⑤香味　洋兰的原生种多数没有香味，因而培育有香气的洋兰品种是今后洋兰育种的主要目标。

⑥株型　其育种的目标是紧凑，株高中等到半矮，叶片优美。

(2)增强适应性

①抗寒育种　重要的观赏兰花，如卡特兰、蝴蝶兰、石斛兰、万代兰等都分布于热带亚热带地区，为了扩大这些兰花的适应范围，降低切花成本，因而抗寒品种的选育应成为今后兰花育种的重要目标。

②抗病毒病育种　兰花的病虫害是影响兰花生产的重要因素。特别是兰花的病毒病，目前还没有有效的防治方法，因而应加强抗病毒的遗传研究和新品种的选育工作。

9.7.2　种质资源

兰花分布很广，地球上除了南北极地、极端干旱的沙漠等地区外都有兰花的分布，但大多数种类的兰花生长在热带、亚热带地区。根据生态习性，兰花可分为3种类型：地生兰、附生兰和腐生兰。根据生长习性，兰花又可分为单轴类兰和合轴类兰花。在我国，习惯把兰花分为国兰和洋兰。国兰一般指原产于我国，花型小、有香气的兰属中的几个种，主要有春兰、蕙兰、建兰、墨兰和寒兰5种。洋兰和国兰相对，主要指国外生产和培育的一些大花型附生种类。

兰花野生种质资源是指生长于自然条件下的所有兰花种质资源，包括了所有的野生种、变种及其类型。据不完全统计，兰花的野生种有25 000多种，目前野生种类仍不断发现。然而由于过度采挖和环境恶化，野生兰花资源已经遭到了严重破坏，目前全世界所有野生兰科植物都被列入《野生动植物濒危物种国家贸易公约》的保护范围。兰花的野生种质资源是长期自然选择的结果，在观赏性、生育期等方面也许不尽如人意，但野生种质资源往往拥有许多栽培品种所不具有的性状，如抗寒、抗病、花型、颜色等。这些种质的发现及其在育种上的利用往往会产生突破性的育种成就。

人工驯化的原始兰花种是兰花杂交育种的最重要的亲本材料，所有的现代兰花品种都是从这些原始种中选育出来的。目前，已被人类驯化栽培的兰花超过300属3000种，这些兰花已脱离了野生状态，在适应性等方面符合人们需要，有一定的观赏价值。随着人们对这些品种性状研究的深入，就能够更好地利用这些资源，培育出更多新品种。

人工培育的兰花新品种是兰花种质资源的重要组成部分，也是极好的杂交亲本。这些品种包括：①通过系统育种的方法从原始种中育出的常规种；②用杂交的方法培育出的各种杂交种，包括属间杂交种、种间杂交种和品种间杂交种；③用诱变方法和外源基因导入等方法培育的新品种及育种材料。

我国是一个兰花资源较丰富的国家，兰花在我国已有1000年以上的栽培历史，在南北各地均有分布，以我国台湾、云南、海南最为丰富。

但由于我国对兰花资源缺乏有效的保护，但研究方向主要集中在组织培养与栽培技术上，对新品种培育、开发与利用，未能引起足够的重视，新品种大都从国外引进。因此利用我国丰富的兰花种质资源，深入开展广泛的育种途径，培育出具有名、优、新、奇、特的新品种，是我国兰花产业良性发展的当务之急。近年来由于生存环境的破坏和人为过度采集，造成了兰花资源的严重破坏和大量流失。可见对我国兰花资源加强保护已到了刻不容缓的地步。

9.7.3　育种技术

1)引种驯化

兰花引种的方法是从获得“生草”开始的。“生草”是指处于野生状态的兰花。目前获得生草的方法有两种，一是上山采集，二是从农民手中直接购买。

采集兰草前应实地调查研究，摸清采集地的兰花种类、贮量、分布情况。采集时应注意兰花资源的保护，以引进种源、人工繁殖为目的，而非采集商品。在采兰草的同时还要做好兰花生境的记载，为今后驯化工作提供依据。

为了方便种植和新品种的选育，对采买回的生草应及时进行整理、分类、筛选。为了提高生草的成活率，管理上还应做到：①通风和遮阴，遮阴度在80%左右；②忌湿免肥，以促进发根；③对开花的植株应及时摘心，减少兰株的损耗；④做好病虫害的防治；⑤将兰花的引种驯化和新品种选育结合起来，做到边驯化边选育。

我国栽培的国兰品种绝大多数都是由野生种类引种驯化而来的，但近年来由于我国野生植物资源保护制度不够完善，大量野生兰花遭到破坏，资源逐步枯竭，故采用引种驯化的育种方法概率会逐渐减小。

2)杂交育种

杂交育种是选育兰花新品种的最重要的方法。兰花的育种一直以自然选种为主，比起自然昆虫授粉，人工授粉可以明显提高兰花的结果率。目前，兰科人工杂交属已达473个，在4万种以上，而且还以每年1000种以上的速度增加。人们栽培的洋兰几乎全是杂交品种，这些品种包括了品种间杂交种、种间杂交种和属间杂交种，还有四属甚至五属兰花杂交种，这些远缘杂交种在兰花产业中发挥了重大作用。兰花杂交育种的程序是：

(1)育种目标的制定

兰花育种目标的制定既要考虑市场的需求，又要根据已有资源。切实可行的育种目标是兰花育种成功的基础。

(2)亲本选配

①选择种子易于萌发的品种作亲本；

②亲本应落实到具体的品种，而不是集体杂种；

③选择可育的兰花作亲本；

④避免选用第一次开花的兰株作亲本。

(3)人工授粉及果实发育

选择健壮无病的植株做母本，于刚开花时去掉唇瓣和花粉块，不用套袋，或于临近开花时套袋，开花后将花粉块去掉。开花前在花梗基部涂抹樟脑丸以防蚂蚁。选择健壮无病的植株作父本，取当天开花的花朵中的花粉块放入干净的酒杯或白纸上，然后，将父本的花粉块放入母本的蕊腔中，可不用套袋。用铅笔在塑料纸牌上写明杂交组合名称、杂交时间，挂在母本植株上。

兰花授粉过程中应注意：①防止串粉，做完一个组合后，必须用酒精棉擦洗用具后方可做下一个组合。②授粉的花粉块应为淡黄色，若花粉块变褐、变黑，应更换花粉块。③为了增加不同种、属间杂交成功的机会，可在母本的蕊腔中涂2，4，5－氯化苯基醋酸，以促进花粉萌发和受精。

授粉完毕后应加强管理，促进大孢子发育和受精，要求做到：①将母本置于温暖通风的地方，防止寒潮；②适当增加浇水量；③南方墨兰、洋兰授粉后正值雨季，授粉后应将花瓣和萼片去掉，以防发霉；④防病、防虫。

兰花从授粉到受精所需的时间随兰花种类不同差异很大。蒴果的成熟期也受品种、授粉花朵数和授粉状况等多种因素影响，常见兰花果实成熟期见表9-1。

表9-1　常见兰花开花及结果情况一览表

兰花种类	花期(d)	花粉块数(个)	授粉最佳时间(花后天数，d)	果实成熟时间(授粉后天数，d)
卡特兰	40～60	4	3～4	180
蝴蝶兰	30～120	2	24～6	120
兰　属	15～90	4	8～12	270
石斛兰	1～55	4	3～4	150
万代兰	60～90	2或4	8～12	150
拖鞋兰	90～120	2	5～10	—
文心兰	26～60	2	3～5	—

(4)兰花的种子萌发

兰花种子小，没有胚乳，在通常条件下很难萌发。种子萌发常用的方法有两种，一种是共生萌发，另一种叫非共生萌发。共生萌发是指将兰花的种子和共生菌混合后播种于基质中的萌发方式。该方法成本低，兰苗生长速率高，在兰花杂交育种初期发挥过重要作用。非共生萌发也叫无菌播种，它是将无菌的兰花种子接种到人工配制的培养基上，由培养基提供种子萌发所需要的营养，促进兰花种子萌发的方法。

(5)杂种后代的选择

①管苗的移栽和管理　兰花杂交种子在试管中萌发，经转管培养长成小植株，当植株高度达5～8cm，具有2～3片叶和2～3条根时即可移栽。

②杂种后代的选择　绝大多数兰花是异花授粉植物，杂种一代性状就开始分离，产生各种变异植株，根据育种目标进行单株选择，对当选单株进行无性繁殖就可以培育出新的品种。

兰花杂种后代的选择，可在整个生育期进行，在苗期应对抗病性、抗逆性、株型、叶艺等性状进行选择，对抗逆性选择应在逆境下进行。在花期则着重对花部性状如花色、花型、香味等进行选择。

兰花杂种后代选择同其他花卉一样要遵循“优中选优”的原则，即选择优良的组合，再从优良的组合中选择优良的单株。

3）诱变育种

兰花诱变育种就是利用物理或化学诱变剂处理材料，使其遗传物质发生改变，从而获得新品种。诱变育种在兰花新品种选育上有着广泛的应用前景，尤其是对国兰诱变后出现植株白化、部分缺绿或矮化等变异，这符合了国人对叶艺品种或矮化品种追求的需要。

用于兰花诱变育种的射线有 γ 射线和紫外线，一般采用外照射，不同兰花种类适宜的剂量不同。如 Spathoglottis plicata 的原球茎的 LD_{50} 值为 1. 5 ~ 2. 0krad，而蝴蝶兰的原球茎为 1. 5 krad，墨兰的根状茎为 1 krad。用紫外线对春兰原球茎照射，波长为 254Å，功率为 10W，距离为 15 cm，照射 1. 5h，原球茎增殖则受到抑制。

近年来，航天育种逐渐成为一种新兴的育种手段。航天育种利用超真空、微重力和强辐射条件诱发植物发生变异，从而培育新品种。2005 年第二届中国盆栽花卉交易会首次展出了“神舟三号”搭载的石斛兰（*Dendrobium*）和俄罗斯空间站栽培的兰花，这些植株均生长较快，开花和成熟较早。国内许多科研机构陆续开展了兰花航天育种的研究工作。

4）多倍体育种

（1）人工获得兰花多倍体的途径

①利用秋水仙素进行人工加倍　Hsien 等（1992）用 125mg/L 秋水仙素处理 Dortis pulcherrima 的原球茎，当原球茎直径为 1 ~ 1. 2mm 时，原球茎的再生率为 42% ~ 59%，再生植株中 46% 为四倍体。

②从组织培养中获得多倍体　在兰花的组织培养中由于激素等作用，常常会产生一些多倍体。Vajrabhaya（1977）对石斛兰的 205 株再生植株进行检查，发现有 5 株是四倍体。

③从兰花的杂交和自交 F_1 代中选择多倍体。

（2）兰花多倍体育种方法

用兰花二倍体和四倍体杂交可得到三倍体杂种，三倍体兰花杂种通常表现出一定的杂种势。如三倍体的‘Aranda’在观赏特性上超过二倍体和四倍体，它的花形优美、大小介于二倍体和四倍体之间，适合作切花用，同时其营养生长健壮，花也比二倍体多；虽然四倍体‘Aranda’品种的营养体长得比三倍体大，但其生长速度慢、发育迟缓、花序产量低。在其他兰花如兰属、蝴蝶兰都有同样规律，因而三倍体兰花品种的培育是兰花育种的重要方面。

在常见的兰花栽培品种中还有四倍体和五倍体。如用四倍体的万代兰和二倍体的‘Aranda’杂种杂交育成了一些有重要商业价值的四倍体‘Aranda’品种，这些品种花比二倍体大，在许多性状上更像万代兰。在蝴蝶兰上用六倍体的 Phal.‘Golden Sauds’和四倍体的白花亲本回交，杂种后代在花色、花型、大小等方面都得到了很大的改善，并育成了五倍体的兰花新品种 Phal.‘Meadouslark’。

由于兰花的种子数量巨大和具有产生未减数配子的特性，因此，有时也可以利用三

倍体和五倍体作杂交亲本，如Storey(1956)发现用三倍体'Cattleya Rembrandt'和四倍体'Laeliocattleya Pasadena'杂交，其后代是五倍体。用奇倍数兰花做亲本，常可以选育到稀奇的兰花品种。

5)生物技术在兰花育种上的应用

用组织培养手段进行兰花快速繁殖是目前兰花新品种繁育的最主要的方法，特别是在洋兰上应用最成功，组培苗的数量占植物组培苗总量的比例几乎达到40%。这是因为兰花种子十分细小，需相关共生菌共同作用才能萌发生长；另外兰花属于高度杂合植物，实生苗开花不一致。

组织培养技术是通过无性繁殖快速获得新植株的主要途径，在洋兰的种苗繁殖中广泛应用，而在国兰中还有待完善，以保护其种质资源和一些名贵品种。兰花组织培养的一般步骤是首先选取活性强的外植体，流水冲洗干净后转至超净工作台用75%酒精和升汞消毒灭菌，无菌水冲洗干净后接种于培养基上，观察原球茎生长情况，记录芽分化数和分化出芽的根状茎数。待形成无菌苗后，在温室里进行炼苗移栽。

(1)外植体的种类

兰花的茎尖、叶片、种子，甚至花瓣、萼片、子房、花梗、侧芽、花芽、茎段、根等都可以作为组织培养中的外植体材料。但在国兰的组织培养中，外植体材料仍以茎尖和种子为主。茎尖由于分生能力强，是最早用于兰花组培中的外植体材料。在春兰、墨兰、建兰等国兰中利用茎尖已经成功诱导出原球茎，并进一步分化为根状茎，获得大量兰花组培苗。

(2)培养基

为了提高植株再生率，不同的培养基在兰花组织培养中均进行了尝试，如MS、KC、VW、RM、H、White及其改良型等，其中添加有机物成分的VW培养基可以明显增加兰花根和叶的数量和重量，改良的MS、White或Kyoto培养基可以诱导增殖原球茎，目前应用最为广泛的依然是MS培养基。有些培养基中还加入香蕉泥、椰汁，以提供细胞生长分化所需要的营养物质，添加活性炭可以防止褐化对于培养基中无机盐的量，研究表明春兰需求较少，蕙兰要求较大，而墨兰则不敏感。兰花组织培养对所用培养基的pH值也有一定要求，一般呈弱酸性，以pH 5.0~6.0为宜。

(3)培养方法及培养条件

兰花的组织培养条件与其他物种差异不大，培养室的温度、湿度、光照等环境条件对不同培养阶段，如原球茎、根状茎的生长与分化，都有一定程度的影响。培养室温度以(25±3)℃最适宜，相对湿度一般保持在70%~75%，光照强度为1500lx左右，光照时间12h/d为宜，部分兰花种子离体萌发时还需要黑暗培养一段时间，有利于原球茎的诱导增殖。

(4)激素

激素是植物组织培养技术得以推广的助推器，在兰花组培中可以诱导外植体和原球茎的分化增殖、再生植株的形成及一些兰花种子的萌发。大量研究结果表明，不同兰花品种，不同生长发育阶段所需的激素种类、配比、浓度各不相同，根据具体条件设计相关的正交试验可以摸索出最优的培养方案。兰花组培培养基中添加的激素主要是生长素

类和细胞分裂素类，生长素类可以促进原球茎的诱导和生根，细胞分裂素类对原球茎的诱导和分化有利。

9.8　菊花育种

菊花原产于中国，它高洁隽逸，傲寒凌霜，形质兼美，为我国的名花之一。据典籍记载菊花已有3000年的栽培历史。追溯菊花的历史演变过程，主要是从野生过渡到栽培，由田园种植供饮食、药用发展到庭院观赏，由野生种的黄色小花一直进化到现代形姿和色彩丰富的园艺品种。现在全世界的菊花园艺品种20 000~25 000个，我国有7000个园艺品种。在如此众多的菊花园艺品种中，不仅花色各异，而且花形、瓣型、花期、整枝方式以及园林应用方面也有很大差异。菊花由于品种繁多，用途也极为多样。可选用早花品种及岩菊布置花坛、花径、岩石园等。菊花是世界上重要的切花品种之一，在切花销售中居首位。此外，切花还可供花束、花园、花篮制作用。杭白菊则可入药。

9.8.1　育种目标

(1)花期育种

大部分具有较高观赏价值的菊花优良品种，花期都集中在秋季，即10月底至12月。在花期育种方面，应比一般秋菊提前20d，于国庆节盛开的早菊品种为重点。还应培育一年开数次花的品种。如日本已培育成在5月初、10月初及冬季开3次花的盆栽品种，但花型较小不美观。如能育成花型美丽而常年开花的品种将受到广大人民喜爱。

(2)提高观赏价值

①花色　应更加艳丽新奇，重点进行纯蓝色品种及墨绿色品种的选育，注意鲜红品种的选育提高，对于一些稀有的单轮型品种要进一步丰富花色。

②花型　要选育出有更多色彩的飞舞型品种。

③注意与梨香菊结合起来，培育香菊花品种。

(3)选育切花品种

近年来人们喜欢用小花多头的高干品种做切花，但目前这些类型的颜色比较单调，应选育花色新颖，花枝挺拔的高干类型，丰富切花品种。

(4)抗性育种

如增强抗寒、抗旱、耐热及耐湿性，选育能在较低温度下开花的菊花品种。提高菊花抗病虫能力，以抗病毒病和抗线虫病为选育重点。

(5)株型育种

菊花株型有高矮之分，分枝能力有强弱差异。根据不同用途育成不同株型，如盆栽菊植株高度适中，分枝点较低，枝干坚实；地被菊植株低矮紧密，分枝点低，分枝均匀，迅速铺满地面；切花菊植株壮、高大，叶片中等，叶色浓绿，叶质肥厚、斜上生长、不下垂。

9.8.2 种质资源及分类

(1)野菊

①野黄菊　中国中南各地都有分布，其茎叶与栽培种相似，花黄色，常有变异。

②华北野红菊　茎细弱，株高20～30cm，叶卵圆，有浅刻，粉红色，单瓣，性耐寒。

③宽裂扎菊(又名朝鲜野菊)　分布于朝鲜及我国华北一带。花有紫、红、白等色，性耐旱、耐寒、喜阴、耐瘠，地下根茎发达，着花繁密，每株多至200～300朵花。

④尖叶野菊　分布于我国南北各地，多生于河岸、山坡、平原。株高约110cm，耐寒、耐旱、耐涝，适应性强。每株着花约200朵，是用以种间杂交的重要原始材料之一。

⑤宜昌菊　花黄心白边，茎叶和姿态极似家菊，且与茶用菊的起源有关。

⑥日本野菊　派生于中国野菊的日本野生种，与日本栽培菊起源有关。

其他还有华北野菊、南京野菊、紫花野菊和毛华菊等。

(2)经济菊

①杭菊　形态略似野菊，花稍大，黄色，舌状花1～2层，可以泡茶。

②毫菊　药用菊，花朵较大，花径3～4cm。

③梨香菊　有白、粉、黄等色，花径约10cm，重瓣或半重瓣，花香，可提炼香精，生长势较弱。

(3)观赏菊

①夏菊　又名“五九菊”。花期6～10月，两次开放，花朵小，白色、粉色，重瓣，原产于中国长江流域，代表品种有‘红五梅’等。

②秋菊　分为早菊、中菊和晚菊。

早菊　花期较早，花有黄、白、粉等色，可在10月初自然开放，是菊花育种中极有价值的原始材料。

中菊　多于10～11月上中旬开放，品种多，花型花色极为丰富，观赏价值高。

晚菊　多于11月下旬至12月开放。

根据秋菊瓣类和花型，我国初步确定5个瓣类、30个花型和13个亚型。5个瓣类是平瓣类、匙瓣类、管瓣类、桂瓣类和畸瓣类。

品种菊颜色分为8种，即白、黄、棕、粉红、红、紫、绿、复色。

(4)远缘杂交种质

如大丽菊、瓜叶菊、翠菊，都是菊科不同属的花卉，各具特色，与菊花杂交有可能创造出菊花的新类群，改进菊花的观赏品质。

9.8.3 花器构造和开花特点

菊花由许多小花组成，在顶生花序的周围为舌状花，雄蕊退化，具有雌蕊一枚，属单性花。位于花序中心部位的为管状花，聚药雄蕊5枚，雌蕊1枚，柱头两裂，子房下

位一室，是两性花。

菊花的开花顺序是，花序由外圈小花逐圈向内开放，一般是每1～2d小花成熟1～2圈。菊花为雌雄异熟型的异花授粉植物，外缘雄蕊花药先放粉，放粉后第2～3d，雌蕊柱头开始展羽呈“r”形时为可授粉期，而后各圈小花陆续成熟，可延续15～20d。一般雌蕊于上午9：00左右开始展羽，展羽时间能持续2～3d，雄蕊15：00放粉最盛，花粉有效期为1～2d。

9.8.4　育种方法

(1)选择育种

①芽变选择　菊花以无性繁殖作为主要的繁殖方式，它芽变频率高，个别枝或植株的某一枝段或根部容易产生芽变，在栽培过程中，一旦发现好的芽变，应马上进行无性繁殖，将优良变异性状稳定下来，使之成为新的品系。

②单株选择　菊花在栽培过程中，群体的个体间常出现性状分离现象，要根据育种目标注意选择。

(2)诱变育种

①物理诱变育种　利用X射线、γ射线、中子、紫外线以及新近出现的激光、电子束、低能电离子注入等对菊花植株进行处理，可能取得相当数量的变异植株，从中选育出新品种，有包括各种花色、花型的变异和花期的变异，甚至可能出现春季开花的类型。

②化学诱变育种　所采用的试剂主要有烷化剂、核酸碱基类似物、染色体断裂剂、亚硝胺和羟胺等。如利用秋水仙素溶液对菊花品种的生根插条处理，通过定植选育，可得到花色突变的新品种。

(3)组织培养育种

菊花组织培育中的外植体材料微小，诱变剂容易吸收。利用组织培养与辐射诱变相结合方法培育新品种。

(4)分子育种

利用分子标记和基因工程技术对菊花进行改良育种培育出很多新品种，改变其花型、花期、花色、株型和提高抗病虫能力。

(5)杂交育种

①天然杂交　菊花属于天然异花授粉植物，自然授粉是获得菊花新品种的一条有效途径。采收自由授粉的种子繁殖，简便易行，能在短时间内使菊花新品种剧增。

②人工杂交　母本花朵花瓣基本开展，花心的第一二轮筒状花雄蕊防粉时开始，菊花有高度的自花不孕性，可不用去雄，将花瓣留1cm左右剪短露出花心，套上透明纸袋，以防止天然授粉，挂牌注明母本品种名称及处理时间。过1～2d后用放大镜检查，柱头展开并发亮即可授粉。晴天在9：00～12：00进行授粉，其方法是用毛笔尖点上花粉，或将父本花朵对准母本花朵轻轻摇动，使花粉落在柱头上。授粉后仍套好袋挂牌注明授粉日期。这样隔1d一次，前后进行3～5次。菊花花粉的存活时间很短，应采集新

鲜花粉作授粉用。如果父母本花期不遇，可采用缩短光照时间提早花期，延长日照时间延迟花期。

要使菊花多结种子，还应第二次剪除花瓣，即于授粉后 15～20d，将余下花瓣全部齐根剪去。

授粉后的母株，宜限制浇水、保持干燥并需充分照射阳光。菊花从受精到种子成熟需 60～80d。种子成熟时将干连花梗剪下阴干，然后收集种子、贮藏，翌年 2～3 月播种。

由于菊花为异花传粉植物，因而在 F_1 就可进行单株选择。有的育种工作者喜用同花色的亲本相互杂交，以减少花色分离，这样便可以在某种特定花色的类型内根据其他性状如花型、花枝高度、抗性等来选取优良植株。

除以上育种方法外，目前组织培养、航天育种也应用于菊花育种中。

9.9 唐菖蒲育种

唐菖蒲(*Gladiolus hybridus*)为鸢尾科(Iridaceae)唐菖蒲属多年生球茎类植物，是世界著名的球根花卉。因其花形别致，花色艳丽丰富，常称为“十样锦”；又因其花梗修长，叶片挺拔，花序高大，犹如长剑，被称为“剑兰”；且其花期长，花朵在花序上依次向上开放，时间长达 15d 之久，还有“步步高升、长寿”之意；更因其优秀的线形花姿，易与其他类型的花材搭配使用，用途极广，使它成为价值极高的园林植物，列为世界四大切花之一(另外 3 个是月季、菊花、香石竹)。它还具有抗二氧化硫污染的能力，对氟敏感，是优良的环保检测植物，其茎叶可提取 V_C，其球茎又可入药，治疗腮腺炎、痈疮等疾病，因此被广泛栽培于世界各地。在我国唐菖蒲是一个纯外来花卉，于 19 世纪末引入中国，只有一个世纪的栽培历史。

9.9.1 育种目标

对于一个成功的商业品种来说，必须同时具备许多优良的性状。因为不同的生产者对品种的要求不同，如种球生产者，要求种球具备以下这些性状：种球的繁殖率高，子球衍生较多；在各种土壤条件下，新球的生长良好；适应多种不同的环境条件，且抗病虫害性强；有利于机械化作业。切花生产者要求：对于光照、温度条件适应范围较宽，能生产出高质量的切花；花朵鲜艳、花期长；易保鲜贮藏，干贮 2～3d 后的小花能够正常开放。而对于消费者来说，他们所希望的唐菖蒲具有很高的观赏价值，花朵颜色纯正、茎秆挺拔、花朵形态优美。因此对于育种者，在培育新品种时必须考虑到多方面的需求。

(1)选择花形、花色丰富的品种

唐菖蒲的花序有长有短，花的排序有疏有密，小花的数目有多有少，花瓣有皱有平，花径有大有小，从而构成了千姿百态的花型。其花色也十分丰富，目前有九大色系，但还是不能满足人们的要求。因此如何选育出各种大花、小花、多花、重瓣、复色

(镶边，异心)、奇色，如蓝色、墨色等花色新奇的优良类型，是提高唐菖蒲观赏品质的育种目标之一。

(2)选育芳香性品种

唐菖蒲花形、花色美丽，插花时间长，是人们喜爱的室内装饰佳品，但缺少芳香。如能选育出具香味的唐菖蒲品种，会进一步提高其观赏价值，也可为提炼香精提供更多的原料。国内外的育种家们虽多年来一直进行这方面的尝试，但成就颇小，进展缓慢。如新西兰的 Joani wrignt 女士培育出的'Lucky Star'(幸运星)唐菖蒲仅有微香。据文献记载南非等地确有约20种散发着强烈芳香的原种，如能通过引种、驯化来使其不断地提高，培育具有强烈芳香的唐菖蒲品种还是大有希望的。

(3)选育抗病抗污染的品种

在我国大部分唐菖蒲栽植区病毒病及一些病害使唐菖蒲的花越开越小，越开越少，植株矮化，对种球生产和鲜花的种植构成了严重威胁。因此，抗病育种已成为当务之急。很多唐菖蒲品种对一些有害气体如二氧化硫等较敏感，同时，在北方种植也不够抗寒，所以在抗病育种的同时，还应注意选育耐低温、耐高热，对光照不敏感且抗污染的优良品种。

(4)选育耐贮藏，便于运输的品种

唐菖蒲虽然可以通过分期播种球茎，控制花期，但是开花也往往有前有后，而节日用花数量颇大，如能育成耐贮藏的类型，则可以通过贮花，满足节日一时大量的需要，育成保鲜期长的品种，对于花卉出口也可以减少损失。此外，为便于运输应选育花瓣、蕾期紧裹的品种，使其在运输中不易损坏。

(5)选择盆栽品种

适于盆栽的唐菖蒲品种还很少，培育植株矮小、分枝多、着花多的盆栽品种，也是唐菖蒲育种目标之一。

9.9.2　种质资源和分类

9.9.2.1　唐菖蒲的育种资源

鸢尾科唐菖蒲属植物有250多个种，其中约10%的种原产于地中海沿岸、西亚和欧洲，这些野生种是多倍体($2n=60\sim180$)，它们从秋季到翌年春季生长开花，球茎在干热的夏季休眠，具有相当的耐寒能力，经过杂交育种构成春花类栽培品种的遗传基础。90%的种原产于南非，尤以好望角最多，被认为是世界上此属植物多样性的分布中心，这些野生种多为二倍体($2n=2x=30$)，植株强壮，从春季到秋季生长开花。球茎在寒冷的冬季休眠，经过杂交育种构成夏花类栽培品种的遗传基础。

目前世界各地广为栽培的唐菖蒲并非纯粹的原种，而是有种间、变种间或与变种及品种间反复多次杂交培育而成，这正是现代唐菖蒲品种丰富、绚丽多彩的主要原因。但是并非所有的原种都参与了杂交育种，真正参与杂交作为亲本的原种仅有十余个。

9.9.2.2 品种分类

1)一般分类

现代唐菖蒲品种超过1万个，目前国际上对其分类尚无统一方法，但大都以生态习性、生育期、花型、花径、花色等进行分类。

(1)按生态习性分类

①春花类　由欧亚原种杂交而成。株矮，茎叶细，花朵小，色彩单调，但耐寒性较强，在温暖地区可秋季栽植，次年春天开花。在我国少见栽培。

②夏花类　由南非原种杂交而成。植株高大，花朵多，花色、花形、花径以及花期等性状富于变化。但耐寒力弱，春季栽植夏秋开花。是目前世界上栽植最广泛的一类。

(2)按生育期分类

①早花类　种植后60~65d开花，叶片6~7枚。

②中花类　种植后70~90d开花，叶片7~8枚。

③晚花类　种植后90~120d开花，叶片8~9枚。

(3)按花型分类

①大花型　花径大，花朵多且排列紧凑，花期较晚，新球和子球的增殖缓慢。

②小碟型　花径较小，花瓣上有皱褶，并多具彩斑。

③报春花形　花形似报春，花朵少且排列稀疏。

④鸢尾型　花序短，花朵少而紧密，向上开展，呈辐射状对称，子球增殖力强。

(4)按花径分类

①微型花　小于6.4cm。

②小型花　6.4~8.8 cm。

③中型花　8.9~11.3 cm。

④大型花(标准型)　11.4~14.0 cm。

⑤特大型花　大于14.0 cm。

(5)按花色分类

有白色、绿色、黄色、橙色、粉色、红色、藕荷色、紫色、烟色9个色系。

2)编码分类

我国沈阳园林科学研究所以编码数字的形式对唐菖蒲品种进行了分类。编码模式为：接头字母□□□-序数字(表9-2)。

①接头字母　用“A”表示平瓣型，用“B”表示波瓣型，用“C”表示皱瓣型。

②百位字母　表示花朵的总体颜色类别，由浅至深，分别以1~9数字表示。

③十位数字　表示花瓣上有无散存的其他色彩的斑、点、条、纹等。“0”表示花瓣

表9-2　花朵颜色的数字表示

1——白色系	4——橙色系	7——蓝色系
2——粉色系	5——红色系	8——紫色系
3——黄色系	6——堇色系	9——烟色系

色彩纯一，“1 ~ 9”表示有斑点或条纹，数字所代表的色系与百位数相同。

④个位数字　表示内层花瓣中心或基部有桃形、扇形、放射形的其他颜色（与该品种色系相异）。“0”表示无其他颜色，“1 ~ 9”代表其他色系。

⑤接尾“序数字”　表示在某个色系中进行记载的先后顺序。对所育出或引进的品种而言，可表示育出或引进的迟早。例如，‘C108 - 2’表示这个品种是皱瓣型，白色系，花瓣上无色斑，内瓣中心具有紫色桃形斑，属于白花系中的第二个品种。在实践中，若发现更有利于品种分类的性状特征，可以增设高位或低位数值，此时接尾序数仍应放在编码的最右方。

3）北美分类

北美唐菖蒲委员会用三位数进行唐菖蒲品种分类。百位数表示花径，十位数表示花的基数，个位数表示花色深度。奇数表示花瓣唇部或喉部带有明显的斑点。花径大小以花序下数第一朵花自然开放时的直径为准（表9-3）。

表9-3　北美唐菖蒲委员会花径和花色的分类方法

级别[a]	100 微型	200 小型	300 装饰型	400 标准或大型	500 巨大型
花径（cm）	< 6.4	6.4 ~ 8.9	8.9 ~ 11.4	11.4 ~ 14.0	>14.0
花色[b]	淡	浅	中等	深	其他
白　色	00				
绿　色		02	04		
黄　色	10[c]	12	14	16	
橘黄色	20	22	24	26	
橙红色	30	32	34	36	
粉　色	40	42	44	46	
红　色	50	52	54	56	
玫红色	60	62	64	66	58 黑红色
浅紫色	70	72	74	76	68 黑玫瑰红色
紫　色	80	82	84	86	78 紫红色
烟　色	90	92	94	96	
棕褐色				98 褐色	

注：a. 在五级中百位数表示花径。b. 后二位表示花色和色彩的深浅，个位数若是奇数则表示具斑点或条纹。c. 包括奶油色

9.9.3　开花习性

唐菖蒲是典型的喜光植物，喜温暖、阳光充足且通风良好的环境条件。如果在2 ~ 5叶期（即花芽的生长发育期），长时间遇到较低的温度，则易造成盲花。当植株达到7 ~ 9枚叶时进入开花期（一般栽植后2 ~ 3个月），单株花期一般延续15 ~ 20d。开花顺序是由花序基部陆续自下而上开放。小花为漏斗短筒状花。花被6枚，大小不一。雄蕊3枚，雌蕊具长花柱，子房下位3室。成熟时雄蕊发毛，雌蕊柱头发亮，分叉。此时可进行杂交。

9.9.4 育种方法

除引种、诱变育种外，杂交育种是唐菖蒲育种的主要方法。

1)亲本选择

根据育种目标选择适当的亲本。母本更应注意选择抗性强、结实率高的品种，而父本则要求观赏价值高，花色纯正、鲜艳，花穗长，质地优良的品种。

2)杂交时间

唐菖蒲从3月中旬至7月底均可分期播种，在6~11月陆续开放。在不同的地区，最适的授粉期不同，总的原则是开花授粉时温度不宜过高或过低，如夏季的高温(25℃以上)和秋季的早霜，对结实均不利。长江下游地区以6月和9月最好，尤以6月为佳，此时杂交种子成熟度高，籽粒饱满，采收后即能在温室播种，有利于缩短育种年限。

3)杂交步骤

(1)剪花序、去雄和套袋

当花序下部的花即将开放时，剪去上部花序，目的是减少养分消耗，从花穗下部数，每穗留2~5朵花作授粉用，将花瓣轻轻掰开或剪去花瓣，用镊子将母本花上的雄蕊全部去净，套上硫酸纸袋。

(2)授粉

去雄2~3d后，当柱头裂反卷并开始分泌黏液时进行授粉。授粉应选择无风晴朗的天气，以9：00~10：00为宜。将饱满成熟的花粉授在母本的柱头上，然后剪去部分花瓣，再套上硫酸纸袋。在授粉过程中，花粉要现采现授，以提高结实率。授粉结束后，要挂上标牌，写明父母本名称、杂交日期等。

(3)去袋

杂交一周后，子房开始膨大，柱头萎蔫，则表明杂交成功，这时，可将硫酸纸袋去掉。加强田间管理，为了阻止倒伏，可立竹竿进行扶持。

(4)种子采收、播种

授粉后约一个半月，种荚成熟呈褐色后便可采收。种子阴干后装袋，贮藏于阴凉通风处。若要立即播种，则阴干后的种子在5℃下处理一周后，即可促进发芽。在温室中可9月上旬至10月上旬播种，露地播种可于4月进行，此时温湿度适宜，有利于发芽。一个月左右发芽，待苗长至7~8cm时，每20d施1次稀薄肥水，催苗生长。管理得当的可望当年开花，球茎大的可长到2cm。

(5)新品种的筛选

根据以下原则进行选种：

①花色纯正、鲜艳，如为复色，则对比性要强，深色的要艳丽，浅色要素雅。花冠色泽与喉部颜色调和。

②花朵排列整齐，朵距小。

③花径适当，开花时花朵能开展，大花者花径应在11 cm以上，小花者花径以小为佳，以不超过10 cm为宜。

④花朵数要多，至少20朵以上。

⑤植株强壮，叶子较宽，无病虫害。

9.10　荷花育种

荷花(*Nelumbo nucifera*)，又名莲花、水芙蓉等，属睡莲科多年生水生草本花卉。地下茎长而肥厚，有长节，叶盾圆形。花期6 ~9月，单生于花梗顶端，花瓣多数，嵌生在花托穴内，有红、粉红、白、紫等色，或有彩文、镶边。原产于亚洲热带和温带地区，我国早在周朝就有栽培记载。荷花作为中华民族的特色花卉，在3000多年的栽培应用中，为人们贡献出实用价值的同时，其品种资源逐步进化，不断地丰富。20世纪60年代有花莲30多个；80年代初，武汉植物园引进16个日本品种，国内荷花品种达到57个；20世纪90年代以来，经过引种培育，国内荷花品种达300多个；至2005年年底，已达600多个；2005—2009年又新育出荷花品种200种以上。荷花全身是宝，藕和莲子都能食用，莲子、根茎、藕节、荷叶、荷花及种子的胚芽等均可入药。

9.10.1　育种目标

(1)选育耐深水、丰花、大株型品种

现有大株型品种中大部分存在：叶多花少、叶及花梗较细不抗风、花梗与叶梗高低差小、耐受1.5m以上深水的极少。选择开花繁密的大型品种、可塑性大的中型品种做育种亲本材料，有望选择出开花繁多、花叶梗粗壮、可耐1.5m以上深水的新品种。

(2)培育花色新奇品种

现有的品种中，粉色占32%，红色约占27%，特异花色品种较少。可以培育黄色、复色、绿色、蓝色、黑色或紫色等品种。这些较稀有色彩，具高贵之感，广受青睐。

(3)培育耐阴品种

耐阴品种即生长期对光照要求较低的品种。荷花喜光，极不耐阴。荷花要进入千家万户，美化家居，可以选育小巧又耐阴的碗莲新品种。

(4)培育耐寒品种

现有荷花绝大多数品种生长发育最适温度为25 ~32℃，在较高纬度地区，生长发育会受明显影响，搜集、筛选耐寒基因，对延长生育期、提高观赏价值、扩大栽培生长地域有重要作用，并为荷花向欧洲推广做准备。

(5)培育观赏性的特异品种

利用现代育种新技术，经过努力，可以培育出千瓣莲、并蒂莲。千瓣莲被佛教视为“妙莲”、“佛光”，象征着大千世界、千百万个释迦牟尼佛；并蒂莲象征美满、吉祥。

9.10.2　品种分类

(1)中国莲系(荷花的品种群)

①少瓣型　‘东湖白’莲、‘佛见笑’、‘玄武红’莲。

②重瓣型　‘白千叶’、‘蓉娇’、‘大洒锦’、‘粉千叶’。

③重台型　‘红台’莲、‘碧玉’莲。

④千瓣型　‘千瓣’莲。

(2)美国莲系(美洲黄莲的品种群)

(3)中美杂种莲种系(荷花和美洲黄莲种间杂种的品种群)

9.10.3　育种方法

1)芽变选种

与常规杂交育种相比，芽变育种周期短，方法简单，易于掌握。颜色变异是园林植物发生最普遍、最有价值的芽变类型之一，其中包括花色、叶色、枝干色等的变异。如从‘青莲姑娘’中选育出‘红叶三百重’花色芽变品种。

2)杂交育种

(1)杂交方式

杂交分为品种间杂交和种间杂交。品种间杂交是指中国莲系内各品种间的杂交，可以获得亲本性状互补的优良品种。种间杂交是指中国莲系的品种与美国莲系和中美杂种莲系品种群的杂交。中国莲品种间杂交获得黄色品种的可能性很小，必须进行种间杂交，方可获得黄色新品种。如‘金凤展翅’、‘友谊牡丹’莲、‘出水黄鹂’等优良黄色品种，还出现了鲜红色品种‘金陵火都’，复色品种‘红唇’、‘雨花情’等。种间杂交不仅可以丰富荷花的“基因库”，也可以为育种的深入研究、创造新种类或类型提供遗传基础和技术基础。

(2)自然杂交

荷花是雌雄异熟的异花授粉植物，群体的遗传结构复杂，因此，从现有荷花品种群中，根据现有育种目标可以选择自然变异个体，这是获得荷花新品种的较理想的育种途径。该方法可以优中选优，省去人工创造变异的环节，简便有效。而且选择优良变异，培育新品种，新品种又会产生变异，又进一步为选择育种提供选择的材料。如此连续选优，使新品种质量不断提高。

(3)人工杂交

以性状不同的荷花品种进行人工结合，形成杂种，再通过培育选择。育种前了解荷花的开花习性。荷花的花期在6~9月，单朵花依次开放，花瓣多数。自然状态下，花粉寿命只有几个小时。花开放的全过程可以分为松蕾、露孔、开放、花谢4个阶段。

①松蕾　花蕾发育至开放的前两天，花瓣由层层紧贴到逐渐松动，手触有柔软感。初开前一天，拨开花瓣，柱头上附有黏液，表明可进行人工授粉。

②露孔　花蕾由封闭从蕾尖开一小孔，雌蕊柱头呈黄色，充满黏液，已达成熟。雄蕊紧附花托，花粉尚待成熟。此时为去雄、授粉的最佳时期。

③开放　花瓣舒展，露出雌雄蕊，由微开逐渐张开。柱头上黏液干黑，雄蕊散离花托，花粉陆续散落，表明雄蕊比雌蕊晚熟1d。此刻应抓紧收集花粉备用。

④花谢　单朵花开合3d后花瓣陆续凋落，雄蕊花药萎缩，附属物倾倒，随之枯落。

荷花雌蕊早熟的习性决定了荷花为异花授粉植物，主要靠昆虫传粉。自花授粉亦可孕，但概率极低。

杂交授粉前将必备的工具准备好。于花朵初开前1～2d的晴天8：30前进行。将父本花蕾剥开花瓣，用镊子取出成束散粉雄蕊(花丝)，置于培养皿中。将母本去雄，见花托心皮上黏液晶亮，证明雌蕊成熟，随即将花丝堆放在花托表面，便完成授粉。然后，将花瓣合拢，顶端用回形针夹紧。挂上标牌，标注双亲名称、杂交日期、杂交组合编号，次日午后松夹。1个月后，莲子成熟，晴天中午剪取莲蓬，单采单藏，留作翌春播种，初选优良单株。

3)倍性育种

荷花属二倍体植物，其染色体数目为$2n=16$。可通过理化诱导，使其染色体数目增加或减少，来达到选育荷花新品种的目的。而多倍体具有适应性强、花大、色艳等特点。荷花在人工栽培进化中，能自然形成多倍体。如'艳阳天'是从'东湖春晓'播种实生苗中选育出多倍体株系。利用染色体加倍技术，在其加倍后代中选育新种。如采用秋水仙素进行人工诱导荷花多倍体，能获得一些开花多、花型奇特、花色艳丽的四倍体株系。

4)诱变育种

(1)太空育种

据研究发现，空间诱变能使荷花产生广谱变异，如利用空间微重力、高能重离子的强辐射、高真空等综合诱变作用，使荷花(莲子)发生变异。这是采用高科技进行荷花育种的手段。如江西广昌白莲研究所利用返回式卫星搭载白莲种子，选育出'太空'系列品种。

(2)辐射育种

利用物理的方法诱发荷花产生突变。如γ射线辐照种子，经过培育、选择，从而获得新品种。如'粉珠'、'镶玉'、'红太阳'等具特色性状的荷花品种。

9.11 郁金香育种

郁金香(*Tulipa gesneriana*)又名洋荷花、草麝香、郁香、金香等，为百合科多年生球根类草本植物。郁金香适合盆栽，是冬春节日高档的盆花。郁金香也是世界著名的鲜切花，成束插于较大的花盆中，既朴素大方又色彩艳丽，成为风靡世界的著名球根花卉之一。郁金香已经历了400多年的育种史。在品种的选育中荷兰作出了巨大的贡献，法国、英国、日本等国家也起了巨大的推动作用。我国北方已建立了郁金香种球的繁育基地，为我国南方各地提供切花和盆栽郁金香种球。郁金香的园艺品种有8000多个，郁金香属一共有150个种，原产于地中海沿岸一带及中亚西亚、土耳其等地，在克里木、高加索、阿尔泰等地区也有分布。我国也有部分原产，有10多个种，主要分布在新疆、西藏等地。虽然郁金香品种多达8000多个，但常用的品种只有200多个。

9.11.1 育种目标

针对球根生产、栽培方式及根据不同用途和消费爱好，郁金香的育种目标主要体现在以下几个方面：

(1)改良观赏品质

提高郁金香的观赏价值，可以在以下方面努力：①选育花瓣开放角度较小，花瓣不会反转的品种；②培育彩叶、彩茎品种，如有的花茎呈黑绿色，与花朵色彩相配合；③郁金香的花色比较丰富，具有蓝色以外的所有色彩，但花色与重瓣的组合、花色的变化等是花色育种的目标，同时若培育出蓝色品种也将非常有价值；④郁金香虽有香味，但无真正的芳香品种，若选育出具有鲜艳花型和色彩鲜明的叶片，再散发出浓郁芳香的品种将广受欢迎。另外，植株的株型也非常重要，根据不同生产目的来筛选。如切花品种要求花茎长而坚硬，亭亭玉立。而花坛要求花梗高矮一致，盆栽要求株型紧凑。

(2)提高抗病虫害能力

选育抗病能力强的品种，如可以抵抗球根腐败病、病毒病、褐色斑点病、黑腐病、溃疡病等病害，以及抗螨和其他害虫。

(3)改良花期

改良花期，使其开花期提前或推迟，如培育极早或极晚开花的品种，这样通过不同花期品种的合理搭配，可延长郁金香的观赏时间。

(4)选育适应促成和抑制栽培的品种

早期的促成栽培在11~12月开花，促成栽培在1月开花，半促成栽培在2~3月开花，抑制栽培在6~10月开花。选育以上各开花期的品种，并且要求开花率高，到花日数短。

(5)选育适应机械化生产的品种

为利于机械筛选、调整、收获或播种等作业，选育球根外皮厚而结实、大小均一、表面光滑，圆形鳞茎的品种，该类品种也可用机械进行球根定植、球根或切花收获。

9.11.2 品种分类

(1)早花类

①单瓣早花型　大多数品种株高25~40cm，有些品种还具有香味，如香花系列品种。它包括原有单瓣早花型、香花型品种及孟德尔型早花品种。花色丰富，有粉、白、紫等。大多适宜早春在温室里促成栽培，是促成栽培的主要品种。如‘圣诞之梦’、‘曙光’等品种。

②重瓣早花型　植株矮小，高15~35cm，花色丰富，以暖色为主，有洋红、玫瑰红、鲜红、白色等。这一类型品种适合盆栽观赏或布置花坛，较适宜早春促成栽培。如‘卡雷尔’、‘桃花’等品种。

(2)中花类

①凯旋型　又称胜利型。花高脚杯型，大而艳。株高45~55cm。该类品种适宜中、晚期的促成栽培。在我国大部分品种用作切花及花坛布置。如‘阿巴’、‘阿提拉’、‘布林达’等品种。

②达尔文杂种型　植株健壮，株高约50cm，花大，高脚杯状，花色鲜明，以鲜红为主，也有黄、乳黄及复色品种。该类品种适宜早春栽培，是优良的切花品种。如‘阿帕

尔顿’、‘金牛津’等品种。

(3)晚花类

①单瓣晚花型　株高60～80cm，花型多，多以大型花为主，以红、黄色为基调，花色有红、粉、白及复色等。该类品种一般花期较晚，适宜露地栽培，是优良的切花品种。如‘魔术师’、‘蓝珍珠’等品种。

②百合花型　植株健壮，高约为60cm，花瓣顶端渐尖，类似百合花的花型，花型优美，色彩艳丽，是郁金香中花姿最为优美的品种之一。花期长，是良好的切花类型。本类型品种少，一般都较为名贵。如‘阿拉丁’、‘玛丽特’等品种。

③鹦鹉型　花型大而奇特优美，花瓣卷曲扭转，向外伸展，花被状似鹦鹉嘴。花色多，适应性强。该类品种适宜用作展览。如‘杏黄鹦鹉’、‘蓝鹦鹉’等品种。

④重瓣晚花型　又称牡丹花型，花瓣较多。株高45～55cm。该类是良好的切花品种。如‘富饶’、‘巨星’等品种。

⑤绿花型　花瓣上带有部分绿色。植株中等偏矮，高20～50cm。多数品种宜盆栽观赏，少数品种花茎较长，可做切花。如‘葛洛’、‘艺术家’等品种。

⑥皱边型　花瓣边缘具有不规则的皱边，是良好的切花品种。如‘阿美’、‘哈密尔顿’等品种。

⑦伦布朗型　植株中等。该类型品种花被有花纹，如在底色为白、红或黄色的背景上带有褐色、青铜色、黑色、红色、粉红色、紫色斑纹。常用作收藏品展出。

(4)变种及杂种

①考夫曼型　花期早，叶宽，有时带斑点，开花如星芒状睡莲花型，花色有红、紫红、橙红等。如‘王冠’、‘哥卢克’、‘优胜者’等品种。

②福斯特型　株高20～55cm，叶片卷曲，灰色或绿色，有时带条纹或斑点，花期早，花大，主要为鲜红色、玫瑰红色、黄色。如‘新烛光’、‘元首’、‘甜心’等品种。

③格里格型　原种株高20～40cm，叶片或浅或深带紫褐色斑块。花冠钟状，洋红色。该类品种适宜园林布置。如‘丰碑’、‘东方之光’、‘多伦多’等。

④其他　该类品种花型、花色多样，花期中偏早，植株高低都有，可做盆栽、切花、园林布置等。如‘金红’郁金香、‘贝特里尼’郁金香等品种。

9.11.3　花器特征

郁金香的花通常为单被花，6枚。雄蕊通常6枚，3枚为1轮，基部着生，花丝基部宽阔。雌蕊柱头开裂成三等分至基部，子房上位，3室，蒴果。花形奇特，有杯、碗、高脚杯、蝶、星形等。有单瓣也有重瓣。花色丰富，有白、粉、鲜红、大红、深红、紫红、淡黄、深紫、深棕、黑色等，深浅不一，单色或复色。

9.11.4　育种方法

(1)引种驯化

目前，我国栽培的郁金香大多数引自荷兰，少数引自日本。号称“郁金香王国”的荷兰并无原产郁金香，所有原种都是早期引进的，日本也曾经从中亚收集郁金香属遗传资源。为选配杂交亲本提供依据，我国需注重野生种收集和保存，进行遗传资源的分析。

(2)杂交育种

①品种间杂交　现在品种繁多，亲本来源丰富，进行品种间杂交，其亲和性一般较强，杂交结实率较高，育成新品种较易，但不能获得新性状。

②种间杂交　种间杂交的关键是克服杂交不亲和性。据研究报道，郁金香杂交不亲和性主要表现为柱头不亲和。对此，可采用激素等处理。

(3)芽变育种

郁金香很容易发生芽变。因此利用其突变也是选育新品种的重要条件之一。芽变首先表现在花色和花型上，这对于育种来说非常重要。荷兰早在1987年就利用芽变育种培育49个新品种。例如，飞舞型品种以及达尔文杂交品种群的大多数品种都来源于芽变。

(4)多倍体育种

郁金香的品种大多数为二倍体，多倍体较少。多倍体郁金香一般植株高大，大花型。为培育四倍体，可用秋水仙素处理腋芽，而后再培养获得，或用未减数分裂花粉授粉，均有可能产生四倍体。

(5)基因工程育种

随着植物分子生物学的发展，人们能够逐渐分离控制花色、叶型、抗病性或抗虫等基因，利用基因工程技术将这些基因导入郁金香中，可以获得新品种。如将蓝色基因转移到郁金香中培育蓝色郁金香。

9.12 仙客来育种

仙客来(*Cyclamen persicum*)，别名萝卜海棠、兔耳花、兔子花、一品冠、篝火花。为报春花科仙客来属多年生草本。花色艳丽，花叶映衬，相得益彰，花期长达4~6个月，在冬季盛开，恰逢圣诞节、元旦、春节等重大节日，是节日期间的首选盆花。它以奇异的花姿、绚丽的色彩、洒脱飘逸的韵味而赢得世界上不同文化背景人们的共同喜爱。中译名“仙客来”，既谐英名原音，又有迎仙客入室的意趣。仙客来栽培历史悠久，400年前在欧洲就开始引种种植，到18世纪中叶，英、法、德等国开始仙客来新品种的培育。20世纪80年代初开始广泛地从国外引进品种，同期开展了细胞学、栽培学、育种学等系统研究工作，取得了一系列成果。仙客来适合种植于室内花盆，冬季则需温室种植。目前，仙客来已成为我国主要盆花品种之一。

9.12.1 育种目标

(1)培育抗病、耐热的品种

仙客来是各类花卉中较易发生病虫害而又较难进行防治的植物，尤其是夏季及其过后所发生的各类病害。仙客来病虫害较多，如立枯病、细菌性叶腐病、细菌性软腐病、枯萎病、炭疽病等。仙客来原产于地中海沿岸的林冠下，喜冷凉气候，对高温忍耐力不强。适宜仙客来生长的温度为18~20℃。高温可以使仙客来植株生长变缓，抗性降低，甚至停止生长、叶片失绿脱落。因此，培育耐热品种可以在夏季高温地区推广应用。

(2)培育香花品种

原种仙客来大多为香型，随着花型、花色培育工作的开展，香味丢失。让现有的、观赏价值高的品种重新带香味，是仙客来育种的重要课题。

(3)培育珍稀品种

培育在观赏性或生长习性方面明显不同于现在品种，突出新、奇、特等特性的品种。如新的花色、新的花期等。仙客来缺少黄、蓝、绿、黑等花色品种，可以通过远缘杂交、转基因技术等途径实现珍稀花色选育目标。

9.12.2　种质资源

(1)原始种分类

仙客来的起源比较复杂，研究表明它是从一个原始种发展成不同类型成为多个原始种。仙客来的原始种主要有16种。

①仙客来　原产于地中海沿岸的土耳其、希腊、塞浦路斯、叙利亚等地。耐寒性弱，染色体 $2n=48$。现有的栽培品种大部分从该种选育出来。花色有深红、桃红、紫红、白色等，具芳香味。常见的为单瓣、重瓣、波状瓣等。花期9～11月。

②欧洲仙客来　原产于欧洲中南部高原地带，分布于意大利、保加利亚、瑞士、澳大利亚等地。喜半阴、凉爽、土质肥沃环境，染色体 $2n=34$。花色多为紫色、胭脂红色、粉色。花期5～10月，也可四季开花。

③小花仙客来　原产于伊朗、土耳其、保加利亚、叙利亚、黎巴嫩、以色列北部、高加索地区也有分布。耐寒性极强。染色体 $2n=30$。花色以红色、白色为主，也有深红色、深粉色。花期12月～翌年3月。

④非洲仙客来　原产于阿尔及利亚，耐寒性极差，染色体 $2n=34$。花色为白色、粉色、红色，初开时具有芳香味。花期早，一般8～12月。

⑤巴利阿里仙客来　原产于地中海巴利阿里群岛，法国南部也有分布。具有一定的耐寒性，染色体 $2n=20$。花色以白色为主，少有粉色，具芳香。花期3～5月。

⑥西西里仙客来　原产于西西里半岛、土耳其南部和安纳托利亚森林地带的松树下，耐寒性强。染色体 $2n=30$。花色为淡粉色，具深红色斑。花期9月～翌年2月。

⑦克里特仙客来　原产于希腊克里特岛地区，耐寒性弱。染色体 $2n=22$。花通体白色，微香。花期3～5月。

⑧塞浦路斯仙客来　原产于塞浦路斯群岛，耐寒性弱。染色体 $2n=30$。花初粉色后为白色，有浓香味。花期10～12月。

⑨希腊仙客来　原产于希腊，主要分布在希腊、土耳其北部。耐寒性弱。染色体 $2n=34$。花以白色为主，基部深红色，也有粉色、红色、深红色。花期9～11月。

⑩地中海仙客来　原产于欧洲南部，主要分布在科西嘉岛、撒丁岛、爱琴海中各岛、法国南部、希腊。耐寒性很强。染色体 $2n=34$。花淡玫瑰红色，基部深红色。种内有两个变种，一个花期早为5～10月，一个花期晚为9～10月。

⑪黎巴嫩仙客来　原产于贝鲁特东北部，喜充足阳光，耐旱，但耐寒性弱。染色体

$2n=30$。花以粉色具有芳香味为主，少有红色、深红色。花期2～4月。

⑫假西班牙仙客来　原产于南小亚细亚地区，耐阴，也能耐较强光照，且抗寒性很强。染色体$2n=30$。花亮粉色，具芳香，基部由一对白色斑被褐紫色所包围。本种是花期最早的仙客来，9～10月形成花芽，花期1～4月。

⑬波叶仙客来　原产于欧洲中南部，是地中海地区特有的种，分布在法国南部、意大利撒丁岛、希腊克里特岛及南斯拉夫中部。抗寒性很强。染色体$2n=20$。先叶后花，花深粉色。花期3～5月。

⑭罗尔夫斯仙客来　原产于利比亚东部。不耐寒，是珍贵的秋花种。染色体数差异很大，$2n=20$、30、34、48、64、84、96。花深粉色，具芳香。花期9～11月。

⑮木拉贝拉仙客来　原产于土耳其南部。喜光，耐寒性弱。染色体数$2n=30$。花粉色。花期8～11月。

⑯帕尔夫洛仙客来　是仙客来中最小型的种，花冠长度仅为0.5～1cm，非常珍贵。耐寒性较强。染色体数$2n=30$。花通体暗粉紫色，花梗较短，仅超出叶丛。秋末形成花芽，花期12月～翌年3月。

(2)栽培品种分类

研究认为，现在的栽培品种大多数是由原种仙客来经多年培育改良而来的，该原种有两个变种，即大花形变种(var. *giganteum*)和暗红色变种(var. *splendens*)。仙客来的园艺品种繁多，其品种分类至今没有统一的标准，多以花型分类。分为大花型、平瓣型、洛可可型(灯笼型)、皱边型、重瓣型(牡丹型)。

①大花型　株型丰满，花瓣平展，向上反卷，全缘，瓣数5～9枚，叶色以浓绿为代表，叶面布有银色斑纹。叶缘浅齿。

②平瓣型　花瓣细长平展，但不向上反卷，边缘具缺刻至波纹状。叶色较浅，叶缘齿状明显。

③洛可可型　花瓣宽大，顶端扇形，边缘具缺刻，花不反卷而下垂呈半开状态，通常具芳香。叶色浓绿，叶缘齿状显著。

④皱边型　花超大型，花瓣宽大而反卷，边缘波皱至深裂。

⑤重瓣型　花瓣短宽，不反卷，瓣数10枚以上，通常雄蕊退化。

9.12.3　生长习性

仙客来花大型，单一而下垂，花梗长15～20cm，直立，肉质，自叶腋处抽出。萼片5裂，花瓣5枚，基部联合成短筒，花瓣下垂，开花时花瓣向上反卷而扭曲，形如兔耳。花色有白粉、绯红、玫瑰红、紫红、大红等色。蒴果球形，种子褐色。仙客来生长适温为18～20℃，冬季室温不低于10℃，10℃以下花易凋谢，花色暗淡，夏季温度高于30℃植株休眠，生长期相对湿度以70%～85%为宜，土壤要求微酸性。适宜光照为12～14h/d。

9.12.4　育种技术

(1)引种驯化

仙客来原产于地中海沿岸。根据气候、地理等条件分析，我国新疆可能有野生仙客来，但至今未发现野生种。种质资源主要引自国外。原种资源极为珍贵，很难引入。因此仙客来的引种驯化主要是国外品种的收集、保存及其利用，即建立种质资源库。如天津市园林绿化研究所已建立了我国唯一的仙客来种质资源库，保存了180多个品种。

(2)杂交育种

仙客来运用最早且最常规的方法是杂交育种。通过杂交，可以使不同品种仙客来的优良性状集中到一株仙客来上，产生巨大的杂种优势，改变花色、花型和花期，延长保鲜期，增强抗性等。

杂交育种的一般过程是：确定杂交育种的目标，选配亲本及确定杂交方式，开展人工杂交，获得杂种后代，杂种后代的培育与选择等。

杂交时，授粉母本每株选留10~15花，其余切除。花蕾为2cm左右时，剥去花瓣露出未完全成熟的花蕊，剪去全部花药后套袋培养。7~10d后柱头发育成熟，取父本花粉点到母本柱头上，继续套袋培养。授粉时间以8：00~10：00、14：00~16：00为宜。第二天再重复一次。10d后子房膨大，表明杂交成功。摘去套袋，按常规培育，种子成熟后采收，即为杂交一代种。

(3)诱变育种

利用各种射线照射仙客来种子，促使产生各种变异，再从中选择需要的可遗传优良变异，培育新的优良品种。变异的基本规律是花朵由小变大，花型由单瓣变多瓣，花瓣由窄变宽，由短变长，边缘由圆滑变皱褶。研究表明用^{60}Co射线照射种子后，能明显提高仙客来叶片中的叶绿素、净光合速率、蒸腾速率等。

(4)单倍体育种

利用植物组织培养技术(如花药离体培养)诱导产生单倍体植株，再通过某种手段(如秋水仙素处理)使染色体组加倍，从而使植物恢复正常染色体数。将仙客来的单个花药在培养基上培养，再利用蔗糖，生长素类激素NAA、2,4-D、6-BA及低温预处理等诱导花药胚状体，均有明显效果。

9.13 草坪植物育种

草坪草是以禾草为主的低矮、质优可形成草皮的植物总称。这类植物不仅观赏价值高，而且较耐践踏，不仅用于园林观赏和水土保持草坪的建植上，更可用于休憩草坪和运动草坪的建植上。以草坪草为基础的草坪业是一些国家的重要产业之一。我国草坪草种的培育和生产基础都很薄弱，目前在生产中占主导地位的仍然是国外引进草种。

9.13.1 育种目标

育种目标是育种的方向和基础，必须能反映社会目前和今后一段时间的实际需要。只有这样，所选育的品种才有广泛的应用价值。

草坪草基本的育种目标包括较高观赏价值，较强的抗逆性及较长的持久性。观赏价值主要包含色泽、密度、质地、均一性及绿色期；抗逆性主要包括抗寒性、抗旱性、抗病性、抗虫性等，持久性指草坪要具有较长的使用价值。现分别介绍如下。

(1)色泽

色泽是草坪草一项重要的质量性状。在草坪草属间、种间及种内叶色均存在程度不同的差异。据 Coffey 等(1989)报道，狗牙根的叶绿素含量和叶色遗传力较高，其狭义遗传力分别为0.71和0.89。衡量叶色标准不一，因人的爱好和欣赏习惯不同而异。评价叶色的传统方法是测定叶绿素含量及组分，叶色比色卡法是一种简便实用的观测方法。

(2)密度

密度主要由遗传因素决定。不同草坪草的种间和种内密度都存在广泛差异。据报道，狗牙根的密度广义遗传率为0.91～0.94，狭义遗传率为0.49～0.64。一般来讲，具有发达匍匐茎和根状茎的草坪草能形成高密度草坪。此外，管理措施也影响密度，如低修剪比高修剪更易形成致密的草坪。密度测定有目测法和实测法两种。

(3)质地

质地是对草坪叶的宽窄和触感的量度，通常认为叶越窄越柔软，质地越好。不同草种和品种的质地有很大差异。据报道，狗牙根的叶片宽度有较高的遗传率，其广义遗传率为0.88～0.98，其狭义遗传率为0.35～0.72。但低修剪和增加密度亦能长出较窄的叶片。

(4)均一性

均一性是度量草坪草种群内个体差异大小的指标。差异越小，均一性越高，所形成的草坪越均匀整齐。均一性主要由遗传因子决定，是草坪草一项重要的质量指标。一般而言，营养(无性)繁殖系优于种子(有性)繁殖系。种子繁殖系统中，均一性一般依自交系、常异交系、异交系递减。均一性主要利用目测法测定。

(5)绿色期

绿色期又称青绿期，指草坪草所形成草坪在一年中保持绿色的天数，它主要是由遗传因子决定的，是其起源地长期气候及生物互相作用的结果，它在建坪地的表现又受当地气候等影响。如暖地型草坪草在热带地区全年青绿，而在温带地区青绿期不足200d。测定的方法是观测露地栽培的草坪草物候期，返青期到枯黄期的时间为其青绿期。

(6)抗寒性

抗寒性是草坪草最为重要的抗性指标之一，它是不易通过栽培措施来改善的。草坪草的抗寒性首先是由遗传因子决定的。属间、种间及种内抗寒性均有广泛差异。冷地型草坪草抗寒性高于暖地型草坪草。在冷地型草坪草中，匍匐翦股颖具有杰出的抗寒性。在暖地型草坪草中，狗牙根抗寒性处中上水平，而结缕草则能在极地气候下生存。此外，草坪草不同发育阶段抗寒性也不同。幼龄期草坪草抗寒性明显弱于成熟期草坪。草坪草抗寒性通常采用生物鉴定法获得。

(7)抗旱性

在无灌溉条件的地方，草坪草的抗旱性是非常重要的抗性指标。草坪草抗旱性主要由其遗传因子决定，不同草种、不同品种其抗旱性不同。总的来说，冷地型草坪草抗旱性较暖地型草坪草差，杂交狗牙根和高羊茅分别是暖地型草坪草和冷地型草坪草抗旱性较强的草种，而假俭草和匍匐翦股颖是两类草坪中抗旱性较差的草坪草。此外，处于健康状态的草坪草较病弱草坪草更为抗旱。草坪草抗旱性通常通过生物鉴定法来测定。

（8）耐热性

与抗寒性指标一样，耐热性也是一个很重要的抗逆性指标。它主要针对冷地型草坪草。不同草种、不同品种耐热性不同。苇状羊茅是冷地草坪草中最耐热的草种，而其中的品种'Arid'、'Hountdog'等又是较耐热的品种。此外，低密度建植和粗放管理有助于提高高羊茅的耐热性。

（9）抗病性

抗病性一直是草坪草一个很重要的抗性指标。抗病性是个很复杂的性状，是由遗传因子及外在环境条件共同作用的。不同草种、不同品种对病害反应不同。如狗牙根易染枯萎病，结缕草的锈病则是一个严重的病害。扁穗钝叶草的病毒病则对其生长影响很大。高羊茅在过渡带易染褐斑病，假俭草则不易感病。管理措施对于提高植物的抗病性也是很重要的，事实上，有很多病害是由于管理不善而诱发的，如狗牙根的枯萎病很容易因高湿高肥而诱发。

（10）抗虫性

虫害会严重影响景观，大大降低坪用价值。抗虫性与抗病性一样，也是一个综合性状，既受遗传因素影响，也受生境制约。不同草种对一定虫害反应不同，如扁穗钝叶草对麦长蝽很敏感，而早熟禾象鼻虫特别喜食早熟禾和黑麦草。同一草种的不同品种对某一虫害反应也不同，如扁穗钝叶草品种'Floratam'对麦长蝽较其他品种有更强的抗性。草坪草抗虫性有3种表现方式：①草坪草自身营养器官纤维素和木质素过高，不为害虫所喜食；②抗虫性的草坪草种（品种）体内可产生有害成分，从而抑制昆虫继续采食和生长；③草坪草在受虫害影响后能够迅速恢复。

（11）耐阴性

草坪草在建植过程中，尤其是在园林绿化中，经常与灌木及乔木共同生长，因此，耐阴性是草坪草有特色的抗性指标之一，也是一个比较重要的指标。耐阴性主要由遗传因子决定。不同草种、不同品种耐阴性不同。总的来说，冷地型草坪草较暖地型草坪草更为耐阴。而在暖地型草坪草种中，钝叶草、地毯草均较耐阴，狗牙根耐阴性最差，但其不同种源耐阴性也有较大差异。

（12）耐盐碱性

沿海地区及北方许多地区土壤盐碱量较高，这也就要求应用于该区的绿化草坪草要有较高的耐盐碱性。草坪草的耐盐碱性依种和品种不同而异，匍匐翦股颖和苇状羊茅是耐盐性较强的冷地型草坪草，而狗牙根、结缕草及钝叶草是十分耐盐碱的暖地型草坪草，其中，狗牙根品种'Tifton 86'较'Tifton 10'更为耐盐。

（13）耐践踏性

典型的草坪草常常需要有较强的耐践踏性。它是一个综合指标，是由耐磨性和再生性综合决定的。耐践踏性首先是由遗传因子决定的，依草种和品种不同而不同，如狗牙根的再生性的遗传率高达0.99。不同草种耐践踏性表现方式也不同，狗牙根和结缕草均耐践踏，但前者是因为很强的再生性，而后者是因为很强的耐磨性。

(14)持久性

持久性指草坪草生存的年限。不同草种持久性也不相同，它首先是由其生育型决定的。总的来说，具有发达的匍匐茎和(或)地下茎的草坪草的持久性远远超过具丛生型的草坪草。据报道，上海有移植150年以上的假俭草草坪，南京有移植130年的中华结缕草和结缕草的混合草坪，并且两者生长均良好。而丛生型草坪草如多年生黑麦草及高羊茅等持久性远低于它们，其寿命只为3~5年。持久性与养护水平密切相关，即使是狗牙根草坪，如果只用不管，其持久性会大打折扣，甚至3~5年时间便会退化。

9.13.2 种质资源

(1)基本类型

草坪草是根据植物(主要是禾草)的生产属性从植物中区分出来的一个特殊化的经济群体。根据其生长发育对温度的要求，可将草坪草分为两大类型，即冷地型草坪草和暖地型草坪草。冷地型草坪草生长发育的适宜温度为15~24℃，适宜于高纬度和高海拔地区生长。暖地型草坪草适宜生长温度为26~32℃，适宜于热带和亚热带地区生长。冷地型草坪草隶属于禾本科的早熟禾亚科，主要包括羊茅属(*Festuca* spp.)、早熟禾属(*Poa* spp.)、黑麦草属(*Lolium* spp.)及翦股颖属(*Agrostis* spp.)等，主要草种有苇状羊茅(*F. arundinacea*)、草地早熟禾(*P. pratensis*)、多年生黑麦草(*L. perenne*)、匍匐翦股颖(*A. stolonifera*)等。暖地型草坪草主要隶属于禾本科的画眉草亚科和黍亚科，主要包括狗牙根属(*Cynodon* spp.)、结缕草属(*Zoysia* spp.)、蜈蚣草属(*Eremochloa* spp.)、钝叶草属(*Stenotaphrum* spp.)等，主要草种包括狗牙根(*C. dactylon*)、杂交狗牙根(*C. dactylon* × *C. transvaalensis*)、结缕草(*Z. japonica*)、中华结缕草(*Z. sinica*)、沟叶结缕草(*Z. matrella*)、细叶结缕草(*Z. tenuifolia*)、假俭草(*E. ophiuroides*)、扁穗钝叶草(*S. secundatum*)、野牛草(*Buchloe dactyloides*)等。这两种类型草坪草的分类及其一般特征特性见表9-4。

表9-4 草坪草主要类型简介

类型	亚科	属 种	原产地	一般特征特性及用途
冷地型草坪草	早熟禾亚科	羊茅属(*Festuca*) 苇状羊茅(*F. arundinacean*) 紫羊茅(*F. rubra*) 细羊茅(*F. ovina*)	 欧亚大陆 北温带 北温带	为质地十分粗糙的疏丛型禾草，最耐热的冷地型草； 疏丛禾草，形成致密的草皮； 淡蓝绿色疏丛禾草，一般用于水土保持
		早熟禾属(*Poa*) 草地早熟禾(*P. pratensis*) 一年生早熟禾(*P. annual*)	 北温带 欧亚大陆	具根茎的禾草，适合于运动场及其他草坪； 冬季一年生疏丛禾草，草层致密
		黑麦草属(*Lolium*) 多年生黑麦草(*L. perenne*)	欧亚北美	寒地型疏丛禾草，常与草地早熟禾混播成坪，也用于暖地草坪冬季盖播；
		一年生黑麦草(*L. multiforum*)	欧亚大陆	寒地型一年生疏丛禾草，多用于临时草坪
		翦股颖属(*Agrostis*) 匍匐翦股颖(*A. stolonifera*) 细弱翦股颖(*A. tenuis*)	 寒温带 北温带	质地纤细，具匍匐茎，广泛用于高尔夫球场； 质地纤细，具弱根茎的疏松型禾草

（续）

类型	亚科	属 种	原产地	一般特征特性及用途
暖地型草坪草	画眉草亚科	狗牙根属(*Cynodon*) 狗牙根(*C. dactylon*) 杂交狗牙根(*C. dactylon* × *C. transvaalensis*)	全球广布种 非洲	具根状茎和匍匐茎，种内变异很大，广泛用于各类草坪； 质地细致，具匍匐茎，多用于高尔夫球场
		结缕草属(*Zoysia*) 结缕草(*Z. japonica*) 沟叶结缕草(*Z. matrella*) 细叶结缕草(*Z. tenuifolia*)	东亚 东亚、南亚及澳洲 东亚及东南亚	质地中等，具匍匐茎和地下茎，相当耐寒耐旱，广泛用于各类草坪； 质地较细致，抗寒性较差，适于公园和竞技场； 该属最细致草种，生长最慢，最不耐寒，用于观赏草坪
		野牛草属(*Buchloe*) 野牛草(*B. dactyloides*)	北美	质地细，耐寒耐旱，灰绿色，多用于水土保持
	黍亚科	蜈蚣草属(*Eremochloa*) 假俭草(*E. ophiuroides*)	中国南部及中南半岛	质地中等，具匍匐茎，抗病虫害，适用于各类草坪
		钝叶草属(*Stenotaphrum*) 扁穗钝叶草(*S. secundatum*)	北美	质地较粗，具匍匐茎，不耐寒，耐阴，适于水土保持
		雀稗属(*Paspalum*) 巴哈雀稗(*P. notatum*)	北美	质地中等，具发达根茎，不耐寒，多用于水土保持

(2)种质资源

种质资源的调查研究及评价一直是草坪植物遗传育种的基本内容。草坪草大多是常异交植物，因此，草坪草种多是由基因型各异的个体组成的群体，不同种内存在程度不同的变异。

草坪草的外部性状变异是草坪草种质资源研究的重要内容。据调查，无论是冷地型草坪草，还是暖地型草坪草，不同种源在叶色、质地、密度、草层高度、根状茎、种子结实率、发芽率等一系列性状上都有不同程度的差异。其中，以狗牙根种内变异最大，它的不同种源在叶长、叶宽、叶色、节间长度、草层高度和密度、根状茎形态、根系深度、结实率等方面均存在广泛差异。结缕草不同种源在叶色、质地、密度、匍匐茎长度、结实率和发芽率等方面存在明显差异。此外，假俭草、扁穗钝叶草不同种源茎色和柱头色泽存在变异。由于不同种源在外部性状方面存在着程度不同的变异，因此，系统选育成为草坪植物育种的主要技术之一。

草坪草种内在抗逆性方面存在明显差异。研究表明，在暖地型草坪草中，狗牙根在水分利用方面种内存在的差异最大。狗牙根种内在耐阴性方面变异性亦很大，它在抗寒性方面也存在广泛变异性。通过对近800份结缕草种源加以观察，发现不同种源在耐旱性以及在酸性土壤上的表现也有明显差异。假俭草不同种源抗寒性上存在明显差异，并且与外部性状有明显相关性，即黄茎和绿茎种源较红茎种源耐寒性较差。扁穗钝叶草不同种源对麦长蝽(SCB)和花叶病毒抗性具有明显差异，已筛选出对这两种病虫害具有抗性的品系。

如上所述，草坪草种内存在广泛的变异，而且有一定规律可循的。通过对结缕草资

源研究，发现日本南部种源较北部种源草层密度更大，匍匐茎更长，更耐修剪，种子的发芽率更高。中国东部狗牙根种质资源的外部性状呈现明显的地带性变异规律，即随着纬度增加，狗牙根越显粗壮直立，叶色趋于浅淡，地下茎越深，生殖枝渐高，花序渐长。不同海拔高度的结缕草种源，其结实率变异为17.1%～84.1%，结实率以高海拔的种源为高。

草坪草种质资源有不同的分类，如根据叶毛的排列方式及其类型，将毛里求斯的狗牙根分为4个类型；根据狗牙根对土壤钙的反应，将狗牙根分为喜钙型、中间型及厌钙型；根据外部性状和地理分布，将狗牙根分为6个变种，其中只有狗牙根变种(*C. dactylon* var. *dactylon*)是全球广布种，而其他变种分布只局限于南亚、中东或南非。依据26个性状(主要是外部性状)对94份材料进行聚类分析，将扁穗钝叶草划分为5个基因型。刘建秀等(1996)依据19个外部性状对中国东部狗牙根种源进行聚类分析，可将它们划分为5个形态类型，根据主成分分析结果，认为营养器官的性状对狗牙根形态类型划分是最为重要的。此外，分子生物学技术也应用于草坪草分类研究中。Yaneshita等(1993)利用10个结缕草的基因克隆，应用RFLP技术对包括经典分类的5种结缕草的17个材料的遗传变异进行研究，并对其进行分类。发现这些材料主要分为3大组，即结缕草组、沟叶结缕草和细叶结缕草组以及中华结缕草和大穗结缕草组。

9.13.3 育种技术

(1)引种

引种是解决生产发展上迫切需新品种的迅速有效的途径。到目前为止，引种工作仍是解决我国草坪业对新品需要的主要方法。从20世纪50年代胡叔良先生引种推广北美的野牛草品种，到目前我国引种的杂交狗牙根品种'Tifdwarf'、'Tifway'、沟叶结缕草以及细叶结缕草，基本是从国外引种的。而目前使用的冷地型草坪草新品种更是如此。

引种首先要明确引种目的，是需要冷地草坪草还是需要暖地草坪草；是需要观赏草坪草、运动草坪草，还是水土保持草坪草；是需要低水平养护的草坪草还是高水平养护的草坪草。然后，根据需要，确定候选的草种，并对候选草种品种的背景材料如选育历史、遗传性状、使用范围及管理水平等加以详细了解，以确定引种品种能满足需要。对引种的材料，除了进行严格检疫外，应设立检疫苗圃，隔离种植并对其病虫害及混于其中的杂草加以鉴定。通过这种观察鉴定的材料才能进入引种试验。

对初引进的品种，首先要在小面积上进行试种，以观察它们对该地区的适应性及坪用价值。对于多年生的草坪草，其试种周期为3～5年，并与目前主栽品种进行比较。将表现非常优异的品种参加区域试验，以明确种植区域。其中，冷地型草坪草要特别注重高温对分布的限制，而暖地型草坪草要特别注重低温对其分布的限制。与此同时，还要对待推广的品种的栽培要点加以试验总结，以配合新品种推广。

(2)系统育种法

对自然变异材料进行单株选择的系统育种，是常异花授粉植物和无性繁殖植物常用的育种方法。大多数草坪草是常异交植物，自交高度不育，其自然群体或栽培群体都是由基因型各异的个体组成。因此，系统育种法是草坪植物育种最富有成效的方法之一，

目前在生产中应用的大量品种都采用这种方法。1885 年最初开始的草坪研究内容就是翦股颖属和高羊茅属植物优良品种选育。这项工作是在美国的康涅狄格州进行的。他们从数千个个体中选出约 500 个品系，其中许多成为优良品种。Meyer 在对我国结缕草资源调查基础上，选育出结缕草品种'Meyer'，它是结缕草中为数不多的重要品种之一。W. W. Huffine 和 Halar 等曾先后在非洲、大洋洲、欧洲、美洲、南亚等对狗牙根属植物种质资源加以搜集，到 20 世纪 70 年代初已搜集共计 700 份种源，美国的许多重要的狗牙根品种是从中直接筛选出来的，其中，'Tifton 10'就是从我国上海地区的狗牙根种源选育而成。野牛草的重要品种'Prairie'和'609'是从北美野牛草种源中筛选出的质地精细的雌性株系。

系统育种法是育种工作的最基本的方法之一，它的实质和育种过程是优中选优。表现在实际中，通常是在自然选择基础上选择优异单株，加以鉴定，而形成品种。前面谈到的结缕草品种'Meyer'、狗牙根品种'Tifton 10'以及野牛草品种'Prairie'、'609'等均属于这种情况。在国内，中国科学院江苏植物研究所选育的普通狗牙根新品系'爬地青'，也属于这种情况。

草坪植物的系统育种法是有其理论基础的。①草坪植物多系常异交植物，自然群体或栽培群体异质性较高。②许多草坪植物具备发达的匍匐茎和(或)地下茎，有众多的幼芽存在，芽变是无性繁殖植物的重要变异原因之一。③草坪植物在自然界或栽培情况下，其群体即草坪要受到严重的干扰，尤其是刈割、啃食或践踏，在这种严格的自然选择下，其异质群体中的个体势必分化，从而加快了选择的进程，这可能也解释了许多以无性繁殖的品种主要是通过系统选育出的原因。自然，与其他植物一样，气候、土壤、养护水平等也是导致其群体分化而使得优良选系得以表现的重要原因。

(3)杂交育种

杂交育种选育出的品种为草坪业的发展奠定了良好的基础。狗牙根种子繁殖品种绝大多数是通过杂交育种育成的，如'Sonesta'是由 6 个无性系混交而成，'Numex SAHARA'是 8 个无性系杂交，'Cheyenne'是由 5 个无性系混交而成等。冷地型草坪草的绝大多数新品种是通过杂交育种育成的，其原始亲本主要是栽培或天然草坪的优良变异单株。冷地草坪草育种大师 Reed Funk 教授在 Rutgens 大学的冷地草坪草育种基地有 5 万个杂交后代小区，美国 80% 的冷地草坪草品种育种都与之有关。

由于暖地草坪草可以通过营养器官来繁殖，因此可以从不同的种间杂种一代中选择优良株系进行无性繁殖，并作为一个选系参加区域试验。其中最典型地当属狗牙根和非洲狗牙根杂交种的品种'Tifway'和'Tifgreen'，它们是美国农业部海滨试验站 20 世纪五六十年代选育出的品种。到目前为止，仍是世界许多温暖地区高尔夫球场的主栽品种。

草坪植物杂交育种通常做法是选择互补性强的数个亲本材料，并将它们栽植在一起，令其混交。混交后代保持距离，单株种植。在开花前"留优劣汰"，特性状不理想的株系去除，理想株系令其混交。数代后即可作为一个选系参加区域试验。这项工作经常在屏障栽植区进行，以免受到外来花粉的影响。

杂交育种通常遇到的一个问题是花期不遇，因此，必须调节亲本的开花期，以保证杂交的顺利进行。可通过改变光照时间，改变环境温度等方面调控花期。对于暖地型草坪草，缩短或延长光照时间，可以促进或延迟开花，而对于冷地型草坪草则相反。对于喜温植物如暖地型草坪草，提高生育期的温度可促进开花，而对于冷地型草坪草而言，提高生育期温度可延迟开花。此外，早熟亲本多施氮肥可延迟开花，晚熟亲本多施磷肥可促进开花。

草坪植物杂交育种中，尤其是远缘杂交育种中，控制授粉也是一项关键技术。由于草坪草常是低矮草本，花序通常也很小，因此，人工去雄是一项很枯燥而且耗时的工作。为了减少人工去雄的失误，人工创造浓雾是一个很有效的办法。温汤杀雄法也是一个很有效的方法。授粉时间掌握在一天开花最盛的时候，这时不仅易于采取花粉，而且此时雌蕊大多数成熟，花粉容易在柱头上发芽，可提高受精率和结实率。

(4)诱变育种

利用物理或化学等因素诱导植物变异，并从中进行新品种选育称之为诱变育种。诱变育种具有突变率高，改变单基因控制性状容易以及诱发的变异较为稳定等特点。优良草坪草要求低矮细致且色泽优美，而株高和叶色是质量性状，容易通过诱变育种加以改变。因此，诱变育种是草坪草育种的重要方法之一。

诱变育种方法已在杂交狗牙根、扁穗钝叶草、假俭草、狗牙根、高羊茅育种中得到应用。Hanna(1990)利用4000~8000rad的^{60}Co γ射线处理杂交狗牙根品种‘Tifgreen’和‘Tifdwarf’诱导出精细质地的突变体。Dickens等(1981)利用γ射线对20个假俭草选系的种子进行辐射，结果表明，当辐射剂量小于或等于40 000rad时，经辐射的选系叶长、叶宽、节间长度、叶色、结实性及抗寒性均产生了较大的变异，7%植株矮化，7%选系在处理后2~3年未结实，数个受辐射的株系抗寒性超过对照。Philip Busey(1980)利用4500rad ^{137}Ce γ射线辐射扁穗钝叶草匍匐茎，辐射结果表明，辐射后50%材料生长速度降低，并出现匍匐茎色泽为绿色的变异体，此外，辐射亦对其种子生产产生较大影响，诱变后代育性降低了0.6%~56%。

诱变育种首先是选择诱变植物材料。诱变材料应选取综合性状良好的品种或育种材料，或是杂交种，或利用单倍体、多倍体材料。诱变材料既可以是种子，也可以是营养器官，如匍匐茎或根状茎，也可以是愈伤组织等。

其次，要选择适宜的诱变方法。在最佳剂量，辐射诱变和化学诱变的突变率是等同的。但是，由于辐射诱变，如X射线和热中子辐射会导致染色体断裂和重组而降低结实率，所以常常用于营养繁殖的草坪植物。而化学诱变如秋水仙碱不会引起染色体的明显变异，对结实率影响甚微，适合于种子繁殖的草坪植物应用。不同植物及材料的适宜辐射剂量不同，一般而言，处理种子的适宜剂量明显高于营养器官的剂量，如苇状羊茅种子适宜剂量为20 000rad左右，而狗牙根或杂交狗牙根匍匐茎的适宜辐射剂量为8000~9000rad。

由于大多数诱导变异表现为隐性，因为单一处理很少能同时改变基因的两个位点。因此，处理种子的诱变一代(M_1)变异较少，当处理材料是纯合体时更是如此。在这种情况下，需对M_1代进行自交，使得诱变结果得以充分表达。对杂合体进行诱变处理后，由于杂合位点易于诱变，因此，杂合体诱变一代产生的变异要远高于纯合体。

对于无融合生殖植物而言，尤其是专性无融合生殖材料，变异创造是很不容易的。然而，如果母本不能进行有性生殖，诱变处理是增加变异的唯一方法。Hanson等(1962)利用热中子对具兼性无融合生殖材料即草地早熟禾的品种‘Merion’加以辐射，将其突变

率提高311倍，尽管大部分变异的坪用性状不如亲本，但仍有数个很有潜力的变异株系。

在对诱变材料加以处理后，就要对它们加以种植和鉴定。既可以对同一处理不同材料分别种植，也可以混合种植。对于诱变材料为种子的草坪植物而言，同一处理材料分别种植就是将每粒种子分别种植鉴定；而对于营养体繁殖的材料而言，就是将其匍匐茎或地下茎每个节作为一个繁殖单位，分别种植鉴定。混合种植即指将同一处理材料种植在一起以观察鉴定。表现良好的后代可进入品比试验乃至区域试验。

小结

植物品种改良在园林生产的发展过程中将始终处于重要地位，是科研的主要研究任务之一。古代植物品种改良途径主要是凭经验对自然变异进行人工选择，缺乏科学理论的指导。现代植物品种改良的理论和技术有了很大突破，杂交育种、诱变育种、杂种优势利用、染色体工程育种、细胞工程育种和基因工程育种等多种育种途径的开拓和应用，使植物品种改良向快速、高效、定向的方向发展。在常规方法的基础上，引进、开拓、运用各种现代化育种技术，相互补充、综合运用，形成以常规育种为基础，多种现代育种技术相结合的技术体系，是园林植物品种改良途径的发展趋势。本节筛选了13种常见园林植物，作为常绿落叶、观花观果观叶、乔灌草、国内外以及南北方等各类型植物的代表，分别从育种目标、种质资源、育种技术等方面简要地加以介绍，目的是除了知识性之外，更重要的在于发挥其引导性。

知识拓展

杜鹃花属植物育种研究进展

杜鹃花是杜鹃花科(Ericaceae)杜鹃花属(*Rhododendron*)植物的总称，不仅极具观赏价值，有的种还可供食用、药用和提取精油、鞣质等，黄杜鹃还可作为植物杀虫剂。比利时年产杜鹃花近7.5亿株，丹麦近7亿株，德国3.7亿株，在英国杜鹃花早已进入规模化生产。中国年产杜鹃花逾3亿株，种植面积约2200 hm^2，总产值3.5亿元。

1. 种质资源

杜鹃花属分8个亚属及亚属下的组、亚组，世界约960种，中国约542种。杜鹃花在地理分布上，最北可达北纬65°的北极区内，南界为越过赤道的昆士兰，约南纬20°；广泛分布于亚洲、欧洲、北美洲，主产于东亚和东南亚，形成本属的两个分布中心。在垂直分布上，大部分种类分布在海拔1000~3800 m的亚热带山地常绿阔叶林、针阔叶混交林、针叶林或暗针叶林中。在野生种的收集上，英国爱丁堡植物园成效显著，中国科学院华西亚高山植物园、庐山植物园、昆明植物园等也开展了大量的引种工作。

2. 育种目标

(1)花色育种

花色是杜鹃花最重要的观赏性状之一。目前杜鹃花的花色育种趋向于培育纯色花，如纯白、纯黄、纯红等，特别是黄色和蓝色等更是珍贵。采用白花的喇叭杜鹃 *R. discolor* 与火红杜鹃 *R. neriiflorum* 作为亲本进行杂交，从后代中选出了黄色品种 *R.* 'Bobolink'。常绿杜鹃中

黄色品种较少，Ureshino等采用三交的方式(*R. kiusianum* × *R. eriocarpum*) × *R. japonicum* 得到了大约15%的正常绿色幼苗，并通过同工酶分析证实了其杂合性。

杜鹃花的主要色素是花青素和黄酮醇，可产生白、红、朱砂红、粉红、紫和淡紫等颜色。Nakatsuka等(2008)从*R. pulchrum*'Oomurasaki'的花瓣中分离了8个与类黄酮生物合成途径相关的基因。之后，Mizuta等(2009)采用HPLC(高效液相色谱)法，比较了花青素在不同颜色花瓣里的组成，这为杜鹃花在体外进行蓝色和黄色育种提供了依据。

(2)香味育种

在传统育种过程中，育种家一直把重点放到花色、花型和抗性等方面，而忽视了香味育种，从而导致很多种杜鹃花的香味消退。常绿杜鹃中很少有带香味的品种，而北美杜鹃很多都具有芳香，像分布于北美的羊踯躅亚属沼泽地杜鹃 *R. arborescens* 和 *R. viscosum* 等都是很好的香味亲本；又如千里香杜鹃（*Rhododendron thymifolium*)是极具观赏价值的野生花卉和药用植物，其嫩枝、叶均具有浓郁的香气。

通过杂交获得常绿香杜鹃一度为育种家们所追求。Kobayashi等（2008）用常绿杜鹃与具有芳香的落叶杜鹃进行杂交得到了具有香味的杂种后代。随着分子生物学的发展，人们试图通过基因工程的方法得到香花。法国研究人员通过农杆菌转化法将此基因导入柠檬天竺葵，使其芳香物质大大增加，这为杜鹃花的香味育种提供了新的思路和途径。

(3) 花期育种

周年供应鲜花对于杜鹃花生产具有重要意义，因此培育不同花期的杜鹃花品种是杜鹃花育种的一个重要方向。野生杜鹃花期多集中于3~6月。要使杜鹃花提前开花必须选择有早花习性的亲本，如马银花亚属的红马银花(*R. vialii delavay*)。晚花种类如绵毛房杜鹃(*R. facetum*)和黑红血红杜鹃(*R. sanguineum*)，花期均在6~8月，用其作为亲本可以延迟后代的花期。中国科学院昆明植物所用碎米花杜鹃(*R. spiciferum*)与炮仗杜鹃(*R. spinuliferum*)杂交培育的品种可在2月开花。Waterer用大树杜鹃和高加索杜鹃杂交产生的品种'Nobleanum'耐寒并能在圣诞节开花。比利时根特农业中心观赏植物研究所通过杂交手段已获得早、中、晚系列品种。最近，Meijon发现杜鹃花花芽分化基因的表达受DNA甲基化和H4组蛋白脱乙酰这两个表现遗传机制共同控制，这为在分子水平培育人们理想花期提供了依据。通过控温、控光以及激素处理等可人为调控杜鹃花花期，效果显著。

(4)抗性育种

①抗寒性　选育抗寒杜鹃花是南种北引的关键。国外已育出了一些较耐寒的品种，如美国东北部的酒红杜鹃(*R. catawbiense*)能耐-32 ℃的低温，是抗寒育种的重要种质资源。Uosukainen(1998)用短花杜鹃(*R. brachyanthum*)作为母本与抗寒的 *R. smirnowii* 和 *R. catawblense* 杂交获得了比较抗寒的后代。国内培育的杜鹃花'雪中笑'，在露地栽培条件下于1987年12月底至翌年3月底连续开花达3个月之久。Lim等(1999)得出25 kD脱水蛋白可作为一种遗传标记，用来区别耐寒和不耐寒品种，这种蛋白的相对水平能作为耐冰冻状态的生理指标。二倍体品种比四倍体品种更加耐寒。Tigerstedt等筛选出抗-30 ℃低温的品种，将杜鹃花的抗寒性提高到了一个新水平。杜鹃花叶片中的类黄酮含量与抗冻性相关，可以作为抗寒品种筛选的一个指标；通过电导分析结合DSC法(差示扫描量热法)以及其他试验数据，可对杜鹃花的抗寒性进行分类。

②耐碱性　杜鹃花喜酸怕碱的特性是限制其在中性和碱性土壤中生长的重要因子，因此选育耐碱品种是杜鹃花育种的目标之一。pH值、硝态氮和 HCO_3^- 是影响杜鹃花缺铁黄化和

叶绿素降低的主要原因。Dunemann 等(1999)利用种间杂交后代建立了杜鹃花的分子遗传图谱，对抗碱性、叶面失绿、花色等性状相关的标记进行了分析，并利用 QTL 分子标记辅助选择和转基因技术培育耐碱单株，但至今没有筛选出耐土壤 pH 7.0 以上的品种。孙振元等(2003)也尝试应用植物细胞工程技术获取耐碱突变体，结果表明，10 mmol · L^{-1} $NaHCO_3$ 适合用于离体筛选。

③抗热性　杜鹃花多分布于高海拔地区，性喜冷凉湿润气候，高温热害是制约其园林应用的重要生态因子，选育耐热品种是其由高海拔地区走向平原，安全度过炎热夏季的前提。已知映山红亚属具有较强的耐热性，可用作抗热选育的亲本。Arisumi(1992)用亚属间的品种进行杂交选育出'Bob's Blue'、'Crater Lake'等具有良好抗热性的品种。考查育种成果是否耐热，有两个途径：一是 8 月看盆栽杜鹃花的盆底，如有白嫩的新根生出，即表示有耐热能力；二是叶片反卷程度是预测这一品种是否抗热的一个指标。叶片气孔总面积、细胞膜相对透性、游离脯氨酸含量与杜鹃花的耐热性存在相关性，可作为杜鹃花耐热筛选的指标。

3. 育种技术的发展

(1) 杂交育种

比利时、英国、荷兰、美国、日本等在杂交种的培育上做出了很大贡献，现在大面积栽培的品种大多是杂交育种的结果。虽然杜鹃花属自然杂交现象比较普遍，但是此杂交产生的花色较为单一，育种家更期望通过远缘杂交产生更为丰富的花色，如黄色的常绿杜鹃花品种。自然的黄色杜鹃多属于落叶类型，然而落叶杜鹃抗热性差、株形不紧凑，所以育种家期望通过落叶杜鹃与常绿杜鹃的杂交获得抗性强株形紧凑的常绿黄色杜鹃花品种，然而这种远缘杂交不亲和限制了这种远缘杂交的进行，所以不亲和机理一直受到育种者的关注。

克服杜鹃花属远缘杂交障碍一直被育种家重视。Kho 等认为将亲本生长温度控制在 20℃以下有助于有鳞杜鹃与无鳞杜鹃的杂交。Lee 发现用正乙烷处理，杂交结实率高达 86%。选择桥梁亲本三交和回交亦是克服杜鹃花杂交障碍的有效手段。四倍体的常绿杜鹃与二倍体的 *R. japonicum* 杂交得到的绿色杂种概率上升。胚拯救已成功应用于克服受精后障碍上。

(2) 多倍体育种

很少人致力于培育多倍体品种。这对杜鹃花离体培养的茎尖、种子用磺胺灵诱导四倍体上效果好。Schepper 等(2001)采用离体组织再生技术成功得到第一个四倍体比利时盆栽杜鹃。

(3) 基因工程技术

近年来基因工程技术已成为杜鹃花育种研究的热点。通过农杆菌介导法虽然可以得到 5% 转基因植株，基因枪法目前只有 0.2% 的转化成功率，有待于进一步优化。

4. 问题及展望

近年来，我国杜鹃花的引种驯化工作取得了一定进展，但遗传育种研究与国外相比还存在很大差距，截至 2004 年，只有 34 个品种进行了登记，而在英国皇家园艺学会登记的品种已经上万。

中国是世界公认的杜鹃花资源分布与多样化中心，在今后的育种工作中应充分发挥本国的资源优势，发现、挖掘观赏性高、抗逆性强的优良种质进行驯化培育；同时也要深入研究种质资源，尤其是濒危野生种的遗传规律和离体保存方式，防止其灭绝，为新品种选育提供丰富的生物多样性。

在杂交育种上，应有针对性地开展工作，选育花色、花形、香味上具有独特性的适合盆栽的品种以及适于园林应用的抗性强、花期长的品种，尤其需要关注品种的抗性。

在育种方法上，常规育种技术仍是杜鹃花育种的主要方法，常规育种结合基因工程手段会有所突破。

自主学习资源库

(1)花卉学．鲁涤非，等．中国农业出版社，1998.

(2)中国梅花．陈俊愉．海南出版社，1996.

(3)浅析影响园林植物引种驯化成败的因素．沈金元，彭华华．资源与环境，2012(8)(下).

(4)园林植物引种与生物入侵探讨．章承林，李春民．湖北生态工程职业技术学院学报，2007(1).

(5)http://www. cnhhw. net.

(6)http://www. cnki. net.

(7)http://www. ivfcaas. ac. cn.

自测题

1. 试论常规育种对梅花育种的贡献。
2. 梅花育种的主要目标是什么?
3. 唐菖蒲种球良种繁育应注意什么问题?
4. 从种质资源的角度论述兰花的概念及其范畴。
5. 试述各种兰花育种的主要目标及其遗传的一般规律。
6. 试述兰花花器官的特征与杂交育种的关键技术。
7. 从兰花育种的进展看我国兰花育种中的主要问题及其解决途径。
8. 现代月季品种是如何划分的?
9. 从月季育种进展分析月季育种的目标有哪些?
10. 如何将常规育种与生物技术相结合培育月季品种?
11. 如何选育荷花新品种?
12. 如何发展我国的郁金香产业?
13. 试述仙客来的品种分类。

实训1 花粉母细胞减数分裂观察

植物花粉形成过程中，花药内的某些细胞分化成小孢子母细胞($2n$)。每个小孢子母细胞进行两次连续的细胞分裂，其中第一次为减数分裂，第二次为等数分裂。一个小孢子母细胞经减数分裂后，产生4个细胞，每个细胞就是一个单核花粉(即小孢子)。这时，小孢子内细胞核的染色体数目已减一半，成为单倍体(n)。在适当的时机采集植物的花蕾，经固定液固定后进行压片、染色，就可以在显微镜下观察到小孢子母细胞形成花粉粒时的减数分裂过程。

一、实训目的

学习植物花粉母细胞的制片技术，了解减数分裂过程。

二、材料及用具

杨树雄花枝，或其他适宜材料；预先固定好的供观察花粉母细胞减数分裂的幼嫩花序或花蕾；花粉母细胞减数分裂各时期典型的永久封片；典型的植物减数分裂各时期的照片。

显微镜、载玻片、镊子、解剖针、培养皿、酒精灯、量筒、吸水纸、回流装置。

丙酸、洋红、水合三氯乙醛、正丁醇、冰醋酸、三氯化铁、氢氧化钠、蒸馏水。

三、方法及步骤

(一)药品配制

1. 氢氧化铁〔$Fe(OH)_3$〕的配制

取适量三氯化铁($FeCl_3$)配成水溶液，与氢氧化钠水溶液混合后出现锈色沉淀，清除上清液，用蒸馏水反复清洗几次，锈色沉淀即是氢氧化铁，干燥备用。

$$FeCl_3 + 3NaOH = Fe(OH)_3 \downarrow + 3NaCl$$

2. 5%丙酸洋红的配制

采用回流冷却装置，取0.5g洋红加入到文火煮沸的100mL 45%丙酸溶液，经3~4h后取下，使之冷却，然后过滤即成。

3. 丙酸-铁-洋红-水合三氯乙醛染色液配制

先取0.5%的丙酸洋红5mL，然后加入2g水合三氯乙醛，并用玻璃棒搅拌使之充分溶解，最后再滴以氢氧化铁的饱和丙酸液一至数滴，滴后以不发生沉淀为准。配好后即转变成鲜艳的浓玫瑰红色，这时染色最好。

(二)实训步骤

1. 取材

2~4月剪取杨树雄花枝水培。在花粉母细胞开始减数分裂起，连续摘取雄花芽，剥去芽鳞，去除苞片，取整个花序固定，用卡诺氏溶液固定4~24h。如暂不压片，换至70%酒精中长期保存。

2. 压片

取出花药，放于载玻片上，吸去多余的溶液，用解剖针或镊子将花药捣碎，滴上1滴PlccH染色液，用针尖轻压，挤出花粉母细胞，立即放于低倍镜下观察，如恰有所需时期的花粉母细胞，立即加上盖玻片，用吸水纸吸去多余的染色液，适当加一点压力，切忌用力过大或盖片错动，然后把片子放在酒精灯上反复烘烤，加速染色。

3. 镜检

先在低倍镜下寻找花粉母细胞，一般花粉母细胞较大，圆形或扁圆形，细胞核下着色较浅。而一些形状较小而且整齐一致着色较深的细胞则是药壁体细胞。那些形状处于中间略呈扇形的细胞，则是从四分体脱开后的小孢子或幼小花粉粒。如有形状较大，似有明显的外壳，内部较透明的细胞则是成熟的花粉粒。选择到有一定分裂相的花粉母细胞后，用高倍镜观察减数分裂各时期染色体变化的特征。

四、考核评估

1. 考评结构

①态度纪律20分；②实训过程60分；③实训结果20分。

2. 考评标准

(1)态度纪律：积极主动、速度快、质量好、有创新等优秀表现20分；有迟到、早退、开小差等违纪现象10分；缺席0分。

(2)实训过程：配制、取材、压片、镜检等环节完整、规范、干净60分；环节完整、较规范、较干净50分；环节完整、不规范、不干净40分；环节不完整、不规范、不干净30分。

(3)实训结果：观察到清晰的中期分裂相的花粉母细胞20分；观察到中期分裂相的花粉母细胞16分；观察到其他分裂相的花粉母细胞12分。

五、作业

1. 绘制观察到的减数分裂各时期的图，并简述其特征。
2. 交一张理想的临时片。

实训 2 临时片改作永久片的制作

植物器官或组织经压片或涂抹制成的片子，当材料染色清晰、物相符合要求时，一般可用石蜡或甘油胶冻将盖玻片的四周封起来制成临时片贮于冰箱中，可观察 1 ~ 2 周。但时间一长，颜色变深，将无法鉴别；因此，要长期保存，必须改作永久片。

改作永久片的方法包括脱去临时片的盖玻片，材料的脱水、透明和封片等主要步骤。

制好永久片的关键，一是材料必须脱水干净，二是透明必须良好，为此，要选择适当的脱水剂和透明剂。目前较理想的脱水剂是正丁醇和叔丁醇两种，它们都能与另一种最常用的脱水剂乙醇混合使用，而且有很好的透明效果，并能与封藏剂树胶混合，有利于封藏。利用正丁醇和叔丁醇处理的永久片，可以达到材料无收缩和硬化等优点。因此本实训采用的是一般永久制片法和叔丁醇法两种。

一、实训目的

学习把临时片改作永久片的制作方法。

二、材料及用具

已经制成的园林植物根尖和花粉母细胞的减数分裂的临时片。

显微镜、保安刀片、鸭嘴镊子、培养皿(直径 12cm)、玻璃棒、毛笔、滤纸、标签纸等。

二甲苯、95% 酒精、冰醋酸、正丁醇、叔丁醇、中性树胶等。

三、方法及步骤

(一) 一般永久片制作法

1. 制临时片

作为制作永久片的临时片，载玻片和盖玻片必须彻底洗净。选用幼穗作材料的制片，挤出花粉后，须要把花药药壁的各种残余组织去除干净，以免在脱水、透明过程中材料随杂质而大量丢失。

2. 脱盖玻片

封有石蜡的临时片，可用刀片将盖玻片周围的石蜡刮净，用毛笔刷掉石蜡屑后，再蘸少许二甲苯擦去残留的石蜡(或用 45% 醋酸除去水溶的封藏剂)。如刚做的片子，最好待数小时后再进行脱片。然后将临时片翻转，使盖玻片朝下，放入盛有脱盖玻片液(1 份 45% 醋酸 + 1 份 95% 酒精)的培养皿中，使载玻片一端搁置在短粗玻棒上呈倾斜状，让盖玻片自然滑落。

3. 脱水、透明

取 3 只培养皿并编上号，内放一根短粗的玻棒，顺序加入下列溶剂：①95% 酒精 2 份 + 正丁醇 1 份；②95% 酒精 1 份 + 正丁醇 2 份；③正丁醇。

操作时，用鸭嘴镊子把在培养皿中已脱落的盖玻片从脱盖玻片液中取出，稍稍晾干

后，迅速放入各号培养皿中，依次脱水、透明，每次浸泡5min左右。载玻片也同样放入各号培养皿中脱水透明。

4. 封片

从最后的培养皿中取出载玻片和盖玻片置于滤纸上吸除多余的溶剂，在有材料的载玻片处滴上1~2滴中性树胶，再将盖玻片翻转，使材料向下，盖在树胶处进行封片。为了保证封片质量，封片时应该注意下列问题：

①载玻片上加树胶后，树胶中若有空气泡，应让其自行逸出或用针尖烧热后烫一下使其逸出。

②覆盖盖玻片时，应该用鸭嘴镊子夹住盖玻片倾斜放上，这样可不致发生气泡；如平放，则往往会发生气泡。封片后平放晾干，进行镜检，符合要求的保存，并贴上标签，注明标本名称、作者姓名和制片日期。

(二)叔丁醇法

将编号的4只培养皿，顺序加入下列溶剂：①45%冰醋酸1份+95%酒精1份；②95%酒精；③95%酒精1份+叔丁醇1份；④纯叔丁醇。

制作方法与一般永久制片法相同。

无论哪种方法，要注意封片时树胶不能起雾状，如用叔丁醇脱水，树胶最好用叔丁醇稀释。封片时如树胶滴得太多溢出盖玻片四周，可待晾干后，用药水棉蘸上二甲苯轻轻地把多余的树胶擦去，也可用废旧的书滴上二甲苯，然后把刚做好的片子放入，平压，以后多余的树胶就被吸附到纸上。

四、考核评估

1. 考评结构

①态度纪律20分；②实训过程60分；③实训结果20分。

2. 考评标准

(1)态度纪律：积极主动、速度快、质量好、有创新等优秀表现20分；有迟到、早退、开小差等违纪现象10分；缺席0分。

(2)实训过程：制临时片、脱盖玻片、脱水、透明、封片等环节完整、操作规范、物件干净60分；环节完整、操作较规范、物件较干净50分；环节完整、操作较规范、不干净40分；环节不完整、操作不规范、物件不干净30分。

(3)实训结果：获得脱水干净、透明良好、整洁清晰的永久片20分；得到脱水干净、透明良好、较整洁无雾的永久片16分；仅得到脱水干净、较透明、溢胶起雾起泡的永久片12分。

五、作业

制作清洁完整的有丝分裂和减数分裂的永久片各两张，并找出分裂相，标上记号。

实训3 植物染色体组型分析

染色体组型或核型(karyotype)是指染色体组在有丝分裂中期的表型(phenotype)，包

括染色体数目、大小、形态以及异染色质的分布特征。组型分析则是对染色体组中的每个染色体进行测量、计算以及形态特征的描述。通常要测定多个细胞的染色体组，求出上述指标的平均值，列表、绘制染色体组型模式图(idiogram)，并作相应的文字描述。

植物染色体组型(或核型)分析，对于研究植物的起源和进化、物种之间的亲缘关系以及对种间杂交鉴定，对一个物种内不同群体或个体染色体数量和结构变异的比较等，都是有价值的；是细胞遗传学研究的基本方法之一。

一、实训目的

学习对植物组织、细胞的固定、离析和压片方法，借以观察染色体的动态变化，并据此进行染色体的组型分析。有条件的实训室还可以学习染色体显微摄影技术。

二、材料及用具

牡丹($2n=10$)、郁金香($2n=24$)根尖或松类和杉木种子、茎尖或幼嫩花药。

显微镜、测微尺、量角规(分规)、毫米尺、解剖用具、刀片、载玻片、盖玻片、培养皿、三角烧瓶(附回流装置)、量筒、恒温水浴、酒精灯、漏斗、皮头吸管、小滴瓶(30mL，棕色)、烧杯、纱布、吸水纸、绘图纸、铅笔。

固定液：卡诺氏、纳瓦新氏、F. A. A；染液剂：0.5%醋酸洋红(或醋酸地衣红)、0.5%苏木精水溶液、2.0%或4.0%铁矾水溶液；水解分离液：1N盐酸、0.05%～0.20%秋水仙素水溶液、0.002M 8-羟基喹啉水溶液、对二氯代苯饱和水溶液、蒸馏水。

三、方法及步骤

(一)药剂配制

1. 各种酒精浓度配制

为节约费用，实训时常用95%酒精替代纯酒精配制各种浓度的酒精，简便地配制，可参照下式：

所需酒精浓度=取所需浓度容积的95%酒精+所需浓度差的蒸馏水。

例如，欲配70%酒精，则可取95%酒精70mL并加入25mL(95-70)蒸馏水即成。

2. 固定液配制

(1)卡诺(Carnoy's)固定液的两种配方：

①95%酒精15mL+冰醋酸5mL(3∶1液；通常都使用这种配方)。

②纯酒精30mL+氯仿15mL+冰醋酸5mL(6∶3∶1液)。

(2)纳瓦兴(Navashin's)固定液的两种配法：

①甲液：铬酸1.5g+冰醋酸10mL+蒸馏水90mL。乙液：福尔马林40mL+蒸馏水60mL。

②甲液：1%铬酸水溶液30mL+10%醋酸20mL。乙液：福尔马林10mL+蒸馏水40mL。

临用前，取等量甲、乙液混合。此液对植物尤其是植物一般细胞学及组织学研究的优良的固定液。

(3)F. A. A固定液(福尔马林-醋酸-酒精液)配法：50%酒精89mL+福尔马林

5mL + 冰醋酸 6mL。

此液用于一般植物组织及胚胎学材料，同时也是优良的保存剂；用以保存材料时，可加入 5% 甘油以防止蒸发及材料变硬。

3. 水解分离液配制

(1)1N 盐酸配制：浓盐酸(比重 1. 19)82. 5mL + 蒸馏水 1000mL。

(2)酶液配制：称 0. 5g 纤维素酶和 0. 5g 果胶酶溶于 pH 为 4. 5 的 0. 1M 醋酸钠 100mL 水溶液中，配成 0. 5% 纤维素酶和 0. 5% 果胶酶的混合液。

4. 预处理药剂配制

(1) 0. 2% 的秋水仙溶液的配制：取秋水仙 0. 2g 溶于 100mL 蒸馏水中，倒入棕色瓶中外面包以黑纸置冷暗处备用；亦可配成较高浓度的母液，放入有色瓶中，用时稀释。

(2) 0. 002M 8 - 羟基喹啉水溶液：用分析天平称 0. 2901g 8 - 羧基喹啉溶于 1000mL 容量瓶蒸馏水中，在 60℃ 下溶解后备用。

5. 染色液配制

(1)苏木精染液：取 0. 5g 苏木精粉溶于 1 ~ 5mL 95% 酒精以加速其溶解，然后加蒸馏水到 100mL，不加瓶塞，而用几层纱布包扎瓶口，静置，使其缓慢氧化。一般在室温条件下放置半个月至一个月，当氧化成熟为红色苏木精时，过滤后使用，此液可保存 2 ~ 3 月，时间过长液体变为黄褐色，则不能使用。

此液如没有预先配制氧化，可在配好的染液中加 3 ~ 5 滴过氧化氢，加速成熟；或在配好 5mL 酒精染液后加 95mL 煮沸的蒸馏水，冷却后即可使用。

(2)媒染剂：通常用 4% 铁矾(硫酸高铁铵)水溶液。取 4g 硫酸高铁铵(最好是淡紫色结晶，粉末状的已变质)溶于 100mL 蒸馏水中，过滤后备用。此液保存性较差，最好现配现用。

(3)醋酸洋红染液：100mL 45% 醋酸煮沸后，徐徐加入 2g 洋红(Carmine)，煮 1 ~ 2min，此时可悬入一生锈的小铁钉于染液中，过 1min 取出，或加氢氧化铁的 50% 的醋酸饱和液 1 ~ 2 滴，回流继续煮沸 0. 5 ~ 1h，放冷过滤后保存在棕色瓶中。

(4)醋酸地衣红染液：配法同上，将洋红改用地衣红(orcein)，不用加铁钉。

(二)方法和步骤

1. 取材

为取得根尖，需在试验前 5 ~ 10d 将植物（牡丹、郁金香、松或杉树等)种子浸泡后在培养皿中发芽，当根尖长至0. 5 ~ 1. 0cm 时，用水洗净备用。

2. 预处理

为了有利于对有丝分裂中染色体的观察和计数，在固定之前应用理化因素(温度或药物)进行预处理，这样可以改变细胞质的黏度，抑制或破坏纺锤丝的形成，促使染色体缩短和分散等。常用的处理方法如下：

(1)秋水仙碱水溶液：常用浓度 0. 05% ~ 0. 20%；室温下处理 3 ~ 5h。这样对抑制纺锤体活动的效果明显，易于获得较多的中期分裂相，并且染色体收缩较直，有利于对染色体结构的研究。

(2)对二氯苯饱和水溶液：室温下处理 3 ~ 5h，对阻止纺锤体活动和缩短染色体效果也较好，对染色体小而多的植物，做计数染色体制片效果最好。

(3)8－羟基喹啉水溶液：有效浓度在0.002～0.004 M之间，一般认为它将引起细胞黏滞度的改变，进而导致纺锤体活动的受阻。通常处理3～4h，可使中期染色体在赤道面上保持其相应的排列位置。另一优点是处理后的缢痕区较为清晰，一般认为，对中等或长染色体的植物比较适用。

(4)低温处理：将材料浸入蒸馏水内，放置于1～4℃冰箱中20～24h，对某些禾本科作物效果良好。

3. 固定

借助于物理方法或化学药剂的作用，迅速透入组织和细胞将之杀死，并且使其结构和内含物如蛋白质、脂肪、糖类以及核物质与细胞器等，在形态结构上尽可能保持生活时的完整和详实状态，同时更易于染色，可以较清楚地显现细胞在生活时不易看清的结构。

固定时，在指管内放入卡诺氏液约5mL，用刀片或小剪刀切取经过预处理的长0.5～1.0cm的根尖10～20条，直接放入指管内，用塞盖紧，在室温下固定2～24h，固定液用量应为材料体积的15倍以上。经过固定的材料如不及时使用，可以经过90%酒精换到70%酒精中各半小时，再换入一次70%酒精，置于0～4℃冰箱内可以保存半年。经过较长时期保存的材料，进行观察前换用固定液再处理一次，效果较好。

4. 水解分离

水解分离的作用是去除未固定下来的蛋白质，同时使胞间层的果胶类物质解体，细胞分散而便于观察。水解分离所需时间的长短，依材料和解离液的成分而不同；时间短细胞不易压散，时间过长，细胞则容易被压碎并影响染色。方法是先取处理好的材料，放在小指管内加1N盐酸在60℃恒温水下处理6～20min。也可用0.5%的果胶酶和0.5%纤维素酶的等量混合液，在25℃下处理2～3h；在37℃恒温箱内只需0.5～1h。较难压的材料可以先在1N盐酸中水解几分钟，经水洗后再移入1%果胶酶与纤维素酶混合液中处理。经过水解的材料，可放在醋酸酒精固定液中进行软化约5min。软化即对细胞壁起腐蚀作用，然后吸去固定液，用蒸馏水反复冲洗4～5次，目的是洗去材料中的酸以利于染色。适度的水解分离使材料呈白色微透明，状似豆腐，以解剖针能轻轻压碎为好。

5. 染色、压片

(1)铁矾－苏木精染色法：把水洗过的根尖浸入4%铁矾水溶液中，媒染10～24h，媒染时间宁长勿短。如加温至30～40℃，可缩短至0.5～1h，流水冲洗10～20min，洗净附着的铁矾后转入0.5%苏木精液中染色0.5～1h，投入根尖后如发现染液混浊则说明媒染后的水洗不彻底，须重洗再染。染后经自来水洗几次，水中可加几滴氨水，以使着色蓝化。这时材料变得较硬且脆，因此须放在45%醋酸中进行软化及分色。根据材料大小、染色深浅和软硬程度，一般需0.5～4h，应随时镜检。取染色适度的根尖置于载片上，切取分生组织且移置到载片上，加1滴45%的醋酸，用解剖针轻压使碎，加盖片，覆以吸水纸，压片镜检。

(2)醋酸洋红染色法：将处理过的根尖放入试管中，加几滴醋酸洋红。用木夹子夹住试管，在酒精灯上加热煮沸3～5次，使根尖软化着色。将经处理的根尖倒入表面皿中，切取根尖的分生组织约1.5mm置玻片上，并加1滴醋酸洋红，覆以盖玻片，包吸水纸，用手指轻压，然后拿铅笔橡皮头垂直轻敲，不要移动盖玻片。若用醋酸地衣红染色，着色力强，往往不在压片前用火烤，而在压片后再用火微烤。这样，不至于褪色，可以使染色体更加深染色。

6. 镜检

压好的片子先做低倍镜检(15×10)，观察不同时期细胞分裂相。选取不同分裂时期的典型细胞，换高倍镜观察，注意核及染色体、纺锤体等的动态变化。

7. 染色体组型分析

(1)选材：选取10个中期染色体分散良好的细胞，进行显微摄影并放大出照片，或在放大机下精确描绘染色体的放大图像到绘图纸上。

(2)测量与计算：根据放大照片，进行测量。需要测量的项目有：染色体数目，每条染色体绝对长度，每条染色体的相对长度(每条染色体的绝对长度和单倍体组的总长度之比，以百分数表示)，每条染色体的臂比(长臂长度/短臂长度)，着丝点指数(染色体的短臂绝对长度与染色体绝对全长之比)，若有次缢痕和随体，标明位置。对已拍照的细胞，在镜下用测微尺量取染色体的实际长度时，在每个细胞中只需选取一条平直的染色体加以测量，依此与放大图片换算，即可求得每条染色体的实际长度。

(3)配对：根据目测和比较染色体的相对长度、臂比，次缢痕的有无和位置，随体的有无、形状和大小，进行同源染色体的剪贴配对。

(4)排列：染色体的排列通常是从大到小，按长度顺序编号。等长的染色体，以短臂长的在前；有特殊标记的，如具随体染色体多数排列在最后；性染色体也应单独列出。

(5)分类：以臂比数值确定着丝点位置，并据此分类见表10-1。

表10-1 染色体根据臂率的分类标准表

臂比(长/短)	染色体类型	表示符号	备 注
1.0	正中部着丝点染色体	M	具随体染色体(sat)可以用*标出，随体的长度可以计入或否，但须说明
1.0~1.7	中部着丝点染色体	m	
1.7~3.0	近中着丝点染色体	sm	
3.0~7.0	近端着丝点染色体	st	
7.0以上	端部着丝点染色体	t	
∞	端部着丝点	T	

(6)翻拍与绘图：将配对排列好的染色体组型，贴在白卡纸上进行翻拍，并绘制出组型的模式图。

四、考核评估

1. 考评结构

①态度纪律20分；②实训过程60分；③实训结果20分。

2. 考评标准

(1)态度纪律：积极主动、速度快、质量好、有创新等优秀表现20分；有迟到、早退、开小差等违纪现象10分；缺席0分。

(2)实训过程：制片镜检和核型分析等环节完整、操作规范、测绘准确60分；环节完整、操作较规范、测绘准确50分；环节完整、操作较规范、测绘较准确40分；环节不完整、操作不规范、测绘不准确30分。

(3)实训结果：制片里中期染色体分散良好的细胞多且清晰 20 分；制片里中期染色体分散良好的细胞较多且清晰 16 分；制片里中期染色体分散良好的细胞较多且较清晰 12 分。

五、作业

1. 在显微镜下对已经制备好的片子进行染色体观察计数，并绘制最好的分裂相图。
2. 根据照片进行染色体的测量，将数据填入表 10-2 中。

表 10-2　染色体测量

编　号	绝对长度	相对长度	短臂	长臂	臂比	着丝点指数	随体	次缢痕	类　型

3. 将剪下的染色体配对并按顺序排列。
4. 用文字简要说明着丝点位置、随体以及其他有关形态问题。

实训 4　孚尔根核反应染色法

孚尔根(Feulgen)染色法是鉴别细胞中 DNA 的组织化学方法。细胞内的 DNA 通常存在于核内染色体上。在 1mol/L 盐酸、60℃温度下水解时，部分地破坏了去氧核糖与嘌呤碱之间的糖苷键使嘌呤碱脱掉，而使去氧核糖的第一个碳原子上潜在的醛基获得自由状态，经过水洗移入 Schiff 试剂后，这个活性醛基与 Schiff 试剂的无色亚硫酸品红分子反应而呈现为紫红色的化合物。这一反应是 1924 年由 Feulgen 和 Rossenbeck 所发现和确定，已广泛用作鉴别 DNA 的一种特异性检查方法。这一方法在切片、涂片上研究核及染色体时，能减少细胞质着色对观察的影响，因此在细胞学研究中受到普遍重视。

一、实训目的

学习鉴定细胞核内脱氧核糖核酸(DNA)的方法，即孚尔根染色法。

二、材料及用具

园林植物的根尖、幼小花药、叶片表皮或愈伤组织。

显微镜、解剖针、镊子、载玻片、盖玻片、恒温水浴锅、温度计、烧杯、棕色瓶、玻璃棒、漏斗、纱布、滤纸。

卡诺固定液、1N 盐酸、SO_2溶液、脱色碱性品红、45% 醋酸、偏亚硫酸氢钠($NaHSO_3$)或偏重亚硫酸钠(Na_2SO_3)、各级酒精、油派胶、亮绿等。

三、方法及步骤

(一)药剂配制

1. Schiff 试剂的配制

将 0.5g 碱性品红徐徐加入煮沸的 100mL 蒸馏水中，用玻璃棒搅拌，使之充分溶解。

待溶液冷却到58℃左右时过滤于棕色瓶中；当滤液冷到26℃时，再加入10mL1N盐酸和0.5g偏亚硫酸氢钠($NaHSO_3$)，振摇、溶解后密封于棕色瓶中，放在黑暗低温处。第二天检查染色液颜色，如果呈透明无色或淡茶色可用。若稍呈红色，可加入0.5g活性炭连续摇动，在4℃下静置过夜，然后过滤；若经过滤的溶液仍呈淡红色，则不能用，必须重配。

2. 漂洗液(SO_2溶液)的配置

1mol/L盐酸5mL，10%偏亚硫酸钠氢5mL，蒸馏水100mL。此液须临用前配制，当失去SO_2气味时，即不能使用。

3. 亮绿染色液配制

将1g亮绿，溶于100mL蒸馏水中。

(二)操作步骤

植物根尖⟶卡诺氏固定液$\xrightarrow{4\sim24h}$95%酒精$\xrightarrow{10min}$70%酒精$\xrightarrow{10min}$50%酒精$\xrightarrow{10min}$30%酒精⟶蒸馏水冲洗两次备用。

试管(1)：根尖⟶1mol/L盐酸$\xrightarrow{10min\ 60℃}$蒸馏水冲洗2次⟶Schiff试剂$\xrightarrow{1h\ 暗处}$漂洗液中换3次，每次2min⟶蒸馏水冲洗⟶加一滴亮绿水溶液对染0.5~1min$\xrightarrow{1滴45\%\ 醋酸}$压片镜检。

试管(2)(对照)：植物根尖+蒸馏水$\xrightarrow{10min\ 60℃}$Schiff试剂$\xrightarrow{1h\ 暗处}$漂洗液中换3次，每次2min左右⟶加一滴亮绿水溶液对染0.5~1min$\xrightarrow{1滴45\%\ 醋酸}$压片镜检。

四、考核评估

1. 考评结构

①态度纪律20分；②实训过程60分；③实训结果20分。

2. 考评标准

(1)态度纪律：积极主动、速度快、质量好、有创新等优秀表现20分；有迟到、早退、开小差等违纪现象10分；缺席0分。

(2)实训过程：配制、压片、镜检等环节完整、规范、干净60分；环节完整、较规范、较干净50分；环节完整、不规范、不干净40分；环节不完整、不规范、不干净30分。

(3)实训结果：观察到着色明显、形状清晰的物象20分；观察到染色明显、较清晰的物象16分；观察到有着色、较清晰的物象12分。

五、作业

比较经温盐水处理的制片和不经处理的制片有何区别？并分析原因。

实训5 种质资源调查鉴定

园林植物种质资源是园林植物品种选育工作中所利用的原始材料，资源的数量和质

量以及对它们研究的深度和广度与生产利用和育种的成效有密切关系。通过调查，可以发掘优良的地方品种、类型以及野生种质资源，为生产提供有直接经济价值的品种或砧木，或为品种及砧木的选育等提供有价值的原始材料。园林植物种质资源调查记载的项目应力求简要，便于掌握，应抓住种质材料的主要特征、特性及经济性状；记载的标准要从实际出发，力求科学化和规范化。另外，由于园林植物种类繁多、品种数量巨大，不同种类间或品种间性状差异较大，同一种类调查目的和规模不同，记载项目和标准也应根据种质材料的种类、品种、特点及调查目的等不同而有所不同。知之越深，则用之越当。要做到对原始材料的正确合理利用，就必须对所调查的种质资源进行相关鉴定和研究，作出科学的评价。为了正确地进行鉴定，必须选择生态条件有代表性的区域，进行形态特征、生物学特性和品质性状的鉴定，也可以在某些不良条件下，对某一性状进行鉴定。

一、实训目的

体验园林植物资源调查的意义，掌握园林植物种质资源调查的基本程序和方法。

二、材料及用具

选择本地区主要栽培的园林植物一两种，如松、柏、杨、柳、月季、杜鹃花、牡丹、竹、兰、菊、梅及地被植物。

手持 GPS、海拔仪、指南针、照相机、望远镜、放大镜、天平、简单测量用具、测树工具、标本夹及其他采集用具、土壤速测箱、吸水纸、高枝剪、直尺、卡尺、刀具、记号笔、钢笔、铅笔、塑料袋、种子袋、资料袋、绘图纸、标签、调查表、记录本、有关工具书(如地方植物志、论文集)等。

三、方法及步骤

(一)准备阶段

资源调查工作通常是多学科的，要求有很好的计划、适当的准备，并有一定数量的经费。准备工作通常要占全部资源调查工作量的一半以上。

1. 成立调查小组

将参加调查的学生划分为若干小组，全组分工协作。每小组的人数，应根据调查对象、活动范围而定，规模较大的综合调查，人员可多些，每组 7 ~ 10 人为好；规模较小的调查，每组 3 ~ 4 人为宜。每小组应包括有关的教师和地方有经验的技术人员。

2. 查阅收集资料，制定计划

应收集调查地区的参考资料包括：地方志；社会情况资料(社会结构、自然村落、民族分布，以及各民族的生产和生活习惯、经济状况、社会变迁等)；农林业资料(农业发展史、耕地面积、作物种类、栽培技术、主要病虫害等)；自然地理资料(地形、地质、土壤、水文及植被等)；气象资料(温度、湿度、雨量、光照等)；图纸资料(地形图、土壤图、农林业区划图，以及其他专业图纸资料等)及其他相关资料。调查计划包括：调查题目；调查目的、要求、任务；调查内容、时间、地点、方法、路线、物资设备、经费及其详细开支；参加人员及具体分工等。其中调查目的极为重要，没有明确的调查目的，不可能得到好的效果。

3. 制定种质资源调查记载项目和标准

要参考有关书籍和资料，如植物志、植物图鉴、栽培学、育种学、种质资源学、贮藏与加工学、市场营销学，以及相关的资源调查报告和标本等，根据被调查种质材料的特点，各小组进行认真分析和讨论后，确定记载项目和记载标准，参考表10-3。设计并事先印好调查记载表。调查记载表的共有项目包括：调查时间、地点、调查人员、品种(或种)名称和当地名称、标本号、成熟日期等。还可根据调查的目的要求，增加生态因素资料、品种类型、栽培要点、观赏特征、取样来源(大田、集市等)、取样方法、野生种的生境、抗逆性、抗病虫性、利用情况、海拔、地形、土壤类型、pH值等项目。

4. 确定调查时间

由于各地园林植物种类及品种的生长季节不同，故同一地区种质资源调查的时间，原则上一年内分期进行，主要应在萌芽期、开花结果期、产品商品成熟期进行。也可根据实际情况，选择适当的时间灵活安排。

5. 准备用具、用品和交通工具

按本实训材料和用具部分的内容准备所有用具。确定并准备好调查所需的交通工具。另外，还应当准备调查时所需的各种生活用品、药品等。

6. 进行试点调查并办理必要的手续

在开展调查之前，各小组可选择有代表性的地点和植株进行试点调查，以熟悉调查方法，统一调查标准，并对调查计划和准备工作进行必要的补充和完善。如果野生资源调查的区域涉及国家和地方的植物自然保护区，还应当在有关部门办理相应的允许考察和采集样品的相关手续。

表10-3　园林植物种质资源调查记载表

编号：__________

名称：__________，当地名称：__________，来源：__________。

类型：野生、杂种、育种系、育种群体、原始栽培品种或地方品系、现代品种、其他

一、概况

1. 调查地点

(1)GPS定位：N______________E______________。

(2)政区位置：________省________市(地)________县________乡________村________组。

2. 自然条件

(1)地形：山地、丘陵、平地、冲积地、河滩____________________。

(2)土壤：土质____________，pH值______，地下水位______________。

(3)海拔：____ m。

(4)植被：____。

(5)气候：年平均气温______℃；最高______月，平均______℃；最低______月，平均______℃；年平均降水量______ mm；最多______月，平均______mm；最少______月，平均______mm。

3. 栽培或野生历史：____。

4. 分布情况：面积______ hm^2，或株数______，集中产区______，特点______。

5. 栽培或引种改良情况：____。

6. 利用情况：____。

7. 适应性：____。

8. 抗性：抗寒、抗旱、抗涝、抗热、抗病、抗虫________________。

二、植株性状(代表植株)

1. 树龄______，树形______，树高______ m，树冠东西______ m，南北______ m。

2. 树势：强、中、弱。

3. 树姿：下垂、平展、开张、半开张、直立。

4. 干高______cm，胸径(地径)______cm。

5. 物候期：叶芽膨大______，叶芽开放______，展叶______，枝条生长______，大量落叶______。

6. 开花期：始花初期______，盛花中期______，盛花末期______，盛花持续期______。

7. 新梢生长量______，萌芽率______，成枝力______，多年生枝及一年生枝的形态________。

8. 枝条特征：____。

9. 叶片特征：____。

10. 花特征：____。

三、果实性状

1. 大小：纵径______ cm，横径______ cm，重量______ g，果形______。

2. 果皮色泽：指果实着色程度，果皮颜色，以及色泽是否鲜艳悦目等。

3. 果面光滑度：指果实表面是否光洁等。

4. 果实整齐度：指果实个体之间的形状、大小、色泽等的一致性。

5. 果肉色泽______，肉质粗细______，汁液多少______，香气有无______，苦涩异味______。

6. 可溶性固形物______%，可溶性糖______%，可滴定酸______%。

7. 风味：很差、差、一般、好、很好。

8. 品质优劣(五级评分)：下、中下、中、中上、上。

9. 种子：每果数目______，形状______，大小______，色泽______，重量______，成熟期______。

10. 采收期：极早、早、中、晚、极晚，具体时期________。

11. 果实利用情况：观赏、药用、加工、采种、鲜食、其他。

12. 耐储性：良、中、差。

13. 运输性：良、中、差。

14. 综合评价：优、良、中、尚可、差。

15. 推荐用途：盆栽品种、观叶品种、观花品种、观果品种、其他。

四、特点及评价

1. 明显特征：____。

2. 特殊性状：____。

3. 主要优点：____。

4. 主要缺点：____。

5. 保存和利用价值：____。

调查人：____________

调查日期：______年____月____日

(二)调查及性状鉴定阶段

实施种质资源调查和性状鉴定活动，主要包括以下内容。

1. 了解调查地基本情况

主要依靠调查地区的领导和群众，请当地有关人员介绍当地社会经济情况和自然条件，以及农业生产概况等。

2. 了解资源基本情况

主要通过召开座谈会或个别走访，了解被调查种质材料在当地的生产情况，如种类、品种、来源、主要特性、分布、面积、栽培及应用历史、利用方式、适应性、抗性、管理措施、群众评价，以及存在问题等。对野生资源还应了解其经济利用价值。

3. 资源形态性状鉴定

在种质材料各主要生育阶段，选择有代表性的植株，通过对其植株及各器官的性状、大小、色泽等形态特征的描述、比较和分析，确定其植物学分类地位。记载项目因园林植物种类、观赏器官及利用目的不同而异。

4. 生物学特性鉴定

采用自然环境或人工控制环境，确定种质材料的环境条件、物候期和生长发育习性，通过分析三者之间的关系，了解种质材料生长发育过程中对环境条件的要求。记载的内容和项目包括环境条件记载、物候期记载以及生物学特性记载等。

5. 产品器官品质性状鉴定

采用感官评定、理化测试等方法，对种质材料的产品外观、质地、风味、营养成分及其他品质性状进行客观评价。外观品质鉴定主要是对产品器官的色泽、大小、形状及整齐度进行鉴定。色泽可感观评述，如深绿、绿、浅绿、黄绿等，也可采用标准色比较法、分光光度法、色差计法等对色素的种类和含量进行定性、定量测定。大小主要用度量法测定。体积可用排水法测定。形状可感官评测，也可用比值法，如叶形指数(叶长/叶宽)、果形指数(果纵径/横径)、叶球形状指数(高度/宽度)等。整齐度可通过对产品大小、形状、色泽等性状的综合评价做出结论。质地鉴定包括硬度、弹性、致密坚韧度、黏稠性、纤维粗细及脆嫩程度等。可采用硬度计或质地测定计测定果肉的硬度、弹性、汁液黏稠性等。用切压测定计测定切断叶片及叶柄时所用的力。风味鉴定包括汁液多少、糖酸含量和比率以及单宁、苦味及芳香物质含量多少或有无等。风味鉴定常用品尝法，先按肉质、汁液、糖酸比例、气味(香味或异味等)分别评级或评价，最后综合评价，用优、良、中、差、劣5级文字进行描述。也可用氢氧化钠滴定法测定产品中可滴定酸的含量，用斐林试剂滴定法测蔗糖、还原糖及总糖的含量，用手持测糖仪或阿贝折射仪测可溶性固形物含量，用气、液相色谱仪和核磁共振仪对特殊挥发物进行分离、测定和鉴定。营养品质鉴定包括对产品中的维生素、矿质元素、纤维素、蛋白质及碳水化合物等进行测定。多采用常规分析方法。如Vc含量用2,6-二氯靛酚钠滴定法，N含量测定用凯氏定氮法，P用钼蓝比色法，用原子吸收分光光度法测定K、Ca、Mg、Fe、Zn、Mn、Cu等矿质元素的含量，用氨基酸分析仪可定性、定量测定各种氨基酸，用考马斯亮蓝G-250染色法可测定可溶性蛋白质的含量，用蒽酮比色法测定可溶性碳水化合物的总量。

6. 绘图或照相

对调查种质材料所处的地理环境、代表性植株、各器官等进行简单绘图或照相，并做好记录。

7. 采集标本及繁殖材料

采集有代表性的种质材料的根、茎、叶、花、果等标本，并适当保存。每个标本上要挂有标签，标签上注明标本号、种(品种)名称、学名、中文名、采集地点、采集人、

采集日期等。采集接穗、砧木、块茎、块根、球茎、球根、种子等繁殖材料，并采取临时保存措施，以保证其生活力。

8. 细胞学鉴定

主要是染色体特征的鉴定，即核型鉴定。包括染色体数目、形态、染色体分带、染色体的分子特征等。

9. 抗性鉴定

对所调查的种质资源进行必要的抗逆性和抗病虫性等抗性鉴定，可采用直接鉴定或间接鉴定的方法进行。

(三)总结阶段

1. 整理调查资料

在调查时应随时注意各项资料的整理，发现不足后，及时有目的地查找，加以补充。调查工作将要结束时，应及时将调查的种质材料进行分类、登记，安全保存其种子等繁殖材料和标本，整理调查记录及各类表格，使调查所获得的资料和种质材料系统化、完整化；将采集的标本进行分类、浸渍或压制保存，并再一次进行鉴定，确定它们在分类学中的地位，明确其利用价值；尽早完成产品的品质分析工作，并对所获得的数据进行整理和分析；将绘制的图表及拍摄的照片分类保存；对调查所用的仪器和工具进行检修、整理和保养等。

2. 写出调查总结

调查结束后，应及时写出调查总结。总结应主要包括：调查的目的、要求、方法及进展情况，调查种质材料的生态环境及在当地的生产情况，调查种质材料的详细说明等。总结内容应尽可能详细，图、表、标本等资料尽量丰富，为以后的调查者和进一步深入调查打下基础。

四、考核评估

1. 考评结构

①态度纪律20分；②实训过程60分；③实训结果20分。

2. 考评标准

(1)态度纪律：积极主动、速度快、质量好、有创新等优秀表现20分；有迟到、早退、开小差等违纪现象10分；缺席0分。

(2)实训过程：选题准确、路线合理、信息量大、分析透彻60分；选题准确、路线合理、信息量较大、分析较透彻40分；选题准确、路线合理、信息量不足、分析不透彻30分。

(3)实训结果：有计划、有方案、有总结分析报告20分；有计划、无方案、有总结分析报告16分；无计划、无方案、总结分析报告简单12分。

五、作业

1. 各小组对调查及鉴定结果所包含的各种资料的正确性和可靠性进行客观的分析，认真地讨论，分析存在的问题并提出解决方法。

2. 各小组要分析所调查的种质材料的特征特性，在分类学上的地位和在生产、育种及其他生物科学上的应用价值，并对调查的种质材料在当地的发展区划、优良品种和优良种质的选择、保存和利用等提出建议。

3. 每个小组完成资源调查及性状鉴定报告(表10-3)。

实训 6 植物形态变异观察

植物形态型的研究是植物选种的手段之一。因为植物形态型彼此之间的差异，不仅反映在外部形态特征上，同时也反映出某些观赏和经济特性的差异(如生长势、质地、芳香等)，故通过形态型的研究，既可以从中选出优良类型，直接供园林生产之需，也可供作该植物种进一步改良的原始材料。

一、实训目的

通过实训初步掌握植物形态型划分的原理与方法。

二、材料及用具

2~3 种园林植物的叶片、果实、种子和树皮的浸制标本或蜡叶标本，以及某些植物种分枝习性和冠形的图片或实物。

手持扩大镜(20×~30×)、铅笔和彩色铅笔、绘图纸、枝剪、小刀、米尺、照相器材等。

三、方法及步骤

(一)植物形态特征变异的观察

研究植物种形态特征变异的基本规律，这是划分和识别形态型的前提，如对某植物种的树型(冠型、分枝习性、干型)、树皮、叶的构造和色泽、花、果实和种子等器官的外形，进行详细的研究，并寻求出基本的变异规律，就可在此基础上划分植物的形态型。

1. 叶子形态特征的变化

许多乔灌木植物种叶子的结构和色泽存在一定的变化，并在绿化中广泛应用。如马尾松、雪松等植物种的叶子色泽存在极大的差异；圆柏的针叶有刺叶和鳞叶之分；各种杨树、柳树的叶形和叶片大小也存在着一定的差异。

2. 果实(球果)形态特征的变异

果实(球果)是植物重要的繁殖器官，也是划分种、品种和类型的重要的性状特征。核桃果实按形状可分为：尖顶、卵果、长果、圆果、方果 5 种类型；按种壳光滑程度可分为光滑、中等光滑和有皱沟 3 种类型；按种壳厚度及其内壁构造(内壁褶、内隔膜、种壳)可划分为露仁、薄壳、锦仁、夹绵、夹仁、节子 6 大类型。油茶在果实大小、果形、果皮色泽、光滑度和含籽数量均有极大区别，其种子按种壳色泽可分为黑褐色和黄褐色两类。松树(马尾松、黑松)按种鳞鳞盾上鳞脐的特征，可分为鳞脐凸突和凹陷(或

微凹)两类；此外，鳞脐色泽可分为紫红色和青绿色两种；种子和种翅也可分为黑褐色和浅褐色两类。

3. 树皮形态特征的变化

许多植物种树皮的色泽、光滑度、裂缝的状况(形状、深裂度、裂缝的色泽)和裂片的形状均存在一定差别，如杜仲分为光皮和粗皮两类；杨树、柳树、榆树、泡桐、枫杨和松树等植物种均可见到。

4. 植物冠形和分枝习性的变化

植物的冠形和分枝习性是其重要的经济指标之一，特别是在绿化事业上非常重视这些性状植物的冠形。例如，圆柏、铅笔柏等植物种可分为塔型(尖塔型、圆锥状塔型、圆柱状塔型)、椭圆形和卵形等形状。

植物的分枝习性以雪松最为明显，可分为水平状、下垂状(刷状和梳状)、斜展状和浓密状 4 种形状。水平状雪松的第Ⅰ、Ⅱ、Ⅲ级和以后各级枝条均近于在一个水平面上分布，树干轮层较明显。下垂状雪松的第Ⅰ级和第Ⅱ级枝呈水平状，第Ⅲ级和以后各级枝柔软下垂，冠形较美。斜展(伸)状雪松的第Ⅰ级枝与树干呈 60°～70°交角向上伸展。浓密状雪松，第Ⅰ级枝呈水平状。节间短轮层不明显，以后各级侧枝着生很密，构成浓密状的冠形。

(二) 杉木形态型的观察

杉木在长期的系统发育过程中发生了多种变异。按其嫩枝和新叶色泽杉木可分为青、黄、灰三大类。依据球果苞鳞的形状大小和未成熟时张裂的程度，可分为长三角形反翘型(简称长鳞反翘)，宽三角形反翘型(简称宽鳞反翘)和半圆状反翘型(简称半圆反翘)；长三角形、宽三角形和半圆状松张型(简称长鳞、宽鳞、半圆松张)；长三角、宽三角和半圆状紧包型(简称长鳞、宽鳞和半圆紧包)。依据冠形可分为浓密型、稀疏型、近水平型和下垂型。依树皮特征可分厚皮型(粗糙型，树皮率大于 15%)和薄皮型(光滑型，树皮率为 10%～15%)；树皮可按色泽，分为灰褐色和黄褐色两种树皮型。

(三) 菊花形态型观察

菊花在长期的系统发育过程中发生了多种变异，造成菊花类型相当复杂。

按花型的三级分类方案分：①大菊系－②平瓣类－③垂带型等 11 种花型
－②匙瓣类－③匙单瓣型等 9 种花型
－②管瓣类－③…
－②桂瓣类－③…
－②畸瓣类－③…
①小菊系－②平瓣类－③荷花型等 4 种花型
－②匙瓣类－③匙单瓣型等 9 种花型
－②管瓣类－③…
－②桂瓣类－③…

按花色又可分为：白、黄、橙、粉、红、紫、绿色系 7 种不同类型。

按花期又可分为夏菊、秋菊、寒菊和四季菊 4 种类型。

(四) 山茱萸果实形态型观察(表10-4)

表10-4　果实形态观察

种质类型	单果重(g)	最大单果重(g)	果实		果　形	色　泽	成熟期
			纵径(cm)	横径(cm)			
石磙枣	1.11~1.48	2.05	1.80	1.12	圆柱形	橘红	10月上中
香　蕉	0.96~0.98	1.04	1.80	0.92	香蕉形	深红	10月中下
大红枣	0.73~0.80	0.86	1.59	0.83	卵圆形	深红	9月下~10月上
圆　铃	0.84~1.09	1.88	1.55	0.95	短圆柱形	深红	10月上中
珍珠红	0.70~1.00	1.19	1.53	0.89	椭圆形	深红	10月上中
八月红	0.80~1.00	1.08	1.40	0.94	长卵形	朱红	9月中下
小香蕉	0.62	0.64	1.50	0.76	香蕉形	橘红	10月下~11月上
小圆铃	0.74~0.81	1.02	1.37	0.91	圆　形	橘红	10月中下
笨米枣	0.79	0.99	1.55	0.95	长卵形	橙红	10月中下
小米枣	0.46~0.65	0.88	1.42	0.87	长卵形	红	10月上中
青头郎	0.90~1.00	—	1.50	0.92	长卵形	微红	11月中

四、考核评估

1. 考评结构

①态度纪律20分；②实训过程60分；③实训结果20分。

2. 考评标准

(1)态度纪律：积极主动、速度快、质量好、有创新等优秀表现20分；有迟到、早退、开小差等违纪现象10分；缺席0分。

(2)实训过程：分类合理、观察仔细、测定准确、记录完整60分；分类合理、观察较仔细、测定较准确、记录完整50分；分类较合理、观察较仔细、测定较准确、记录较完整40分；分类不尽合理、观察不仔细、记录不完整30分。

(3)实训结果：观测到重要性状变异、科学分类并命名20分；观测到性状变异、合理分类并命名16分；观测到次要性状变异、分类命名较牵强12分。

五、作业

1. 自选一植物种系统观察其形态变异，包括叶子、果实、树皮、树冠形和分枝习性等，写出观察报告。

2. 根据本次实训所提供的实物和图片标本进行绘图并附文描述说明。

实训7　选择育种方法

一、实训目的

通过单株选择、混合选择的实际操作，掌握两大类选择育种的基本方法；通过优树选择的实际操作，熟悉木本植物选种常用方法——优树选择的基本程序。

二、材料及用具

自花授粉植物的种子，如凤仙花、桂竹香、香豌豆、紫罗兰、一串红等。

自花授粉或异花授粉植物的草花类种子，如凤仙花、香豌豆、半枝莲、石竹、金鱼草、一串红、鸡冠花、三色堇、虞美人等。

树木类，如松、杉、杨、楸、泡桐等林分。

放大镜、游标卡尺或量径尺、钢卷尺、挂牌、记录本、铅笔、毛笔、种子袋、罗盘仪、生长锥、测高器、轮尺、油漆、记载簿、调查员手册、计算器、照相机。

三、方法及步骤

(一)单株选择

1. 播种

整地作畦，然后采用条播或撒播的方法播种。播后喷水、遮阴。

2. 选择优株

根据育种目标，选择综合性状优良、个别性状突出的单株或单花序。选择贯穿整个生长季节，重点放在性状表现明显的时期。如在苗期、开花初期、开花盛期、开花末期及生长后期多次进行，重点在花期，如要选抗病类型，重点在病害发生期进行。如发现符合标准的，就要及时做好标记，挂牌并注明主要优点，以保证选择的准确性。每次可选优良单株数株或十几株。等种子成熟后，分别采收，分别保存。

3. 株行试验

将入选的每个单株的种子，分别播种为株行(每株的种子播成一行或数行)，各株行按顺序排列，每隔数行种一行原品种作为对照。严格比较、鉴定，选出优良株行。入选的株行各成一品系。

4. 品系鉴定

将入选各品系种成小区，并设重复和对照，认真观察。比对照表现好的品系，均可入选，成熟时，分别采收种子。

5. 品种鉴定

将品系鉴定入选的品系，采用随机区组设计，3 次重复，每重复设一对照，用统一标准对各品系和对照进行比较、鉴定，从而选出最优良的品种。

(二)混合选择

1. 播种

整地作畦，然后采用条播或撒播的方法播种。播后喷水，遮阴。

2. 选择优株

根据育种目标，在生长期、花期、观赏期等时期进行。选择主要性状类似的优良的单株或单花序。发现符合标准的，挂牌标记。可选优良单株数株或十几株。等种子成熟后，混合收取种子。

3. 混合播种

将收取的优良单种株的种子混合播种，并播种原品种为对照，再从混合播种区选优良单株，并挂牌标记。等种子成熟后，再混合收取种子。以后可视选出群体的优异情况和稳定情况再进行一至数次选择，直至选出表现优良、性状稳定的品系。

4. 比较鉴定

将选出的品系进行鉴定和品种鉴定，从而选出比原品种表现优异的品种。选择和鉴定的方法可参考单株选法进行。

(三)优树选择

优树选择，就是从天然林或人工林群体中，按选种目标和优树标准进行表型个体的选择，从入选的优良单株上采种、采穗，进行遗传测定，建立种子园或采穗圃繁育良种，所以优树选择是树木改良的基本手段。常用的方法有：对比树法(优势木对比法，综合评分法，小样地法)，基准线法(回归线法，绝对生长量法)等。

1. 踏查

(1)选林分：根据某林场或某地区的林相图、地形图(或平面图)，全面进行踏查，了解林分生长状况，选符合下列条件的林分：①实生林(包括天然林和人工林)，不选多代萌生林、大径材择伐林；②同一龄级、同一立地条件林分；③ 0.7～0.8 郁闭度的林分，不选插花混交林；④中龄林或近熟林，不选成、过熟林。

(2)预选优树：①根据优树的标准(随植物种、地区而异)，在适合选树工作的林分中，目测预选。在中选的植物上做好临时标记，以便于识别和实测初选木。②优树预选木必须是林中木，尽量不要选择林缘木、孤立木。有时在疏林中亦可能出现干型端直、整枝良好、树冠窄的优良个体，也应考虑作为选择的对象。③优树所处立地条件必须与其他林木相同，或者略低于其他林木。

2. 初选

根据踏查结果，实地选树评比。凡符合优树标准的个体林木给予登记、编号，并在优树树干 1.3～1.5m 处涂上油漆标记，便于采集种子和种条，具体方法如下。

(1)设置标准地：以优树预选木为中心，用罗盘仪测量，沿水平带状设置长方形标准地，大小 30m×10m(长×宽)；或者以预选林木为中心做一个 10～15m 为半径的圆形标准地；或利用株数控制标准地大小，即在预选林周围选测 200～250 株林木作为标准地范围。

(2)林木生长调查：①在标准地内将所有林木进行临时编号，测量胸径。②按径阶测量树高，绘制树高曲线图，求出林分平均树高。③测量预选木、优势木(3～5 株)，预选木周围 20～30 株林木的树高、枝下高、冠幅直径(表 10-5)。

(3)林木形质调查：预测木、优势木和 20～30 株林木按树干性质(通直度、圆满度、自然整枝)、树皮性质、树冠性质(冠幅、侧枝粗细)、目前生长势和健康状况(抗性)等项形质指标进行目测评分。暂以 5 分制记分评比，即 5 分最好，3 分中等，1 分最差(表 10-6)。

(4)计算与登记：①按各种选择方法的要求和公式计算各项调查测量数据(表 10-7、表 10-8a、表 10-8b)。②根据计算结果，按优树标准评定入选与否。凡选中的林木，将其各项计算数据填入优树登记表(表 10-9a、表 10-9b)。

3. 复选

(1)审核初选调查材料和计算数据；

(2)将所选的优树再按优树标准相互评比，优中选优，凡不符合条件的优树，要坚决淘汰。

4. 要求

(1)按各种选优方法的要求认真地进行选优工作。

(2)各小组上交一份选优工作原始记录和计算材料。

(3)讨论评比各种选优方法的优缺点，交流实训体会，提出改进意见。

(4)完成表 10-5 至表 10-9b。

表 10-5　树木调查表

优树编号	胸径(cm)	树高(m)	枝下高(m)	冠幅(m)		
				上下	左右	平均
1						
2						
3						
4						
5						
…						
合计						
平均						

表 10-6　形质评分登记表

项目/评分/名称		树干性质			树皮性质	树冠性质		当前生长势	健康状况	总计
		通直度	圆满度	自然整枝		冠幅	侧枝粗细			
优树										
优势木或林木	1									
	2									
	3									
	…									
平均										

表 10-7　生长效率计算表

树号	冠长(m)	冠径(m)	冠长 × 冠径 x(m)	材积生长量 y(m^3)	生长效率 y/x
优树					
1					
2					
3					
…					
合计					
平均					

表 10-8a　指数法计算表(1)

树号		材积 $V=G(H+3)f$э			形质			指数($I=V+1/2VN/40$)		
		V	$V-\bar{V}$	$(V-\bar{V})^2$	总分	$N-\bar{N}$	$(N-\bar{N})^2$	I	$I-\bar{I}$	$(I-\bar{I})^2$
优树										
优势木或林木	1									
	2									
	3									
	4									
	5									
	…									
合计										
平均										

表 10-8b　指数法计算表(2)

	方和	$\frac{方和}{n-\bar{I}}$	$s=\sqrt{\frac{方和}{n-\bar{I}}}$	缩差 $e=\frac{M-m}{\bar{s}}$
材积				
形质				
指数				

表 10-9a　优树统一登记表(1)

调查日期:　　　　　　　　　　　　　　编号:

地点	省、县(局)、乡(林场)、村(工区)							
小地名								
优树特征	树龄		树高(m)		胸径(cm)		中央直径(cm)	
	形率		材积(m^3)		胸高皮厚(cm)		长势	
	干形				冠形			
	冠幅(m)	东西		树皮特征				
		南北		结实情况				
		平均		健康状况				
	其他特征							
立地条件	海拔		坡度		坡向		坡位	
	土壤名称		母岩		土层厚度			
	腐殖质层厚度		石砾含量(%)		pH			
林分状况	起源		林龄		密度			
	组成		郁闭度		种源			
	抚育年份和强度							
	下木、地被物种类、数量及总盖度							

表 10-9b　优树统一登记表(2)

优选方法	1. 对比树平均值	树高(m)	胸径(cm)	材积(m^3)
	2. 标准地均值标准差	树高(m)	胸径(cm)	材积(m^3)
	3. 绝对值标准差	树高(m)	胸径(cm)	材积(m^3)
	优势比(%)	树高	胸径	材积
优势树所在位置示意图：				
			说明	
评定和利用情况				

调查员：

四、考核评估

1. 考评结构

①态度纪律 20 分；②实训过程 60 分；③实训结果 20 分。

2. 考评标准

(1)态度纪律：积极主动、速度快、质量好、有创新等优秀表现 20 分；有迟到、早退、开小差等违纪现象 10 分；缺席 0 分。

(2)实训过程：参加选择的环节完整、操作规范、表格齐全、计算正确 60 分；环节完整、操作较规范、表格齐全、计算正确 50 分；环节较完整、操作较规范、表格齐全、计算正确 40 分；环节不完整、操作不规范、表格不齐全、计算有误 30 分。

(3)实训结果：实训资料完整、实物和现场齐备、报告翔实 20 分；实训资料较完整、实物和现场较齐备、报告较翔实 16 分；实训资料不完整、实物和现场残缺、报告漏项 12 分。

五、作业

1. 以组为单位进行单株选择试验，总结选育过程，写出总结报告。也可直接到试验圃、生产圃选择优良单株。然后再进行株行试验、品系鉴定、品种鉴定。

2. 以组为单位进行混合选择试验，总结选育过程，写出总结报告，注意与单株选择的异同。

3. 每个人填写优树选择的各种表格并完成计算。

实训 8　遗传力的估算

遗传力是指某数量性状由亲代递给后代的相对能力，以 h^2 表示。广义的遗传力，是指遗传方差占表现型方差的比例，即 $h_B^2 = \frac{V_G}{V_P} \times 100\%$ 。遗传方差又可进一步分为加性方差(V_A)、显性方差(V_D)和基因互作上位性方差(V_I)3 个组成部分。其中只有加性方差是

可以固定的遗传部分，而显性方差和上位性方差均不能固定，将随世代递增而逐渐消失。因此，更确切地估计遗传力应以加性方差占表现型方差的比例表示，这就是狭义遗传力，即 $h_N^2 = \frac{V_A}{V_P} \times 100\%$ 。

根据遗传力的估算，可以了解一些数量性状的遗传变异和环境变异的情况，从而认识和比较数量性状传递给后代能力的强弱，以提高选择的预见性及效率，并为确定适当的选择方法提供依据。

一、实训目的

通过一些实例的计算，掌握遗传力的估算方法。

二、材料及用具

数据资料、计算器、表格、铅笔、草纸、报告纸。

三、方法及步骤

(一)用方差分析计算遗传力

1. 试验资料

乔松×白松(自由授粉)的无性系8个，每个无性系随机选5个接穗，接在白松上，嫁接按2.75m×2.75m株行距栽植，生长期没有任何危害，至16年生时，测定树高列于表10-10，根据差异计算遗传力。

表10-10 乔松×白松自由授粉的无性系16年生树高

无性系	重复数					
	Ⅰ	Ⅱ	Ⅲ	Ⅳ	Ⅴ	$\bar{x}_i$
1	3.1	3.0	4.0	5.0	3.9	3.8
2	2.9	3.2	3.5	3.4	3.0	3.2
3	2.8	2.9	3.6	3.2	2.5	3.0
4	2.6	2.8	3.2	3.2	2.7	2.9
5	3.0	2.6	2.4	4.5	4.5	3.4
6	2.8	2.9	3.6	3.2	2.5	3.0
7	2.8	2.0	2.6	3.0	2.1	2.5
8	3.0	2.6	2.4	4.5	4.5	3.4
						$\bar{x}=3.15$

2. 计算步骤

(1)计算矫正系数。

(2)计算总变异平方和。

(3)计算无性系平方和。

表 10-11 方差分析表

变异来源	自由度	平方和	均 方	方差组成

(4)计算机误平方和。

(5)列方差分析表(表 10-11)。

(6)计算遗传力。

(二)多点半同胞遗传力计算

1. 试验资料

设有松树种子园自由授粉半同胞家系(f)29 个，在 3 个地点(s)栽培，每个地点重复 6 次(b)，每试验小区 10 株树(N)，其方差分析资料列入表 10-12 中，试做遗传力估算。

表 10-12 一个多点半同胞子代测定方差分析表

变异来源	自由度	方差	期望方差
地点(s)	2	842.045	
家系(f)	28	63.807	
家系×地点($f\times s$)	56	6.745	
在地点内区组(b)	15	3.782	
家系×地点内区组($f\times b$)	426	1.445	
在小区内株数(N)	4698	0.884	

2. 计算方差分量

①小区内株数 Ve。

②家系×地点内区组 Vfb。

③在地点内区组 Vb。

④家系×地点 Vfs。

⑤家系 Vf。

⑥地点 Vs。

3. 估算遗传力

①家系遗传力(半同胞家系) $h_{nsf}^2 = \dfrac{V_f}{V_e/Nbs + V_{fb}/bs + V_{fs}/s + V_f}$

②单株遗传力 $h_j^2 = \dfrac{4V_f}{V_e + V_{fb} + V_{fs} + V_f}$

(三)用回归分析估算遗传力

1. 试验资料

现有一片 15 年生的云杉林分，随机选择 10 株树，即自由授粉半同胞后代，亲本 15 年生，子代 4 年生时，试做回归分析估算遗传力，亲本与子代高生长资料列于表 10-13 内。

表10-13　亲本与子代树高的生长量

	母树号										
	1	2	3	4	5	6	7	8	9	10	$\sum$
亲本 x	49.2	50.0	49.3	49.0	49.0	49.5	49.8	49.9	50.2	50.2	496.1
子代 y	16.7	17.0	16.8	16.6	16.7	16.8	16.9	17.0	17.0	17.1	168.6

2. 计算步骤

(1)亲本平均高生长：$\bar{x} = \dfrac{\sum x}{n}$

(2)子代平均高生长：$\bar{y} = \dfrac{\sum y}{y}$

(3)亲本离差平方和：$\sum (x-\bar{x})^2 = \sum x^2 - \dfrac{(\sum x)^2}{N}$

(4)亲本－子代乘积和：

$$\sum (x-\bar{x})(y-\bar{y}) = \sum xy - \frac{(\sum x)(\sum y)}{N}$$

(5)子代离差平方和：$\sum (y-\bar{y})^2 = \sum y^2 - \dfrac{(\sum y)^2}{N}$

(6)求回归系数：

$$b = \frac{\sum xy - (\sum x)(\sum y)/N}{\sum x^2 - (\sum x)^2/N}$$

(7)遗传力估算：$h^2 = 2b$

四、考核评估

1. 考评结构

①态度纪律20分；②实训过程60分；③实训结果20分。

2. 考评标准

(1)态度纪律：积极主动、速度快、质量好、有创新等优秀表现20分；有迟到、早退、开小差等违纪现象10分；缺席0分。

(2)实训过程：计算过程完整、操作规范、结果准确50～60分；计算过程完整、操作较规范、结果正确40分左右；计算过程不完整、操作不规范、结果不准确30分左右。

(3)实训结果：通过计算获得了3项遗传力准确数值20分；通过计算获得了3项遗传力较准确数值16分；通过计算获得了3项遗传力有误数值12分。

五、作业

每人完成遗传力测定的计算过程及结果的实训报告1份。

实训9 引种环境因素分析

一、实训目的

掌握影响园林植物引种驯化成败的因素，学会引种限制性因子及可能的解决方法。

二、材料及用具

引种成功植物、引种失败植物和拟引植物种(品种、类型)。
计算器、计算机、数据处理软件及表格纸等。

三、方法及步骤

(1)收集引种植物的生物学、生态学等资料，收集引种地的土壤、气象、水文等环境资料以及栽培技术资料，列表分析，筛选限制因子。

(2)调查同类植物引种状况，比较分析该植物引种前景，制定相应的引种方案。

四、考核评估

1. 考评结构

①态度纪律20分；②实训过程60分；③实训结果20分。

2. 考评标准

(1)态度纪律：积极主动、速度快、质量好、有创新等优秀表现20分；有迟到、早退、开小差等违纪现象10分；缺席0分。

(2)实训过程：搜集资料完整、分析细致、筛选准确、方案科学60分；搜集资料完整、分析细致、筛选较准确、方案可行50分；搜集资料完整、分析较细致、筛选较准确、方案需完善40分；搜集资料不完整、分析粗糙、筛选不准、方案有漏洞30分。

(3)实训结果：有完善的因素分析表和引种方案20分；有较完整的因素分析表和引种方案16分；因素分析表不完整和引种方案不完善12分。

五、作业

每人完成引种小论文或调查报告1篇。

实训10 花粉贮藏及生命力测定

杂交中常因亲本间花期不遇或远距离杂交而不得不进行花粉贮藏，因此必须掌握花粉贮藏原理与技术。为了避免杂交工作失误，在使用外来或贮藏花粉之前，要先测定花粉的生命力。如果花粉生命力已经丧失或极弱(发芽低于5%者)，则不采用。此外，在杂交之前了解花粉生命力，也有利于杂交成果的分析与研究。

一、实训目的

掌握贮藏花粉及花粉生命力测定的方法，并了解其原理。

二、材料及用具

杉木、柳杉、马尾松、杨树、柳树、麻栎等植物种的花粉。

修枝剪、不锈钢药筛、解剖针、载玻片、盖玻片、毛笔、指形管或小玻璃瓶、脱脂棉或纱布、标签、玻璃铅笔、显微镜、干燥器、大广口瓶等。

硫酸、氯化钙、蔗糖、葡萄糖、蒸馏水、稀薄的硼酸(1∶100 000)、凡士林、联苯胺、X-苯酚、酒精、碳酸钠、过氧化氢、琼脂、2,3,5-氯化三苯基四唑、愈伤木酚等。

三、方法及步骤

(一)花粉收集

1. 树上收集

凡花粉量多、散粉期较长的植物种均可采用此法。一般植物于9：00左右开始散粉，11：00~14：00是雄花盛开时间，可预先把雄花用纸袋套上，当花粉散出时，即落入袋中而收集之。

2. 摘下花序(花穗)收集

不便于上树收集花粉的植物种，如杨树、榆树、栎类、杉木、松树等，可以直接采集即将散粉的雄花穗，在室内摊在纸上阴干，待花粉自然开裂收集。

3. 培养花枝收集

柏木、水杉、榆树、杨树、板栗、胡桃等，可以在雄花散粉的前几天，剪下花枝在室内用水培养，在水瓶下面铺一张干净白纸或塑料布，当雄花开放，花药自然开裂时，花粉落于纸上而收集之。此法效果好，由于水分供应充足，可以利用枝条内的养分正常生活，花药开裂完全，所以花粉量多。收粉时可把已开始吐粉的花枝从水瓶中取出(不要把水滴在纸上)，敲打花枝，花粉即大量落于纸上。花粉可以一次收集或分数次收集。因为同一枝条上的不同花序，甚至同一花序的前后部分的花药，开裂时间有先后。凡散粉量少或花枝不多时，可用干净的毛笔收集。如果同时收集几种花粉时，要采取隔离措施，可分别在不同室内进行，以免花粉混杂。

(二)花粉贮藏

花粉寿命的长短因植物种而异，一般风媒花花粉的生活力在干燥、冷凉的室温下可保持一两周甚至几年。但是，许多被子植物的花粉保存时间都不到一周。在通常的情况下，杂交授粉都是用当年的花粉，只有在杂交双方的花期不一致，或是进行远距离杂交时，才用贮藏过的花粉。

影响花粉寿命的因素，除植物本身的遗传特性外，主要是温度和湿度条件。两者之间是相关的，高温高湿使花粉很快丧失生命，而极干燥的条件也不利于花粉保存。因此，人工贮藏花粉就在于创造低温、干燥、黑暗的条件，使花粉降低代谢强度，以延长寿命。花粉收集后，工作程序如下。

1. 干燥

把花粉放在散光下晾干、阴干或放在盛有氯化钙的干燥器中初步干燥，一般以花粉

由相互黏结至极易分散为度(即不黏附在玻璃容器壁上)，这种状态的花粉，其含水量在10%左右。

2. 去杂

花粉在贮藏前要过筛去杂，花粉筛的孔径不可过大，以50～70 μm为妥。操作时轻轻摇动筛子，使花粉落下，夹杂物留于筛上，不能用毛笔、刷子等用劲在筛上扫刷，因为花丝及花粉壁碎片会通过筛孔混入花粉，影响贮藏和发芽试验。

3. 冷藏

经处理好的花粉分别装入指形管或小玻璃瓶中，不要装满，以占1/5或更少些为宜，以免发热长霉。瓶口用双层纱布或棉花包扎，不可用橡皮塞或软木塞，否则瓶内与瓶外隔绝，无法控制湿度。瓶外贴上标签，注明花粉名称和贮藏周期，然后把小瓶花粉放在干燥器中。干燥器的底腔可放置一些控制湿度的化合物，如硫酸、氯化钙、醋酸钠饱和溶液等。在0℃条件下，它们能控制的相对湿度分别为30%、32%和22%。最后，把干燥器放在冰箱中，保持在0～2℃，这样可以贮藏较长时间。如果没有这些设备，可把装有花粉的小瓶子放在盛有石灰的箱子中，置于阴凉干燥的黑暗处，也可起到短期的贮藏作用。

(三)花粉生命力测定

测定的方法有直接法和间接法两种。

1. 直接测定法

(1)将花粉直接授在清洁的同种植株的柱头上，并做好隔离工作，然后观察其雌花的发育，如果胚珠能够正常地发育成种子，则说明该花粉具有生命力，否则没有生命力。

(2)花粉在柱头上发芽。其方法如下：

①将花粉直接授在清洁的同种另一植株的花柱头上，并做好隔离工作。隔1～3d采集已授过粉的柱头，固定于60℃温水中或F. A. A固定液(50%酒精85mL，冰醋酸5mL，甲醛5mL)15min。

②染色制片。配制1%苯胺蓝水溶液(将1g苯胺蓝溶于100mL的蒸馏水中)或配制0.5%苯胺蓝乳酸酚(将1份酚溶解在1份蒸馏水内，然后加入甘油、乳酸各1份做成苯胺蓝乳酸酚)。

取出花柱而后放在1%苯胺蓝水溶液或0.5%苯胺蓝乳酸酚中染色24h，把花柱撕开，盖上盖玻片，用大拇指轻压，在显微镜下观察。若花粉具有生命力，即可观察到花粉管伸入柱头组织(花粉管染成蓝色)；若花粉不具生命力即无花粉管伸入柱头组织。此法适用于多数植物种，特别是阔叶树，效果良好。

2. 间接测定法

间接测定是通过人为创造特定条件使花粉发芽，以鉴别是否有生命力，方法有两种：

(1)培养基法：

①配制培养基　将100mL蒸馏水倒在烧杯中，加入0.5～1g琼脂使之溶解，然后加入定量蔗糖(或葡萄糖)制成5%、10%、15%、20%浓度(即100mL水加5g、10g、15g、20g糖)的琼脂。为了促进花粉发芽，可用约1/10 000的硼酸溶液代替蒸馏水。加热时，为了防止杯中水分蒸发影响浓度，可预先在杯上做记号，待琼脂全部溶解后，把水加至

标记处。

②制片　将配好的培养基趁热用吸管取少量滴到悬滴载玻片上的凹槽内，放置片刻，使其冷凝。

③播种花粉　用解剖针粘取少量花粉，均匀地撒在培养基上，花粉不可播得太多，以免给观察带来困难。

④观察　把制备成功的片子，在显微镜下看看是否合乎要求。如果合乎要求，则放在预先垫有湿润吸水纸的培养皿内，然后盖上盖，并放在20～22℃的温箱中，经24h后，有的长达8～16h，有的长达3～5d，取出，在显微镜下观察发芽情况。

⑤鉴定生命力(以发芽率代表)　为了保证结果的代表性，应该随机在显微镜下取5个视野，计算花粉总数及发芽数，算出平均发芽率。

(2)染色法：染色方法很多(表10-14)，不同方法对不同植物种的效果不一样，现介绍两种方法：

表10-14　能用于测定花粉生命力的一些氧化还原染料

试 剂	分子式	颜色反映	包含的酶
2，3，5－氯化三苯基四唑	$C_6H_5CN_2C_6H_5N_6C_5H_5CI$	无色到红	还原酶
三苯基四唑红		无色到红	还原酶
重硒酸钠	$NaHSeO_3$	无色到红	还原酶
联苯胺	$NH_2C_6H_4C_6H_4NH_2$	淡黄色到蓝	过氧化物酶
愈伤木酚	$OHC_6H_4OCH_3$	无色到棕色	

①2,3,5－氯化三苯基四唑(2,3,5－Triphenly Tetrazalium chloride，缩写为TTC)　鉴于它有几百个衍生物，通称四唑盐。该盐结晶体呈白色到黄白色，退光还原成红色，故应装入带色的玻璃瓶内，置暗处保存，易溶于水，对酸碱敏感。使用四唑盐测定花粉生命力的原理，主要是无色药液进入花粉遇到活组织里的脱氢酶，接受氢离子，还原成红色的TTF，还原结果使有生命的花粉染上红色，死花粉不着色；花粉生活力强弱有异，染色深浅也有不同。具体方法是：配制1% 2,3,5－氯化三苯基四唑水溶液，调整pH为6.5～7.0，倒入盛有待测花粉的容器内，置暗处于28～30℃的温度下2h以上(随植物种不同染色时间也不同)，取出在显微镜下观察。具有生命力的花粉染上红色，无生命力的花粉无色，计算发芽率的方法同上。

②利用脱氧化酶反应　把花粉置于载玻片上，滴入0.025%的次甲基蓝溶液一滴，盖上盖玻片，数分钟后在显微镜下检查。凡无生活力的染成淡蓝色，有生活力的褪为不同程度的淡蓝色或灰色，褪色能力的强弱与生活力的强弱呈正相关。次甲基蓝的浓度可以任意调节，以获得最明晰的结果。此法对裸子植物效果良好。

根据颜色反应程度确定生活力；着色能力的强弱与生活力呈正相关。

四、考核评估

1. 考评结构

①态度纪律20分；②实训过程60分；③实训结果20分。

2. 考评标准

(1)态度纪律：积极主动、速度快、质量好，有创新等优秀表现 20 分；有迟到、早退、开小差等违纪现象 10 分；缺席 0 分。

(2)实训过程：授粉、培养、染色、计数等环节完整、规范、干净 60 分；环节完整、较规范、较干净 50 分；环节完整、不规范、不干净 40 分；环节不完整、不规范、不干净 30 分。

(3)实训结果：观察到清晰的花粉萌发或着色相 20 分；观察到花粉萌发或着色相 16 分；观察花粉萌发或着色相不理想 12 分。

五、作业

1. 花粉生活力测定结果记载(表 10-15)。

表 10-15 花粉生活力测定表

花粉名称　　　　　　　　实训时期______年______月______日

花粉采收方法

实训前花粉保存方法

显微镜倍数

载玻片号	花粉发芽环境	刺激物	视野中花粉发芽数/总数					总计发芽数/总数	发芽率	花粉管平均长
			1	2	3	4	5			

2. 绘制每一植物种花粉粒发芽形态图(注明放大倍数)。
3. 分析花粉发芽率高或低的原因。

实训 11 植物有性杂交

植物杂交育种是应用遗传性不同的植物种或同一植物种的不同类型在开花的时候，进行人工控制授粉，以获得杂种的手段。有性杂交，由于基因的重新组合，杂种一代往往出现杂种优势，人工杂交目的，在于取得和利用杂种优势。

一、实训目的

通过实训初步掌握植物有性杂交基本方法，为开展杂交育种打下操作基础。

二、材料及用具

各种杨树或柳树的雌雄花枝和已达到开花年龄的杉、松、月季、百合、唐菖蒲、凤仙花、紫茉莉、菊花、牡丹、芍药等植株。

修枝剪、硫酸纸袋、纱布、细绳、棉花、标签、铁牌、回形别针、毛笔、授粉器、记载簿、梯子、铅笔等。

三、方法及步骤

(一)室内杂交技术(又称切枝杂交)

种子小而成熟期短的某些植物种(如杨树、柳树和榆树)可从树上剪下枝条培养，在室内进行杂交。这样，可避免到高大树梢上进行杂交工作的困难，克服花期和产地不一的困难，操作、管理和观察也较方便。现将方法分述如下：

1. 枝条的采取和修剪

从已选好的母树树冠的中上部，选1~2年生无病虫害的、基部直径为1.5~2.0cm，长70cm以上的雌花或雄花枝条。采回来的枝条，或从远地寄来的枝条，入室前进行修剪。雄花枝除将生长不良的花枝、生长过密的小枝、无花芽的徒长枝和带有病虫害的枝条剪掉外，尽量保留全部花芽，以便收集到大量花粉。雌花每枝留1~2个叶芽、3~5个花芽，其他全部去掉。

2. 水培及管理

①将已修理好的枝条，在水中将基部剪成斜面插于盛有清水的大号玻璃广口瓶中或瓦罐中，放在温室下，每隔2~3d换一次水，天热时应勤换水，并同时洗去枝条基部的分泌物，隔一定时间基部修剪一次。

②温室的气温应保持在15~18℃之间，相对湿度以70%为宜，并保持室内空气流通，防止病虫害的发生。

③在每个雌花枝上挂一标签，注明植物名称、采枝时间和花序数目，并按需要项目进行观察记载。

3. 调节花期

为了在雌花开放前准备好必需的花粉，须注意花期的调节。如果雌雄亲本花期相同，则应将雄花枝提前2~4d放入温室；如果雌雄亲本花期不同，则必须周密考虑，或者更早些培育雄花枝，或者对雌花枝加以低温控制以保证雄花早开，否则会使实训失败。

4. 隔离

为了达到杂交的预期目的，必须防止自然授粉，应将所有的雌雄花枝在没有开花之前先行隔离。可把同一组合的雌雄花枝放在同一室内，或同一父本的雌花枝放在同一室内，而不同组合或不同的父本，则要分别放在不同的室内，必要时也可以在雌花枝上套袋。

5. 去雄、授粉

榆树是两性花，开花前要去雄，杨树、柳树是单性花，可不去雄。

①当雌花柱头明亮且有透明汁液时，即可进行授粉。用毛笔蘸取花粉轻轻撒在柱头上。如果是以套袋法隔离的，则授粉时要打开袋口，进行授粉后，再把袋扣用回形针别住。

②由于同一花序内的各个小花盛开的时间不同，往往是基部的先开，先端的后开，前后可差2~3d，所以授粉工作应该在两三天内连续进行几次。授粉的最好时间是其盛花期每天的8：00~11：00，因为此时柱头上的汁液较多。

③授粉后，在标签的反面注明父本名称和授粉期。

6. 管理、观察和记载

在果实发育期里，温室内的温度因受季节的影响将会显著提高，微生物的繁殖加

快，虫卵开始孵化。应注意防治病虫，宜经常换水和通风。温度控制在18~22℃，湿度保持在65%以上。

为了积累资料，应对杂种后代进一步分析研究，对果实发育情况进行观察。

7. 收获种子

为了避免种子飞散，当果实即将成熟时要套上纸袋，待成熟时连同袋子一起取下，按组合分别保存，并附上标签，注明杂交组合、授粉期、采种期，以备播种。

8. 播种

种子可以直接播种于苗圃，或先室内盆播，然后移植。

①准备播种盆　盆播时，将播种盆的排水孔用碎瓦片盖上，加营养土(3/5的糖泥土，1/5的草灰、1/5腐殖质)，最好加上量的细石，用板压紧，再用细孔筛筛上厚1cm的细土，将盆高的4/5浸入水中，使水从盆底慢慢透入，这样不会破坏土壤结构。

②播种　在浸透的盆土上播种，其距离1cm×1cm，不必覆土，但要盖上玻璃，以保持湿度并移到阴凉处，1~2d后即可发芽。

③管理　种子发芽3~4d后除去玻璃盖并置于阳光处，每天下午用喷雾器喷水一次，一周左右进行一次浸盆，并随时注意覆土(帮助幼草扎根入土)。此外，要注意防治病虫害。

9. 幼苗移栽

当幼苗长出2~3片真叶时，外面大气温度已经增高，应将苗箱移到室外荫棚下锻炼，到其长出3~4片真叶时可移栽在事先准备好的苗床上。移栽时不可损伤其任何部分，尤其是根系，为此要带土移栽，移栽后及时灌水、遮阴。

(二)树上杂交技术

1. 去雄和隔离

若是两性花，杂交之前须将选作母本的花去雄，即除去花中的雄蕊；若是单性花只须隔离。去雄要在花粉成熟之前进行，一般用镊子或尖头剪刀直接剔除花中的雄蕊。去雄时要仔细、彻底，不要损伤雌蕊，更不能刺破花药，否则会引起自花授粉。此外，去雄时所用的镊子、剪刀等工具要常浸在酒精中消毒，以杀死黏附的花粉。

去雄要及时套袋隔离。为使雌花有良好的发育条件，隔离袋应选用薄而透明、坚韧的材料，一般风媒花常采用半透明的玻璃纸；在南方地区，为防止雨水浸湿破坏，多数还使用蘸根粉糊粘贴，并涂上桐油；虫煤花植物多采用细纱布或细麻布制作隔离袋。

隔离袋的大小视植物种而异。套袋时袋口最好扎在木质的老枝上，扎缚处用棉花或废纸裹衬，以免因风吹枝摇而受到机械损伤，并防止外来花粉入侵。

2. 授粉

待雌花开放、柱头分泌黏液时，即可以授粉。授粉期因植物种而异(白蜡、松树为2~8d，松树4~5d，冷杉、云杉2~5d，鹅掌楸为0.5~5d，杨树、柳树为3~5d)。授粉最好在无风的早晨进行，一般采用喷粉器或用毛笔、棉花球等黏着花粉涂抹在柱头上。授粉后要挂上标牌，注明杂交组合、授粉日期。

3. 管理

注意隔离，3~7d后当柱头已萎缩(针叶树苞鳞闭合)时，表示失去再授粉能力，这时可除去隔离袋。但是，某些植物种如蕨类在幼果发育至成熟时，为防止昆虫危害须再次用纱袋套上。在整个杂交过程要注意细心管理、观察记载。特别注意杂种种子的采收、处理、保藏等工作。杂种种子播种和管理等工作，与切枝杂交技术相同。

四、考核评估

1. 考评结构

①态度纪律20分；②实训过程60分；③实训结果20分。

2. 考评标准

(1)态度纪律：积极主动、速度快、质量好，有创新等优秀表现20分；有迟到、早退、开小差等违纪现象10分；缺席0分。

(2)实训过程：杂交环节完整、操作规范、管理及时、记录整齐60分；环节完整、操作较规范、管理及时、记录整齐50分；环节完整、操作欠规范、有管理、有记录40分；环节欠完整、操作欠规范、管理不到位、记录缺项30分。

(3)实训结果：记录实物现场完整，获得杂交种苗较多20分；记录实物现场完整，获得杂交种苗16分；记录实物现场不全，极少获得杂交种苗12分。

五、作业

1. 按表10-16至表10-18进行记载

表10-16 切枝杂交记录表

母本名称	采枝时间	枝号	花芽开放日期	授粉植物	采收花粉期	授粉期	授粉花序数	果实成熟期		果实数量	
								最初	末尾	果数	种子数

表10-17 树上杂交记录表

植株号	套袋隔离去雄时期	隔离花果数量	授粉日期	授粉方法	授粉植物种	取袋时期	采果实期	果实数量	种子数量	备注

表10-18 切枝杂交和树上杂交工作结束后记载表

NO. *号/号	杂交组合		授粉花果数量	采收果实种子数量	杂交成功百分率(%)
	♀	♂			

* 分母表示年号，分子表示杂交组合编号。

2. 杂种苗木培育记载

(1)种子发芽的日期，发芽势、发芽率(%)；

(2)移向营养钵的时间，小苗数量；

(3)从温室移向空旷处时期；

(4)幼苗移向苗圃时期，成活率和保成率，移植时高度和晚秋时高度。

实训 12　杂种特征分析和描述

杂种具有父母双方的遗传物质，某种特征和特性发育的可能性，取决于父母双方遗传传递能力的大小和杂种后代的培育条件。因此，借助于杂种后代形态特征的分析，就可以了解双亲形态特征遗传的性质，为杂交时的亲本选择提供参考。

一、实训目的

通过实训，了解和掌握杂种后代分析的方法。

二、材料及用具

鹅掌楸、月季杂种、各种杨树及其种间杂种的新鲜或蜡叶标本。

直尺、测径尺、放大镜、托盘天平、照相机、记录工具。

三、方法及步骤

(1)参观菊花、月季、杨树、鹅掌楸杂种定植圃。

(2)双亲和杂种后代按下列形态特征对比分析和描述。

①枝芽：枝条的粗度、形状和颜色、绒毛；芽的分布与着生状态和大小(顶芽与侧芽)，芽的颜色和绒毛。

②有无托叶和其他性质。

③叶：叶的着生状况，叶片的形状和大小；叶缘、叶基、叶脉、叶的颜色和绒毛(顶部与基部)；叶柄，它与叶片相应的比值长度，横断面形状，绒毛，具腺体否(形状、颜色、大小)等。

④花：花的性质(双性、单性)、结构，是否具花被，花萼和花瓣的颜色、大小、绒毛等，雄蕊数量，花瓣的长度，雌蕊的数量，花柱的长度，柱头的形状和颜色，花的大小。

⑤花序的性质。

⑥果实：果实的性质、大小(长×宽)、形状和结构，果实数，每室种子数和每果种子数及重量。

⑦种子的数量、形状和颜色。

⑧生长势，幼茎的形状，树冠，分枝习性等。

⑨杂种优势的估计，现以树高性状为准，按下列公式计算：

$$杂种优势 = \frac{F_1 的平均数 - 双亲的平均数}{双亲的平均数} \times 100\%$$

四、考核评估

1. 考评结构

①态度纪律20分；②实训过程60分；③实训结果20分。

2. 考评标准

(1)态度纪律：积极主动、速度快、质量好，有创新等优秀表现20分；有迟到、早退、开小差等违纪现象10分；缺席0分。

(2)实训过程：观测项目完整、操作规范、计算准确50~60分；观测项目完整、操作较规范、计算无误40~50分；观测项目不完整、操作欠规范、计算有误30分。

(3)实训结果：获得所有项目的杂种优势值20分；获得多数项目的杂种优势值16分；获得少数项目的杂种优势值20分。

五、作业

1. 按上述分析内容列表比较两个杂交组合父本、母本和杂种后代的形态特征差异(表10-19)。

表10-19　杂种植物和亲本主要形态比较表

主要特征	母本植物名称♀	杂交组合名称(F_1)	父本植物名称♂

2. 某些主要性状，如冠形、分枝习性、叶形、叶缘、叶基等分别绘草图表示。
3. 计算杂种优势百分数。

实训13　诱变材料性状的观察

人工诱变是现代育种重要手段之一。凡经物理高能辐射(如γ射线、热中子、激光等)和化学诱变剂(如甲基磺酸乙酯、乙烯亚胺等)处理园林植物的枝芽、种子或花粉(再用以杂交)所获得的嫁接、扦插或实生苗木均属人工诱变材料。若用生产上优良品种做试材，通过处理可改良个别经济性状，能获得比亲本更优良的突变体。

一、实训目的

了解园林植物辐射或化学诱变处理的效果；观察诱变体性状变异情况与特点；学习诱变的操作方法。

二、材料及用具

当地园林植物(或其他植物)经诱变处理的材料和对照株；米尺、卡尺、照相机、记录表、铅笔、计算器。

三、方法及步骤

首先，对人工诱变材料进行总体观察，在初步了解各个性状变异特点和表现的情况下，再从中选出符合下列鉴定项目的材料进行观察和记载。

(一)诱变处理生理损伤的鉴定

1. 萌芽率与存活数量的鉴定

在处理材料播种或嫁接后1～3个月，于试验圃里分次计算萌芽株数和发芽率。在苗木出圃时统计存活株数。为加速观察和验证处理效果，可将诱变处理的枝条插入完全营养液里，置于20℃左右的室温下，3～4周统计萌发率和生理损伤情况。

2. 幼苗高度的测定

这是鉴定诱变效应的一种简便而快速的方法。通常在诱变苗和对照嫁接苗第一次停止生长时，随机选择处理和对照苗木各30～50株，测量幼苗高度，并计算其平均数标准差。

(二)突变体性状的鉴定标准差

1. 矮化型突变体

通常是在按穗嫁接生长已初步稳定时测量其节间长短。例如，苹果一般可将其枝条节间长度分为10～25mm、26～30mm和31～50mm 3级。而以10～25mm这一级作为测定矮化型突变体的指标。

2. 叶、果型突变体

选已开花结果的突变体与原株做对照，观察其叶片大小、厚薄、叶绿素缺失、有无畸形叶，果皮颜色、果形大小、果肉颜色和种子多少等变异表现，并一一进行记录。

四、考核评估

1. 考评结构

①态度纪律20分；②实训过程60分；③实训结果20分。

2. 考评标准

(1)态度纪律：积极主动、速度快、质量好，有创新等优秀表现20分；有迟到、早退、开小差等违纪现象10分；缺席0分。

(2)实训过程：观察、测定、计算、总结等环节完整、操作规范、结论正确60分；环节完整、操作较规范、结论正确50分；环节完整、操作欠规范、结论不确定40分；环节不完整、操作不规范、结论不正确30分。

(3)实训结果：测定数据详实、报告完整20分；测定数据详实、报告较完整16分；测定数据存疑、报告不及时12分。

五、作业

1. 填写诱变材料生理损伤与对照株情况观察记载表(表10-20)。
2. 填写突变体与对照株性状观察记载表(表10-21)。

表 10-20 诱变材料观察记载表

树种	处理方式或对照	处理材料	处理种苗数	萌芽情况		存活情况		幼苗高度(m)	
				数量	%	数量	%	平均数	标准差

表 10-21 突变体观察记载表

树种	处理	节间长度(cm)	叶片				果实				其他性状
			大小(cm)	厚薄(cm)	叶绿素缺失	畸形叶	果皮色	果形	果肉色	每果种子数	

注：有些植物如柑橘类应分别计算种子数与瘪种子数。

实训 14 秋水仙素诱导植物多倍体

诱发多倍体的方法很多，但以秋水仙素最为有效，应用也普遍。多倍体的诱发作用是由于药物抑制了纺锤丝的形成，使每个染色体纵裂为二以后，不能向两极分开，同时细胞也不能分裂成两个细胞，这样每个细胞染色体增加了一倍，便形成多倍体细胞。

一、实训目的

通过实训，进一步了解人工诱导多倍体的原理，并初步掌握用秋水仙素诱发多倍体的一般方法。

二、材料及用具

选某几种园林植物的种子和幼苗。

培养皿、指管、播种箱、木牌、记录本。

三、方法及步骤

(一)种子浸渍处理法

(1)药剂配制：分别称取秋水仙素粉剂0.5g、0.05g、0.005g 3份各溶于50mL蒸馏水中，配成1%、0.1%及0.01% 3种不同浓度备用。

(2)浸种催芽：选取饱满的种子1000粒，冲洗干净(或消毒)，浸种催芽。处理的种子按100粒为一份，共10份，留一份作为对照，余9份浸在配好的3种不同浓度的秋水仙素溶液内。处理时间为几小时至3d。

(3)准备好播种用的花盆或播种箱。

(4)把浸过的种子取出用水冲洗，冲洗时间与浸渍的时间正相关。

(5)浸渍过的秋水仙素废液不倒掉，集中一处。

(6)处理过的种子或未处理(对照)的种子在相同条件下播种，以做比较。

(7)播种花钵或播种箱都要插上标牌，注明植物种、处理浓度、时间和播种日期。

表 10-22 发芽后的观察记载表

编号： 材料名称：

浓 度	1%			0.1%			0.01%			对 照			备 注
处理天数	1			2			3						
播种日期	月 日			月 日			月 日						
发芽及生长情况 / 观察日期	总数			总数			总数			总数			
	发芽率	高度	变异的形态及生长发育特点	发芽率	高度	变异的形态及生长发育特点	发芽率	高度	变异的形态及生长发育特点	发芽率	高度	生长发育特点	

(8)经常浇水、松土。

(9)发芽后立即进行观察记载(表 10-22)。

(10)当幼苗长出 3 ~4 片真叶时，即可带土移栽。

(二)幼苗生长点处理法

1. 滴液法

在幼苗生长点的顶端放置脱脂棉球，然后将不同浓度的溶液滴上，处理时间分 3d、4d、5d 3 种，每天滴 3 次，即每隔 8h 滴一下，每次 1 滴(根据具体情况适当增加)。处理结束后，用水冲洗几次，注意管理，并经常观察记载(表 10-23)。

表 10-23 滴液法观察表

编号： 材料名称：

溶液浓度										对照(水)			备注
处理天数													
移植日期													
观察日期													
生长情况													

记录人：

2. 浸渍法

出土幼苗子叶张开时，使其浸渍在秋水仙素溶液中，浸渍时间分：6h、12h、18h、24h、32h 5 种，处理后立即取出用水冲洗，移植并注意管理记载(表 10-23)。

(三)幼苗茎基侧芽的处理

选 1 年生苗木，用不同浓度秋水仙素溶液和 10% 甘油水液混合，分别处理其茎基的侧芽。受处理的芽，可分为 3d、4d、5d 3 种处理时间，每天在每株茎基侧芽上滴 2 ~3 滴。处理结束后，用清水洗几次，使其正常生长。其记载内容见附表 20（但移植日期一项取消）。

四、考核评估

1. 考评结构

①态度纪律20分；②实训过程60分；③实训结果20分。

2. 考评标准

(1)态度纪律：积极主动、速度快、质量好、有创新等优秀表现20分；有迟到、早退、开小差等违纪现象10分；缺席0分。

(2)实训过程：配制、催芽、浸滴等环节完整、操作规范、记录整齐50～60分；环节完整、操作较规范、记录较整齐40～50分；环节较完整、操作不规范、记录不整齐30分左右。

(3)实训结果：出现较多的、明显的变异特征(突变体)20分；出现了较明显的变异特征(突变体)16分；出现了极少较明显的变异特征(突变体)12分。

五、作业

1. 比较变异植株和对照植株的异同。

2. 从发芽率、发芽期及生长发育变异中，找出不同植物处理的最适时间和最有效浓度。

3. 为什么绝大多数受处理的植物难产生多倍体?

实训15 植物多倍体鉴定

细胞中含有3个以上染色体组的生物体称为多倍体。多倍体可自然发生，也可人工诱发。但其染色体数是否发生倍数性变异必须经过鉴定。鉴定方法有两种：直接鉴定根尖细胞或花粉母细胞染色体数目；间接鉴定叶片气孔保卫细胞、花、果实、种子的形态，以及花粉粒大小等外部性状。

植物细胞大小的测量，通常须借助接目测微尺和接物测微尺。其测定方法是：先在低倍镜下找到目的物，然后在高倍镜下用接目测微尺测量细胞所占接物测微尺的倍数。再根据接目测微尺的每格长度推算细胞的大小。

$$\text{接目测微尺每格长度} = \frac{\text{接物测微尺格数} \times 10\text{u}}{\text{接目测微尺格数}}$$

一、实训目的

学习鉴定植物多倍体的方法，掌握测微尺的使用技术。

二、材料及用具

各植物种的花蕾、根尖、叶、种子。

显微镜、接目测微尺、接物测微尺、刀片、镊子、载玻片、盖玻片、解剖针、纱布、吸水纸、标签、浆糊等。

卡诺氏固定液、醋酸洋红、苏木精、铁矾、硝酸、铬酸、氯化钾、1%碘－碘化钾

溶液。

三、方法及步骤

（一）染色体数目的检查

将处理和未处理的材料分别固定根尖及花蕾，采用压片法或涂抹法（制片方法见实训 1 和实训 2），制片后在显微镜下观察细胞分裂中期相，进行染色体计数。

（二）保卫细胞和气孔的测定

利用化学药品进行植物的组织分离，可使细胞间层溶解，细胞互相分离，以便能够完整观察到细胞、保卫细胞形状及气孔。常用如下两种方法。

1. 乔菲律（Jeffery）氏浸离法

将需测定的叶子，切成 0.5～1cm 小块，浸入等量的 10% 硝酸和 10% 铬酸混合液，需 1～2d，加温 30～45℃可缩短时间，然后用水冲洗，取少许材料于载玻片上，用解剖针轻压，使其细胞分离，制成临时标本进行观察。

2. 许而司（Schvltze）氏浸离法

配方：氯酸钾 1g，浓硝酸 50mL。

材料在此液中加热片刻，胞间层溶解可使细胞分离，水冲洗即可。由于此液分离较快，应随时注意观察。分离过长，材料即溶解；分离时间过短，达不到目的。组织分离后经脱水染色可制成永久片，具体流程如下：

将分离表皮冲洗干净⟶F. A. A 固定（1h）⟶50% 酒精冲洗二次（共 30min）⟶10% 番红酒精液染色（2h）⟶用流水洗去多余染剂（30min）⟶用 30%、50%、70%、85% 酒精脱水（各 5min）⟶用 1% 苯胺蓝 95% 酒精液染色（1～2h）⟶95% 酒精冲洗（10～20s）⟶丁香油透明（10～20min）⟶二甲苯Ⅰ（5min）⟶二甲苯Ⅱ（5min）⟶封藏。

制片后（临时片），测量气孔保卫细胞时，在高倍镜下用测微尺测量其大小。移动制片，观察叶表皮不同部分气孔，分别测量 10 个保卫细胞的大小，求其平均值。

（三）花粉粒的鉴定

采摘待开放的花蕾，取其花药把花粉涂抹于载玻片上，加 1 滴 1% 碘－碘化钾液，盖上盖玻片。测量 10～20 个花粉粒直径的数值，求其平均数。

（四）形态特征

观察比较二倍体和多倍体植株花蕾、穗、果实、种子、叶片等性状，可根据标本及照片观察。

四、考核评估

1. 考评结构

①态度纪律 20 分；②实训过程 60 分；③实训结果 20 分。

2. 考评标准

(1)态度纪律：积极主动、速度快、质量好、有创新等优秀表现20分；有迟到、早退、开小差等违纪现象10分；缺席0分。

(2)实训过程：配制、取材、压片、镜检等环节完整、规范、干净60分；环节完整、较规范、较干净50分；环节完整、不规范、不干净40分；环节不完整、不规范、不干净30分。

(3)实训结果：观察到全部项目清晰的多倍体形状特征20分；观察到大部分清晰的多倍体形状特征16分；观察到少数清晰的多倍体形状特征12分。

五、作业

1. 将测定结果填入表10-24中。
2. 绘图说明在显微镜视野下染色体的形态。

表10-24　植物多倍体鉴定表

植物种名称	倍数性	染色体数	花粉粒直径(μ)	单位面积气孔数	气孔保卫细胞	
					长(μ)	宽(μ)

实训16　花药培养诱导单倍体

花药培养是一种植物组织培养的技术，它是将一定发育阶段的花药，通过无菌操作接种在人工培养基上进行离体培养，诱导其中的花粉发育为完整的植株。植物的花粉是由花粉母细胞经过减数分裂形成的，其染色体是单倍性的。用离体培养花药的方法，可以使其中的花粉发育成一个完整的植株，这个植株就是单倍体植物。通过这种诱发单性生殖(花药培养)的方法，使植物或其杂交后代的异质配子长成单倍体植株，再经染色体加倍成纯系，然后选育新品种，这就是单倍体育种的理论根据。这种方法能够加快育种速度，提高选择效率。此外，利用单倍体研究植物个体形态发生、遗传及变异规律等一系列问题，都具有重大意义。

一、实训目的

通过实训，初步了解和掌握杨树花药培养的原理和方法。

二、材料及用具

杨树的雄花蕾。

显微镜、高压锅、电炉、接种箱或超净工作台、恒温箱、三角瓶(50mL、100mL、200mL)、烧杯、量筒、吸管（1mL、2mL、5mL、90mL)、磨口瓶、棉塞、接种针、镊子、酒精灯、培养皿等。

MS培养基(表10-25)、70%酒精、2,4－D、吲哚乙酸或萘乙酸、动力精、6－苄基

表 10-25 MS 培养基成分表

化合物（mg/L）		化合物（mg/L）	
$CaCl_2 \cdot 2H_2O$	440	$CuSO_4 \cdot 5H_2O$	0.025
KNO_3	1900	$CoCl_2 \cdot 6H_2O$	0.025
$MgSO_4 \cdot 7H_2O$	370	甘氨酸	2
NH_4NO_3	1650	盐酸硫胺素	0.4
KH_2PO_4	170	盐酸吡哆素	0.5
铁盐	（另配）	烟酸	0.5
$MnSO_4 \cdot 4H_2O$	22.3	肌醇	100
$ZnSO_4 \cdot 7H_2O$	8.6	蔗糖	30 000
H_3BO_3	6.2	琼脂	10 000
KI	0.83	pH	5.8
$Na_2MoO_4 \cdot 2H_2O$	0.25		

腺嘌呤、福尔马林、高锰酸钾、漂白粉。

三、方法及步骤

(一)培养基的配制

1. 大量元素母液

按培养基的 10 倍用量，称取各种大量元素，用蒸馏水分别溶解，逐个加入（力求 Ca^{2+}、SO_4^{2-}、PO_4^{3-} 错开，以免产生沉淀），再定容至 1L。此溶液为培养基 90 倍浓度母液，在应用时，每配 1L 培养基，则从母液中取 1/10，即 100mL，可按下列公式计算：

$$母液体积 \times \frac{需配培养基体积(L)}{称量扩大的倍数} = 吸取量$$

举例，若配 500mL 培养基，则其需要母液量为：

吸取量 $=1000 \times 0.5/10 = 50$mL，这 50mL 即为所需母液量。

2. 微量元素母液

硼、锌、锰、铜、钴等，用量极少，可按配方 1000 倍的量称取，溶解后混合，再定容至 1L。

3. 单独配制铁盐及各有机成分的母液

①铁盐　取 5.57g $FeSO_4 \cdot 7H_2O$ 和 7.45g Na_2 – EDTA 溶于 1L 蒸馏水中，每配 1L 培养基取此液 5mL。

②有机成分母液　此类药品用量极少，久放容易变质，可分别配制 0.2～1mg/mL 的母液，有些物质不溶于水，如 2,4 – D、萘乙酸、吲哚乙酸可用少量 95% 酒精溶解，动力精和 6 – 苄基腺嘌呤可用少量 1N 盐酸溶解，再分别加入蒸馏水，配成一定浓度的母液。

母液按一定比例取出混合后加蒸馏水定容至 1L，加琼脂 0.6% ～1%（看琼脂质量而定），煮沸至溶解，离火前加蔗糖及有机成分，再用 1N 氢氧化钠或 1N 盐酸调节 pH 值至 5.8～6.0，然后分装入各三角瓶，用 1.1kg/cm^2 的压力灭菌 20min。

杨树花药培养基本培养基采用 MS 较合适，各培养阶段稍有改动并加入不同的附加物。

愈伤组织诱导：MS + 2,4 - D 2mg/L + 激动素 2mg/L + 2% 蔗糖。

分化培养基：MS + 6 - 苄基腺嘌呤1 ~ 2mg/L + 萘乙酸 0.2 ~ 0.8mg/L。

生根培养基：MS(半) * + 萘乙酸 0.8mg/L + 吲哚乙酸 0.2mg/L。

(二) 操作步骤

1. 玻璃器皿的清洗

所用的玻璃器皿用肥皂水洗净后用洗液浸泡，然后反复冲洗、烘干。

2. 接种箱和接种室的消毒

花药培养工作始终是在无菌条件下进行。长久未用的接种室或接种箱，在使用前 3 ~ 4d，用福尔马林加上适量的高锰酸钾熏蒸灭菌。实训前，用 70% 酒精喷洒接种室，然后用紫外灯再照射 20min，熄灯 0.5h 后使用。

3. 花粉发育时期的镜检和消毒

当预先采来水培的杨树雄花枝芽上芽鳞刚一开裂，就要及时检查，选取正处于单核期的花芽，剥去芽鳞摘净苞片，浸入 10% 漂白粉的上清液内浸泡 10min，再用水冲洗 2 ~ 3 次。

4. 接种和培养

用镊子从消毒好的花序上摘取花药播种在诱导培养基上，每个三角瓶内播 100 ~ 200 个花药。然后放入 23 ~ 28℃ 恒温箱中培养。

5. 单倍体植株的诱导

接种培养 10 ~ 20d 后，花药陆续开裂长出愈伤组织，有坚硬的、松软的。当它长到 2 ~ 3mm 时，选择坚硬的愈伤组织，转移到分化培养基上放在培养室培养。这时每天给予 8 ~ 9h 照明，强度 2000lx 左右，温度夜间不低于 16℃。

6. 诱导单倍体植株生根

当单倍体小苗经过 2 ~ 3 次转移后生长健壮，并且茎部开始木质化时，即最后转入生根培养基使其生根。80d 后开始出根，15 ~ 20d 后，即可形成完整根系。

7. 花粉植株幼苗移栽

当根系尚处于生长旺盛时，即要准备移入盆内土壤中生长。移前要打开三角瓶的棉塞锻炼 3 ~ 5d；然后，洗去根部培养基栽入消过毒的土壤中，此时要特别注意管理，否则苗木很容易死亡。

8. 染色体检查

在小苗移栽的同时采取根尖，按实训 1 的根尖压片步骤检查染色体数量。

四、考核评估

1. 考评结构

①态度纪律 20 分；②实训过程 60 分；③实训结果 20 分。

---

* Ms(半)：指 MS 培养基前 5 种大量元素减半。

2. 考评标准

(1)态度纪律：积极主动、速度快、质量好、有创新等优秀表现20分；有迟到、早退、开小差等违纪现象10分；缺席0分。

(2)实训过程：配制、诱导、培养、镜检等环节完整、操作规范、器具整洁60分；环节完整、操作较规范、器具较整洁50分；环节完整、操作不规范、器具不干净40分；环节不完整、操作不规范、器具不干净30分。

(3)实训结果：得到较多健壮的单倍体植株20分；得到一些单倍体植株16分；未得到单倍体植株12分。

五、作业

1. 比较单倍体育种与常规育种的差异。
2. 简要说明影响花药培养成败的主要因素。

实训17 抗性鉴定方法

一、实训目的

掌握某些抗性鉴定方法，了解这些工作对选种的意义。

二、材料及用具

盆栽植物、容器苗木、叶片、种子、病原菌(孢子)。

烧杯、量筒、试管、玻璃皿、刀片、拨针、镊子、水浴锅、显微镜、载玻片、盖玻片、干燥器、浓硫酸、高锰酸钾、硫酸钠、氯化钠、碘化钾、蔗糖、盐酸、酒精，费林氏试剂、苏丹Ⅲ、中性红溶液、F. A. A 液。

三、方法及步骤

(一)抗病性鉴定

用人工接种以诱发致病，测定其抗病性。

1. 锈病的诱发鉴定

(1)配制孢子悬浮液：在已发病的植株上收集孢子。一般把病叶套在试管内轻轻振荡，使已成熟的孢子振落于管内，然后把收集到的孢子放在玻璃皿中，注入适量清水，形成孢子悬浮液。

(2)将拟鉴定的植株栽培在盆内，而后用孢子悬浮液对叶部接种。

(3)接种后将植株放在无日光直射和湿度较大的地方，隔一周左右，按叶部发病的情况确定其抗锈病能力。

2. 幼苗立枯病的诱发鉴定

(1)将土壤容器及种子进行消毒。

(2)把培养的立枯病菌对土壤接种。

(3)待幼苗出土后，按照幼苗的死亡率来确定其抗立枯病的能力。

(二)抗寒性鉴定

1. 抗寒性鉴定原理

植株在秋后为了防止冻害，能将体内的淀粉转化为糖类，因此可以根据植株体内糖的含量确定其耐寒能力。一般，所积累的糖分越多，植物的抗寒力就越强；糖分越少，则抗寒力就越弱。许多植物经过低温处理后也常能加强抗寒力，主要表现在体内糖的含量增高。含糖量可通过其与费林氏试剂作用发生棕红色沉淀而加以测定；沉淀多少表示含糖量的多少，常与抗寒力的大小有密切联系。

2. 抗寒性鉴定的方法

(1)取某些植物新鲜叶片或其他组织榨汁，各取汁液3mL。

(2)加入费林氏溶液3mL。

费林氏溶液的配制：①34.64g硫酸铜($CuSO_4 \cdot 5H_2O$)溶于250mL蒸馏水中，溶解后加水至500mL。②173g酒石酸钾钠($C_4H_4O_8KNa$)及51.6g氢氧化钠溶于250mL蒸馏水中，加水至500mL。两种溶液分别保存，使用时等量混合。

(3)放入沸水浴中加热5min，比较红色沉淀多少。

在植物中除了增加含糖量外，往往还增加脂类含量以防御冻害，为此可用苏丹Ⅲ的溶液对植物组织染色，以确定脂类的含量，从而确定耐寒能力。其方法如下：将组织切片放入滴有苏丹Ⅲ溶液的载玻片上，1~2h后，盖上盖玻片，置显微镜下观察，便可见到脂肪滴(油珠)染成了橙黄色或橙红色，比较其油珠的多少。

(三)抗盐性鉴定

植物抗盐性与植物种类、年龄、生物学特性及生态学条件(主要是土壤条件)有关，而且是依周围环境各种因素的相互作用而转移的，可见鉴定植物抗盐性比较复杂。现介绍两种方法。

1. 种子发芽法

将鉴定种子放在各种不同浓度1‰~4‰的盐溶液中发芽，按种子发芽率的高低来评定其耐盐性。

2. 叶柄浸渍法

将叶柄切片浸于0.1mol/L的硫酸钠溶液中(也可用氯化钠溶液)，放于直射光下，经15~20h后，在显微镜下取5个视野观察细胞质壁分离的情况，计算其平均值。质壁分离细胞少者，表示抗盐碱。但此法只适于非盐生植物，不适于盐生植物。

(四)抗旱性鉴定

1. 硫酸干燥法

(1)原理：植物细胞在严重脱水时，会引起伤害，但不同植物组织的忍受能力不等，因而叶片在干燥器中脱水一定时间后，用质壁分离法测细胞死活。发生分离的活细胞越多，表示该植物组织耐脱水力越强。这一特性与抗旱能力有密切联系。

(2)方法：

①取植物同一部位叶子数片，放入浓硫酸干燥器中8~12h。

②取出叶片在水中用锋利刀片刮取表皮，有些植物叶片表皮细胞与叶肉贴附很紧，则可按如下方法刮制：取培养皿一个，盛以清水，浸载玻片于其中，将植物叶片按于载

玻片上，用锋利刀片在叶背面上轻轻刮去叶肉，至剩余薄而透明的一层表皮细胞为止。

③浸入中性红溶液(1∶10 000)5min，然后移入1mol/L的蔗糖溶液，使发生质壁分离。

④用显微镜检查，计算一个视野中细胞总数和能发生质壁分离的活细胞数，并求其百分率，一个切片数3个视野求平均值。

⑤比较不同植物耐脱水力强弱，每种材料应该检查3个切片，求其平均值。

2. 沉淀法

(1)原理：抗旱植物特性之一，是当干旱时能够维持占优势的合成过程；而不抗旱的植物，此时则是水解过程占优势。因此抗旱植物淀粉含量就多，反之则少(表10-26)。

表10-26 植物抗旱能力记载表

抗旱程度	淀粉含量
0	无
1	很少
2	少
3	多
4	很多

(2)方法：

①中午摘叶片，放在阴暗处萎蔫2～3h；

②用F. A. A液固定，并以酒精脱色；

③切成薄片放在滴有碘化钾液的载玻片中，进行显微镜观察；

④在碘化钾液中淀粉被染成蓝色。注意：淀粉染成纯蓝色，而淀粉粒外围则是蓝紫色。

(五)抗热性测定

1. 原理

细胞受热伤害后，细胞膜透性发生变化，盐酸即易透入细胞而置换叶绿素分子中的镁，使其成为去镁叶绿素；叶的组织因而变成褐色，以此为原生质受害的标准。如果某植物细胞液本身具酸性，则不加盐酸亦能褐化，这是由于酸性的细胞液能透入受伤或死亡的原生质中，而形成去镁叶绿素的缘故。

2. 测定方法

①取生长年龄相同的任何一种植物的新鲜叶4片，在叶柄上挂上标签，用铅笔标明处理，分别放入30℃、40℃、50℃、60℃的恒温水浴中，记录时间。

②30min后，取出叶片浸入冷水中，冷却至同一温度后移入0.2mol/L盐酸中，并用玻璃棒轻压，使叶片浸入盐酸中。

③10min左右后，观察各叶片的颜色变化，活的部分将仍为绿色，死的或受伤的叶片，将呈现不同程度褐色。

④试比较几种不同植物的抗热性，把结果记入表10-27。

表10-27 叶片变色数记载表

植物种类	叶片变色情况												备注
	30℃			40℃			50℃			60℃			
	处理数	变色数	受害率	处理数	变色数	受害率	处理数	变色数	受害率	处理数	变色数	受害率	

四、考核评估

1. 考评结构

①态度纪律20分；②实训过程60分；③实训结果20分。

2. 考评标准

(1)态度纪律：积极主动、速度快、质量好、有创新等优秀表现20分；有迟到、早退、开小差等违纪现象10分；缺席0分。

(2)实训过程：准备、测定、计算、分析等环节完整、操作规范、器具干净60分；环节完整、操作较规范、较干净50分；环节完整、操作不规范、器具不干净40分；环节不完整、操作不规范、器具不干净30分。

(3)实训结果：表格数据翔实、分析报告及时准确20分；表格数据翔实、分析报告较及时准确16分；表格数据不全、分析报告不及时准确12分。

五、作业

1. 将所鉴定结果，填表比较。
2. 用文字说明鉴定结果，比较其差异性。
3. 你认为应从哪几方面着手进行抗性育种？

实训18 经济性状测定

一、实训目的

学习木材纤维长度和油脂的测定方法，了解这些工作对育种的意义。

二、材料及用具

某些杨树杂种枝条，核桃、油茶等油料植物的种子或丁香、八角等芳香植物材料。

试管、吸管、水浴锅、载玻片、盖玻片、显微镜、接目测微尺、接物测微尺、酒精灯、石蜡、刀片、解剖针、索氏提取器、电炉等。

硝酸和10%铬酸、甲苯、纯酒精、乙醚、滤纸等。

三、方法及步骤

(一)木材纤维长度的测定

1. 意义

木材纤维特性对木材的性质(如木材的力学性质)和用途都有很大影响，如果用它造纸，那么纤维的长度影响纸张的韧度，而其宽度影响纸张的光洁度。同时，木材纤维性在遗传上又是一个比较稳定的性状，因此，它是选择亲本及优良类型的依据之一。由于这一特性在幼年时期的表现和在成年时期的表现有一致的关系，所以，在幼龄时期即可着手这方面的优良类型的选择工作。

2. 测定方法

(1)把欲测枝条木质部劈成火柴杆的 1/4 粗细，并切成 0.5cm 长的 10 多个小木段。

(2)在试管内装入 5mL 蒸馏水并投入约 10 个木段，加热煮沸，以排出其内之空气，至木段下沉为止。

(3)去掉试管中的水，加入 10% 的稀硝酸 5mL，再加入等重的以 10% 的硝酸为溶剂配成的 5% 铬酸钾(硝酸)溶液(或者加入等量的 10% 铬酸溶液)。

(4)将上述试管放在水浴锅上加热至木段松散为止(保持 90℃的温度 25 ~ 30min 即可达到此种程度)。

(5)用清水洗涤几次，最后两次可用蒸馏水(在洗涤过程中小心不要把木段弄碎)，然后将木段倾入培养皿或其他开口玻璃皿内，加少许蒸馏水，最后以玻璃棒打碎制成木纤维(针状)悬浮液。

(6)制片：用吸管吸取少量悬浮液滴在载玻片上，小心盖上盖玻片，并用吸水纸从一旁慢慢地将多余的水吸掉。

(7)在显微镜下测量。

(二)油脂的测定

1. 意义

油脂广泛分布于植物界，它在种子、果肉、地下茎、树皮、树叶中含量较高。植物油脂的含量随栽培条件、生长环境、品种特性、成熟程度等不同而有所差异，并在质量上也有变化。因此，可通过室内油脂的测定来鉴定、比较植物含油量的高低。

2. 方法步骤

利用索氏提取器测定含油量。根据油脂能溶于有机溶剂的特性，利用乙醚循环回流抽出植物样品中的油脂，用脱脂残余法测定。

(1)取待测样品 5 ~ 10g 置于 80 ~ 85℃烘箱内，干燥 4 ~ 5h，然后将样品磨碎装入有盖瓶中保存在干燥器内备用。

(2)将上述磨碎样品置于 100 ~ 102℃烘箱内干燥 1h 后移入干燥器中冷却。精确称取烘干样品 3 ~ 5g，用干燥脱脂滤纸(已称重)包成圆筒状，用线扎紧。把滤纸包放入索氏提取器内(每一浸提器中可放 1 ~ 6 包，根据样品包的大小和脂肪含量而定)。浸提器与烧瓶相连，将乙醚注入提取器，使液面稍高于虹吸管，乙醚由虹吸管回流入烧瓶，再注入乙醚至浸提器容积的一半，然后连接冷凝管与浸提器，接通冷水流。

(3)仪器装置完毕后，放在保持 40 ~ 50℃的水浴上加热，使乙醚进行循环回流。浸提 6h 后，将滤纸包取出晾干，除去乙醚，然后置 100 ~ 102℃烘箱内 1h 干燥，稍冷却后，移入干燥器中，然后取出，称至恒重。

(4)计算：

$$X = \frac{A - (B - C)}{A} \times 100\%$$

式中　X—— 脂肪含量的百分数；

A—— 未脱脂前烘干样品重量；

B—— 全脱脂后烘干残余样品重量(连滤纸重)；

C—— 烘干脱脂滤纸重。

(5)注意：①用乙醚处理植物组织时，除了将脂肪浸出外，也有其他脂类物质同时浸出(如脂肪酸、蜡、磷脂、色素等)，因此应用乙醚提取出的物质通称为粗脂肪；②浸提时温度不能过高，不超过50℃为宜，以免使乙醚大量挥发；③浸提器的虹吸管部分容易破裂，操作时须注意；④气温低时，须在浸提器外加上保温袋(套)，以保证回流次数。

四、考核评估

1. 考评结构

①态度纪律20分；②实训过程60分；③实训结果20分。

2. 考评标准

(1)态度纪律：积极主动、速度快、质量好、有创新等优秀表现20分；有迟到、早退、开小差等违纪现象10分；缺席0分。

(2)实训过程：实训操作环节完整、规范、干净60分；环节完整、较规范、较干净50分；环节完整、不规范、不干净40分；环节不完整、不规范、不干净30分。

(3)实训结果：观察到清晰的中期分裂相的花粉母细胞20分；观察到中期分裂相的花粉母细胞16分；观察到其他分裂相的花粉母细胞12分。

五、作业

1. 描绘杨树木材纤维的形态；测量30~50个纤维细胞的长和宽，并求出平均值、标准差、变异系数、平均数误差以及长宽比(长/宽)；简述这一工作对选育工作的意义，并就这次实训结果进行分析讨论。

2. 每人熟练掌握索氏提取器测定含油量的方法，并计算所提取种子的含油量。

实训19 育种田间试验设计与统计分析

在植物遗传改良中进行一系列比较试验时，常采用各种试验设计来估计试验误差和增进试验的精度。这类设计目的在于控制环境干扰，所以一般称为环境设计。为了提高试验的精确性，试验设计应遵循3个原则，即重复、局部控制和随机排列。重复是指一个处理(或家系)在整个试验中重复的小区数目，通过重复可以估算并降低试验误差。局部控制又叫地区控制。局部控制的地块叫一个区组。局部控制就是通过设置区组来实现的；它可以使参试材料在多种环境下充分表达，尽可能将同一重复的小区集中安排在土壤差异最小的地段上以达到严格控制试验的目的。随机排列是指试验处理在每个重复区内排列的次序是随机决定的，而不是按一定顺序或试验者的主观愿望来进行排列的。试验处理在各重复区内的排列次序彼此独立，均不相同，这样可以防止系统误差，与设置重复相结合还可合理地估计试验误差。

一、实训目的

熟悉和掌握园林植物育种常用田间设计的统计方法。

二、材料及用具

当地改良中的园林植物、品种对比试验圃(林)、已有原始资料。

测树工具、计算器、记录表、误差表、铅笔、草纸。

三、方法及步骤

(一)对比排列试验结果分析

1. 分析资料

某育种站进行一橡胶品(系)比试验，参试无性系 7 个(A、B、C、D、E、F、CK)，采用对比法设计，重复 3 次，田间排列和试验结果(产量：干胶 kg/667m^2)见表 10-28。

表 10-28 田间排列和试验结果

重复Ⅰ								
B	CK	D	F	CK	A	C	CK	E
35	42	40	46	39	50	44	43	44
重复Ⅱ								
A	CK	E	B	CK	C	F	CK	D
52	40	47	39	41	45	49	44	41
重复Ⅲ								
C	CK	A	D	CK	B	E	CK	F
45	38	47	41	42	41	46	40	43

2. 统计分析步骤

(1)求各品系在各重复内与相邻对照区的产量差数(表 10-29)。

表 10-29 各重复内与相邻对照区的差数记载表

品系 重复	A	B	C	D	E	F	重复和 d_R
Ⅰ							
Ⅱ							
Ⅲ							
品系和 d_v							
品系平均 d							

(2)计算各种平方和、自由度。

矫正数 $C = \dfrac{(\sum d)^2}{N}$

总平方和 $= \sum d^2 - C$ 自由度 $= rv - 1$

重复间平方和 $= \dfrac{\sum d_R^2}{V} - C$ 自由度 $= r - 1$

品系间平方和 $= \dfrac{\sum d_v^2}{R} - C$ 自由度 $= v - 1$

表 10-30　方差分析表

变异原因	自由度	平方和	均方	F 值	$F_{0.05}$	$F_{0.01}$
重复间						
品系间						
误 差						
总变异						

(3)列方差分析表(表 10-30)，并做 F 检验。

(4)各均数间差异显著性检验

①各无性系与对照品系比较　一般用成对 t 检验法测定其显著性。

计算差数平均数的标准差：

$$S_{\bar{a}} = \sqrt{\frac{误差均方}{重复次数}}$$

由此可得：

$$5\%界限差 = t_{0.05}(Df) \times S_{\bar{d}}$$

$$1\%界限差 = t_{0.01}(Df) \times S_{\bar{d}}$$

列各无性系与对照品系差异比较表(表 10-31)，统计结论。

表 10-31　差异比较表

无性系	A	B	C	D	E	F
与对照的差						

②各无性系间差异显著性检验

$$S_{\bar{d}} = \sqrt{\frac{\alpha \times 误差均方}{重复次数}}$$

一般用 LSD 法检验：

$$LSD\ 0.05 = = t_{0.05}(Df) \times S_{\bar{d}}$$

$$LSD\ 0.01 = = t_{0.01}(Df) \times S_{\bar{d}}$$

列各无性系间差异比较表(表 10-32)，统计结论。

表 10-32　无性系间差异比较表

无性系	无性系间差值绝对值

(二)随机区组设计结果分析

1. 分析资料

设有 4 个杨树品种进行育苗比较试验，用随机区组设计，重复 5 次，结果见附表 10-33。

表 10-33　4 个杨树品种苗期比较表

区组 品种	Ⅰ	Ⅱ	Ⅲ	Ⅳ	Ⅴ
甲	43	41	45	50	58
乙	78	73	83	87	83
丙	42	42	56	70	70
丁	65	41	82	101	78

表 10-34　二项表*

区组 品种	Ⅰ	Ⅱ	Ⅲ	Ⅳ	Ⅴ	品种和 T_v	品种平均苗高 $\bar{x}_v$
甲	43	41	45	50	58		
乙	78	73	83	87	83		
丙	42	42	56	70	70		
丁	65	41	82	101	78		
区组合 T_b						全总和 =	$\overline{X}$
区组平均 $\overline{X}_b$							

* V = 品种数；b = 区组数。

2. 分析要求

进行方差分析、求各品种之间差异显著性。步骤如下：

(1)列表求出品种总和、品种平均高、区组总和、区组平均高(表 10-34)。

(2)计算各平方和、自由度。

$$矫正数\ C = \frac{(\sum X)^2}{V_b} =$$

$$总平方和\ \sum X^2 - C =$$

$$区组平方和\ \frac{\sum T_b^2}{V} - C =$$

$$品种平方和\ \frac{\sum T_v^2}{b} - C =$$

误差平方和 = 总平方和 − 区组平方和 − 品种平方和 =

(3)列方差分析表，并做 F 检验(表 10-35)。

表 10-35　方差分析表

变异来源	自由度	平方和	均　方	F 值
区　组				
品　种				
误　差				
总变量				

(4)检验各品种间差异显著性。

①用 LSD 法进行 t 检验(方法同对比法)。

②用 SR 法进行检验：

a. $S_{\bar{x}} = \sqrt{\frac{误差均方}{重复数}} =$

b. 从临界值表中查出与本资料有关的 $SR_{0.01}$、$SR_{0.05}$，计算 $LSR_{0.05}$、$LSR_{0.01}$得检验标准表(表 10-36)。

表 10-36　临界值表

P	$SR_{0.05}$	$SR_{0.01}$	$LSR_{0.05}$	$LSR_{0.01}$

c. 做 SR 检验：列表。

(5)统计结论，并比较 LSD 和 SR 检验法。

(三)拉丁方试验结果分析

1. 分析资料

马褂木苗圃产地试验，5 种处理(A、B、C、D、E 为 5 个产地)，小区面积为一个苗床，采用 5×5 拉丁方设计，田间排列及试验结果(数据为平均茎粗)如表 10-37。

表 10-37　小区测试值

$B_{1.4}$	$D_{1.8}$	$E_{2.1}$	$A_{2.5}$	$C_{3.0}$
$C_{2.8}$	$A_{2.3}$	$B_{1.6}$	$E_{1.9}$	$D_{2.3}$
$D_{2.4}$	$C_{3.1}$	$A_{2.5}$	$B_{1.6}$	$E_{2.3}$
$E_{2.0}$	$B_{1.7}$	$C_{3.2}$	$D_{2.0}$	$A_{2.6}$
$A_{2.6}$	$E_{2.0}$	$D_{2.6}$	$C_{3.0}$	$B_{1.2}$

2. 统计分析步骤

(1)整理平均茎粗(表 10-38)。

表 10-38　行列二项表

横　行	直　行					横行总和 T_i
	1	2	3	4	5	
1						
2						
3						
4						
5						
直行总和 T_j						
产地	A	B	C	D	E	
产地和						
产地平均						

(2)计算各平方和。

$$矫正数\ C = \frac{\sum x^2}{N}$$

$$总平方和 = \sum_{i=1}^{n}\sum_{j=1}^{n} x_{ij}^2 - C$$

$$直行平方和 = \sum_{j=1}^{n}\frac{T_j^2}{n} - C$$

$$横行平方和 = \sum_{i=1}^{n}\frac{T_i^2}{n} - C$$

$$产地(处理)平方和 = \sum_{k=1}^{n} \frac{T_k^2}{n} - C$$

(3)列方差分析表并做 F 检验(表 10-39)。

(4)应用 LSD 和 SR 法检验。

(5)得出结论。

表 10-39 方差分析表

变异来源	自由度	平方和	均 方	F 值	$F_{0.05}$	$F_{0.01}$
直行间						
横行间						
产地间						
误 差						
总变异						

(四)平衡不完全区组设计结果分析

1. 分析资料

9 株优树多父本交配的子代(即 9 个家系),平衡格子不完全区组设计,每个区组 3 个小区,每小区种 45 株,重复 4 次,10 年生树高(表列数 = 实测值 - 10m)小区平均值见表 10-40 至表 10-43。

表 10-40 小区平均值(树高减 10m)表(重复 I) m

区 组	各家系平均树高			合 计
(1)	(1) 2.20	(2) 1.84	(3) 2.18	6.22
(2)	(4) 2.05	(5) 0.85	(6) 1.80	4.76
(3)	(7) 0.73	(8) 1.60	(9) 1.76	4.09
				15.07

表 10-41 小区平均值(树高减 10m)表(重复 II) m

区 组	各家系平均树高			合 计
(4)	(1) 1.19	(4) 1.20	(7) 1.15	3.54
(5)	(2) 2.26	(5) 1.07	(8) 1.45	4.78
(6)	(3) 2.12	(6) 2.03	(9) 1.63	5.78
				14.10

表 10-42 小区平均值(树高减 10m)表(重复 III) m

区组	各家系平均树高			合计
(7)	(1) 1.81	(5) 1.16	(9) 1.11	4.08
(8)	(2) 1.76	(6) 2.16	(7) 1.80	5.72
(9)	(3) 1.71	(4) 1.57	(8) 1.13	4.41
				14.21

表 10-43　小区平均值(树高减少 10m)表(重复Ⅳ)　m

区组	各家系平均树高			合计
(10)	(1) 1.77	(6) 1.57	(8) 1.43	4.77
(11)	(2) 1.50	(4) 1.60	(9) 1.42	4.52
(12)	(3) 2.04	(5) 0.93	(7) 1.78	4.75
				14.04

2. 计算步骤

(1)列试验结果计算表(表 10-44)。

表 10-44　试验结果统计表

家系 结果 区组	1	2	3	4	5	6	7	8	9	B_j
1										
2										
3										
…										
12										
V_i										
T_i										
θ_i										
$\bar{V}_i$										
$\bar{y}_{ei}$										

(2)计算各家系生长量和(V_i)、各区组生长量和(B_i)、家系的偏量($Q_i = k\ V_i - T_i$，T_i = 包含第 i 各家系的区组生长量合计)、各家系效应的估计量($\bar{V}_i = \frac{1}{\lambda V} Q_i$)，修正各个家系生长量的平均值($\bar{y}_{ei} = \bar{V}_i - \bar{y}$；$\bar{y} = \frac{\sum y}{N}$)。

(3)进行方差分析。

①总平方和 = $\sum_{ij} Y_{ij}^2 - \frac{(\sum y_{ij})^2}{N}$

②家系平方和 = $\frac{1}{\lambda RV} \sum_{i=1}^{v} \theta_i^2 =$

③区组平方和 = $\frac{1}{R} \sum_{j=1}^{b} B_j^2 - \frac{(\sum y_{ij})^2}{N} =$

④机误平方和 =

⑤列方差分析表 =

(4)若差异显著，用修正平均数按大小排，继续对家系间的差异作 t 检验。

(五)裂区试验设计结果分析

1. 分析资料

某植物密度试验采用裂区设计，各小区产量见表 10-45。

表 10-45　各个小区观测值

品种 密度	区组Ⅰ			区组Ⅱ			区组Ⅲ			每种密度总产量
	甲	乙	丙	甲	乙	丙	甲	乙	丙	
60 × 25A	6	2	9	5	3	4	5	3	8	45
60 × 25B	9	4	7	9	5	6	8	6	7	61
60 × 25C	9	4	9	8	6	8	8	5	5	62
整区产量	24	10	25	22	14	18	21	14	20	
区组产量	59			54			55			168

2. 统计分析的步骤

(1)计算校正数 $C = G^2/$列区数 =

(2)计算整区各项平方和、自由度

①整区平方和 =

②整区区组平方和 =

③整区品种平方和 =

④整区误差(a)平方和 =

(3)计算裂区各项平方和、自由度

①裂区总平方和 =

②裂区密度平方和 =

③完成主处理(品种) × 副处理(密度)交互效应列表(表 10-46)。

表 10-46　二项分组表

品种 密度	甲	乙	丙
A			
B			
C			

例如，A 甲：区组Ⅰ甲 + 区组Ⅱ甲 + 区组Ⅲ甲

主处理和副处理平方和 =

④裂区误差(b)平方和 =

(4)列方差分析表并做 F 检验(表 10-47)

(5)F 检验差异显著再做差异比较并作统计结论

表 10-47　方差分析表

变异来源		自由度	平方和	均方	F值
主区部分	区　组				
	主处理(品种)				
	误差 a				
	总变异				
裂区部分	副处理(密度)				
	主处理 × 副处理				
	误差 b				
	总变异				
总和					

(六)多点试验结果的综合分析

1. 分析资料

油茶品种比较试验，供试品种共4个，试验连续4年，分设3个地区进行，整个试验共48个小区，所得产量如表10-48。

表 10-48　多年多点试验小区平均产量

试验场	年　份	品　种				总　数
		A	B	C	D	
甲	Ⅰ	13	25	41	59	138
	Ⅱ	22	35	19	28	104
	Ⅲ	31	56	47	68	202
	Ⅳ	26	14	57	49	146
	总数	92	130	164	304	590
乙	Ⅰ	17	38	53	38	146
	Ⅱ	24	37	32	67	160
	Ⅲ	29	47	49	56	181
	Ⅳ	42	16	42	64	164
	总数	112	138	176	225	651
丙	Ⅰ	18	39	23	20	100
	Ⅱ	29	21	36	52	138
	Ⅲ	27	50	30	35	142
	Ⅳ	40	18	45	52	155
	总数	114	128	134	159	535
三地	总数	318	396	474	588	17 776

2. 分析步骤

(1)按变异项目列分自由度(表10-49)

表 10-49　自由度分解表

变异来源	自由度
品　种	
试验场	
年　份	
品种 × 试验场	
品种 × 年份	
试验场 × 年份	
品种 × 试验场 × 年份	
总变异	

(2)求各种平方和

①列出 3 种二项表(表 10-50 至表 10-52)。

表 10-50　品种、年份二向表

年　份	品　种				
	A	B	C	D	总数 T_j
Ⅰ					
Ⅱ					
Ⅲ					
Ⅳ					
总数 T_i					

表 10-51　品种、试验场二项表

试验场	品　种				
	A	B	C	D	总数 T_j
甲					
乙					
丙					
总数 T_i					

表 10-52　年份、试验场二项表

试验场	年　份				
	Ⅰ	Ⅱ	Ⅲ	Ⅳ	总数 T_j
甲					
乙					
丙					
总数 T_i					

②求矫正数 =

③总平方和 =

④品种间平方和 =

⑤试验场间平方和 =

⑥年份间平方和 =

⑦品种 × 年份平方和 = 品种 × 年份相互作用平方和 − 品种平方和 − 年份平方和 =

⑧品种 × 试验场间平方和 = 品种 × 试验场间相互作用平方和 − 品种平方和 − 试验场平方和 =

⑨试验场 × 年份平方和 = 试验场 × 年份相互作用平方和 − 试验场平方和 − 年份平方和 =

⑩(品种 × 试验场 × 年份)相互作用平方和(即试验误差) =

(3)列方差分析表并作 F 检验(表 10-53)。

表 10-53　方差分析表

变异来源	自由度	平方和	均方	F 值	$F_{0.05}$	$F_{0.01}$
品　种						
试验场						
年　份						
品种 × 试验场						
品种 × 年份						
试验场 × 年份						
品种 × 试验场 × 年份						
总变异						

(4)均数间的差异比较(只做品种间的 LSD 法)。

四、考核评估

1. 考评结构

①态度纪律 20 分；②实训过程 60 分；③实训结果 20 分。

2. 考评标准

(1)态度纪律：积极主动、速度快、质量好、有创新等优秀表现 20 分；有迟到、早退、开小差等违纪现象 10 分；缺席 0 分。

(2)实训过程：外业测定、内业计算、分析报告等环节完整、规范、及时 60 分；环节完整、较规范、较及时 50 分；环节完整、不规范、不及时 40 分；环节不完整、不规范、不干净 30 分。

(3)实训结果：数据翔实、计算正确 20 分；数据翔实、计算有偏差 16 分；数据不全、计算有误 12 分。

五、作业

每人完成实训报告 1 份。

实训 20　植物组织培养技术

一、实训目的

通过实践，掌握植物组织培养的基本操作技术。

二、材料及用具

杜鹃花茎尖、菊花花瓣和毛白杨茎尖等。

植物组织培养实训室全套设备。

三、方法与步骤

(一)菊花花瓣(或杜鹃花茎尖)培养

1. 培养基的选择与初次培养

(1)培养基的选择与配制：不同的材料所使用的基本培养基和激素的种类、浓度都不相同。菊花花瓣初次培养基的培养基为 MS + BA_3 + NAA0. 01 ~0. 5(杜鹃花茎尖的培养基本为：R + 2ip 15 + GA_3 1 ~5)。按照培养基基本配制方法，配好后消毒备用。

(2)取材与灭菌：选取幼嫩的菊花花瓣(杜鹃花的嫩梢或茎尖)用自来水冲洗干净，然后在超净工作台内，用 70% 的酒精浸泡 30s 左右，倒出废酒精，再用 0. 1% ~0. 2% 的升汞消毒 3 ~4min(杜鹃花需 10min)，最后用无菌水冲洗数次，滤干备用。

(3)接种与培养：在无菌条件下将花瓣接入消毒好的培养基中，每瓶 2 ~3 个花瓣(茎尖)。封口后进入培养室培养。培养室温度为 25 ±2℃，光照 2000 lx，每日 10 ~16h。培养 40d 左右即可长出愈伤组织和幼芽(杜鹃花茎尖直接分化出丛芽)。

2. 芽的增殖

将初次培养的愈伤组织或芽转入到 MS + BA 1 + NAA 0. 01(杜鹃花为 R + ZT 0. 5 R + 2ip 5)对诱导出的丛芽进行继代培养，一般 3 周继代 1 次。

3. 生根培养

把上述长出的粗壮幼苗转入生根培养基诱导生根，菊花生根培养基本为 1/2MS(即 MS 中大量元素钙、铁用量减半，其余不变)(杜鹃花则转入含有 NAA 或 IBA 0. 5mg/L 和蔗糖 3% 的生根培养基)。

也有些研究者省去生根培养这一步，把芽苗直接移入介质中生根，效果相当好。方法是，当芽苗长至 1 ~2cm 时，把其割下移植到温室的生根介质中。生根介质有以下 4 种：泥炭: 蛭石 =1: 1；泥炭: 珍珠岩 =1: 1；泥炭: 苔藓 =1: 1；泥炭: 蛭石: 珍珠岩 =1: 1: 1。4 种介质中芽苗生根率可达到 100%，但最后一种处理植株质量最好。在温室中培育 3 ~4 周后即可盆栽。

4. 小苗移栽

经过诱导培养长出的完整小苗取出洗净根上的培养基，在温室或大棚炼苗，增强适应性后即可盆栽。

(二)毛白杨的茎尖培养及其快速繁殖

1. 毛白杨休眠芽茎尖的培养

从毛白杨(*Populus tomentosa*)成年树，取当年形成的直径约0.5cm的枝条，用解剖刀切成长1.5～2.0cm的切段，生段带一个休眠芽，切段先用自来水冲洗干净，再用70%酒精消毒30s，倾倒出酒精后，立即用无菌水冲洗一遍；然后放入盛有5%次氯酸钠溶液的无菌杯内，消毒7～8min，最后用无菌水冲洗3～4次。移入垫有干滤纸的高压灭菌的培养皿内，吸去切段上残留的水分。在超净工作台内或无菌室中剥取茎尖。操作时可用左手持切段尾部，悬空伸到解剖镜下，右手持解剖针依次剥去休眠芽外部鳞片和大部分幼叶，将具2～3片幼叶的茎尖接种到由琼脂固化的培养基上。

毛白杨茎尖最适合的培养基为：MS+6－BA 0.5+NAA 0.02+赖氨酸100。为了防止部分茎叶发生污染而影响其他茎尖，可以将单个茎尖接种到装有少量(几毫升)MS+6－BA 0.5+水解乳蛋白100的小锥瓶(或小试管)内。4～6d后选择没有污染的茎尖，数个转移到正式的诱导分化的培养基上。将已接种的培养容器，放置在25～27℃温度条件下，24h连续光照，光照强度为1000 lx。2～3个月后，部分茎尖可分化出嫩枝。

2. 用茎切段进行扩大繁殖

将茎长出的嫩枝从基部切下，转移到生根培养基上，生根培养基为：MS+IBA 0.25，维生素B_1提高到10mg/L，蔗糖1.5%。其中约有10%的嫩枝可以生根，地上部也可以连续生长，一个半月后可以生成带有6～7片叶的完整小植物。选择其中一株进行切段繁殖，建立无性系。顶芽连同2～3片叶为顶段，下面各段每段带一片叶，接到上述相同的培养基上。6～7d后可见到有根长出，10d根长可达1～1.5cm。待腋芽伸长嫩枝长到一定长度，可从基部切下来，再次生根。待其径上长有6～7片叶时，又可再次切段繁殖。以此方法循环重复，以便获取得足够数量的小植株。此后，每次将顶端留做再次繁殖使用，下部的切段则用于移栽。如果以一个切段经培养一个月左右长成小植株，切成5段计算，每年繁殖率可达6万株左右。

3. 通过外植体上芽的分化进行繁殖

利用叶外植体产生不定芽的方法，比切段繁殖法的繁殖速度更快，并且由于植株小型化，可节省大量的培养容器和培养基。具有操作如下：

先用茎切段法繁殖一定数量的带6～7片叶的小植株。截取带2～3片叶的顶段，仍接种到切段培养基上，长大后又可作为获得叶外植体的来源。其余的叶切成1cm大小的方块接种到补加ZT 0.25mg/L、6－BA 0.25mg/L、IAA 0.25mg/L、蔗糖3%、琼脂0.7%的MS的培养基上，使叶背与培养基接触。约10d后，从叶柄的切口处可观察到有芽出现，之后逐渐增多形成一簇。每个叶外植体可得到20多个嫩枝。将这些嫩枝移出再转移到新配制的培养基上生根。每个100mL容积的锥形瓶至少可接种10余株。使用的培养基和茎切段繁殖培养基相同。约10d后，根的生长速度达1～1.5cm时即可移栽。由于某些接入的植物材料较小，也可以多培养一段时间，待地上部长到一定高度再进行移栽。粗略计算，1株毛白杨小植物，如果切取5个叶外植体，至少可得到50多株由不定芽长成的幼苗(长得过小的芽未计算在内)。用这些方法要比切段繁殖法提高繁殖速度逾10倍。

4. 小植物的移栽

应用切段繁殖或叶外植体分化不定芽获得的小植物，当根的长度达 0.5～1cm 或稍长时，从培养容器中取出。洗净残留在植株上的琼脂，移栽至温度内装有蛭石的苗床上或装有细沙的花盆内，开始时都要罩以塑料薄膜，以保持湿度，但是每天应定时掀开部分塑料薄膜以利通气，10～15d 后可去掉塑料薄膜。待植株又长出 1～2 片新叶后，再移至草木灰和沙土按 3∶1 比例混合的土壤中。夏季因气温高，植株成活率较低，其他季节的移栽成活率可达 90% 以上。为了降低占用温室的时间，在冬季可考虑在温室生长一段时间后，移至温度不低于 0℃ 的冷室或阳畦内越冬。春季移栽到苗圃后，应加强田间管理。幼苗当年株高可达 2m 以上。

四、考核评估

1. 考评结构

①态度纪律 20 分；②实训过程 60 分；③实训结果 20 分。

2. 考评标准

(1)态度纪律：积极主动、速度快、质量好、有创新等优秀表现 20 分；有迟到、早退、开小差等违纪现象 10 分；缺席 0 分。

(2)实训过程：培养基配制、取材灭菌、接种培养、炼苗移栽等环节完整、操作规范、记录详实 60 分；环节完整、操作较规范、记录较详实 50 分；环节完整、操作不规范、记录较详实 40 分；环节不完整、操作不规范、记录残缺 30 分。

(3)实训结果：获得数量较多、生长健壮的组培苗 20 分；获得一定数量、生长健康的组培苗 16 分；获得数量较少、生长不良的组培苗 12 分。

五、作业

1. 比较菊花和毛白杨组织培养技术的异同点。
2. 每人提交数株生长健壮的组培苗。

参考文献

陈天华，徐进 . 1992. 林木遗传育种学实验[M]. 北京：中国农业科技出版社 .

陈晓阳，沈熙环 . 2005. 林木育种学[M]. 北京：高等教育出版社 .

陈有民 . 1990. 园林树木学[M]. 北京：科学出版社 .

程金水，刘青林 . 2010. 园林植物遗传育种学[M]. 2 版 . 北京：中国林业出版社 .

戴思兰 . 2010. 园林植物遗传学[M]. 2 版 . 北京：中国林业出版社 .

国家林业局 . 2003. 全国森林培育技术标准汇编[S]. 种子苗木卷 . 北京：中国标准出版社 .

何启谦. 1999. 遗传育种学[M]. 北京：中央广播电视大学出版社 .

侯祥云，郭先锋 . 2013. 芍药属植物杂交育种研究进展[J]. 园艺学报，40(9)：1805 – 1812.

黄济明 . 1987. 花卉育种知识[M]. 北京：中国林业出版社 .

荆玉祥，匡延云. 1993. 植物分子生物学[M]. 北京：科学出版社 .

兰熙，等 . 2011. 杜鹃花属植物育种研究进展[J]. 园艺学报，39(9)：1829 – 1838.

李国庆，刘君慧 . 1981. 树木引种技术[M]. 北京：中国林业出版社 .

李家骏 . 1989. 太白山自然保护区综合考察论文集[M]. 西安：陕西师范大学出版社 .

李敏. 1993. 草坪品种指南[M]. 北京：中国农业大学出版社 .

刘春 . 1999. 唐菖蒲[M]. 太原：山西科学技术出版社 .

刘红，施季森. 2012. 我国林木良种发展战略[J]. 南京林业大学学报：自然科学版，36(3)：1 – 4.

刘良式，等. 1997. 植物分子遗传学[M]. 北京：科学出版社 .

刘录祥，郑企成 . 1997. 空间诱变与作物改良[M]. 北京：原子能出版社 .

楼士林. 2003. 生物技术概论[M]. 北京：科学技术出版社 .

钱拴提 . 2003. 园林专业综合实训指导[M]. 沈阳：白山出版社 .

全国人民代表大会常务委员会. 2000. 中华人民共和国种子法[S]. 北京：中国法律出版社 .

申书兴 . 2011. 园艺植物育种学实验指导[M]. 北京：中国农业大学出版社 .

沈德绪 . 1986. 果树育种学[M]. 上海：上海科学技术出版社 .

宋思杨，刘良式，等. 1997. 植物分子遗传学[M]. 北京：科学出版社 .

王明庥 . 2001. 林木遗传育种学[M]. 北京：中国林业出版社 .

王亚馥，戴灼华. 1999. 遗传学[M]. 北京：高等教育出版社 .

王忠信 . 1995. 经济林育种学[M]. 西安：陕西省新闻出版社 .

徐冠仁 . 1996. 植物诱变育种[M]. 北京：中国农业出版社 .

徐晋麟，徐沁，陈淳 . 2001. 现代遗传学原理[M]. 北京：科学出版社 .

许智宏，等. 1998. 植物发育的分子机理[M]. 北京：科学出版社 .

杨晓红 . 2001. 园林植物育种学[M]. 北京：气象出版社 .

义鸣放 . 2000. 唐菖蒲[M]. 北京：中国农业出版社 .

余树勋 . 1998. 梅花[M]. 上海：上海科技出版社 .

张堃方 . 1990. 园林植物育种学[M]. 哈尔滨：东北林业大学出版社 .

张明菊 . 2001. 园林植物遗传育种[M]. 北京：中国农业出版社 .

张艳芳 . 1999. 梅花栽培、造型及欣赏[M]. 合肥：安徽科学技术出版社 .

赵绍文 . 2005. 林木繁育实验技术[M]. 北京：中国林业出版社 .

浙江农业大学 . 1979. 遗传学[M]. 北京：农业出版社 .

浙江省台州农业学校 . 1989. 果蔬遗传育种学[M]. 北京：农业出版社 .

郑君爽，等 . 2011. 国兰与大花蕙兰杂交育种及无菌播种研究进展[J]. 中国农学通报，27(4)：81 - 84.

中国科学技术协会 . 2009. 2008—2009 林业科学学科发展报告[M]. 北京：中国科学技术出版社 .

中国科学院 . 2002. 2002 高技术发展报告[M]. 北京：科学出版社 .

中国科学院西安分院，陕西省科学院 . 1987. 秦岭巴山生物科学论文集[M]. 西安：陕西科学技术出版社 .

中华人民共和国国务院新闻办公室 . 2010. 2011 年中国的航天白皮书 . www. gov. cn/gzdt/2011 - 12/29content_ 2033030. htm.